AF608723

Werkstatt Bionik

und Evolutionstechnik

Band 1

Ingo Rechenberg

Evolutionsstrategie '94

frommann-holzboog

Die Deutsche Bibliothek – CIP-Einheitsaufnahme

Werkstatt Bionik und Evolutionstechnik. – Stuttgart : frommann-holzboog.
ISBN 3-7728-1641-X

1. Rechenberg, Ingo: Evolutionsstrategie '94. – 1994

Rechenberg, Ingo:
Evolutionsstrategie '94 / Ingo Rechenberg. – Stuttgart : frommann-holzboog, 1994
(Werkstatt Bionik und Evolutionstechnik ; 1)
Teilw. zugl.: Berlin, Techn. Univ., Diss. 1970 u. d. T.: Rechenberg, Ingo: Optimierung technischer Systeme nach Prinzipien der biologischen Evolution
ISBN 3-7728-1642-8

© Friedrich Frommann Verlag · Günther Holzboog
Stuttgart-Bad Cannstatt 1994
Druck: Offizin Chr. Scheufele, Stuttgart
Einband: Ernst Riethmüller, Stuttgart
Gedruckt auf alterungsbeständigem Papier mit neutralem pH-Wert

Zur Werkstatt-Reihe

In einer Werkstatt wird gehämmert, gefeilt, geschabt, geschraubt, gebohrt ... In einer Werkstatt – erdumspannend – arbeitet auch die Evolution. Nach drei Milliarden Jahren prüft nun der Mensch ihre Produkte. Was läßt sich nutzbringend verwerten? Denn die Techniken des Lebens sind nicht nur raffiniert; sie sind von Natur aus auch in die Umwelt eingepaßt.

In der Reihe ***Werkstatt Bionik und Evolutionstechnik*** *werden Natur-Lösungen demontiert, examiniert und rekonstruiert. Evolutionäre Hochtechnologien kommen gleichsam aus der Zukunft. Plattes Kopieren führt zu nichts. Der Airbus A 321 hätte Leonardo da Vinci nicht weitergeholfen. Verstehen verheißt erst den Erfolg.*

Optimum

Inhaltsübersicht

Vorwort

Evolutionsstrategie '94 — Vor 30 Jahren (am 12. Juni 1964) wurde das Forschungsprogramm ins Leben gerufen; nicht um das wohlbekannte Prinzip von Versuch und Irrtum biologisch zu verbrämen, sondern um so ausgeklügelt wie die Evolution zu optimieren. Denn die Evolution sollte – so die These – sich selbst schnellstes Arbeiten (sprich Optimieren) beigebracht haben. Für die Taktik des Optimierens gilt: Plumpe Imitation der Biologie führt nicht weiter. Um evolutionäre Mechanismen richtig nachzubilden, muß ihr funktioneller (theoretischer) Sinn verstanden sein. Evolutionäre Algorithmen werden heute vielerorts verbissen durch Computersimulationen erforscht, so wie sich die Mannigfaltigkeit von Steinwürfen durch Simulieren studieren ließe. Die Frage stellt sich nur, ob noch so viele Steinwurfsimulationen die kompakten, abstrakten Fallgesetze aufdecken würden? Dies ist aber das Anliegen des Buches: Die kompakten „Fallgesetze" der Evolution zu erschließen.

Der Praktiker wird in dem Buch nicht das finden, was er sich wünscht, nämlich eine detaillierte Anleitung zum evolutionsstrategischen Optimieren. Das „Kochbuch" der Evolutionsstrategie muß noch geschrieben werden. Um den Anwender dennoch anzulocken, beginne ich mit einem brandneuen Beispiel aus der evolutionsstrategischen Optimierungspraxis: In der Januar-Ausgabe 1994 *Spektrum der Wissenschaft* findet sich das Preisrätsel:

34		**39**		**29**
38		**38**		**48**
22		**39**		**41**

Umzingelt

Die 9 Kästchen, in denen sich die Zahlen befinden, werden jeweils von 3, 5 oder 8 Kästchen berührt. In diese 16 leeren Kästchen kann man die Zahlen von 1 bis 16 so einsetzen, daß die 3, 5 oder 8 berührenden Kästchen addiert genau die Zahl ergeben, die im berührten Kästchen steht. Welche Zahl steht in Spalte 2 in der dritten Zeile?

Die Evolutionsstrategie liefert die Antwort: In Spalte 2 in der dritten Zeile steht eine **3** — MICHAEL HERDY aus der Berliner Gruppe der Evolutionsstrategen hat das Preisrätsel kurz nach Erscheinen programmiert. Das dauerte eine Stunde, und der evolutionsstrategische Lauf kostete einige Sekunden. Rechts ist die Gesamtlösung dargestellt.

34	13	**39**	11	**29**
14	7	2	6	12
38	3	**38**	4	**48**
9	5	1	10	16
22	8	**39**	15	**41**

Dieses spontan ausgesuchte Beispiel möge nicht den Eindruck erwecken, die Evolutionsstrategie sei für das Lösen von Preisrätseln da. Mit Evolutionsstrategien lassen sich genauso Windkanalmodelle optimieren, neuronale Netze trainieren und Brücken strukturieren.

Ein Buch hat seine Geschichte. Ursprünglich bat mich mein Verleger GÜNTHER HOLZBOOG, die „Evolutionsstrategie“ aus dem Jahre 1973 für eine Neuauflage etwas aufzufrischen. Seit 1974 halte ich an der TU Berlin die zweistündigen Vorlesungen Evolutionsstrategie I und II. Hinzu kommen die evolutionsstrategischen Praktika I und II. Material gab es also genug. Bei dem Plan, das klassische Buch nochmals aufzulegen (hier Kapitel 18), ist es geblieben. Die Kapitel 0 bis 17 sind bloß hinzugekommen:

Wer sich rasch orientieren möchte, begnüge sich mit der Einführung **Evolutionsstrategie kurz und bündig** (Kapitel 0). Die Schlagzeile **„DARWIN“ im Windkanal** (Kapitel 1) dokumentiert das *Experimentum crucis* der Evolutionsstrategie. Und was man mechanisch nachbilden kann, läßt sich auch rechnen. Die **Frage nach der biologischen Evolutionszeit** (Kapitel 2) beantwortet sich zu „1,3 Milliarden Jahre“. Die in Worten so simpel zu fassende Regel *„Die Guten ins Töpfchen, die Schlechten ins Kröpfchen“* wird trocken durch **My-Lambda-Evolutionsstrategien** (Kapitel 3) mathematisch formuliert. **Das zentrale Fortschrittsgesetz** (Kapitel 4) bildet das Glanzstück der Theorie der Evolutionsstrategie. Durch die simple Formel $\varPhi = \varDelta - \varDelta^2$ wird für stark kausale Welten evolutionäres Fortschreiten berechenbar. **Die ES-Theorie im Examen** (Kapitel 5) zeigt, was die Theorie sonst noch hervorbringt. Zur wichtigsten Aussage des zentralen Fortschrittsgesetzes zählt die Existenz eines Evolutionsfensters. **Fortschreiten im Evolutionsfenster** (Kapitel 6) wird als Gradienten-Diffusion mit optimaler „freier Weglänge“ der Nachkommen interpretiert. **Algorithmen von Evolutionsstrategien** (Kapitel 7) können formal geschachtelt werden, wobei der biologischen Terminologie ⟨Familie{Gattung[Art(Varietät)]}⟩ entsprochen wird. Die Möglichkeit einer ES-Algebra ist gegeben. Für die **Programmierung von Evolutionsstrategien** (Kapitel 8) in besonders kompakter Form habe ich eine besondere Schwäche. Die Eignungsprüfung der **Evolutionsstrategie auf dem Computer**

(Kapitel 9) beginnt mit einer Augenlinse und endet bei einem die Zahlen 1 bis 900 umfassenden magischen Quadrat. Das Wortspiel **Leitschnur „starke Kausalität"** (Kapitel 10) spielt darauf an, daß in Normalwelten Ariadnefäden zum Ziel ausgelegt sind, denen eine Evolutionsstrategie folgt. **Die THALES-Rekombination** (Kapitel 11) stellt eine Kontinuumstheorie der Rekombination dar und macht den Fortschrittsgewinn durch Variablenmischung berechenbar. **Multimodale ES-Optimierung** (Kapitel 12) ist ohne Taschenspielertricks (Manipulation der Gipfelfrequenz des Testproblems) mit geschachtelten Evolutionsstrategien durchführbar. Mit der EVASIONs-Methode (EVAkuierung aus der DimenSION) können Modelle regularisiert (sprich vereinfacht) werden. Das Verfahren dient zur **Optimierung von Strukturen** (Kapitel 13). **Optimierung im Rauschen** (Kapitel 14) könnte ein besonders nutzbringendes Einsatzgebiet für Evolutionsstrategien werden. Mit hochgradig rauschfesten Evolutionsstrategien ließen sich Parfümrezepturen komponieren und Design-Aufgaben angehen. **Mystik und Kabbalistik in der Optimierung** lautet die Überschrift des Kapitels 15. Ich schrieb dieses im Freiraum der Sahara, was meinen freimütigen Spott entschuldigen möge. Ebenfalls meine persönliche Sicht ist in der **Diskussion um die Evolutionsstrategie** (Kapitel 16) dargelegt. Die **Tabellen** im Kapitel 17 sind zum Gebrauch und nicht zum Lesen da. **Das 73er Buch** (Kapitel 18), das nur ergänzt werden sollte, bildet den Schluß.

Das Buch hat viele Urheber. Evolutionsstrategen der ersten Stunden waren HANS-PAUL SCHWEFEL, PETER BIENERT, Hans-JÜRGEN LICHTFUß und ARMIN SCHEEL. Die Theorie der Evolutionsstrategie hat HANS-PAUL SCHWEFEL von Grund auf mitgeprägt. Mitte der 60er Jahre wurde im fernen Westen und im „noch ferneren" Osten ähnlich wie in Berlin gedacht. In Amerika erschien 1962 von H. J. BREMERMANN die Arbeit *„Optimization through evolution and recombination"*. Und 1966 veröffentlichten L. J. FOGEL, A. J. OWENS und M. J. WALSH das Buch *„Artificial intelligence through simulated evolution"*. In Riga (Lettland) ist es 1963 I. A. RASTRIGIN mit der Publikation *„The convergence of random search method in extremal control of many-parameter-system"*. Und in Polen veröffentlicht 1965 R. ZIELINSKI die Arbeit *„On the Monte-Carlo evaluation of the extremal value of a function"*. Weil die osteuropäischen Autoren das Wort Evolution tunlichst meiden (mußten), finden sie in der Entwicklung der evolutionären Algorithmen so wenig Beachtung. Doch von Berlin aus gesehen ist die Mathematik der Evolutionsstrategie eher östlich als westlich orientiert.

Ich springe aus den 60er Jahren in die 90er. Die Evolutionsstrategie galt solange im eigenen Lande nichts, bis in Amerika JOHN H. HOLLAND die Genetischen Algorithmen erfand. Konkurrenz belebt das Geschäft. Das *Bundesmi-*

nisterium für Forschung und Technologie (BMFT) hat 1994 eigens einen Förderschwerpunkt „Evolutionäre Algorithmen" eingerichtet. Die Evolutionsstrategie befindet sich im Aufwind.

Das Buch wurde nicht in Abgeschiedenheit geschrieben (mit Ausnahme des Wüsten-Kapitels 15). Den geistigen Mitschreibern aus dem Berliner Institut möchte ich von ganzem Herzen danken: RUDOLF BANNASCH, PETER BIENERT, JOACHIM BORN, FRANK BRAND, ANDREAS GAWELCZYK, MICHAEL GLANDER, NIKO HANSEN, MICHAEL HEIDER, MICHAEL HERDY, DIRK HOLSTE, GERALD KOCH-SCHWESSINGER, BERND KOST, REINHARD LOHMANN, ALEXANDER MEHLHORN, ANDREAS OSTERMEIER, GIANINO PATONE, IVAN SANTIBAÑEZ-KOREF, KARSTEN TRINT, UWE UTECHT und HANS-MICHAEL VOIGT. Hinzu kommen die vielen Hörer meiner Vorlesungen.

Ein Wunsch hat mich beim Abfassen der Kapitel begleitet. Die Evolutionsstrategie möge logisch-funktionell durchschaubar werden. Die Erklärung: „Es geht"– und keiner weiß warum hat kurze Beine. Eben deshalb habe ich ein „gestörtes Verhältnis" zu manchen evolutionären Algorithmen. Die universelle Funktionslogik einer Optimierungsstrategie muß entschleiert werden. Daran habe ich gearbeitet. — Einen Wunsch vieler meiner Freunde konnte ich allerdings nicht befriedigen: die Ergebnisse der Theorie gewissenhaft abzuleiten. Ich hielt es für vernünftig, lediglich die meinerseits für gut befundene Idee der Ableitung zu skizzieren. Es ist die ***Logik der Evolutionsstrategie,*** die im Mittelpunkt dieses Buches steht. Eine detaillierte ***Theorie der Evolutionsstrategie*** müßte ebenfalls noch geschrieben werden.

Berlin, im März 1994 *Ingo Rechenberg*

0

Evolutionsstrategie kurz und bündig

Denken eines Evolutionsstrategen

Das Manuskript ist fast fertig. Da fällt mir ein gewichtiges, 1991 im Oldenbourg Verlag erschienenes Buch in die Hände. Der Verfasser: MARKOS PAPAGEORGIOU. Der Titel: *Optimierung – statische, dynamische, stochastische Verfahren für die Anwendung*. Ein 4 cm dickes Buch und keine Zeile über die Evolutionsstrategie. Ist dieses universelle Optimierungsverfahren so unbekannt? Nachdem ich in dem Buch geblättert habe, verfliegt meine leichte Gekränktheit. Die Evolutionsstrategie paßt nicht in dieses Werk.

Optimieren heißt zielstrebig Berggipfel erklimmen. Ein Freund des exakten Vorausplanens wird so vorgehen wie jener promovierte Bergsteiger-Jüngling im ***Bild 0-1***: Die Kletterpartie wird daheim sorgfältig auf dem Papier abgesteckt, und Arbeit kostet Schweiß. Das ist die klassische Optimierungs-Philosophie, wie sie auch auf den 587 Seiten des PAPAGEORGIOU-Buches vertreten wird.

Bild 0-1:

Bergklettern, zentralistisch geplant.

Evolutionsstrategien agieren dagegen erst im Gelände: Die Teilnehmer der Bergsteigergruppe im ***Bild 0-2*** wetteifern um die lokal besten Kletterstile. Ideen werden geboren und verworfen. Ich getraue mich zu der Gegenüberstellung: Die Evolutionsstrategie verhält sich zur klassisch mathematischen Optimierung wie die Marktwirtschaft zur Planwirtschaft.

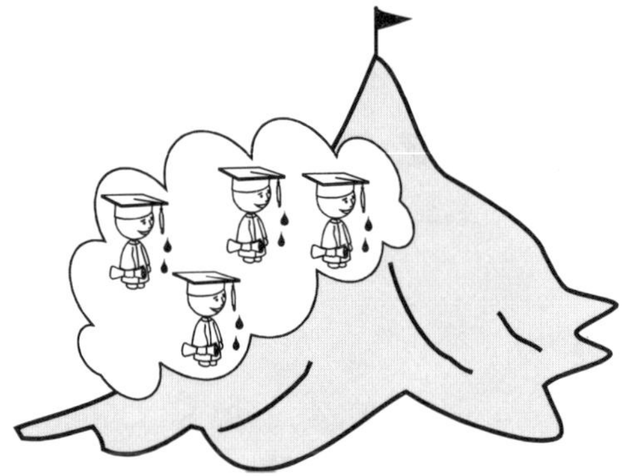

Bild 0-2:

Bergklettern, dezentral organisiert.

Das Wirken von innen heraus ist eine unabdingbare Notwendigkeit für biologische Systeme. Worte wie Selbstreproduktion und Selbstorganisation kennzeichnen biologische Welten. — Wie sich die zentrale Organisation von der Selbstorganisation unterscheidet, sei an einem Gleichnis erläutert: Es gilt, den größten Schüler in einer Klasse herauszusuchen. Der Lehrer mißt die Größe der Jungen, gibt die Daten in einen Sortieralgorithmus und stellt fest: Friedrich ist der größte. Eben diese Aufgabe können die Jungen viel effektiver unter sich lösen. Sie stellen sich paarweise zusammen, taxieren sich, und der jeweils kleinere hockt sich nieder. Schließlich bleibt Friedrich als der größte allein stehen.

Jeder Prozeß hat einen Eingang und einen Ausgang: So auch der Evolutionsprozeß. Am Eingang befindet sich ein Generator, der Vielfalt produziert. Am Ausgang steht ein Auswahltest, der die Vielfalt prüft und reduziert. DARWINsche Evolution bedient sich thermodynamischen Rauschens als Generator. Und sie nutzt die natürliche Selektion als Test. Würde die richtungslose Eingangsvariation direkt auf den Testausgang weitergegeben, käme ein simples Trial-and-Error-Verfahren heraus. Das Raffinement, das Evolution erst zum Kalkül macht, findet zwischen Generator und Test statt. Hier wird die Variation „strategisiert". Doch es gibt keinen gebietenden KYROS, der in der „αναβασις" 10 000 griechische Söldner gegen Persien führt. Nein, die Transformationen kommen aus dem Inneren des Prozesses; sie werden aus der Situation des Fortschreitens heraus geboren. Es ist derselbe Eingangs-Rausch-Generator, der auch für die Vielfalt der individuellen Mutationsideen sorgt. Da gibt es im ***Bild 0-3*** den Hitzkopf, der meint, viel hilft viel. Er verstärkt das Eingangsrauschen. Der Angsthase dagegen agiert nach dem Motto: Vorsicht ist die Mutter der Weisheit. Er schwächt das Eingangsrauschen ab. Ein anderer Akteur (ich nenne ihn AMUNDSENs Nachfolger), werde „magnetisch" von Nord- und Süd-Pol angezogen. Und zuletzt gibt es noch den KOLUMBUS-Strategen, der – den Seeweg nach Indien suchend – stetig gen Westen steuert.

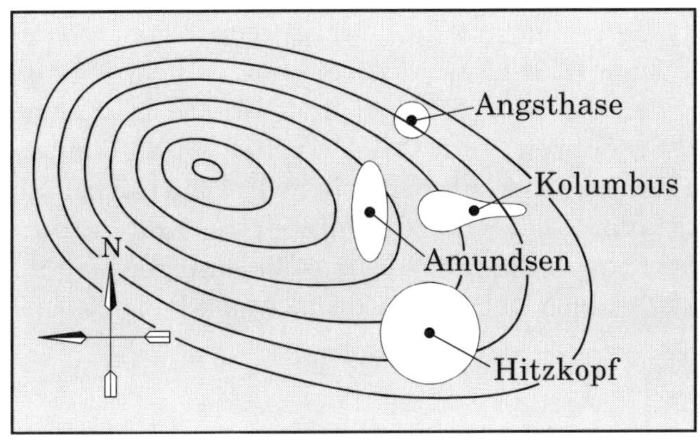

Bild 0-3:

Vier Bergsteiger und vier Kletter-Ideen.

Die Vermenschlichung der verschiedenen Kletter-Motivationen in der Bergsteigergruppe soll andeuten, daß ein Wettkampf der Ideen (hier lokale Kletter-Stile) stattfindet. Das alles geschieht parallel während des Kletterns. Der ständige Wettbewerb der Transformations- respektive Mutationsideen zwischen Generator und Test macht Evolutionsstrategien zu sich selbst organisierenden Optimierungsverfahren. Evolutionsstrategien sowie Marktprozesse regeln sich selbst. Marktprozesse empfehlen sich nachweisbar dadurch, daß sie einen Supervisor von Berechnungen entbinden, die dieser auch mit Hilfe der größten Computer nicht mehr befriedigend ausführen könnte. Im Marktgeschehen werden Entscheidungen solchen Akteuren überlassen, die am ehesten im Besitz der relevanten (meist lokalen) Informationen sind. Eben das ist auch die Philosophie von Evolutionsstrategien.

Mit dem Argument, Marktwirtschaft ist besser als Planwirtschaft, habe ich für die Evolutionsstrategie geworben. Oft liegt der Bestfall des Handelns jedoch in der Mitte von extremen Positionen. Damit soll gesagt werden: Bewußtes Eingreifen in einen evolutionsstrategischen Optimierungslauf sollte kein Tabu sein. Ich bin ein Fürsprecher des **I**nteraktiven **E**volutionsstrategischen **E**xperimentierens (**IEE**). Mal etwas an der Schrittweite gedreht, die Nachkommenzahl vergrößert, die Eltern unsterblich gemacht ... Der Laie bekommt ein Gespür für das Wirken der evolutionsstrategischen Parameter. Und der ES-Experte, der die **IEE**-Kunst beherrscht, kann manchmal Wunder vollbringen.

Das Mutations-Selektions-Prinzip

Vielleicht möchte jemand dieses Buch gar nicht ganz lesen, sondern sich rasch orientieren, wie eine Evolutionsstrategie arbeitet. Deshalb möchte ich bereits im Prolog das Schema einer (**1**, 3)-ES mit mutativer Schrittweitenregelung erläutern. Die SCHWEFELsche Notation (**1**, 3)-ES weist darauf hin, daß ein Elter drei Nachkommen erzeugt, und daß der Elter dann (angezeigt durch das Komma) aus dem Geschehen herausgenommen wird. Das Verfahren wird – um eine geometrische Veranschaulichung zu ermöglichen – in zwei Dimensionen illustriert. Für n Dimensionen ist die Redewendung „Umfang eines Kreises" durch „Oberfläche einer Hyperkugel" zu ersetzen. Und für n Dimensionen sind normal- statt gleichverteilte Zufallszahlen zu benutzen (siehe Anmerkung „!").

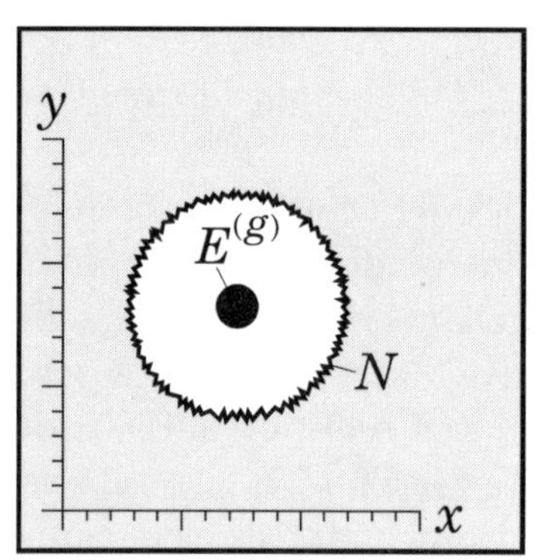

1.

Gegeben ist der Eltern-Variablensatz E (•) der Generation g. Gegeben ist die dem Elter inhärente Mutationsidee: „Varianten werden gleichwahrscheinlich auf den Umfang des Kreises N mit dem Radius δ_E gesetzt":

$$x_N - x_E = \delta_E \cos(2\pi z), \quad y_N - y_E = \delta_E \sin(2\pi z),$$

$z = [0 \ldots 1)$-gleichverteilte Zufallszahl.

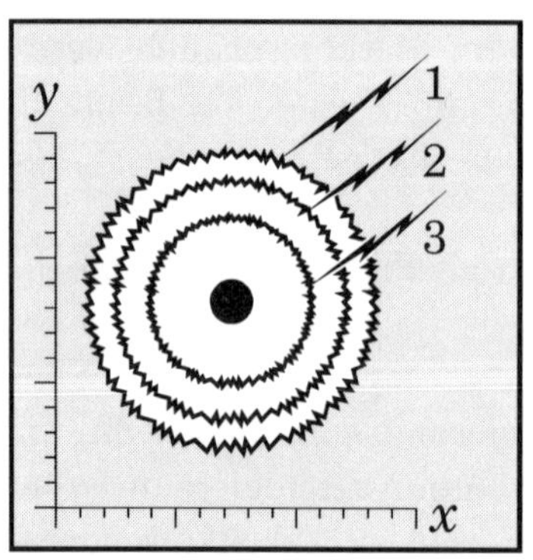

2.

Ein Generator (Zufall 1) modifiziert 3mal die obige Mutationsidee. Der Rauschkreisradius δ_E bildet dabei die Norm, um welche die drei Nachkommen-Rauschkreise streuen:

$$\delta_{N1} = \xi_1 \cdot \delta_E, \quad \delta_{N2} = \xi_2 \cdot \delta_E, \quad \delta_{N3} = \xi_3 \cdot \delta_E;$$

ξ_1, ξ_2, ξ_3 = log-normalverteilte Zufallszahlen; oder determinisiert: $\xi_1 = 2, \ \xi_2 = 1, \ \xi_3 = 1/2$.

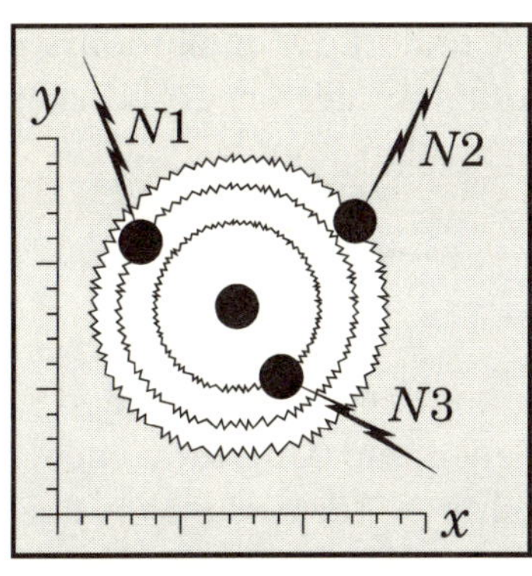

3.

Ein Generator (Zufall 2) setzt die drei Nachkommen der Generation g – gemäß der Mutationsidee – ***gleichwahrscheinlich*** auf den Umfang der drei Rauschkreise:

$$x_{N1}=x_E+\delta_{N1}\cos(2\pi z_1),\ y_{N1}=x_E+\delta_{N1}\sin(2\pi z_1),$$
$$x_{N2}=x_E+\delta_{N2}\cos(2\pi z_2),\ y_{N2}=x_E+\delta_{N2}\sin(2\pi z_2),$$
$$x_{N3}=x_E+\delta_{N3}\cos(2\pi z_3),\ y_{N3}=x_E+\delta_{N3}\sin(2\pi z_3).$$

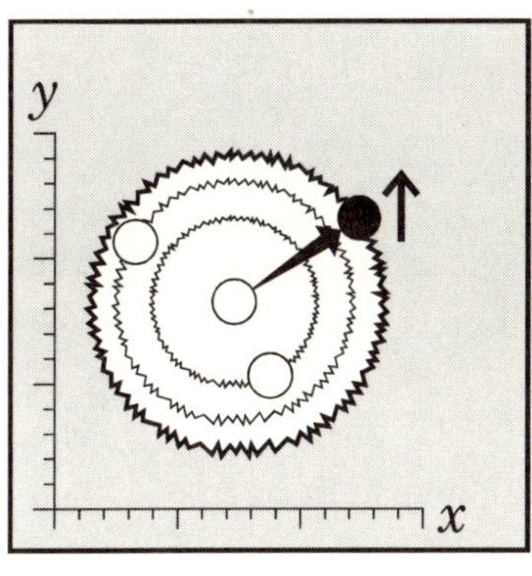

4.

Es folgt der Test: Die Qualität der 3 Nachkommen wird ermittelt. Der beste Nachkomme (↑) wird markiert (!). Gemerkt wird ***auch*** der Rauschkreisradius, der den besten Nachkommen hervorgebracht hat:

$$Q(x_{N1}, y_{N1})=\downarrow,\ Q(x_{N2}, y_{N2})=\uparrow,\ Q(x_{N3}, y_{N3})=\downarrow;$$
$$x_{N2}=!,\quad y_{N2}=!,\quad \delta_{N2}=!.$$

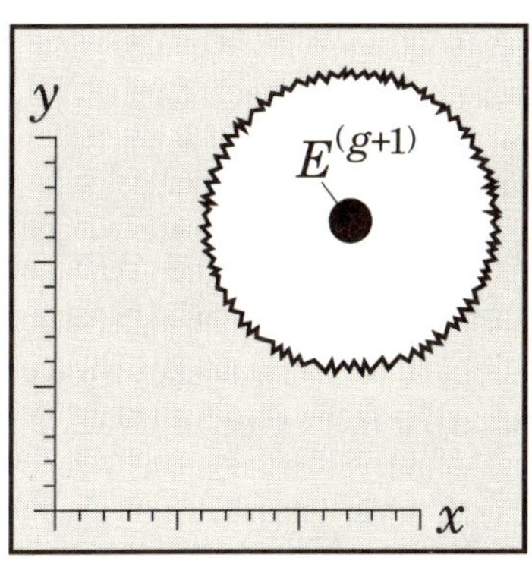

5.

Die Variableneinstellung des besten Nachkommen sowie der gemerkte Rauschkreisradius werden zur neuen Norm erklärt. Diese Norm heißt Elter der Generation $g+1$:

$$x_E = x_{N2},\quad y_E = y_{N2},\quad \delta_E = \delta_{N2}.$$

! *Für $n>2$ Variablen sind die sin-cos-Terme durch $(0, 1/\sqrt{n})$-gaußverteilte Zufallszahlen zu ersetzen.*

Auf was es ankommt: Der Elter setzt die Nachkommen „geplant“ verschieden weit vom eigenen Standort aus. Der Wettbewerb der strategischen Ideen besteht darin, daß die Reichweite des Zufalls zur Disposition gestellt wird. Die Tandemselektion von Variablensatz und Rauschmultiplikator liefert die elterliche Norm für die nachfolgende Generation. Die Selbstorganisation strategischer Operatoren durch Tandemselektion ist das A und O der Evolutionsstrategie.* In diesem Punkt unterscheiden sich Evolutionsstrategien grundlegend von Trial-and-Error-Verfahren sowie den Genetischen Algorithmen.

Die K-Rekombination

(K steht für kontinuisiert!) – Evolutionsstrategien kopieren Mechanismen der Vererbung. Das sind Mutationen von Merkmals-Genen und Mutator-Genen. In Genetik-Büchern liest man viel über den Austausch von Erbmerkmalen durch sexuelle Fortpflanzung (Fachbegriffe: Rekombination, Crossing-over). Ins geometrische Bild des Variablenraums übersetzt erhalten wir folgende Konstruktionsregel für das Setzen von rekombinierten Nachkommen einer (**2**/2, 5)-ES:

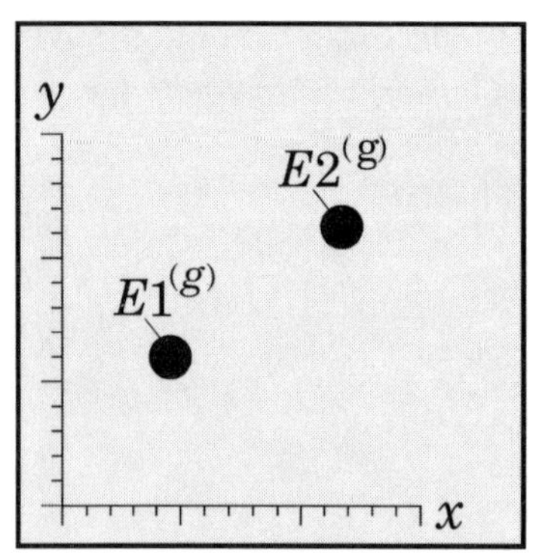

1.

Gegeben sind – wie es sich für die sexuelle Fortpflanzung gehört – zwei Eltern (●●) der Generation g. Wichtig für die folgende genetische Operation ist die Verschiedenheit der elterlichen Variableneinstellungen:

$$x_{E1} \neq x_{E2}, \quad y_{E1} \neq y_{E2}.$$

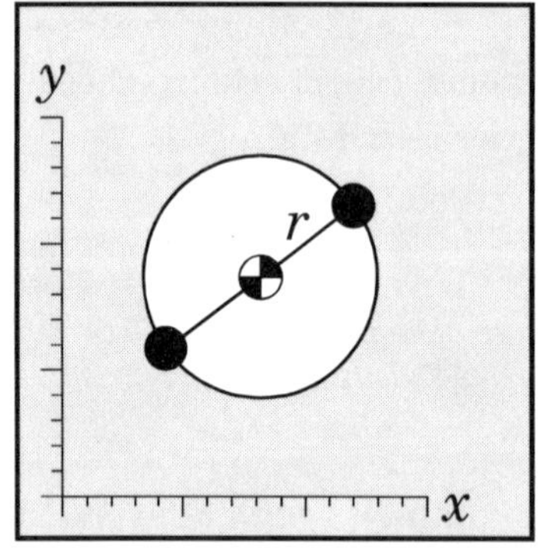

2.

Der Abstand zwischen beiden Eltern wird halbiert. Um den Halbierungspunkt (Elternschwerpunkt x_S, y_S) wird ein Kreis mit dem Radius des halben Abstands geschlagen:

$$x_S = \frac{x_{E1} + x_{E2}}{2}, \quad y_S = \frac{y_{E1} + y_{E2}}{2},$$

$$r = \frac{1}{2}\sqrt{(x_{E1} - x_{E2})^2 + (y_{E1} - y_{E2})^2}.$$

---

* Wie immens wichtig ich diese „Entdeckung" empfunden habe, zeigt eine Eintragung in meinem Tagebuch am 10. Febr. 1967. Dort lese ich: *„Idee über den Sinn der Population in der natürlichen Evolution. Gruppenevolution ermöglicht erst die selbsttätige Optimierung der Evolutionsstrategie"*. (Siehe auch I. RECHENBERG: Evolutionsstrategie, Dissertation TU Berlin 1971).

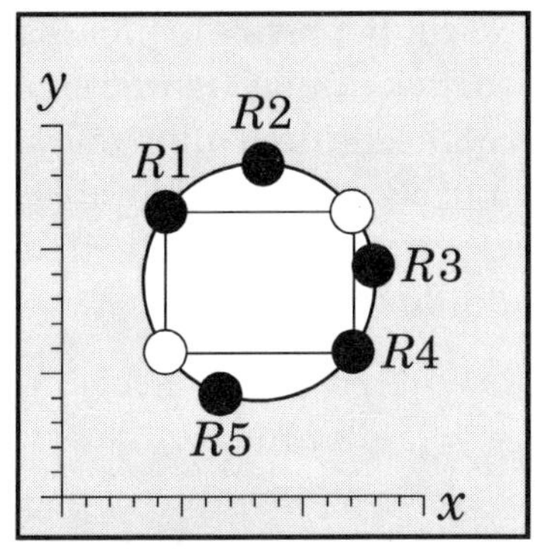

3.

Auf den Kreis werden $i = 1, 2, \ldots 5$ Rekombinanten gesetzt. In der Biologie würden diese nur an den Ecken des Rechtecks ($R1$, $R4$) positioniert. Der Evolutionsstratege kontinuisiert und nutzt den vollen Kreisumfang:

$$x_{Ri} = x_S + r\cos(2\pi z_i), \quad y_{Ri} = y_S + r\sin(2\pi z_i),$$

$z_i = [0 \ldots 1)$-gleichverteilte Zufallszahl.

4.

Wir studieren die K-Rekombination in Rein-Form. Es wird nicht mutiert. Von den 5 Nachkommen werden die 2 besten selektiert und zu Eltern der Generation $g+1$:

$$x_{E1} = !, \quad y_{E1} = !, \quad x_{E2} = !, \quad y_{E2} = !.$$

! *Für $n > 2$ Variablen sind die sin-cos-Terme durch $(0, 1/\sqrt{n})$-gaußverteilte Zufallszahlen zu ersetzen.*

Der Kenner mag über das Konstrukt der kontinuisierten Rekombination überrascht sein. Doch ich möchte nachdrücklich darauf hinweisen: Die Theorie der Evolutionsstrategie ist – in Analogie zur Physik des Kontinuums – eine Genetik des Kontinuums. Die Kontinuums-Physik beschreibt das makroskopische Verhalten der Materie unter Auslassung der molekularen Feinheiten. Das ist eine mathematische Fiktion, mit der sich trefflich rechnen läßt. Analog beschreibt die „Kontinuums-Genetik" (Evolutionsstrategie) das makroskopische Verhalten der Vererbung unter Auslassung der molekulargenetischen Einzelheiten. Auch das ist aus der Sicht der Genetik eine mathematische Fiktion. Aber das Operieren im Kontinuum zahlt sich auch hier aus; es ist „mathematik-konform". Zudem arbeitet der Evolutionsstratege in der Praxis häufig im Kontinuum. Und wer mit reellwertigen Variablen arbeitet, müßte erklären, weshalb er sich auf diskrete Setzregeln für Nachkommen beschränkt.

Eine Bemerkung zum Zufall: Treibstoff für den Optimierungsmotor Evolutionsstrategie sind $(0, \sigma)$-normalverteilte Zufallszahlen. Die 0 kennzeichnet den Mittelwert und σ die Standardabweichung. Heute ist es in der Statistik üblicher, von (0, σ^2)-normalverteilten Zufallszahlen zu sprechen. Ich nenne σ^2 die Varianz, aber σ (und nicht σ^2) die Streuung. Standardabweichung und Streuung seien Synonyme. — Für viele Variablen n konzentrieren sich nun normalverteilte Nachkommen von selbst auf einer Hyperkugelschale mit dem Radius $\delta = \sigma \cdot \sqrt{n}$.* Um das n-dimensionalen Bild richtig wiederzugeben, wurde in den 2-dimensionalen Illustrationen der Zufall in Polarkoordinaten gesetzt.

Asymptotisches Denken in der ES-Theorie

Die Theorie kurz und bündig darzustellen ist nicht leicht. Aber es gibt eine List, die das Rechnen gehörig vereinfacht: Man lasse die Zahl n der Variablen gegen Unendlich gehen. Zufallsereignisse lassen sich dann durch repräsentative Mittelwerte ausdrücken. Das asymptotische ($n \to \infty$) Denken des Evolutionsstrategen stellt sich wie folgt dar:

Im n-dimensionalen Variablenraum liege der Elternpunkt E. Wir zeichnen den durch E gehenden Qualitätsgradienten. Die Gradientenlinie läßt sich wegen der kugelsymmetrischen Mutationsstreuung ohne Einschränkung zur x_1-Achse erklären (**a**). Wir betrachten den unfertigen Nachkommen N′, bei dem – bis auf x_1 – alle Variablen (0, σ)-normalverteilt mutiert wurden. Klar, der Zufallsvektor dieses unfertig mutierten Nachkommen steht senkrecht auf der x_1-Achse (**b**). Für große n bekommt dieser Vektor obendrein die konstante Länge $q = \sigma \cdot \sqrt{n}$.* Wir verfolgen die durch N' gehende Höhenlinie zurück bis zum Schnittpunkt mit dem elterlichen Qualitätsgradienten. Die Theorie der Evolutionsstrategie definiert die Strecke a als Fortschritt (hier negativ) des Nachkommen N' gegenüber dem Elter E (**c**). Der Leser möge dies hier so akzeptieren. Fortschritt ergibt sich, wenn der Rückschritt a durch die noch offene (0, σ)-normalverteilte x_1-Mutation übertroffen wird. Das ist nicht ganz einfach. Denn je größer wir die Streuung σ machen, um so größer wird der Querschritt q und damit bei konvexer Höhenlinie auch der Rückschritt a.

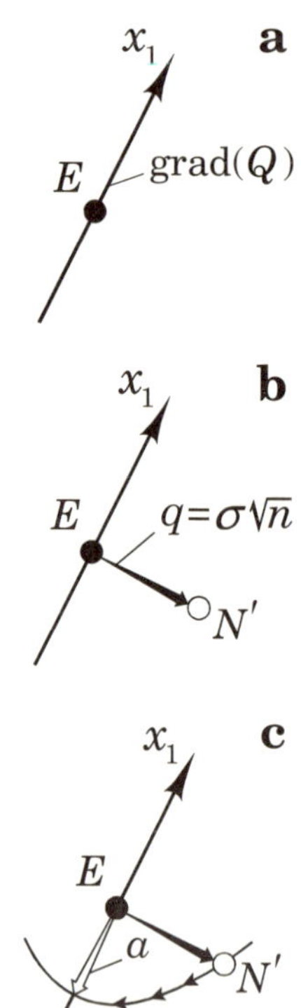

* Die Wurzel aus der Summe von quadrierten (0, 1)-normalverteilten Zufallszahlen bildet eine Chi-Verteilung. Für große Werte n wird daraus eine ($\sqrt{n}$, $1/\sqrt{2}$)-Normalverteilung. Die Länge des Zufallsvektors wächst mit zunehmender Dimension, nicht jedoch die Streuung.

Ein treffliches Modell: Wir operieren im n-dimensionalen Raum und können dennoch ebene Geometrie treiben. Aber: Zwar ist für jeden Nachkommen das Vektorbild gleich, doch die Höhenlinien sind es nicht. Die Höhenlinienprojektionen von λ unfertigen Nachkommen N' auf den Gradienten münden in einem Streubereich. Interessant ist eine um E kugelsymmetrische Qualitätsfunktion. Wenn beispielsweise alle durch E laufenden Höhenlinien Kreise mit dem Radius r sind (Kugelmodell), dann münden alle Nachkommen N' in einen Punkt. Es gilt der Pythagoras: $r^2 + q^2 = (r + a)^2$. Wir berechnen den Rückschritt $a = \sqrt{r^2 + \sigma^2 n} - r$ und daraus den resultierenden Fortschritt:

$$\varphi_{\text{Kugel}} = \varphi_{\text{Linie}} - \left(\sqrt{r^2 + \sigma^2 n} - r\right) \quad ☞ \quad \varphi_{\text{Kugel}} = c_{1,\lambda} \cdot \sigma - \frac{n}{2r} \cdot \sigma^2.$$

Die rechts stehende Form der Fortschrittsgleichung ergibt sich, indem man für den Linienfortschritt das theoretische Ergebnis einsetzt, den Wurzelausdruck in eine Potenzreihe entwickelt und diese für $\sigma^2 n \ll r^2$ nach dem quadratischen Glied abbricht. Tabellen für $c_{1,\lambda}$-Werte finden sich im Kapitel 17.

Was nutzt die Theorie? — Die Fortschrittsgleichung zeigt, daß es eine optimale Mutationsstreuung gibt. Und am Ergebnis $\sigma_{\text{opt}} = c_{1,\lambda} \cdot r/n$ sehen wir, daß diese Streuung für große Werte von n klein gegenüber dem Radius r wird. Die Evolutionsstrategie diffundiert am schnellsten in schmalen Bahnen. Dem Evolutionsbiologen würde die Fortschrittsgleichung sagen: Nicht Saltationismus, sondern Gradualismus ist das Wesen evolutionären Geschehens.

Aus dem geometrische Modell läßt sich auch der Sinn einer Sexualität herauslesen: Die bis auf x_1 mutierten Nachkommen verteilen sich wegen der zufälligen Richtung des N'-Vektors auf einer $(n-1)$-dimensionalen Hyperkugel (Radius q) um E. Werden die Variablenwerte der Nachkommen nun (intermediär) rekombiniert (Bildung von Mittelwerten), rücken sie in die Hyperkugel hinein und der Querschritt q (Entfernung zum Elter) und damit auch der Rückschritt a werden verkleinert. Das ist die mathematische Interpretation der beliebten, mir banal erscheinenden Erkenntnis: Durch Rekombination sammeln sich gute Variableneinstellungen an.

Eine andere unerwartete geometrische Aussage: Man darf in einem evolutionsstrategischen Mutations-Selektion-Zug die Mutationsstreuung σ mit einem Faktor $k > 1$ multiplizieren (groß mutieren) und diesen Faktor dann nach der Selektion – Zufallsszahl für Zufallszahl – wieder herausnehmen (klein vererben). Die Zwischenoperation der σ-Multiplikation kürzt sich heraus, solange man es – locker formuliert – nicht übertreibt. Mich hat diese (asymptotische) Aussage überrascht, obgleich es trivial ist, wenn der Querschritt q zur Konstanten wird.

Der Kunstgriff „groß mutieren" aber „klein vererben" ist für das evolutionsstrategische Optimieren im Rauschen von größter Bedeutung. Nachkommen mit großer Mutationsstreuung ragen nun signifikant aus dem Rauschen heraus.

Evolutionsstrategische Gradienten-Diffusion

Optimierungsstrategien gibt es wie Sand am Meer. Jeder kocht sein eigenes Süppchen. Teils mutet es wie Alchemie an, wenn man in Fachartikeln die vielen, vielen strategischen Optimierungszüge studiert. Die Wissenschaftlichkeit bleibt auf der Strecke. Wissenschaft, so läßt sich in jedem Lexikon nachlesen, muß erklären! Ich gestehe ein, daß es verführt, einen Vererbungsmechanismus sogleich als raffinierten Optimierungsschachzug zu propagieren, getreu der Devise: Die Natur wird's schon richtig machen. Der „wissenschaftlich arbeitende Evolutionsstratege" aber hinterfragt: Wie erklärt es sich, daß evolutionsanaloges Operieren zu einem Optimum und nicht sonstwohin führt. Die Antwort ist desillusionierend: Evolutionsstrategien machen nichts anderes, als es von klassischen Gradientenstrategien her bekannt ist. Sie laufen (besser diffundieren) auf Wegen steilsten Anstiegs bergan. Ich weiß: Vielen Optimierern ist das zu wenig. Sie wünschen sich eine globale Optimierungsstrategie. Meine persönliche Meinung: Die Suche nach der globalen Optimierungsstrategie, die (im Hochvariablenraum!) zielstrebig in einer Bahn zum höchsten Berggipfel zieht, gleicht dem Wunsch, ein *Perpetuum mobile* zu bauen. Auch die Evolutionsstrategie macht Unmögliches nicht möglich. Ansonsten möchte ich dreist behaupten: **„Die Evolutionsstrategie ist die *universell* beste aller Optimierungsstrategien".**

1

„Darwin“ im Windkanal

Künstliche Evolution

Im August des Jahres 1964 fand am *Hermann-Föttinger-Institut für Strömungstechnik der TU Berlin* ein nicht alltägliches Experiment statt. DARWINs Evolutionstheorie sollte sich auf dem Prüfstand eines Windkanals bewähren. Das Versuchsobjekt: Eine ziehharmonikaförmig gefaltete Fläche (***Bild 1-1***). Die Windkanalströmung bildet die Umwelt für dieses „Zickzack-Wesen". Der Vergleich mit einem im Wasser lebenden Urwurm aus den Anfangszeiten der Evolution liegt nahe. Mutation und Selektion – so die These DARWINs – hat den Fisch strömungsoptimal geformt. Läßt sich durch Mutation und Selektion auch die Zickzack-Platte in die Form minimalen Strömungswiderstands bringen?

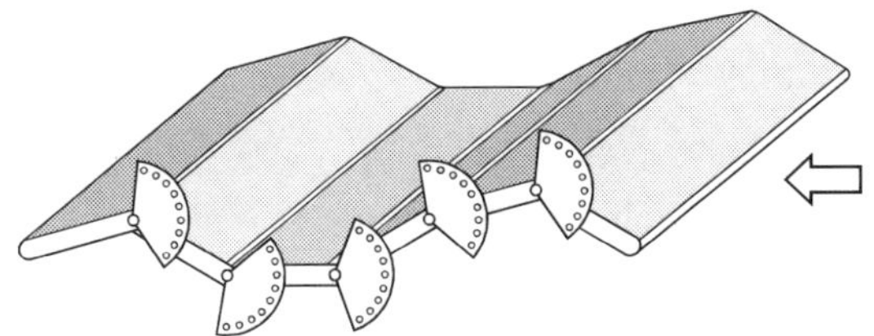

Bild 1-1:

Urwurm im Windkanal – Schlüssel-Experiment mit der Evolutionsstrategie.

Die Analogie zwischen dem Windkanal-Experiment mit der Gelenkplatte und der DARWINschen Evolution gründet sich auf die Gegenüberstellungen:

Erbanlagen, niedergeschrieben im DNS-Molekül (Genotyp)	↔	*Winkelgrade, notiert auf einem Protokollblatt*
Sichtbares Erscheinungsbild eines Lebewesens (Phänotyp)	↔	*Eingestellte Form der Gelenkplatte im Windkanal*
Zunehmende Tauglichkeit des Lebewesens in der Umwelt	↔	*Abnehmender Widerstand der Gelenkplatte im Windkanal*

Die verwinkelbare Fünfgelenkplatte mit 51 Einraststufen pro Gelenk konnte $51^5 = 345\,025\,251$ verschiedene Formen annehmen. Den geringsten Widerstand besitzt selbstverständlich die ebene Platte. Es ist wichtig, für ein *„Experimentum crucis“* die Lösung des Problems vorauszukennen. Denn die Frage lautet, ob bei Anwendung der Urmechanismen der biologischen Evolution (nur Mutation und Selektion) diese Form auch gefunden wird und wenn ja, wieviele Schritte dafür benötigt werden.

Das ***Bild 1-2*** zeigt den Ablauf des Experiments. Fazit: DARWINs Theorie funktioniert auch im Windkanal. Schon nach 320 Generationen hat die Faltplatte ihre widerstandsminimale Form erreicht. Zwar haben nicht alle Gelenkwinkel ihre ausgestreckte Stellung (Winkelwert 180°) angenommen. Das liegt daran, daß zwischen einer sanft gewellten und einer völlig ebenen Platte nur ein äußerst geringer Widerstandsunterschied besteht, der sich im vorliegenden Fall nicht mehr messen ließ. Die genaue Beschreibung des Experiments ist in **ES '73** (Kapitel 18) nachzulesen.

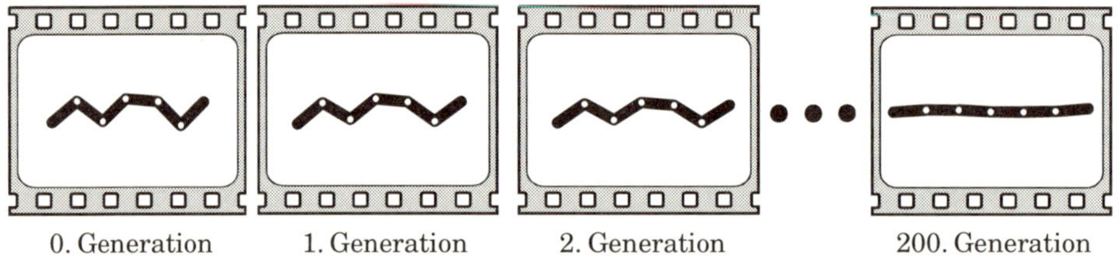

Bild 1-2: *Evolutionsfilm – Entwicklung eines widerstandsminimalen Strömungskörpers.*

Die Schnelligkeit der Evolution des Strömungskörpers erstaunte. Skeptiker hatten geschätzt, daß erst nach millionenfachem Mutieren der Gelenkplatte ein halbwegs ebenes Gebilde herauskommt. Die derweise leistungsfähige Optimierunsstrategie à la DARWIN wurde EVOLUTIONSSTRATEGIE getauft. Das Programm der Zukunft stand fest. Es galt, die Evolution genauer nachzuahmen.

Ich möchte die Geschichte der Evolutionsstrategie authentisch schreiben und hinzufügen: Der allererste Versuch unter dem Schlagwort „DARWIN im Windkanal“ wurde bereits mit einer modernen mehrgliedrigen Evolutionsstrategie durchgeführt. Heute würde das damals angewandte Verfahren eine (**10** + 1)-gliedrige Evolutionsstrategie genannt werden. Doch das Experimentieren mit einer Population von 10 Gelenkplatten erwies sich als sehr zeitaufwendig. Der Versuch wurde nach drei Tagen abgebrochen. Das Experiment konnte dann mit einer zweigliedrigen Evolutionsstrategie, heute (**1** +1)-ES genannt, erfolgreich beendet werden. Rückblickend ist zu sagen, daß der Premieren-Erfolg der Evolutionsstrategie einem glücklichen Zufall zu verdanken war: Spontan wurde die richtige Mutationsschrittweite gewählt. Denn die Grundfeste der Evolutionsstrategie, die Schrittweitenregelung, war noch nicht erfunden.

Evolution und Strategie – ein Widerspruch?

Wer Evolution und Strategie zusammenschreibt, der sollte Rechenschaft abgeben über diese eigenwillige Wortschöpfung: **Evolution** beinhaltet das von CHARLES DARWIN entwickelte Konzept einer zufallsbedingten Entwicklung der Lebewesen. Und **Strategie** kennzeichnet einen erdachten Plan, nach dem der Handelnde – in der Auseinandersetzung mit einem Gegenspieler – ein bestimmtes Ziel zu erreichen sucht. Zu DARWINs Zeit konnte man allenfalls theologisch argumentieren, daß dem Evolutionsmechanismus ein ausgeklügelter Handlungsplan innewohnt. Heute braucht man nur in MONROE W. STRICKBERGERs fundamentalem Genetik-Lehrbuch zu blättern (die 1988er Studienausgabe in deutscher Sprache umfaßt 843 Seiten), um eindrucksvoll vor Augen geführt zu bekommen, mit welch zahlreichen, durchschaubaren und undurchschaubaren Taktiken, die Strategie der Evolution arbeitet (***Bild* 1-3**).

***Bild* 1-3:**

Die „Schachzüge" der EVOLUTIONSSTRATEGIE lassen sich in jedem modernen Genetik-Lehrbuch nachlesen.

Offen bleibt die Frage nach dem vermeintlichen Gegenspieler der Evolution, durch dessen Agieren im Ursinne des Wortes der Einsatz einer Strategie notwendig wird. Die Antwort lautet: Es ist dies der „Fluch der Dimensionen" *, eine Verwünschung, die sich wie ein scheinbarer Opponent der Evolution aufführt. Etwas schicklicher ausgedrückt: Die immense Variabilität eines komplexen hochdimensionalen Systems schließt eine Unzahl nicht vorhersehbarer

* „Course of dimensionality", so bezeichnet von dem Mathematiker RICHARD BELLMAN.

physikalischer Reaktionen ein. Dieses für einen Experimentator undurchschaubare Reagieren der Natur wird vermenschlicht einem raffiniert operierenden Scheingegner zugeschrieben.

So gesehen ist es durchaus passend, dem genetischen Regelwerk, das dem Scheingegner „Natur" Paroli bieten kann, den Namen EVOLUTIONSSTRATEGIE zu geben. Gang und gäbe ist diese Sprechweise in den verschiedensten Wissenschaftszweigen. Ein Mathematiker bezeichnet einen Algorithmus (z. B. einen Optimierungsalgorithmus), der mit einem besonders widerspenstigen Problem fertig wird, ebenfalls gern als eine Strategie.

Evolution der Bewohner von Flächenland

„;Flächenland, ein mehrdimensionaler Roman, verfaßt von einem alten Quadrat (EDWIN A. ABBOTT)", hat Weltberühmtheit erlangt: Flächenland ist eine nur zweidimensionale Welt. Die Bewohner von Flächenland sind zweidimensionale geometrische Figuren. Auf der untersten Stufe der Entwicklung stehen die spitzwinkligen Dreiecke. Die einzige evolutive Errungenschaft dieser spitzwinkligen Primitiven ist ihre Gleichschenkligkeit. Extrem spitzwinklige und zugleich noch ungleichschenklige Dreiecke wären demnach die allerprimitivste Lebensform in Flächenland. Höher als gleichschenklige Dreiecke stehen gleichseitige Dreiecke. Noch höhergestellt sind Quadrate. Es wird zwar nicht explizit ausgesprochen, aber aus der Logik der Flächenland-Geschichte ist abzuleiten, daß Vierecke mit ungleichen Seitenlängen in ihrer Entwicklungstufe zwischen den gleichseitigen Dreiecken und den Quadraten liegen. Fünfecke, besonders wenn sie regelmäßig sind, gehören zu einer wiederum höheren Entwicklungsform in Flächenland. Aber die Krone der Schöpfung im Flächenland sind regelmäßige Vielecke. Je mehr gleiche Seiten und gleiche Winkel ein vieleckiges Flächenwesen besitzt, umso höher gestellt ist es. Ein „achtkantiger" Paläontologe von Flächenland hat im ***Bild* 1-4** die Stammesreihe der Polygonwesen einmal in Kurzform dargestellt:

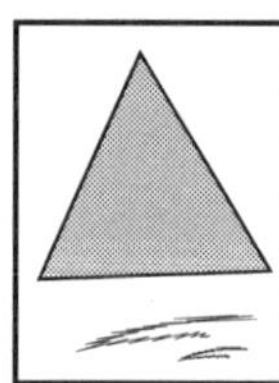
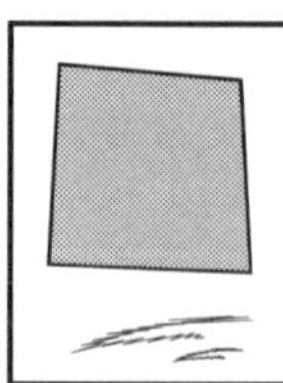
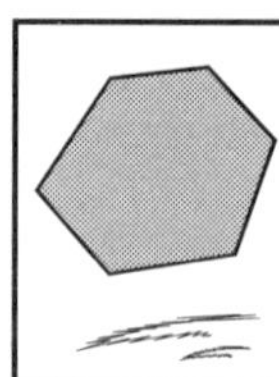
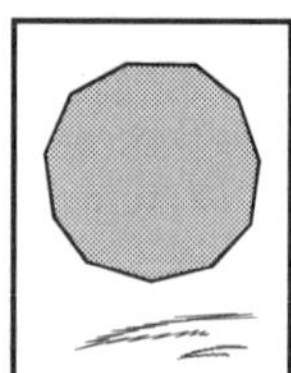

***Bild* 1-4:** *Evolution der Polygonwesen im „Flächenland".*

Die Figurenreihe von links nach rechts ist durch zunehmende Organisationshöhe (sprich Qualität der Flächenlandwesen) gekennzeichnet. Folgt man den Definitionen im ABBOTTschen Roman, dann ist die Qualität der Polygonwesen objektiv meßbar, so wie der Widerstand der „Zickzack-Wesen" im Windkanal meßbar war. Vieleckigkeit und Gleichseitigkeit ist von hohem Wert. Die Evolution der Flächenlandwesen läßt sich nachspielen. Diesmal benötigen wir keinen Windkanal, sondern einen Computer. Aber wir wollen mehr: Die Entwicklung vom Ur-Polygonwesen bis zur Krone der Flächenlandschöpfung, dem „Fast-Kreis", soll berechenbar gemacht werden.

Evolution der Erdlebewesen in Kurzform

Am Anfang war der Schleimklumpen im Meer der „Ursuppe". Daraus entwickelten sich primitive Wasserorganismen, Urfische genannt. Ein besonders fortschrittlicher Fisch hebt seinen Kopf aus dem Wasser und kriecht auf das Festland. Behaarte, langarmige Landtiere erklettern die Wipfel der Bäume. Schließlich erblickt der Mensch sich im Spiegel, sinnierend, wie er wohl entstanden sein mag?

In so markanter Kurzform hat der Karikaturist PREHN* im ***Bild 1-5*** die wesentlichen Entwicklungsstufen des Lebens, angefangen vom Urschleimklumpen bis zur Krönung der Schöpfung, dargestellt.

Bild 1-5: *Evolution des Lebens auf der Erde aus der Sicht eines Karikaturisten.*

Eine Karikatur ist eine Überzeichnung, die auf Wahrheit abzielt. In der Karikatur wird das Typische augenfällig gemacht. Der Evolutionsstratege vergleicht die Sequenz im ***Bild 1-5*** mit der Entwicklung der Flächenländler und der Optimierung der Gelenkplatte im Windkanal. Dann hat er einen absonderlichen

* In der Zeitschrift „Die Zeit" vom 23. 6. 1967.

Einfall: Könnte man vielleicht auch die biologische Evolution als eine „geometrische Höherentwicklung" auffassen? Ein solches Modell hätte den Vorzug, daß die biologische Höherentwicklung evolutionsstrategisch so abgehandelt werden könnte wie die Entwicklung von Gelenkplatte und Flächenlandwesen. Gewiß ist dieser Ansatz überzeichnet. Modelle sind nun einmal eine Karikatur der Wirklichkeit. Der Theoretiker will, wie der Karikaturist, mit seinem Modell das Typische herauspräparieren. Die strategische Evolutionstheorie basiert auf dem Modell einer molekularen, geometrischen Höherentwicklung.

Die „Strategische Evolutionstheorie"

Eine Evolutionstheorie, die ihren Namen zu Recht trägt, sollte die Höherentwicklung der Lebewesen nicht nur erklären, sondern auch berechenbar machen. Die Erwartungen bezüglich Berechenbarkeit der Evolution dürfen allerdings nicht zu hoch angesetzt werden. Ich weiß: Die meisten Menschen beschäftigt primär die Zukunft der Evolution. Aber eine mehrtausendjährige Extrapolation der Evolution wäre möglicherweise so ungenau wie eine 30tägige Wetterprognose. Gewiß, Berechenbarkeit heißt, daß z. B. die Bahn eines Himmelskörpers sowohl vorwärts als auch rückwärts bestimmt werden kann. Allerdings nicht beliebig lange. Es gibt Zeitentwicklungen mit empfindlicher Abhängigkeit von den Anfangsbedingungen. Die Lösungen enden im „Chaos". Das gilt für langfristige Himmelskörperbewegungen. Und das gilt vermutlich auch für langfristige evolutionäre Entwicklungen.

Es gibt genügend theoretische Modelle (wie z. B. die berüchtigten Wettermodelle), bei denen die Detailrechnung sich im Chaos der möglichen Lösungen verliert. Und doch sind diese Modelle durchaus geeignet, globale rechnerische Aussagen zu machen. Ähnliches gilt für die **strategische Evolutionstheorie**. Es wäre maßlos überzogen, wollte man aus dieser Theorie ableiten, wann genau die Eroberung des Landes in der biologischen Evolution stattgefunden hat, und welchen Platz im Reich des Lebens der Mensch in 100 000 Jahren einnimmt. Sehr wohl ist es aber möglich, mit Hilfe dieser Theorie globale Aussagen über den zeitlichen Ablauf der Evolution auf der Erde zu machen.

Eigentlich ist es verfrüht, wenn bereits im folgenden Kapitel 2 die strategische Evolutionstheorie für die Beantwortung einer kontrovers diskutierten Frage angewendet wird: Es geht um die rechnerische Nachprüfung der Behauptung des Pessimisten, daß 4,5 Milliarden Jahre (so alt ist unsere Erde) einfach zu wenig sind, um aus dem Urschleimklumpen der Ursuppe allein durch die in Genetik-Büchern beschriebenen Mechanismen der Evolution einen Menschen werden zu lassen. Wir werden mit einer Theorie, die ich bisher noch nicht näher erläutert habe, diese Zeit berechnen. Der Gewinn, wenn wir „das Pferd beim Schwanze aufzäumen", ist: Der angehende Evolutionsstratege bekommt bereits am Anfang ein Erfolgserlebnis. Er wird so eher motiviert, die Grundkonzepte der Evolutionsstrategie wie starke Kausalität, Fortschrittsgeschwindigkeit, Gradientendiffusion, Evolutionsfenster, mutative Schrittweitenregelung, THALES-Rekombination, u. a. zu studieren, um sie zu verstehen.

2

Die Frage nach der Evolutionszeit

Über die Eigenschaft der Form

Die Zickzack-Form bestimmt die Qualität (Widerstand) der Windkanal-Faltplatte. Die Flächengestalt ist Ausdruck der Wertschätzung eines Flächenländlers. Und auch die PREHNsche Karikatur der Evolution der Erdorganismen setzt auf die platte Äußerlichkeit der Form. Doch in Wahrheit sind es „innere Werte", die die Leistungsfähigkeit eines Lebewesens ausmachen. Nun zeigt sich, daß auch diese inneren Werte durch Formen, nämlich Molekülformen, bestimmt werden. Die Schlagzeile könnte lauten: **Form-Evolution der Gelenkplatte als Modell der biologischen Evolution.** Der Skeptiker wird dagegenhalten: Formgebungsproblem ist nicht gleich Formgebungsproblem. Das stimmt in der menschlichen Denkwelt begrenzter Dimensionszahl. Für viele Dimensionen (Variablen) ist alles anders: Der Charakter des Problems rückt mehr und mehr in den Hintergrund. Es ist die Dimensionszahl, die zunehmend das Problem bestimmt. Viele Variablen erzeugen ein gemitteltes Verhalten eines physikalischen Experimentierobjekts. Der Vergleich mit dem zentralen Grenzwertsatz der Statistik sei gestattet: Egal wie Zufallsvariablen sich verteilen. Bei vielen Variablen ergibt sich stets die Normalverteilung. Und auf ein „normales" Verhalten eines Variationsobjekts baut die vorgestellte Theorie auf.

Zickzack-Platte und Zickzack-Protein

Es folgt ein Sprung zur Protein-Chemie. Zwischen der Gelenkplatte und einem Protein-Molekül bestehen Analogien: Die Form beider Objekte entsteht durch eine lineare Aneinanderreihung von verwinkelbaren Verstellpunkten. Die Winkel-Variablen des Strömungskörpers sind Scharniere; die Winkel-Variablen des

Eiweißmoleküls sind Aminosäuren. Ein Winkel der Gelenkplatte konnte 51 Einstellstufen durchlaufen. Das „Scharnier" der Aminosäurenkette wird durch 20 verschiedene Aminosäuren gebildet. Gewiß, Aminosäuren sind nicht bloß ungleich eingestellte Scharniere. Die Wechselwirkung einer Aminosäure reicht weiter als bis zum linken und rechten Nachbarn. Doch das ist kein Grund für ein anderes evolutives Verhalten. Auch die Gelenkplatte hätte so konstruiert werden können, daß mittels $n = 5$ Spezialgetrieben bei der Verdrehung eines Gelenks jeweils alle anderen Winkel in einem bestimmten Verhältnis mitverstellt worden wären. Die evolutionsstrategische Optimierung wäre nicht anders verlaufen. Mathematisch bedeutet das eine Koordinatentransformation. Die Analogie zwischen Gelenkplatte und Proteinmolekül betrifft aber nicht nur den Variationsmechanismus. Wie bereits angedeutet geht es in beiden Fällen darum, ein Formgebungsproblem zu lösen; das eine Mal in der strömungstechnischen Makrowelt und das andere Mal in der molekularen Mikrowelt.

Das ***Bild 2-1*** zeigt mögliche Ergebnisse einer Formoptimierung in beiden Welten: In der Strömungswelt wurde eine Gelenkplatte so gewölbt, daß ihr Auftrieb maximal ist. Und in der molekularen Welt wurde eine Aminosäurenkette so verknäult und eingedellt, daß die Form des Proteinmoleküls eine quadratische Aussparung besitzt. Die Form eines Proteinmoleküls bestimmt seine Werkzeugfunktion (enzymatische Eigenschaft). Bildlich gesprochen wäre die Funktion des gezeigten Molekülknäuels die eines Keschers zum Fangen von Quadratmolekülen.

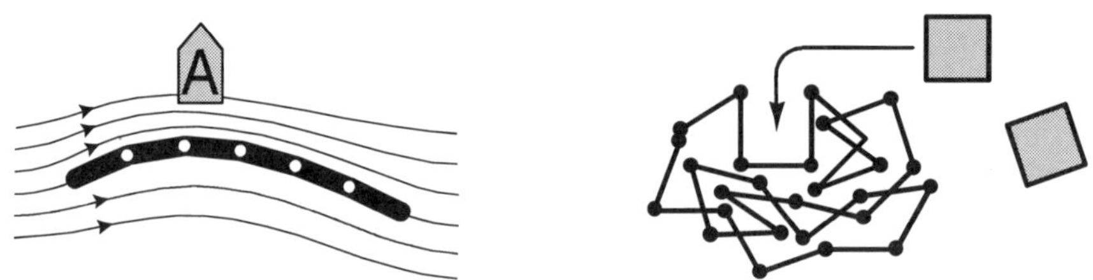

Bild 2-1: *Funktion der Form in Technik und Biologie – Auftriebsprofil (links) und Molekülkescher (rechts).*

In punkto Variablenzahl unterscheiden sich strömungstechnisches und biologisches System immens. Den fünf Scharnieren des Strömungskörpers stehen Hunderte von Millionen Aminosäuren eines Organismus gegenüber. Fünf Scharniere eines Strömungskörpers evolutionsstrategisch so einzustellen, daß der Widerstand minimal, der Auftrieb maximal oder die Gleitzahl (Verhältnis Auftrieb zu Widerstand) maximal wird, geht sicherlich schneller vonstatten, als eine Milliarde Aminosäuren so einzustellen, daß die enzymatische Wirkung des gebildeten Eiweißmoleküls optimal wird. Wir fragen: Wie lange würde es dauern, bis eine Gelenkplatte, bestehend aus so vielen Gelenkwinkeln wie es Aminosäurenpositionen im Protein-Molekülsystem eines Organismus gibt, ebenso gut optimiert ist, wie die Zickzack-Platte im Windkanalexperiment?

Mechanik des evolutionsstrategischen Bergsteigens

Der große Naturforscher HERMANN VON HELMHOLTZ hat einst sinngemäß gesagt: „Einen Naturvorgang verstehen heißt, ihn in die Mechanik zu übersetzen". Genau das ist mit dem Gelenkplattenexperiment geschehen: Der Naturvorgang „Evolution" wurde mechanisch nachvollzogen. Und was sich mechanisch durchführen läßt, das sollte sich auch mathematisch fassen lassen. Die theoretische Analyse des Plattenversuchs zeigt: Der Prozeß der Optimum-Ansteuerung ist mit der folgenden menschlichen Situation vergleichbar:

Angenommen es ist nebelig, und wir befinden uns in einer Berglandschaft. Wir halten Ausschau nach dem Gipfel, können ihn aber nicht sehen. Nach einigem Umherirren kommen wir zu beschilderten Wegen. Wir lesen auf dem ersten Schild „Waldlehrpfad". Ein nächstes Schild trägt die Aufschrift „Trimm-Dich-Pfad". Und schließlich erreichen wir einen Weg, der mit „Gradientenpfad" ausgeschildert ist. Es ist klar: Wir müssen dem Gradientenpfad folgen, um zum Gipfel zu gelangen. Der Gradientenpfad bildet einen Ariadnefaden, der zum Gipfel ausgelegt ist (***Bild* 2-2**). Auch die Evolutionsstrategie folgt diesem Leitfaden. Das zeigt die Computersimulation (siehe Kapitel 6, im Bild 6-4). Aber auch mathematisch läßt es sich begründen: Evolutive Höherentwicklung in vielen Dimensionen erweist sich als eine eindimensionale Diffusion, die der Gradientenschnur folgt.

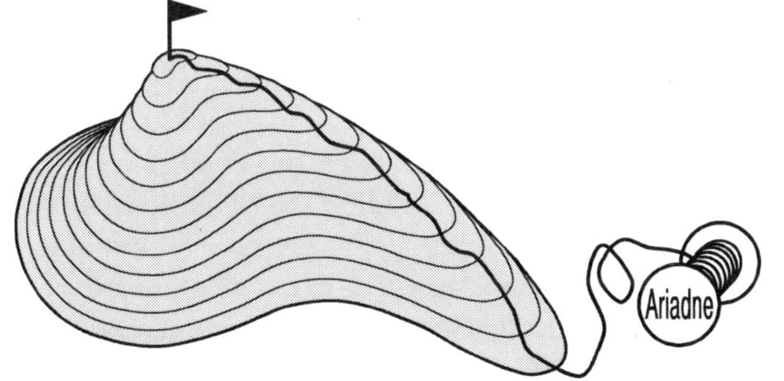

***Bild* 2-2:**

Deutung des Gradientenweges als ein zum Gipfel ausgerollter Ariadnefaden.

Die evolutionsstrategische Kletterlogik funktioniert nicht mehr, wenn es keine Hügellandschaft gibt. Jeder hat zwar eine Vorstellung davon, was ein Hügel ist. Dennoch soll Hügelverhalten definiert werden: Die Existenz eines Hügels wird lokal durch die Gültigkeit der sogenannten starken Kausalität angezeigt. Stark nennen Physiker heute die unscharfe Kausalitätsdefinition: **„Ähnliche Ursachen haben ähnliche Wirkungen".** Demgegenüber lautet das klassische Kausalitätsprinzip: **„Gleiche Ursachen haben gleiche Wirkungen".** Diese schärfere Definition wird heute als schwache Kausalität bezeichnet, und das deshalb, weil sie so wirklichkeitsfern ist. Somit ist das, was man einen Hügel nennt, sichtbar gemachte starke Kausalität, dadurch gekennzeichnet, daß in der nahen Umgebung eines jeden Ortes ähnliche Höhen anzutreffen sind. Normales Weltverhalten ist stark kausal. Denn normal ist, bei leicht veränderter Ursache mit nur leicht veränderter Wirkung zu rechnen. — Starke Kausalität ist die Richtschnur für das praktische Handeln des Menschen. Und starke Kausalität ist auch der Mutterboden der Evolution. Denn auch im genetischen System gilt, daß, gemessen am gesamten Spektrum denkbarer phänotypischer Änderungen, kleine Mutationen nur kleine Wirkungen hervorrufen.

Weiter oben wurde angekündigt, daß die hier vorgetragene Evolutionstheorie auf ein typisches Verhalten eines multivariablen Experimentierobjekts aufbaut. Dieses typische Verhalten wurde nun mit dem Prinzip der starken Kausalität eingegrenzt. Doch ich möchte nicht versäumen darauf hinzuweisen, daß theoretische Modelle (auch dieses) häufig schwarz-weiß-malen. Starke Kausalität bedeutet Vorhersage von lokaler Ordnung. Und ohne Ordnung läuft nichts, auch die Evolution nicht. Aber ein gemäßigtes Wirrwar in dieser Ordnung wird von der Evolutionsstrategie durchaus verkraftet.

Fortschreiten in einer stark kausalen Welt

Starke Kausalität hat eine mathematische Tradition. Die Möglichkeit, eine Funktion in eine TAYLOR-Reihe zu entwickeln, ist Denken in der Kategorie der starken Kausalität. Diese vorgefertigten mathematischen Strukturen wird die Theorie der Evolutionsstrategie nutzen.

Die zentrale Frage lautet: Wie schnell hangelt sich die Evolution in einer stark kausalen Welt aufwärts. Oder: Wie schnell klettert die Evolutionsstrategie einen typischen Berg hinauf? Die sogenannte Fortschrittsgeschwindigkeit φ ergibt sich, indem man den zurückgelegten Weg auf dem Gradientenpfad (nicht die gewonnene Höhe!) durch die Zahl der Generationen dividiert. Das lokalstatistische Fortschrittsmaß φ sei im ***Bild* 2-3** nochmals veranschaulicht.

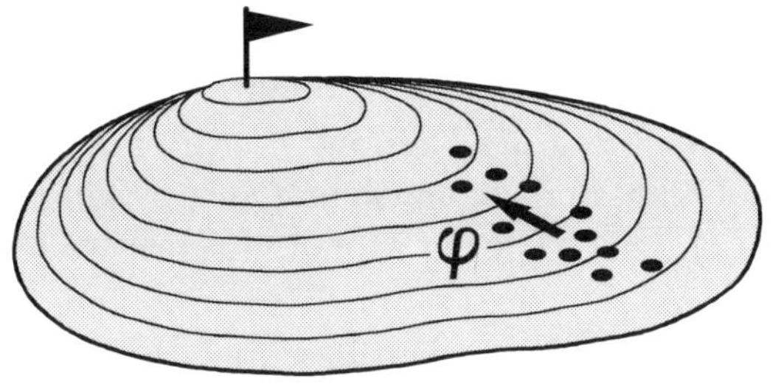

Bild 2-3:

Zur Definition der Fortschrittsgeschwindigkeit der Evolutionsstrategie.

Es ist einsichtig, daß φ von der Bergform abhängt. Da es viele Berge gibt, könnte φ somit jeden Wert annehmen. Theorie und Praxis zeigen jedoch etwas anderes: Die mutative „Blickweite" der Evolutionsstrategie ist begrenzt. Mathematisch gesagt: Dort, wo in einer TAYLOR-Entwicklung Glieder dritter oder höherer Ordnung zum Tragen kommen, darf die Mutation nicht mehr hinreichen. Sonst gibt es zu viele Mißerfolge, und die Klettergeschwindigkeit nimmt rapide ab. Die Evolution erreicht dann maximale Geschwindigkeit, wenn ihre Mutationen nur bis in das quadratische Einflußgebiet der Fitnessfunktion reichen.

Die Aussage ist von größter Tragweite. Man braucht nicht das gesamte Fitnessgebirge zu kennen. Es genügt die lokale Beschreibung des stark kausalen Verhaltens durch die allgemeinste quadratische Funktion. Und das ist die sogenannte Quadrikgleichung. Innerhalb dieser lokalen Landschaftsformation mit quadratischem Fittnessverhalten läßt sich die Fortschrittsgeschwindigkeit dann berechnen. Das ***Bild 2-4*** zeigt das Ergebnis. In dem Diagramm bedeutet φ^* die spezifische Fortschrittsgeschwindigkeit und δ^*die spezifische Mutationsschrittweite. Spezifisch heißt, die Strecken φ und δ wurden auf einen mittleren Krümmungsradius ω der Höhenlinien des Fitnessgebirges am Ort des Geschehens bezogen ($\varphi^* = \varphi/\omega$, $\delta^* = \delta/\omega$).

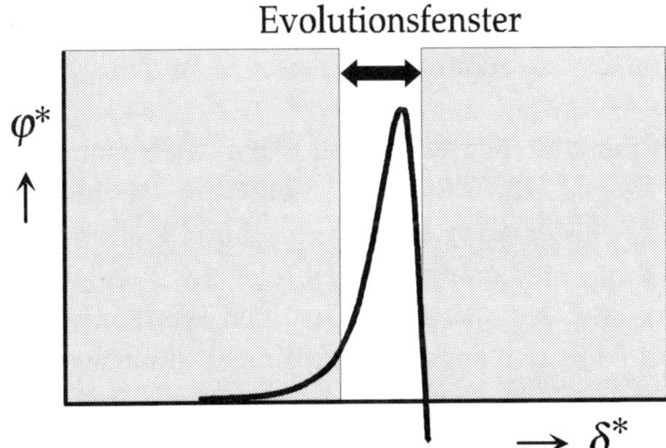

Bild 2-4:

Das Evolutionsfenster kennzeichnet im Spektrum der Mutationen das Schrittweitenband des Fortschritts.

Die Größe ω (man könnte sie auch Stärke der Nichtlinearität nennen) definiert einen lokalen Maßstab im Fitnessgebirge. Wie der Autofahrer im Kilometermaß, der Mechaniker im Millimetermaß und der Kernphysiker im Nanometer-Maßstab denkt, so operiert die Evolutionsstrategie in einem Omega-Maßstab. Denn Operieren im Fenster ($\delta^* \approx$ konst) heißt, daß die Mutationsschrittweite δ sich nach dem ω-Maß zu richten hat. Abschließend ist noch anzumerken: Die Größen φ^* und δ^* sind nicht die alleinigen theoretischen Beschreibungsgrößen der Evolution. Im ***Bild* 2-4** wären mindestens noch die Zahl n der Variablen des Problems, sowie die Zahl μ der Eltern und die Zahl λ der Nachkommen des Strategietyps in einer Legende mit anzugeben (siehe Kapitel 6).

Evolutionsfenster und Evolution zweiter Art

Eines fällt ins Auge: Die Existenz des scharfen Maximums für die Fortschrittsgeschwindigkeit φ^*. Dieser unerwartet enge Fortschrittskorridor wurde „Evolutionsfenster" getauft. Man mache sich klar: Ein so komplexer Vorgang wie das evolutionsstrategische Beklettern eines n-dimensionalen Qualitätsgebirges wird durch das einfache φ^*- δ^*- Gesetz beschrieben. Dieses Gesetz, das lediglich die Gültigkeit der starken Kausalität voraussetzt, besitzt einen allgemeingültigen Erkenntniswert. Man könnte das Diagramm so kommentieren: Rechts vom Evolutionsfenster sitzen die Revolutionäre (große Änderungen = Rückschritt) und links die Erzkonservativen (keine Experimente = Stagnation).

Fortschritt gibt es nur innerhalb des Evolutionsfensters. Wie bringt es nun die Evolution zustande, mit ihrer Mutationsschrittweite stets ins Fenster zu zielen. Die Antwort lautet: Durch eine Evolution 2. Art, auch Meta-Evolution genannt. Eine Evolution 2. Art findet nicht an phänotypischen Merkmalen statt, sondern sie äußert sich in der Auslese der schnelleren Mutationsschrittweite. Das ist möglich, da die Mutabilität eines Organismus ein mutierbares Erbmerkmal darstellt. Wie die Evolution 2. Art arbeitet soll aus der Sicht eines Bergsteigers illustriert werden:

Jeder Alpinist hat seinen persönlichen Kletterstil. Aber auch wenn – was wir annehmen wollen – Bergsteiger „Kraxelhuber" jeden Gipfel wohlbehalten erreicht, ist damit nicht gesagt, daß er auch besonders schnell klettert. Selbsteinschätzung der eigenen Leistung bleibt subjektiv. Es fehlt der Vergleich. Anders ist die Situation während einer Alpiniade: Im Gruppen-Wettklettern zeigt sich, welcher Kletterstil, gepaart mit der angeborenen Konstitution des Kletterers, der beste ist. Auch jetzt mögen alle Wettbewerber oben ankommen; aber einer ist der Schnellste.

Übertragen auf den Vorgang der Evolution heißt das: Ein Fitnessgebirge muß simultan mehrfach bestiegen werden. Im Ensemble der leicht differierenden Optimierungsalgorithmen wird sich so die schnellste Strategievariante offenbaren. Veränderte Mutationsschrittweiten δ wären Varianten des Evolutionsalgorithmus. Simultanes evolutionsstrategisches Gipfelsteigen eröffnet somit die Möglichkeit, Schrittweiten schnellsten Fortschritts (Fenster-Mutationen) zu selektieren. Das ist die Methode der biologischen Evolution. Die Population ist die biologische Erfindung zum simultanen Gipfelsteigen mit dem Ergebnis einer Evolution zweiter Art (***Bild* 2-5**).

***Bild* 2-5:** *„Gipfelstürmer" – Selbsteinschätzung des Klettertempos (links) und vergleichende Schnelligkeitswertung in der Gruppe (rechts).*

Die Frage nach der Kletterzeit

In der sogenannten Alpenskala werden die kletterischen Schwierigkeiten eines Geländes in 6 Grade eingeteilt. Rekordbergsteiger Kraxelhuber möge der Meta-Evolution nicht nachstehen und in jedem Gelände maximal zügig vorankommen. Wir fragen: Wieviel Zeit benötigt Kraxelhuber, um zum Berggipfel zu gelangen? Klar, die Frage läßt sich so noch nicht beantworten. Zuvor muß die Weglänge bis zum Gipfel angegeben werden, und es müssen die Schwierigkeitsgrade des Geländes längs der Kletterstrecke bekannt sein. Auch bei der Frage nach der Evolutionszeit müssen Entfernung zum Fitnessgipfel und der Schwierigkeitsgrad – das sind die lokalen mittleren Krümmungsradien des Fitnessgebirges – längs des Evolutionsweges bekannt sein. Die Vorstellungen, die zu einer Schätzung dieser Unbekannten führen, seien am Beispiel der folgenden abenteuerlichen Situation erläutert:

Gegeben sei eine quadratische Insel der Seitenlänge ℓ. Auf der Insel gibt es einen Vulkan (***Bild* 2-6**). Es sei angenommen, daß der Vulkangipfel an jeder Stelle der Insel mit gleicher Wahrscheinlichkeit hätte entstehen können (Zufallspunkt Z). Ein Bergsteiger springt nachts über der Insel mit einem Fallschirm ab. Sein Landepunkt sei ebenso zufällig gelegen wie der Vulkangipfel. Es sei D die Entfernung der Landestelle (Anfangspunkt A) vom Vulkangipfel (Zielpunkt Z).

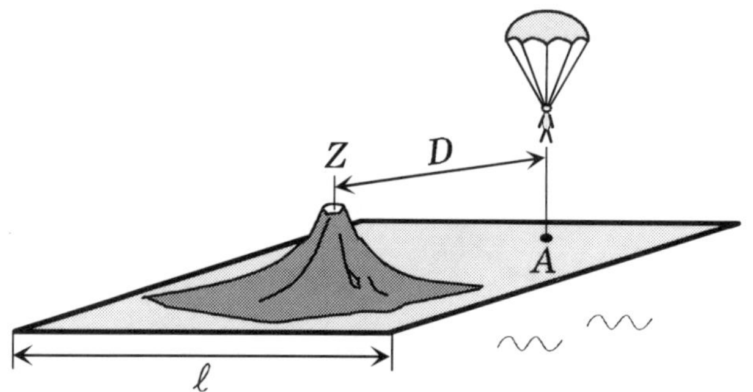

***Bild* 2- 6:**

Ein fiktives Kletterexperiment auf einer Vulkaninsel.

Hat der Springer Glück, dann landet er auf dem Gipfel ($D = 0$). Landet er an einer Inselecke, und befindet sich der Gipfel gerade diagonal gegenüber, dann ist D besonders groß ($D = \ell\sqrt{2}$). Dazwischen sind alle Werte von D möglich. Diese Ungewißheit bezüglich der Strecke D gilt nicht mehr im hochdimensionalen Raum. In einem n-dimensionalen Evolutionsareal, einem Hyperwürfel der Kantenlänge ℓ, ergibt sich für den Abstand D zweier Zufallspunkte die einfache Formel (s. Kapitel 5)

$$D = \ell\sqrt{n/6}\ .$$

Je größer die Anzahl der Variablen n ist, umso mehr wird durch einen Mittelungseffekt aus D eine Konstante. Die Kenntnis von D ist eine Voraussetzung für die Vorausberechnung der Kletterzeit zum Gipfel.

Auf dem Weg zum Vulkangipfel wird unser Abenteurer unterschiedliche bergsteigerische Schwierigkeitsgrade antreffen. Wir wollen annehmen, daß für ihn das Klettern immer beschwerlicher wird, je näher er an den Gipfel kommt. Jederman weiß, daß sich Höhenlinien in einer geologischen Karte in Gipfelnähe stärker krümmen. Diese Eigenschaft folgt schlicht aus der Tatsache, daß mit abnehmendem Gipfelabstand r das Gebiet, das noch höher liegt als der Ausgangspunkt, immer kleiner wird. Ein Ansatz, der dieses Verhalten in der einfachst denkbaren Weise berücksichtigt, lautet

$$\omega = r\ .$$

So wie auf der Vulkaninsel sei es im Fall der biologischen Evolution: Ihr Start sei durch eine Zufallseinstellung der „Aminosäurengelenke“ gegeben. Bekannt ist dann wegen der großen Variablenzahl die evolutiv zu durchkletternde Strecke D. Bekannt ist ferner die in jedem Evolutionsabschnitt anzutreffende Stärke der Nichtlinearität ω des Fitnessgebirges. Und schließlich wird angenommen, daß die Evolution durch Meta-Evolution (sprich Mutationsschrittweiten-Adaption) so gut klettert, daß sie immer die Hälfte des Maximalwertes von φ^* erreicht. Mit der Kenntnis dieser drei Fakten wird es möglich, die Generationszahl γ zu berechnen, die zum Erreichen des Gipfels aufgewendet werden muß. Es läßt sich die einfache Formel ableiten (s. Kapitel 5):

$$\gamma = \frac{4n}{c_{\mu,\lambda}^2} \ln \frac{1}{\varepsilon\sqrt{6}} .$$

Die Größe $c_{\mu,\lambda}$ wird Fortschrittsbeiwert genannt. Der Fortschrittsbeiwert liegt für sinnvolle Kombinationen der Elternzahl μ und der Nachkommenzahl λ zwischen 1 und 3. Die Generationsformel enthält eine noch nicht erklärte Größe, nämlich die erlaubte relative Abweichung ε, die jede Variable vom Optimum haben darf. Die Mathematik nimmt es genauer als der normale Bersteiger. Die Generationszahl geht gegen Unendlich, falls das Optimum ohne Fehler lokalisiert werden soll.

Evolution eines Multi-Zickzack-Proteins

Vor dem spannenden Schritt, mittels der γ-Formel die biologische Evolutionszeit abzuschätzen, wollen wir die Stichhaltigkeit der Formel testen. Wir fragen im nachhinein: Wie lange dauert es, bis aus einer zufällig verwinkelten Zickzack-Platte in der Umwelt des Windkanals eine widerstandsminimale ebene Platte wird? Gegeben sind fünf Variablen ($n = 5$). Es wird eine moderne (**1**, 10)-gliedrige Evolutionsstrategie angewendet ($c_{1,10} = 1{,}54$). Als erlaubt gelte ein Restfehler von einer Rasteinheit für jeden Winkel ($\varepsilon = 1/51$). Es ergibt sich

$$\gamma_{\text{Zickzackplatte}} = 26 .$$

26 Generationen zu je 10 Nachkommen ergeben zusammen ***260 Versuche***. Tatsächlich wurden für das erste Windkanalexperiment mit der Gelenkplatte 320 Versuche benötigt. Die Größenordnung stimmt! Es erübrigt sich, auf die kleinen Unterschiede zwischen der damals verwendeten zweigliedrigen Evolutionsstrategie und der mehrgliedrigen Evolutionsstrategie einzugehen.

Nun machen wir den Sprung zu einer Hyper-Gelenkplatte. Das muß nicht eine einzige lange Platte sein. Die Platte darf auch aus vielen Teilen bestehen. Wir interpretieren das Gelenkplatten-Ensemble als einen „Sack voll Proteine", der ein Lebewesen in Funktion hält (***Bild* 2-7**).

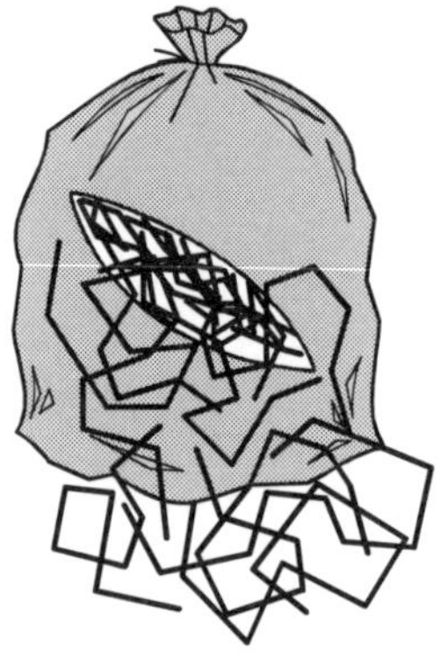

***Bild* 2-7:**

„Sack voll Proteine" – ein Formgebungsproblem mit einer Milliarde Dimensionen.

Insgesamt besitze das Gelenkplatten-System $n = 10^9$ Winkel. Jeder Winkel habe 20 Einstellmöglichkeiten. Das entspricht gerade der Zahl der verschiedenen Aminosäuren. Der erlaubte Restfehler sei wiederum eine Winkel-Rasteinheit ($\varepsilon = 1/20$). Wir legen eine mehrgliedrige Evolutionsstrategie mit 100 Eltern und 1000 Nachkommen zugrunde ($c_{100,\,1000} = 2{,}5$). Es wird angenommen, daß es sexuelle Fortpflanzung noch nicht gibt. Die Generationszahl errechnet sich zu

$$\gamma_{\text{Protein-System}} = 1{,}3 \cdot 10^9 \,.$$

Was diese Zahl aussagt, soll nochmals in Worten wiedergegeben werden: Eine Milliarde Aminosäuren, gedeutet als Molekülscharniere, können nach 1,3 Milliarden Generationen evolutionsstrategisch so einjustiert werden, daß das funktionale Zusammenspiel der gebildeten Eiweißmoleküle eine Optimierungshöhe erreicht, die sich mit der Optimierungshöhe der widerstandsminimalen Gelenkplatte im Windkanal vergleichen läßt.

Lotterie-Evolution kontra Kletter-Evolution

Rekapitulieren wir: Die DNS eines höherentwickelten Lebewesens kann durchschnittlich eine Milliarde Aminosäuren codieren. Die optimale Einstellung eines fiktiven Systems von Aminosäuren-Gelenkketten soll mit einem erlaubten Restfehler von ±1 Rasteinheit für jeden Winkel gefunden werden. Unter den

$20^{1\,\text{Milliarde}}$ möglichen Einstellzuständen des Systems gibt es also $3^{1\,\text{Milliarde}}$ zufriedenstellende Lösungen. Die Wahrscheinlichkeit, eine dieser Lösungen rein durch Zufall zu finden (***Bild 2-8*** links) ist praktisch gleich Null. Genau genommen beträgt sie:

$$1 : (20/3)^{1\,\text{Milliarde}} = 1 : 10^{824\,\text{Millionen}}\ .$$

Diese Überlegung zeigt: Evolution hat nichts mit einer Lotterie gemein. Das Klettermodell der Evolution kommt demgegenüber zu dem Ergebnis, daß bereits 1,3 Milliarden Generationen ausreichen, um das Optimum mit der oben festgesetzten Genauigkeit zu lokalisieren (***Bild 2-8*** rechts).

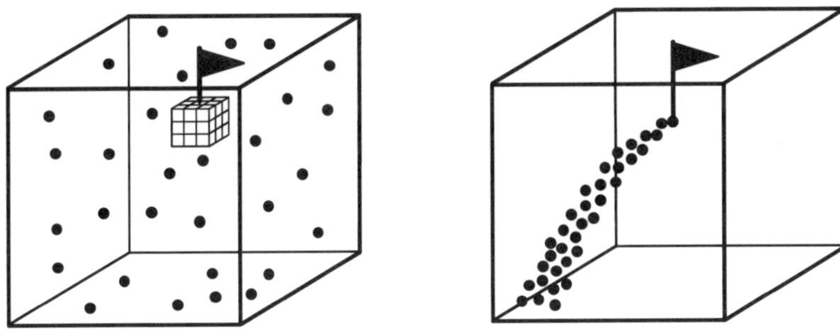

Bild 2- 8: *Evolutionsbilder: Kein planloses Stochern (links), sondern gerichtete Diffusion im Raum (rechts).*

Lassen wir – über den Daumen festgesetzt – einer Generation die Zeit von einem Jahr, dann ergeben sich 1,3 Milliarden Jahre Evolutionszeit. Das stimmt beinahe zu gut mit den erdgeschichtlich zur Verfügung stehenden Zeiträumen überein. Denn wir sollten im Auge behalten: Das hier vorgestellte Evolutionsmodell, das von einem technischen Experiment seinen Ausgang nahm, ist gewiß noch verfeinerungsbedürftig.

Fazit: Unsere Erde ist 4,5 Milliarden Jahre alt. Fossile Funde sprechen dafür, daß schon vor 3,8 Milliarden Jahren primitive Bakterien auf der Erde gelebt haben. Die evolutionsstrategische Theorie errechnet nur 1,3 Milliarden Dauer. Nun darüber zu diskutieren, was in den verbleibenden 2,5 Milliarden Jahren geschehen ist, wäre lächerlich. Bemerkenswert am theoretischen Wert ist, daß die Größenordnung stimmt. Es ist vorauszusehen, daß die Evolution in der Realität anders klettert als in der Theorie. Gewiß ist das Fitness-Gebirge komplexer als es der Ansatz „Höhenlinienkrümmungsradius = Zielabstand" bescheibt. Ferner wirkt sich stark bremsend aus, wenn die Fitnesswerte, die die Bergoberfläche aufspannen, verrauscht sind. Aber wiederum schneller als im Rechenbeispiel klettert die natürliche Evolution, weil ihre Strategie raffinierter arbeitet als die abstrahierte (μ, λ)-ES mit mutativer Schrittweitenregelung. So wird im Kapitel 11 mit der Theorie der THALES-Rekombination gezeigt, daß der Mechanismus der sexuellen Fortpflanzung den Fortschritt der Evolution etwa um den Faktor μ (Zahl der Eltern einer Population) erhöht.

Einem weiteren Fehlschluß sei vorgebeugt: Das Klettermodell beinhaltet nicht die Aussage, daß die Evolution nur einem Gipfelpunkt entgegenläuft. Auf der erwähnten Vulkaninsel könnten viele Gipfel existieren. Eine Bergsteigergruppe könnte sich aufteilen und versuchen, alle Gipfel zu erklimmen. Es ist eine merkwürdige Eigenschaft des hochdimensionalen Raumes in der Form eines Hyperwürfels, daß alle hineingewürfelten Punkte denselben Abstand voneinander haben. Die berechnete Evolutionszeit gilt deshalb für alle Stämme der biologischen Evolution.

Schließlich ist mit den berechneten 1,3 Milliarden Generationen die Evolution nicht etwa beendet. Berggipfel verschieben sich, neue Gebirgskuppen steigen auf und alte verschwinden. **Es wird weiter geklettert!**

3

My-Lambda-Evolutionsstrategien

Theorien erster, zweiter, dritter, ... Ordnung

In den exakten Naturwissenschaften ist es gang und gäbe, Theorien in Stufen fortzuentwickeln. Der Wissenschaftler, der eine neue Theorie entwirft, konzentriert sich auf herausstechende Phänomene. Er idealisiert, reduziert und linearisiert. Gilt es doch, erst einmal eine Theorie 1. Ordnung zu entwerfen. Später wird der Ansatz verbessert. Eine Theorie 2. Ordnung entsteht und so fort.

In der Schulbiologie gilt es als unwissenschaftlich, über vermeintlich zweitrangige Phänomene hinwegzusehen. Jedes Detail ist wichtig; so lernt es der Student in den Biologie-Vorlesungen. Eine Aufteilung des biologischen Geschehens in Haupt- und Nebeneffekte ist bedenklich. Und das Gebot, daß nichts vernachlässigt werden darf, wird dann auch von einer Theorie verlangt. Mathematisierungen biologischer Gegebenheiten, die auf Weglassungen beruhen, genießen wenig Anerkennung. So erging es anfänglich auch der Theorie der Evolutionsstrategie. Ich erinnere mich an eine Diskussion nach einem Vortrag über die Evolutionsstrategie, gehalten 1979 an der *Medizinischen Hochschule Hannover*: Der Protest eines Biologen gipfelte in dem Zwischenruf: „Wo findet sich in ihrem Modell die Heterozygotie?" — Sicher, ein subjektiv negatives Erlebnis, das nicht absolut zu setzen ist. Auch Biologen beherzigen den Ausspruch C. G. LICHTENBERGs: *„Durch das Einfache geht der Eingang zur Wahrheit"*.

Vom „Versuch und Irrtum" zur Evolutionsstrategie

Aber CHARLES DARWIN hätte kaum den epochalen Erfolg gehabt, wenn er nicht mit Akribie die zahllosen Details der Evolution gesammelt hätte, um seine These zu untermauern. Heute vor die Aufgabe gestellt, aus DARWINs Monumentalwerk *„On the Origin of Species"* alle zweitrangigen Phänomene herauszustreichen, würde ich den folgenden Telegrammtext formulieren:

```
elter erzeugt variierten nachkommen stop der bessere überlebt
```

Da Evolutionsbiologen – was richtig ist – besonders auf den Wirkungsmechanismus der Population setzen, wäre besser der Plural zu setzen:

```
eltern erzeugen variierte nachkommen stop die besten überleben
```

Der Telegrammtext 1 beschreibt in Kurzform ein Verfahren, das auch als „Versuch-und-Irrtum-Methode" bezeichnet wird. Doch ist es nicht zu simpel, so die Evolution simulieren zu wollen? Um so mehr überrascht, daß die Theorie des zweigliedrigen Wettkampfschemas (ein Elter, ein Nachkomme) Ergebnisse liefert, die bei einem exakteren Ansatz nicht anders ausfallen (siehe **ES '73**). Bezeichnet man die zweigliedrige Evolutionsstrategie als Modell der Evolution erster Ordnung, dann hat die Pluralform (Telegrammtext 2) bereits den Charakter eines Evolutionsmodells zweiter Ordnung.

Basis-Algorithmus der $(1 \overset{+}{,} \lambda)$*-Evolutionsstrategie*

Variationsschritt verbal formuliert (für Plus- und Komma-Version gleich):

$\overset{+}{,}$	Ein Elter erzeugt Lambda (λ) mutierte Nachkkommen.

Selektionsschritt verbal formuliert (Plus- und Komma-Version verschieden):

+	Elter plus Nachkommen gelangen in eine Selektionsurne. Der beste Gruppenvertreter (*GB*) wird zum Elter der folgenden Generation.
,	Nur die Nachkommen gelangen in eine Selektionsurne. Der beste Nachkomme (*NB*) wird zum Elter der folgenden Generation.

Variationsschritt mathematisch formuliert (für Plus- und Komma-Version gleich):

$$\overset{+}{,} \quad \boldsymbol{x}_{N1}^{g} = \boldsymbol{x}_{E}^{g} + \boldsymbol{z}_1 , \qquad \boldsymbol{x}_{N2}^{g} = \boldsymbol{x}_{E}^{g} + \boldsymbol{z}_2 , \qquad \dots \qquad \boldsymbol{x}_{N\lambda}^{g} = \boldsymbol{x}_{E}^{g} + \boldsymbol{z}_{\lambda} .$$

Selektionsschritt mathematisch formuliert (Plus- und Komma-Version verschieden):

$$+ \quad \boldsymbol{x}_{E}^{g+1} = \boldsymbol{x}_{GB}^{g} \quad \text{für} \quad Q(\boldsymbol{x}_{GB}^{g}) = \mathrm{Opt}\left\{ Q(\boldsymbol{x}_{E}^{g}),\ Q(\boldsymbol{x}_{N1}^{g}),\ \dots\ Q(\boldsymbol{x}_{N\lambda}^{g}) \right\},$$

$$, \quad \boldsymbol{x}_{E}^{g+1} = \boldsymbol{x}_{NB}^{g} \quad \text{für} \quad Q(\boldsymbol{x}_{NB}^{g}) = \mathrm{Opt}\left\{ Q(\boldsymbol{x}_{N1}^{g}),\ Q(\boldsymbol{x}_{N2}^{g}),\ \dots\ Q(\boldsymbol{x}_{N\lambda}^{g}) \right\}.$$

Die fett markierten Größen sind Vektoren mit der Variablenzahl als Anzahl der Komponenten. Die Größe $\boldsymbol{z}$ bildet einen Zufallsvektor. Es sei vereinbart, daß die Komponenten $z_1, z_2, \cdots z_n$ normalverteilte Zufallszahlen bilden, und zwar mit dem Zentralwert Null und der Streuung $\sigma = 1/\sqrt{n}$. Damit wird erreicht, daß die Länge $|\boldsymbol{z}|$ des Zufallsvektors nicht von der Variablenzahl n abhängt, sondern im Mittel (für $n \gg 1$) gleich Eins ist. Doch der Algorithmus taugt noch nicht viel. Es fehlt eine Regel für die Anpassung der Mutationsschrittweite an das Problem. Das gilt für jede Optimierungsstrategie: Ohne Schrittweiten-Adaptation ist eine Optimierungsstrategie von geringem Wert.

Algorithmus der (1, λ)-Evolutionsstrategie mit MSR

Wir wiederholen uns mit Beschränkung auf die Komma-Art der Eins-Lambda-ES (SCHWEFEL 1975). Das Kürzel MSR heißt Mutations-Schrittweiten-Regelung.

Variationsschritt mathematisch formuliert:

$$\delta_{N1}^g = \delta_E^g \cdot \xi_1\,, \qquad \delta_{N2}^g = \delta_E^g \cdot \xi_2\,, \qquad \ldots \quad \delta_{N\lambda}^g = \delta_E^g \cdot \xi_\lambda\,,$$

$$\boldsymbol{x}_{N1}^g = \boldsymbol{x}_E^g + \delta_{N1}^g \cdot \boldsymbol{z}_1\,, \quad \boldsymbol{x}_{N2}^g = \boldsymbol{x}_E^g + \delta_{N2}^g \cdot \boldsymbol{z}_2\,, \quad \ldots \quad \boldsymbol{x}_{N\lambda}^g = \boldsymbol{x}_E^g + \delta_{N\lambda}^g \cdot \boldsymbol{z}_\lambda\,.$$

Selektionsschritt mathematisch formuliert:

$$\boldsymbol{x}_E^{g+1} = \boldsymbol{x}_{NB}^g\,, \qquad \delta_E^{g+1} = \delta_{NB}^g\,,$$

Index B: Bester Nachkomme.

Die hinzukommenden Größen δ_{N1} bis $\delta_{N\lambda}$ sind Faktoren, mit denen die Zufallsvektoren multipliziert werden. Da gemäß unserer Abmachung $|\boldsymbol{z}| \approx 1$ ist, können wir δ als Schrittweite der Evolutionsstrategie deuten. Die ebenfalls im erweiterten ES-Algorithmus hinzukommenden Größen ξ_1 bis ξ_λ werden deterministisch oder zufällig bestimmt. Nachfolgend drei Möglichkeiten:

Für λ gerade (z. B. $\lambda = 10$):

$$\xi_1 = \xi_2 = \ldots = \xi_5 = \alpha\,, \qquad \xi_6 = \xi_7 = \ldots = \xi_{10} = 1/\alpha\,.$$

Für λ durch 3 teilbar (z. B. $\lambda = 9$):

$$\xi_1 = \xi_2 = \xi_3 = \alpha\,, \quad \xi_4 = \xi_5 = \xi_6 = 1\,, \quad \xi_7 = \xi_8 = \xi_9 = 1/\alpha\,.$$

Für λ beliebig (im Programmiermodus):

`IF RND <.5 THEN` $\xi_i = \alpha$ `ELSE` $\xi_i = 1/\alpha$.

Für den Schrittweitenänderungsfaktor hat sich $\alpha = 1{,}3$ bewährt. Steigt die Variablenzahl ($n > 100$), sollte α verkleinert werden (siehe auch Kapitel 14).

Der Mechanismus, der einer MSR-ES innewohnt, ist leicht erklärt: In der Population der Nachkommen werden zu gleichen Teilen vergrößerte und verkleinerte Mutationsschritte „ausprobiert". Bezugswert für die multiplikativen Schrittweitenvariationen ist die beste Mutationsschrittweite aus der vorangegangenen Generation (δ_{NB}). Diese wird zur Normschrittweite (gleich Elternschrittweite) der neuen Generation. Es wird erwartet, daß sich in einer Nachkommenschaft bevorzugt diejenige Schrittweite durchsetzt, die der momentanen Topologie des Qualitätsgebirges besser angepaßt ist. Ich nenne diesen Prozeß **Evolution zweiter Art**. Ein Optimierungsablauf bei anfänglich zu klein gewählter Mutationsschrittweite stellt sich dann so dar: Erst steigt δ explosiv an, um dann mit kleiner werdendem Zielabstand wieder stetig abzunehmen.

Die Plus-ES mit MSR wurde nicht ausformuliert, weil die Schrittweiten-Adaptation hier mitunter Probleme bereiten kann. Man stelle sich vor, in einer Generation werde mit einer Normschrittweite operiert, die für die Gebirgskomplexität vielleicht 10fach zu groß ist: Die zu weit gesetzten Nachkommen fallen tief hinunter. Denn auch Nachkommen mit mutativ verkleinerter Schrittweite würden ja keine Chance haben, besser als der Elter zu sein. Ergebnis: Es überlebt der bei der Plus-Strategie unsterbliche Elter, der wiederum Nachkommen mit 10fach zu großer Schrittweite erzeugt – ad infinitum.

Leider führt das unabdingbare Aussterben der Eltern-Schrittweite bei der Komma-ES zu einem gegensätzlichen Effekt. Nun zählt, daß kleine Schrittweiten durchweg häufiger überlebende Nachkommen erzeugen. Das Resultat: Wenn große Schritte „Pech haben" werden die kleinen zu rasch belohnt.

Basis-Algorithmus der $(\mu \overset{+}{,} \lambda)$-Evolutionsstrategie

Variationsschritt verbal formuliert (für Plus- und Komma-Version gleich):

$\overset{+}{,}$	My (μ) Eltern erzeugen in willkürlicher Folge Lambda (λ) mutierte Nachkommen.

Selektionsschritt verbal formuliert (Plus- und Komma-Version verschieden):

+	Eltern + Nachkommen gelangen in eine Selektionsurne. Die μ besten Gruppenvertreter (GB_i) werden zu Eltern der folgenden Generation.
,	Nur die Nachkommen gelangen in eine Selektionsurne. Die μ besten Nachkommen (NB_i) werden zu Eltern der folgenden Generation.

Variationsschritt mathematisch formuliert (für Plus- und Komma-Version gleich):

$$\begin{matrix} + \\ , \end{matrix} \quad \boldsymbol{x}_{N1}^{g} = \boldsymbol{x}_{Ei}^{g} + \boldsymbol{z}_1, \quad \boldsymbol{x}_{N2}^{g} = \boldsymbol{x}_{Ej}^{g} + \boldsymbol{z}_2, \quad \dots \quad \boldsymbol{x}_{N\lambda}^{g} = \boldsymbol{x}_{Ek}^{g} + \boldsymbol{z}_\lambda,$$

$$i,\ j,\ k,\ \dots = \text{ran}\,[1, 2, \dots\, \mu] \qquad \text{(ganze Zufallszahl zwischen 1 und } \mu\text{).}$$

Selektionsschritt mathematisch formuliert (Plus- u. Komma-Version verschieden):

$$+ \quad \boldsymbol{x}_{E1}^{g+1} = \boldsymbol{x}_{GB1}^{g}, \quad \boldsymbol{x}_{E2}^{g+1} = \boldsymbol{x}_{GB2}^{g}, \dots \quad \boldsymbol{x}_{E\mu}^{g+1} = \boldsymbol{x}_{GB\mu}^{g},$$

$$, \quad \boldsymbol{x}_{E1}^{g+1} = \boldsymbol{x}_{NB1}^{g}, \quad \boldsymbol{x}_{E2}^{g+1} = \boldsymbol{x}_{NB2}^{g}, \dots \quad \boldsymbol{x}_{E\mu}^{g+1} = \boldsymbol{x}_{NB\mu}^{g}.$$

Es sei hier lediglich verbal definiert, daß die Indexendung $B1$ das qualitätsbeste Individuum, die Indexendung $B2$ das qualitätsmäßig zweitbeste Individuum, ... kennzeichnen. Von der mathematische Darstellung dieses Sachverhalts wird abgesehen. Sie ist äußerst umständlich. Ich hoffe, daß Mißverständnisse ausgeschlossen sind.

Algorithmus der (μ, λ)-Evolutionsstrategie mit MSR

Wiederum gilt die Feststellung: Ohne Schrittweiten-Adaptation ist auch die My-Lambda-Evolutionsstrategie ohne Wert. Wie bei der Eins-Lambda-Strategie beschränken wir uns bei der Formulierung der My-Lambda-Evolutionsstrategie mit MSR auf die Komma-Version.

Variationsschritt mathematisch formuliert:

$$\delta_{N1}^{g} = \delta_{Ei}^{g} \cdot \xi_1, \qquad \delta_{N2}^{g} = \delta_{Ej}^{g} \cdot \xi_2, \qquad \dots \qquad \delta_{N\lambda}^{g} = \delta_{Ek}^{g} \cdot \xi_\lambda,$$

$$\boldsymbol{x}_{N1}^{g} = \boldsymbol{x}_{Ei}^{g} + \delta_{N1}^{g} \cdot \boldsymbol{z}_1, \quad \boldsymbol{x}_{N2}^{g} = \boldsymbol{x}_{Ej}^{g} + \delta_{N2}^{g} \cdot \boldsymbol{z}_2, \quad \dots \quad \boldsymbol{x}_{N\lambda}^{g} = \boldsymbol{x}_{Ek}^{g} + \delta_{N\lambda}^{g} \cdot \boldsymbol{z}_\lambda,$$

$$\text{mit} \qquad i,\ j,\ k, \dots = \text{ran}\,[1, 2, \dots\, \mu].$$

Selektionsschritt mathematisch formuliert:

$$\boldsymbol{x}_{E1}^{g+1} = \boldsymbol{x}_{NB1}^{g}, \quad \boldsymbol{x}_{E2}^{g+1} = \boldsymbol{x}_{NB2}^{g}, \quad \dots \quad \boldsymbol{x}_{E\mu}^{g+1} = \boldsymbol{x}_{NB\mu}^{g},$$

$$\delta_{E1}^{g+1} = \delta_{NB1}^{g}, \quad \delta_{E2}^{g+1} = \delta_{NB2}^{g}, \quad \dots \quad \delta_{E\mu}^{g+1} = \delta_{NB\mu}^{g}.$$

Wiederum bedeuten $i, j, k, \dots = \text{ran}\,[1, 2, \dots\, \mu]$ gleichverteilte ganze Zufallszahlen zwischen 1 und μ. Und wiederum gelte die verbale Festsetzung: Das Indexende $B1$ kennzeichnet den besten Nachkommen, das Indexende $B2$ den zweitbesten Nachkommen und so fort.

Aschenputtel und die My-Lambda-Evolutionsstrategie

In Gebrüder GRIMMs Märchen erfährt Aschenputtel den Beistand von Tauben: Die Losung der hilfreichen Vögel beim Sortieren der Erbsen lautet: *„Die guten ins Töpfchen, die schlechten ins Kröpfchen"* (***Bild 3-1***). Das ist auf die Kurzform gebracht auch das Arbeitsprinzip der My-Lambda-Evolutionsstrategien. Mit diesem Vergleich sollen die trockenen Algorithmen-Konstruktionen enden.

Bild 3-1:

Aschenputtel-Selektion als Grundprinzip der mehrgliedrigen Evolutionsstrategie.

4

Das zentrale Fortschrittsgesetz

Kybernetisches Modell des Optimierens

Tatsache ist, daß uns das Getriebe der Welt nicht a priori einsichtig ist. Deshalb müssen wir forschen, entwickeln und **optimieren**. Nun hat die Kybernetik für ein Objekt, dessen Verhalten dem Menschen wegen seiner begrenzten Erkenntnisfähigkeit nicht unmittelbar durchsichtig ist, den bildhaften Ausdruck des „schwarzen Kastens" geprägt. Dieses Gedankenmodell soll folgende Situation versinnbildlichen:

Ein Experimentator steht vor einem undurchsichtigen Kasten. Er besitzt keine Kenntnis über dessen innere Struktur. Er kann lediglich einige aus dem Kasten herausragende Stellelemente betätigen. Der Experimentator kann ferner an anderen aus dem Kasten ragenden Elementen die Wirkung seines Handelns beobachten, gegebenenfalls unter Verwendung geeigneter Meßwerke. Kurz: Der Satz der Eingangsgrößen $\boldsymbol{x}$ erzeugt den Satz der Ausgangsgrößen $\boldsymbol{z}$.

Der Experimentator bewertet die Wirkung seiner Handlung. Das geschieht formal in dem angefügten Bewertungskasten B. Kurz: Aus dem Meßgrößen-Satz $\boldsymbol{z}$ wird eine Qualität Q gebildet.

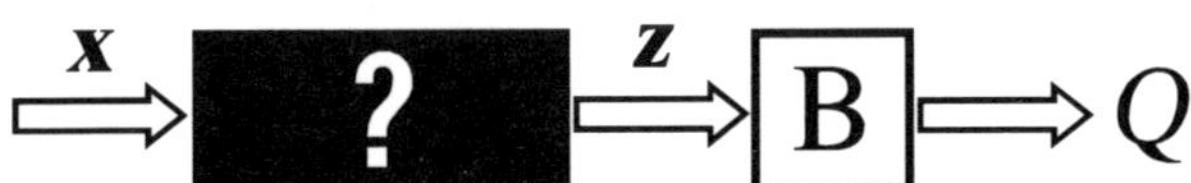

Aufgabe des Experimentators ist es, den Satz der Eingangsrößen $\boldsymbol{x}$ sukzessive so zu verändern, daß Q steigt. Das Experimentierziel ist erreicht, wenn Q ein Maximum angenommen hat.

Konstruktion einer universalen Qualitätsfunktion

Die funktionale Abhängigkeit $Q(x)$ soll durch „starke Kausalität" diktiert werden. Wie drückt sich diese Auflage mathematisch aus? Angenommen, die Ursache werde durch eine eindimensionale Eingangsgröße gegeben. Das Prinzip der starken Kausalität ist lokal erfüllt, wenn $Q(x)$ um den Betrachtungspunkt Null in eine Potenz-Reihe (MACLAURIN-Reihe) entwickelt werden kann:

$$Q(x) = Q_0 + a_1 x + a_2 x^2 + a_3 x^3 + \cdots .$$

Man denke an die Welt der gängigen mathematischen Funktionen. Sie gehorchen hochgradig dem Prinzip der starken Kausalität. So gilt bekanntlich:

$$e^x = 1 + \frac{1}{1!}x + \frac{1}{2!}x^2 + \frac{1}{3!}x^3 + \cdots , \qquad \cos x = 1 - \frac{1}{2!}x^2 + \frac{1}{4!}x^4 - \frac{1}{6!}x^4 + \cdots .$$

Interessiert sich der Analytiker nur für das Funktionsverhalten in der sehr nahen Umgebung von $x = 0$, so bricht er die Reihen nach einigen Gliedern ab. Entsprechend abgestutzt lautet unsere eindimensionale stark kausale Universalfunktion für die Qualität:

$$Q = Q_0 + a_1 x + a_2 x^2 \Big|_{\text{Abbruch}} .$$

Die Eigenart der Theorie der Evolutionsstrategie besteht aber darin, die Zahl der Variablen n sehr groß werden zu lassen. Man könnte folgenden Formulierungsversuch wagen:

$$Q = Q_0 + \sum_{k=1}^{n} a_k x_k + \sum_{k=1}^{n} b_k x_k^2 \Big|_{\text{Abbruch}} .$$

Dieser Versuch ist jedoch unvollständig. Es fehlen die noch möglichen Kreuz-Glieder $x_i\,x_k$. Richtig ist, für den Quadrat-Term die sogenannte quadratische Form anzusetzen:

$$Q = Q_0 + \sum_{k=1}^{n} a_k x_k + \sum_{i=1}^{n}\sum_{k=1}^{n} b_{ik} x_i x_k .$$

Das Koordinatensystem läßt sich nun so drehen, daß die gemischten Glieder $x_i\,x_k$ $(i \neq k)$ wegfallen. Dies heißt Hauptachsentransformation:

$$Q = Q_0 + \sum_{k=1}^{n} c_k y_k - \sum_{k=1}^{n} d_k y_k^2 \,,$$

$$d_k \, (k = 1,\, 2,\, \cdots\, n) \geq 0 \,,$$

siehe Text.

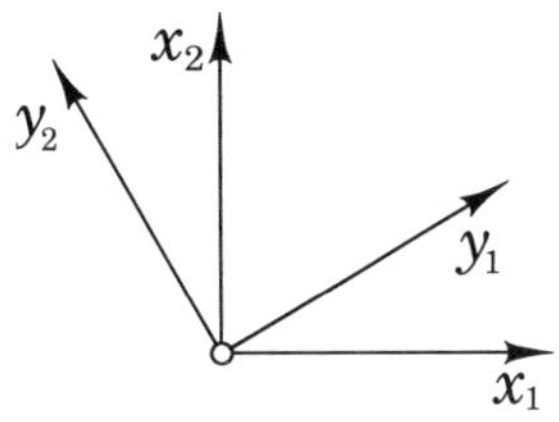

x_2 y_2 y_1 x_1

Die Koordinatendrehung betrachtet die Qualitätsfunktion (um den Elter) mathematisch unter einem veränderten Gesichtswinkel. Das ist legitim. Man darf nur nicht vergessen, daß der Mutationsmechanismus an das Ausgangs-Koordinatensystem (System der $\boldsymbol{X}$-Variablen) gebunden ist. In der gedrehten $\boldsymbol{Y}$-Sicht würde ein asphärisches Mutationsspektrum eine veränderte mathematische Form erhalten. Aber unser Mutationsspektrum ist ja sphärisch. Denn in der Theorie der Evolutionsstrategie wird vorausgesetzt, daß sich die Mutationen kugelsymmetrisch um den Elter verteilen. Das Mutationsspektrum ist somit in der gedrehten Koordinatensicht dasselbe.

Hingewiesen werden muß noch darauf, daß aus Gründen der Anschauung vor dem quadratischen Summenglied der letzten Gleichung ein Minus-Zeichen gesetzt wurde. Aus dem Aufbau der Funktion läßt sich dann ablesen, daß Q für kleine Werte y_k zunächst linear ansteigt. Mit wachsenden y_k-Werten wird diese „schiefe Ebene" dann immer mehr durch die quadratischen Glieder abwärts gewölbt. Bei dieser anschaulichen Interpretation der drehtransformierten Quadrikgleichung setzen wir voraus, daß die Koeffizienten d_k sämtlich positiv sind. Diese Einschränkung schließt sattelförmiges Lokalverhalten des Qualitätsgebirges, dessen Analyse ebenso wichtig wäre, vorerst aus.

Ich behaupte nun: Die drehtransformierte Form der Quadrikgleichung ist eine mathematische Darstellung hochgradig starker Kausalität. Unter dem Ausschluß negativer d_k-Koeffizienten stellt $Q(\boldsymbol{y})$ eine universale Form eines bekletterbaren Qualitätsberges im Nahbereich eines Elters dar. Die Allgemeingültigkeit der durch die positive d_k-Bedingung eingeschränkten Quadrikgleichung ist nur deshalb begrenzt, weil Glieder höherer als 2. Ordnung nicht auftreten. Dieser Kritikpunkt erweist sich jedoch als gegenstandslos. Zeigt sich doch später, daß beim Operieren mit der Evolutionsstrategie im sogenannten Evolutionsfenster (Arbeiten mit optimaler Mutationsschrittweite) der durch die Quadrikgleichung beschriebene Nahbereich der Q-Funktion gar nicht verlassen wird. Mit anderen Worten: Die Mutationsschrittweite einer im Evolutionsfenster operierenden Evolutionsstrategie reicht nicht über die Einflußsphäre der quadratischen Glieder einer Potenzreihenentwicklung hinaus; ein willkommenes Phänomen, das die Theorie der Evolutionsstrategie entscheidend vereinfacht.

Konvergenzmaß „Erfolgswahrscheinlichkeit"

Wir wollen das Konvergenzverhalten der Evolutionsstrategie für die entworfene universale Qualitätsfunktion studieren. Da die Universalität lokal gemeint ist, werde nach lokalen Konvergenzgrößen gesucht. Eine lokale Bewertungsgröße bildet die Erfolgswahrscheinlichkeit W_e (siehe **ES '73**). Es wird gefragt: Wieviele Nachkommen einer Generation sind besser als der Stamm-Elter?

Die Variablen y_k erfahren $(0, \sigma)$-normalverteilte Zufallsänderungen mit der Wahrscheinlichkeitsdichte

$$w(y_k) = \frac{1}{\sigma\sqrt{2\pi}}\, e^{-\frac{1}{2\sigma^2} y_k^2}, \qquad k = 1,\ 2,\ \cdots n .$$

Wir bestimmen die Qualitätsänderung $\Delta Q = Q_N - Q_E = Q - Q_0$, die über Erfolg oder Mißerfolg einer Mutation entscheidet:

$$\Delta Q = \sum_{k=1}^{n} c_k y_k - \sum_{k=1}^{n} d_k y_k^2 = \textbf{\textit{Summe 1}} - \textbf{\textit{Summe 2}} .$$

Die ***Summe 1*** bildet nach dem Additionstheorem für normalverteilte Zufallszahlen eine neue $(0, \sigma^*)$-normalverteilte Zufallsgröße z^*:

A $$\sum_{k=1}^{n} c_k y_k = (0,\ \sigma^*)\text{-normalverteilt} \quad \text{mit} \quad \sigma^* = \sigma\sqrt{\sum_{k=1}^{n} c_k^2} .$$

Die ***Summe 2*** streut für große Werte von n nur wenig um den Erwartungswert:

B $$\mathrm{E}\left(\sum_{k=1}^{n} d_k y_k^2\right) = \sum_{k=1}^{n} d_k \cdot \mathrm{E}\left(y_k^2\right) = \sigma^2 \sum_{k=1}^{n} d_k .$$

Geringe Streuung der ***Summe 2*** gegenüber dem Erwartungswert ist nur gewährleistet für alle $d_k > 0$. — Mit **A** und **B** werden zwei Zufallsgesetze dargestellt, die für die Theorie der Evolutionsstrategie grundlegend sind. Aussage **A** besagt: Normalverteilte Zufallszahlen ergeben addiert wieder eine normalverteilte Zufallszahl. Und Aussage **B** folgt aus der asymptotischen ($n \to \infty$) Eigenschaft der Chiquadrat-Verteilung: Viele quadrierte (0, 1)-normalverteilte Zufallszahlen ergeben summiert wiederum normalverteilte Zufallszahlen mit dem Mittelwert n und der Streuung $\sqrt{2n}$. Kurz: Der Zufall verschwindet gegenüber dem Mittelwert n. Die Ausdrücke **A** und **B** ergeben die Eltern-Nachkommen-Qualitätsdifferenz

$$\Delta Q = z^* - \sigma^2 \sum_{k=1}^{n} d_k \qquad \text{mit} \qquad z^* = (0,\ \sigma^*)\text{-normalverteilt} .$$

Wir fragen nach der Wahrscheinlichkeit, daß ein Nachkomme seine Qualität gegenüber dem Elternwert verbessert (Erfolgswahrscheinlichkeit W_e):

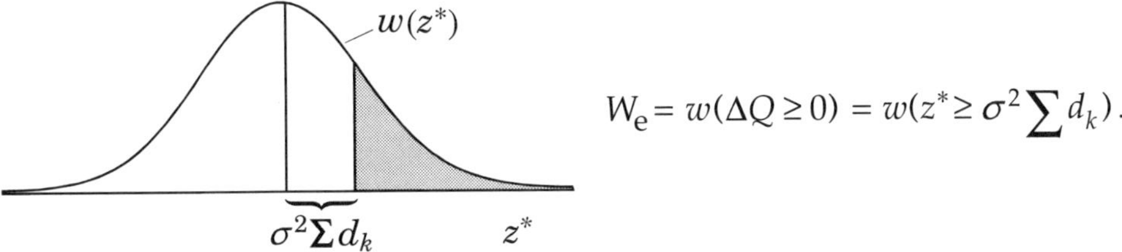

$$W_e = w(\Delta Q \geq 0) = w(z^* \geq \sigma^2 \sum d_k).$$

Es gilt, den Inhalt der schattierten Fläche der GAUß-Glocke zu bestimmen:

$$W_e = \int_{\sigma^2 \Sigma d_k}^{\infty} \frac{1}{\sigma^* \sqrt{2\pi}} e^{-\frac{1}{2\sigma^{*2}} z^{*2}} dz^* = \frac{1}{2}\left[1 - \operatorname{erf}\left(\frac{\sum d_k}{\sqrt{\sum c_k^2}} \frac{\sigma}{\sqrt{2}}\right)\right], \quad \operatorname{erf}(x) = \frac{2}{\sqrt{\pi}} \int_0^x e^{-t^2} dt.$$

Die Formel hat den gleichen Aufbau wie die W_e-Gleichung für die (**1**+1)-Evolutionsstrategie (siehe Kapitel 18). Es ist erf(x) das GAUßsche Fehlerintegral.

Konvergenzmaß „Fortschrittsgeschwindigkeit“

Bei der Definition des Fortschritts einer Kletter-Optimierungsstrategie scheiden sich die Geister. Die einen sehen das Klettern aus der Vogelperspektive. Für sie gilt als Fortschritt die waagerechte Annäherung φ an den Gipfel. Die anderen bevorzugen die Froschperspektive. Sie sagen mit Recht, daß der Höhengewinn (Qualitätsgewinn ΔQ) der eigentliche Fortschritt sei (***Bild 4-1***). Beide Betrachtungsweisen lassen sich aber ineinander überführen.

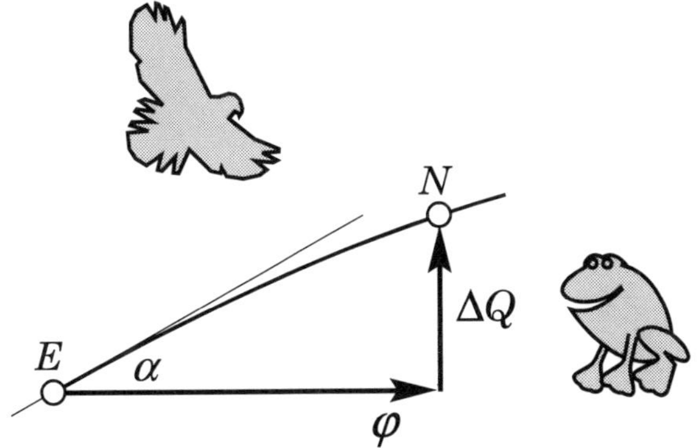

Bild 4-1:

Fortschritt aus der Vogel- und der Froschperspektive.

Ich habe die Vogelperspektive stets als einzig sinnvoll erachtet. Der Grund: Bei der Froschperspektive ergeben steile Berge scheinbar einen höheren Fortschritt ΔQ als flache Berge. Und das gibt wenig Sinn: Denn wenn sich die Höhenlinienbilder decken, dauert die Gipfelfindung – zumindest in der Optimierung – bei einem hohen und einem niedrigen Berg gleich lange.

Die Definition eines Fortschritts wirft weitere Probleme auf: Wer einen langen Grat entlangwandert und den Gipfel noch nicht sieht, der wird seinen Fortschritt am zurückgelegten Weg längs der Grat-First-Linie messen. Und wer auf einer Bergtour den Gipfel in der Ferne schon erblickt, für den ist Fortschritt die Verkürzung der Zielentfernung. Doch wenn es gilt, eine lokale Theorie zu entwerfen, dürfen wir so weit nicht schauen. Die Evolutionsstrategie sieht weder Gipfel noch Gratfirst. Sie arbeitet lokal opportun.

Wer einen evolutionsstrategischen Optimierungsablauf betrachtet, sieht eine Straße von Zufallspunkten sich entlang des Gradienten schlängeln. Ich nenne das Gradientendiffusion: Die Diffusionsgeschwindigkeit sei das gesuchte Fortschrittsmaß. Da die Diffusionsrichtung als lokale Gradientenrichtung identifiziert wurde, zählt als lokaler Fortschritt nur die Wegkomponente eines Nachkommen auf den durch den Elternpunkt gehenden Gradienten. Das ist die klassische Definition der Fortschrittsgeschwindigkeit (siehe **ES '73)**.

Es bringt mathematische Vorteile, wenn wir den lokalen Fort- (oder Rück-) Schritt eines Nachkommen nicht durch eine Vektorprojektion, sondern durch eine Höhenlinienprojektion auf den elterlichen Gradienten festlegen (***Bild** 4-2*): Es sei Q_N die Qualität eines Nachkommen. Wir folgen der Q_N-Höhenlinie, bis wir die elterliche Gradientenlinie treffen. Oder losgelöst vom zweidimensionalen Bild: Man suche auf der elterlichen Gradientenlinie den Punkt, der die gleiche Qualität besitzt wie der Nachkomme. Die Länge des Gradientenstücks kennzeichne den individuellen, momentanen Fortschritt φ'.

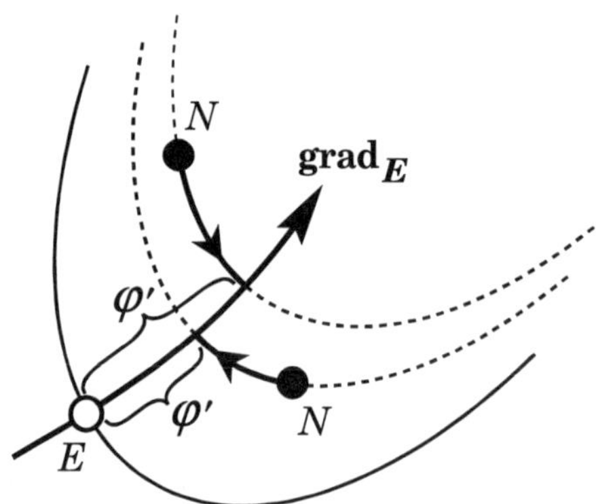

Bild 4-2:

Fortschritt als Höhenlinienprojektion der Nachkommen auf den Gradienten des Elters.

NIKO HANSEN schlägt vor, φ' als die minimale euklidische Distanz zwischen Elter und der Q_N-Höhenlinie zu definieren. Im differentiellen Maßstab sind beide Definitionen gleich. Grundsätzlich ist die vorgeschlagene Fortschrittsdefinition nur in der näheren Umgebung des Elters sinnvoll. Im Kapitel 6 „Fortschreiten im Evolutionsfenster“ erfahren wir, daß eine Evolutionsstrategie (für $n \gg 1$) mit derart kleiner Blickweite operiert. Die Frage des Mathematikers nach der Existenz des Schnittpunkts der Q_N-Höhenlinie mit der elterlicher Gradientenlinie stellt sich deshalb normalerweise nicht.

Ein Vorteil der Fortschrittsdefinition als Höhenlinienprojektion ist, daß sich einfach von der Vogel- zur Froschperspektive umschalten läßt. Es besteht eine eindeutige Beziehung zwischen φ' und ΔQ, was bei der Vektorprojektions-Definition des Fortschritts nicht der Fall wäre. Vogelperspektivische Fortschritte lassen sich in Qualitätsänderungen umrechnen. Wir müssen allerdings den Q-Maßstab von seiner Dimension befreien. Dazu dividieren wir ΔQ durch die lokale Bergsteilheit (Tangens des Gradientenanstiegs der Qualitätsfunktion im Elternpunkt). Der Fehler durch Nichtlinearität von Q sei vernachlässigt. Wir erhalten

$$\varphi' = \frac{\Delta Q}{\tan\alpha} .$$

Die universale Qalitätsfunktion

$$Q = Q_0 + \sum_{k=1}^{n} c_k y_k - \sum_{k=1}^{n} d_k y_k^2$$

besitzt im Elternpunkt den Anstieg

$$\tan\alpha = \sqrt{\sum_{k=1}^{n} c_k^2} .$$

Denn der Elternpunkt ist durch $y_k = 0$ $(k = 1, 2, \cdots n)$ gegeben, und der resultierende Anstieg von Q ergibt sich aus der Wurzel der quadrierten partiellen Differentiale $\partial Q / \partial y_k$ (für $y_k = 0$).

Die mutativen Q-Änderungen

$$\Delta Q = z^* - \sigma^2 \sum d_k$$

ergeben die Fortschritte

$$\varphi' \approx \frac{z^*}{\sqrt{\sum c_k^2}} - \sigma^2 \frac{\sum d_k}{\sqrt{\sum c_k^2}} .$$

Die $(0, \sigma\sqrt{\Sigma c_k^2})$-normalverteilte Zufallsgröße z^* wird, durch $\sqrt{\Sigma c_k^2}$ dividiert, wieder zur $(0, \sigma)$-normalverteilten Zufallsgröße z. Wir erhalten für den individuellen Fortschritt der Nachkommen die Zufallsfunktion

$$\varphi' = z - \frac{\sum d_k}{\sqrt{\sum c_k^2}} \sigma^2 .$$

Da z symmetrisch um Null variiert, werden mehr negative als positive Fortschritte auftreten. Eine Plus-Bilanz entsteht erst durch die Selektion. Wir selektieren nach dem $(1, \lambda)$-Schema. Es gilt also, die größte Zufallszahl unter λ $(0, \sigma)$-normalverteilten Zufallszahlen zu bestimmen. Das ist eine statistische Aufgabe. Die größte Zufallszahl u von λ normalverteilten Zufallszahlen z ist wieder eine Zufallszahl mit aus dem Nullpunkt herausgeschobener Verteilung (***Bild* 4-3**).

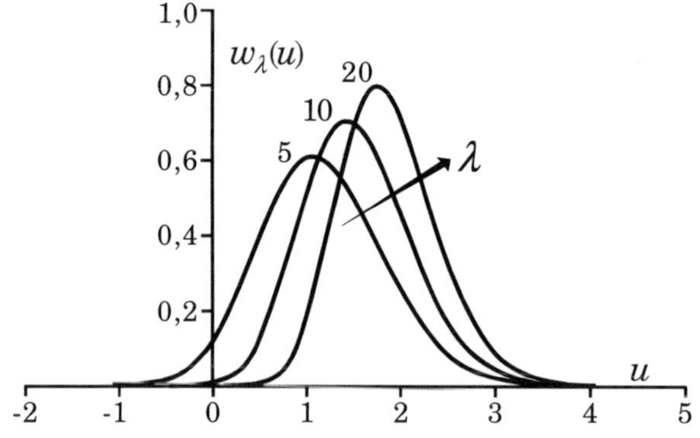

***Bild* 4-3:**

Häufigkeitsverteilung für die Größte von λ normalverteilten Zufallszahlen.

Die Bestimmung der Verteilungsdichten $w_\lambda(u)$ ist eine elementare Aufgabe der Wahrscheinlichkeitsrechnung. Die Lösung lautet

$$w_\lambda(u) = \frac{\lambda}{\sigma\sqrt{2\pi}}\, \mathrm{e}^{-\frac{1}{2\sigma^2}u^2} \left\{ \frac{1}{2}\left[1 + \mathrm{erf}\left(\frac{u}{\sigma\sqrt{2}} \right) \right] \right\}^{\lambda-1}.$$

Der momentane Fortschritt des besten von λ Nachkommen ergibt sich, wenn in der φ'-Gleichung die Zufallszahl z mit normaler (symmetrischer) Wahrscheinlichkeitsverteilung durch die Zufallszahl u mit der schiefen Wahrscheinlichkeitsverteilung $w_\lambda(u)$ ersetzt wird:

$$\varphi'_{1,\lambda} = u - \frac{\sum d_k}{\sqrt{\sum c_k^2}}\, \sigma^2.$$

Eine bessere Konvergenzaussage als der momentane Fortschritt vermittelt der statistische Erwartungswert des Fortschritts. Der Erwartungswert ergibt sich, wenn wir alle möglichen Fortschritte u (auch die negativen) mit der Häufigkeit ihres Auftretens multiplizieren und die Ergebnisse aufsummieren:

$$\varphi_{1,\lambda} = \int_{-\infty}^{\infty} u\, w_\lambda(u)\, du - \frac{\sum d_k}{\sqrt{\sum c_k^2}}\, \sigma^2, \qquad \varphi_{1,\lambda} = c_{1,\lambda}\, \sigma - \frac{\sum d_k}{\sqrt{\sum c_k^2}}\, \sigma^2.$$

Das von minus bis plus Unendlich zu erstreckende Integral erweist sich als proportional zur Mutationsstreuung σ. Der nur von λ abhängige Proportionalitätsfaktor wird Fortschrittsbeiwert $c_{1,\lambda}$ genannt. Der Fortschrittsbeiwert besitzt eine zentrale Rolle in der Theorie der Evolutionsstrategie. Der Fortschrittsbeiwert bestimmt sich durch das Integral

$$c_{1,\lambda} = \frac{\sqrt{2}}{\sqrt{\pi}} \frac{\lambda}{2^{\lambda-1}} \int_{-\infty}^{\infty} z\,e^{-z^2}[1+\operatorname{erf}(z)]^{\lambda-1} dz .$$

Exakte Lösungen dieses Integrals konnten bisher nur für $\lambda = 2$ bis 5 entwickelt werden. Die Ergebnisse: $c_{1,1} = 0$,

$$c_{1,2} = \frac{1}{\sqrt{\pi}} = 0{,}5642 , \qquad c_{1,3} = \frac{3}{2\sqrt{\pi}} = 0{,}8463 ,$$

$$c_{1,4} = \frac{6}{\pi\sqrt{\pi}} \arctan(\sqrt{2}) = 1{,}0294 , \qquad c_{1,5} = \frac{5}{2\sqrt{\pi}}\left[\frac{6}{\pi}\arctan(\sqrt{2}) - 1\right] = 1{,}1630 .$$

Es wurde eine GAUß-HERMITE-Integration mit 200 Stützstellen angewandt, um auch für große Nachkommenzahlen λ genaue numerische Werte für $c_{1,\lambda}$ zu erhalten. Die Ergebnisse mögen die obigen Werte für $\lambda \gg 5$ fortsetzen:

λ	6	7	8	9	10	15	20	30	50	100	250
$c_{1,\lambda}$	1,267	1,352	1,424	1,485	1,539	1,736	1,867	2,043	2,249	2,508	2,819

In einer Tabelle im Anhang finden sich von FRANK HOFMANN berechnete Fortschrittsbeiwerte für $\lambda = 1$ bis 1000, und zwar auf 12 Stellen genau: Diese hohe Genauigkeit ist notwendig, um die $c_{1,\lambda}$-Werte in einer weiter unten abgeleiteten Rekursionsformel benutzen zu können.

Der Wert $2 \times c_{1,\lambda}$ wird in der Statistik „Spannweite" genannt. — Es wurde versucht, für den Fortschrittsbeiwert eine einfache Nährungsformel zu entwickeln. Der bisher beste Einfall: Das Integral $\int u \cdot w_\lambda(u)\,du$ wird als Bestimmungsformel der u-Koordinate des Flächenschwerpunkts von $w_\lambda(u)$ gedeutet (siehe ***Bild 4-3***). Unter der Annahme eines hinlänglich symmetrischen $w_\lambda(u)$-Gipfels wird der Flächenschwerpunkt nunmehr durch die Stelle der Flächenhalbierenden von $w_\lambda(u)$ approximiert. Daraus leitet sich die simple Formel ab:

$$c_{1,\lambda} \approx \sqrt{2} \cdot \operatorname{erf}^{-1}\left(2^{\frac{\lambda-1}{\lambda}} - 1\right), \qquad \operatorname{erf}^{-1}(x) = \text{Umkehrfunktion von } \operatorname{erf}(x).$$

Die universelle ES-Fortschrittsformel

Die auf der Seite 58 rechts unten stehende Formel führt zum zentralen Fortschrittsgesetz. Wir multiplizieren beide Seiten der Gleichung mit dem Ausdruck $\Sigma d_k / (c_{1,\lambda}^2 \sqrt{\Sigma c_k^2})$. Die Fortschrittsformel* erhält nun die Form

$$\frac{\varphi_{1,\lambda} \sum d_k}{c_{1,\lambda}^2 \sqrt{\sum c_k^2}} = \frac{\sigma \sum d_k}{c_{1,\lambda} \sqrt{\sum c_k^2}} - \left[\frac{\sigma \sum d_k}{c_{1,\lambda} \sqrt{\sum c_k^2}} \right]^2 .$$

mit $\Omega = \dfrac{\sum d_k}{\sqrt{\sum c_k^2}}$,

$\Phi = \dfrac{\varphi_{1,\lambda}\, \Omega}{c_{1,\lambda}^2}$ und $\Delta = \dfrac{\sigma\, \Omega}{c_{1,\lambda}}$

☞ das zentrale Fortschrittsgesetz

$$\boxed{\Phi = \Delta - \Delta^2} .$$

Die Größe Ω muß kommentiert werden. Zu diesem Zweck sehen wir uns die Glieder der Qualitätsfunktion

$$Q = Q_0 + \sum_{k=1}^{n} c_k y_k - \sum_{k=1}^{n} d_k y_k^2$$

im einzelnen an. Der lineare Term beschreibt eine Hyperebene. Der Anstieg dieser Hyperebene beträgt $\tan \alpha = \sqrt{\Sigma c_k^2}$ (siehe drei Seiten zurück). Dieser Anstieg mißt die Stärke bzw. Intensität der Linearität. Mit wachsenden Werten von d_k steigt indessen auch die Stärke des quadratischen Terms. Vereinbarungsgemäß werden negative d_k-Werte ausgeschlossen. Deshalb ist Σd_k in summa ein Maß für die quadratische Intensität der Qualitätsfunktion. Ich bilde das Verhältnis

$$\Omega = \frac{\sum d_k}{\sqrt{\sum c_k^2}} = \frac{\text{quadratische Intensität}}{\text{lineare Intensität}}$$

und nenne Ω die „quadratische Komplexität" der Qualitätsfunktion.

* Die universelle Formel gilt auch für eine (μ, λ)-Evolutionsstrategie, wenn der Fortschrittsbeiwert $c_{1,\lambda}$ durch $c_{\mu,\lambda}$ (s. Tabelle auf S. 241) ersetzt wird.

5

Die ES-Theorie im Examen

Sonderfälle von lokalen Gebirgsformen

Rekapitulieren wir das Ergebnis der evolutionsstrategischen Klettertheorie: Gegeben ist ein n-dimensionales Qualitätsgebirge. Im „Gelände“ befinde sich der Elternpunkt $\boldsymbol{Y}$. Wir machen $\boldsymbol{Y}$ zum Ursprung eines rechtwinkligen Koordinatensystems mit den Achsen $y_1, y_2, \cdots y_n$. Das Gebirge möge sich hinreichend glatt um den Elter wölben (Prinzip der starken Kausalität). Wir setzen quadratische Kausalität als Form der starken Kausalität an. Daraus folgt das universale, an den Elter gebundene Funktional, das die Gebirgsform lokal beschreibt:

$$Q = Q_0 + \sum_{k=1}^{n} c_k y_k - \sum_{k=1}^{n} d_k y_k^2 \,, \qquad c_k\text{: beliebig, } d_k\text{: beliebig, aber positiv.}$$

Die Positiv-Bedingung für d_k heißt, daß nur konvexe lokale Gebirgsformationen betrachtet werden. In einem lokal-konvexen Quadrik-Gebirge entwickelt die $(1, \lambda)$-gliedrige Evolutionsstrategie die Klettergeschwindigkeit

$$\varphi_{1,\lambda} = c_{1,\lambda}\,\sigma - \frac{\sum d_k}{\sqrt{\sum c_k^2}}\,\sigma^2 .$$

In der Nachkommenschaft eines Elters gibt es erfolgreiche und nicht erfolgreiche Mutanten. Im Quadrik-Gebirge läßt sich die Erfolgswahrscheinlichkeit berechnen:

$$W_\mathrm{e} = \frac{1}{2}\left[1 - \operatorname{erf}\left(\frac{\sum d_k}{\sqrt{\sum c_k^2}}\,\frac{\sigma}{\sqrt{2}}\right)\right].$$

Wir untersuchen nun drei einfache Gebirgsformationen, die sich durch eine spezielle Wahl der Koeffizienten c_k und d_k ergeben. An diesen den Elter umgebenden Funktionalen wollen wir Eigenschaften der Evolutionsstrategie studieren.

Gebirgsformation „ansteigende Ebene“

Wir setzen $c_k \neq 0$ und $d_k = 0$. Es existieren also keine quadratischen Glieder. Das Gebirge entartet zu einer ansteigenden Ebene:

$$Q = Q_0 + \sum_{k=1}^{n} c_k y_k .$$

Nachfolgend das zweidimensionale Höhenlinienbild dieser Gebirgsformation und die zugehörigen Werte für die Fortschrittsgeschwindigkeit und Erfolgswahrscheinlichkeit:

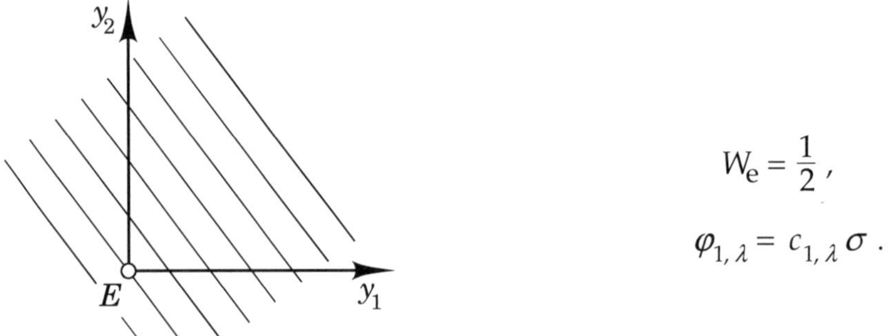

Die Gebirgsformation der ansteigenden Ebene hat Bedeutung für die numerische Ermittlung des Fortschrittsbeiwerts $c_{1,\lambda}$ mit Hilfe einer Computersimulation. Umgekehrt kann – da $c_{1,\lambda}$ aus der Theorie bekannt ist – an dieser Gebirgsform das exakte Arbeiten eines $(1, \lambda)$-ES-Programms überprüft werden. Wir klettern mit unserem ES-Programm γ Generationen lang die schiefe Ebene hinauf. Wir setzen den gemessenen Fortschritt $\Delta Q / \tan\alpha$ in Relation zum theoretischen Fortschritt $\gamma\,\varphi_{1,\lambda\,(\text{Ebene})} = \gamma\,\sigma\,c_{1,\lambda}$:

$$\frac{\Delta Q}{\sqrt{\sum c_k^2}} \Leftrightarrow \gamma\,\sigma\,c_{1,\lambda} .$$

Wenn das Programm richtig arbeitet, muß in der obigen Gegenüberstellung links gleich rechts sein. Wir bilden den Quotienten „gemessener Fortschritt (links) / theoretischer Fortschritt (rechts)". Für den Test setzen wir alle $c_k = 1$, das heißt wir besteigen eine Hyperebene in der Hauptdiagonalen. Setzen wir (wie immer) $\sigma = 1/\sqrt{n}$, dann hebt sich n aus der Gleichung heraus.

Die Bedingungen für einen **linearen statistischen Test** lauten: Maximiere die lineare Qualitätsfunktion $Q = \sum x_k$. Für den Programmstart werden sämtliche Variablen $x_k = 0$ gesetzt. Für das Beklettern der Hyperebene ist eine Schrittweitenregelung unangebracht. Es werde mit der konstanten Mutationsschrittweite $\delta = 1$ ($\sigma = 1/\sqrt{n}$) gearbeitet. Das bedeutet, die Mutationsschrittweitenregelung muß ausgeschaltet werden (Schrittweitenänderungsfaktor $\alpha = 1$ setzen!). Dann muß gelten:

$$\mathrm{TST}^{(1)} = \frac{Q_\gamma}{\gamma\, c_{1,\lambda}} = 1\,, \qquad Q_\gamma = \text{Qualitätswert nach } \gamma \text{ Generationen.}$$

Die Testbedingung $\mathrm{TST}^{(1)}$ gilt für jede Variablenzahl. Man könnte (und sollte) sein Programm deshalb auch einmal für $n = 1$ testen. Für eine ausreichende statistische Absicherung sollten mindestens 10 000 Generationen durchgespielt werden. Hier die Zahlenwerte für einen dreimaligen 10 000-Generationen-Test des Programms einer (**1**, 10)-ES in 100 Dimensionen:

1. $\mathrm{TST}^{(1)} = 1{,}0017$ | 2. $\mathrm{TST}^{(1)} = 0{,}9896$ | 3. $\mathrm{TST}^{(1)} = 1{,}0058$.

Gebirgsformation „Kreiskuppe"

Wir setzen $c_k \neq 0$ und $d_k = d$ für alle k. Es ergibt sich die Qualitätsfunktion

$$Q = Q_0 + \sum_{k=1}^{n} c_k y_k - d \sum_{k=1}^{n} y_k^2\,.$$

Wir führen ein $\boldsymbol{X}$-Koordinatensystem ein, das zum elterngebundenen $\boldsymbol{Y}$-System parallel verschoben ist. So wie durch Koordinatendrehung Kreuz-Terme beseitigt werden konnten (s. Seite 52), wollen wir jetzt die linearen Terme zum Verschwinden bringen. Das gelingt für $x_k = y_k - c_k/(2d)$. Wir erhalten

$$Q = Q_0 + \frac{1}{4d} \sum_{k=1}^{n} c_k^2 - d \sum_{k=1}^{n} x_k^2\,.$$

Die Gleichung stellt im X-System ein Kugelmodell dar. Auf Kreisen (bzw. Kugelschalen) um das Qualitätsmaximum (alle $x_k = 0$) gilt $Q = \text{konst}$. Aus dem zweidimensionalen Höhenlinienbild leitet sich der Name Kreiskuppe ab. Wir gehen zum **Y**-System zurück. Der Radius der Höhenlinie durch den Elternpunkt (Abstand des Elternpunktes vom **X**-Koordinatenursprung) berechnet sich zu

$$r = \frac{1}{2d}\sqrt{\sum c_k^2}\,.$$

Nachfolgend ein Bild der Qualitätsfunktion nebst den Formeln für die Erfolgswahrscheinlichkeit und Fortschrittsgeschwindigkeit:

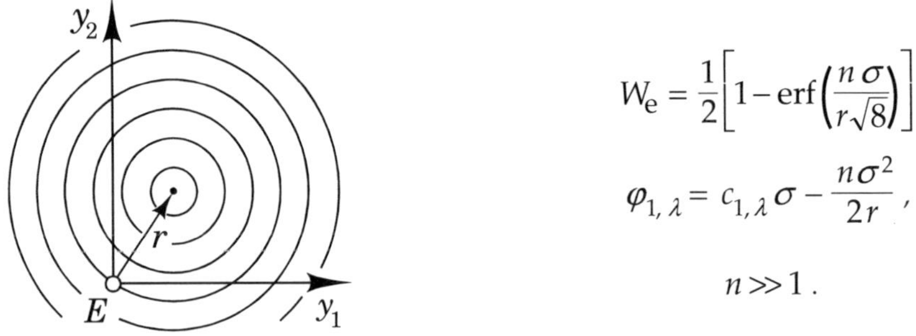

$$W_e = \frac{1}{2}\left[1-\operatorname{erf}\left(\frac{n\,\sigma}{r\sqrt{8}}\right)\right],$$

$$\varphi_{1,\lambda} = c_{1,\lambda}\,\sigma - \frac{n\sigma^2}{2r}\,,$$

$$n \gg 1\,.$$

Das Kuppen- oder Kugelmodell beschreibt die Konvergenzphase eines Optimierungsproblems (Punktannäherung). An dieser Funktion läßt sich das Funktionieren der Mutations-Schrittweiten-Regelung des Programms einer $(1, \lambda)$-ES überprüfen. Eine richtig arbeitende Schrittweitenregelung (MSR-Strategie) sollte es schaffen, $\varphi_{1,\lambda}$ stets nahe am Maximum zu halten:

$$\text{Aus} \quad \frac{\partial \varphi_{1,\lambda}}{\partial \sigma} = 0 \quad \text{folgt} \quad \sigma_{\text{opt}} = \frac{r\,c_{1,\lambda}}{n} \quad \text{und} \quad \varphi_{1,\lambda\,\max} = \frac{r\,c_{1,\lambda}^2}{2n}.$$

In der Mechanik ist Geschwindigkeit die Ableitung des Weges nach der Zeit. An die Stelle der Zeit rückt bei der Evolutionsstrategie die Generationszahl. Fortschrittsgeschwindigkeit ist also die Ableitung des (zunehmenden) Weges bzw. (abnehmenden!) Zielabstandes r nach der Generationszahl:

$$\varphi = -\frac{\mathrm{d}r}{\mathrm{d}g}\,.$$

Es möge φ immer im Maximum laufen:

$$\text{Aus} \quad -\frac{\mathrm{d}r}{\mathrm{d}g} = \frac{r\,c_{1,\lambda}^2}{2n} \quad \text{folgt} \quad -\int_{r_A}^{r_E} \frac{1}{r}\,\mathrm{d}r = \frac{c_{1,\lambda}^2}{2n}\int_{g_A}^{g_E} 1\,\mathrm{d}g\,, \quad \ln\frac{r_A}{r_E} = \frac{c_{1,\lambda}^2}{2n}(g_E - g_A).$$

Der Index A steht für Anfang und der Index E für Ende. Für das quadratische Qualitätsmodell gilt $Q_A/Q_E = (r_A/r_E)^2$. Wir erhalten mit $g_E - g_A = \gamma$:

$$\frac{n \ln(Q_A/Q_E)}{\gamma\, c_{1,\lambda}^2} = 1 \quad \text{ideal}, \qquad \frac{n \ln(Q_A/Q_E)}{\gamma\, c_{1,\lambda}^2} \leq 1 \quad \text{real}.$$

Die Bedingungen für den **quadratischen statistischen Test** lauten: Minimiere die Qualitätsfunktion $Q = \sum x_k^2$ (identisch mit $Q = -\sum x_k^2 \Rightarrow \text{Max}$). Für den Programmstart müssen sämtliche Variablen $x_k \neq 0$ gesetzt werden (z. B. $x_k = 100$). Daraus errechnet sich die Anfangsqualität Q_A. Dann liefert die $\text{TST}^{(2)}$-Formel den Wirkungsgrad der Mutations-Schrittweiten-Regelung. Der Wirkungsgrad sollte den Wert von 0,5 nicht unterschreiten:

$$\text{TST}^{(2)} = \frac{n \ln(Q_A/Q_E)}{\gamma\, c_{1,\lambda}^2} > 0{,}5 \quad \text{mit} \qquad Q_\gamma = \text{Qualität nach } \gamma \text{ Generationen.}$$

Die Testbedingung $\text{TST}^{(2)}$ gilt exakt nur für sehr viele Variablen ($n > 10$). Für eine ausreichende statistische Vergleichmäßigung sollten mindestens 5000 Generationen durchgespielt werden. Hier die Zahlenwerte für einen dreimaligen 5000-Generationen-Test des Programms einer $(\mathbf{1}, 10)$-ES mit MSR ($\alpha = 1{,}3$) in 100 Dimensionen:

$$1.\ \text{TST}^{(2)} = 0{,}696 \quad \Big| \quad 2.\ \text{TST}^{(2)} = 0{,}716 \quad \Big| \quad 3.\ \text{TST}^{(2)} = 0{,}686\,.$$

Gebirgsformation „Parabelgrat“

Wir setzen $c_1 = c$ und $d_1 = 0$ sowie $c_k = 0$ und $d_k = d$ für $k = 2, 3, \cdots n$. Daraus folgt die Funktion

$$Q = Q_0 + c y_1 - d \sum_{k=2}^{n} y_k^2\,.$$

Es entsteht – zweidimensional gedacht – ein unendlich langes, gratförmiges Gebirge, das in der y_1-Richtung mit dem Winkel $\arctan(c)$ ansteigt. In den Richtungen senkrecht zur Gratfirst-Achse fällt der Berg parabolisch ab. Das Optimum des Parabelgrats befindet sich im Unendlichen. Wir führen den Radius p der Schmiegungskugel im Scheitel der paraboloiden „Höhenflächen“ ein. Es gilt

$$p = \frac{1}{2d}\, c\,.$$

Aus dem zweidimensionalen Höhenlinienbild leitet sich der Name Parabelgrat ab. Nachfolgend wieder das Bild der Qualitätsfunktion nebst den Formeln für die Erfolgswahrscheinlichkeit und Fortschrittsgeschwindigkeit (im Scheitelpunkt):

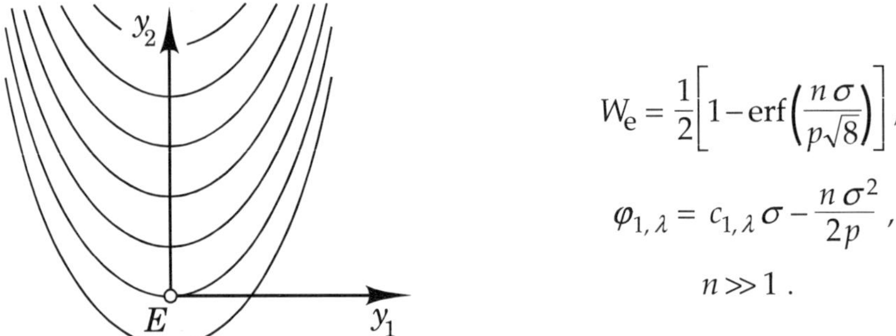

Das evolutionsstrategische Besteigen eines Parabelgrats ist langwierig. Die Fortschrittsgeschwindigkeit auf dem Gratfirst erweist sich als äußerst gering. W_e-Formel und φ-Formel zeigen, daß die Schmiegungskugel im Scheitel der paraboloiden Höhenflächen die Rolle der Kugelschale der n-dimensionalen Kreiskuppe übernimmt. Oder anders ausgedrückt: Ein n-dimensionaler Parabelgrat besitzt im Scheitel die Komplexität einer n-dimensionalen Kreiskuppe, deren Gipfel sich im doppelten Brennpunktabstand befindet. Im ***Bild 5-1*** ist die Schrittweite eingezeichnet, die im Scheitel des Parabelgrats maximalen Fortschritt liefert. Es gilt: $\delta_{\mathrm{opt}} = c_{1,\lambda}\, p/\sqrt{n}$.

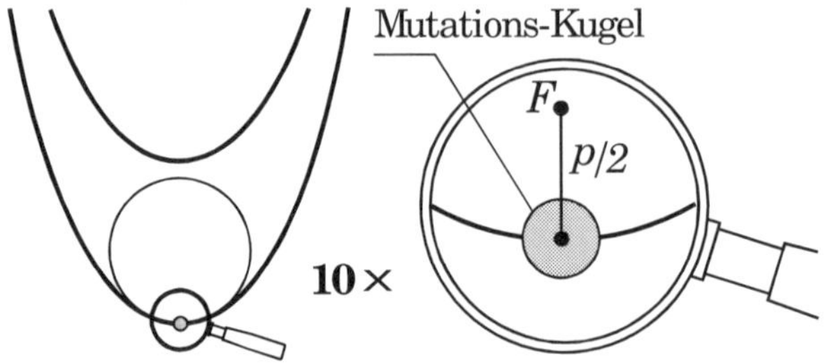

Bild 5-1:

Optimale Mutations-Schrittweite im Scheitel eines 100-dimensionalen Parabelgrats (schattiert).

(F = Parabel-Brennpunkt)

Es verstößt zwar gegen die Anschauung: Eine Mutationsschrittweite, die erst unter dem Vergrößerungsglas sichtbar wird, liefert maximale Fortschrittgeschwindigkeit? Aber die Theorie ist richtig. Sie gilt für den Scheitelpunkt der Parabel! Dort ist die Komplexität $\boldsymbol{\Omega}$ groß und damit die optimale Schrittweite gering. Deshalb läßt sich seitlich des Gratfirsts, wo Ω kleiner wird, wesentlich schneller vorankommen. Folgerung: Der Evolutionsstrategie fehlt am First bzw. Scheitel eines Parabelgrats der gewisse Weitblick!

Gebirgsformation „Ellipsenkamm"

Eine Kreiskuppe, in eine Länge gestreckt, wird zum elliptischen Gebirgskamm. Im raumfesten **X**-Koordinatensystem wird die Qualitätsfunktion in n Dimensionen beschrieben durch

$$Q = -\sum_{k=1}^{n} a_k x_k^2 \,.$$

Das Q-Maximum liegt im Koordinatenursprung. Der Elter E befinde sich in der durch die p_k-Werte gegebenen Position. Wir berechnen die Größen Q_0, c_k und d_k im elternfesten **Y**-Koordinatensystem. Aus dem ***Bild 5-2*** lesen wir ab:

$$x_k = y_k - p_k \,, \qquad ☞ \qquad Q = -\sum_{k=1}^{n} a_k p_k^2 + \sum_{k=1}^{n} 2 a_k p_k y_k - \sum_{k=1}^{n} a_k y_k^2 \,.$$

Wir vergleichen die Koeffizienten mit denen unserer **Y**-Normalform und erhalten:

$$-\sum a_k p_k^2 = Q_0 \,, \quad 2 a_k p_k = c_k \,, \quad a_k = d_k \,, \qquad ☞ \qquad \varphi_{1,\lambda} = c_{1,\lambda}\,\sigma - \frac{\sum a_k}{2\sqrt{\sum (a_k p_k)^2}}\,\sigma^2.$$

Das ist eine verblüffend einfache Fortschrittsformel für ein so vielgestaltiges Optimierungsgebirge: Und wie es sein muß: Für alle $a_k = 1$ ergibt sich die Kreiskuppe.

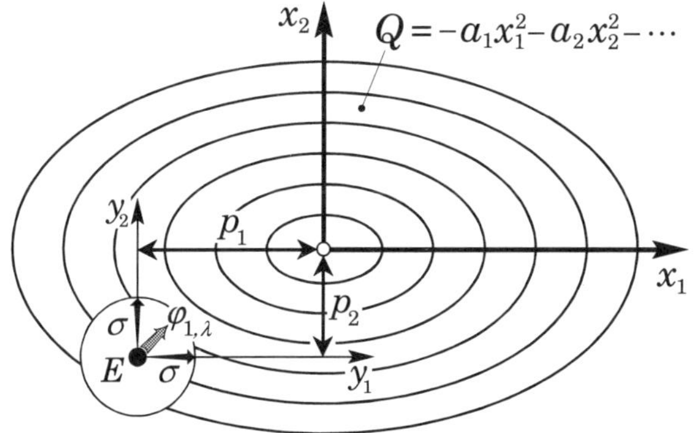

Bild 5-2:

Zur Fortschrittsgeschwindigkeit am elliptischen Gebirgskamm bei kugelsymmetrischer Mutationsverteilung.

Ich möchte verallgemeinern und in jede Richtung y_k mit unterschiedlichem σ_k mutieren (***Bild*** **5-3**). Nach den Regeln für Erwartungswerte gilt $E(\sum a_k y_k^2) = \sum a_k \sigma_k^2$. Damit der Erwartungswert vernachlässigbar gering streut, dürfen nicht zu viele σ_k gegen Null gehen. Die asymptotische Theorie ($n \gg 1$) läßt sich nicht „überlisten".

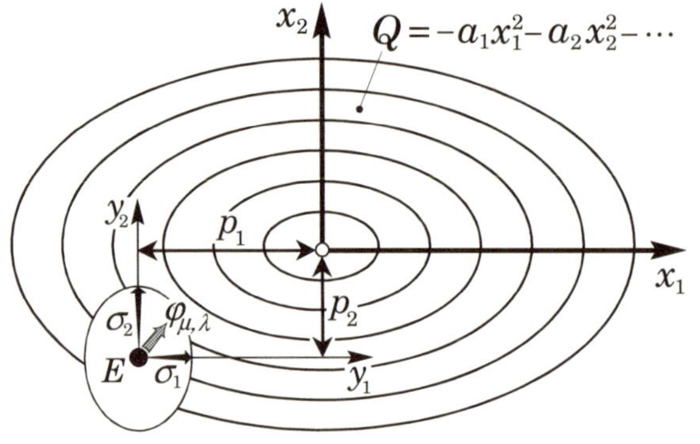

Bild 5-3:

Zur Fortschrittsgeschwindigkeit am elliptischen Gebirgskamm bei ellipsoider Mutationsverteilung.

Es gilt die umfassende Fortschrittsformel ($\mu > 1$ erlaubt):

$$\varphi_{\mu,\lambda} = c_{\mu,\lambda} \frac{\sqrt{\sum (a_k p_k \sigma_k)^2}}{\sqrt{\sum (a_k p_k)^2}} - \frac{\sum a_k \sigma_k^2}{2\sqrt{\sum (a_k p_k)^2}} \ .$$

Eine Abschaltregel für die ES-Optimierung

Der Programmierer am Computer möchte wissen, wie lange sein ES-Programm laufen muß. Ein Experimentator am Windkanal würde gern im voraus den Zeitaufwand eines ES-Experiments abschätzen. Die abgeleitete Formel (S. 64/65)

$$\ln \frac{r_A}{r_E} = \frac{c_{1,\lambda}^2}{2n} \gamma$$

eröffnet die Möglichkeit, γ auszurechnen. Das Ergebnis würde allerdings nur stimmen, wenn die aktuelle Optimierungsfunktion kreiskuppenähnlich ausgebildet ist. Da die Kreiskuppe eine plausible Durchschnitts-Optimierungsfunktion darstellt, möge es erlaubt sein, an dieser Gebirgsform γ abzuschätzen. Wir haben zwei Unbekannte in der obigen Formel, nämlich r_A und r_E.

Die Größe r_A bedeutet den Abstand des Optimierungs-Startpunkts vom Gipfel. Wir setzen voraus, daß sämtliche Variablen x_k nur begrenzt von 0 bis ℓ verstellbar seien. Wir starten mit einer Zufallseinstellung der gleichskalierten

Variablen. Die unbekannte Lage des Funktionsgipfels läßt sich so ausdrücken: Jede Stelle im Variablenraum kann mit gleicher Wahrscheinlichkeit Optimum sein. So wie der Startpunkt zufällig gewählt wurde, so ist nun auch das Ziel als ein Zufallspunkt anzusehen. Die Start-Ziel-Entfernung r_A entpuppt sich als der Abstand zweier Zufallspunkte im durch die Kantenlänge ℓ begrenzten Variablenraum. Dieser Abstand, so sollte man meinen, ist so unbekannt wie das gesuchte Optimum. Das ist richtig für zwei, drei, vier Dimensionen. Im Hyperwürfel erweist sich der Abstand $\overline{D}$ zweier Zufallspunkte als konstant (***Bild* 5-4**).

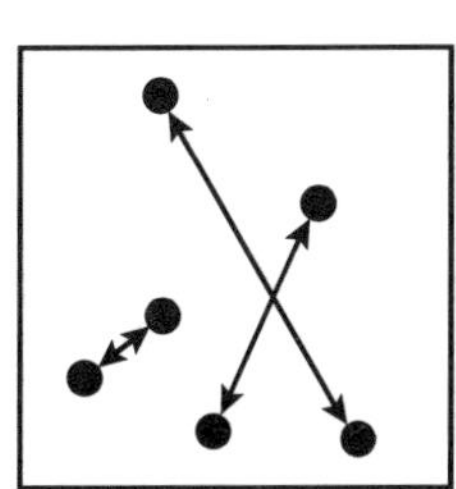

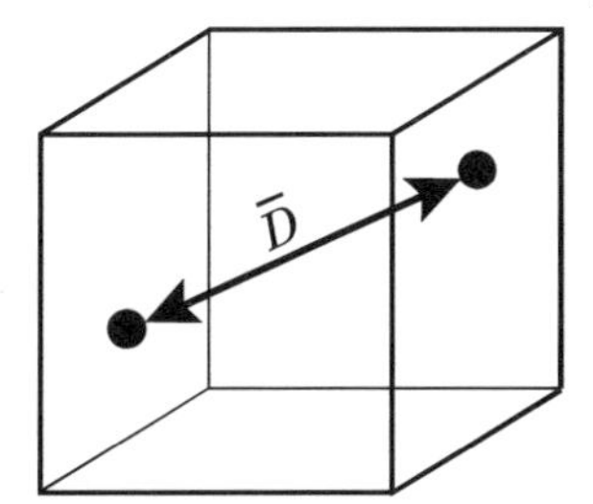

***Bild* 5-4:**

*Abstand zweier Zufallspunkte im Quadrat (**a**) und Hyperkubus (**b**).*

Bevor die Abstandskonstanz in eine Formel gebracht wird, möchte ich ein Rechnerexperiment vorstellen. Gegeben sei ein 600-dimensionaler Hyperwürfel der Kantenlänge $\ell = 20$. Wir setzen unter Verwendung von $[0, 20)$-gleichverteilten Zufallszahlen zwei Zufallspunkte in den Raum und berechnen ihren Abstand. Hier die Ergebnisse einer 5maligen Wiederholung des Experiments:

$$D_1 = 198{,}23 \quad | \quad D_2 = 201{,}25 \quad | \quad D_3 = 199{,}61 \quad | \quad D_4 = 209{,}62 \quad | \quad D_5 = 205{,}05\,.$$

Der Zufall mittelt sich aus dem Abstand heraus. Der mittlere quadratische Abstand zweier $[0, \ell)$-gleichverteilter Zufallszahlen x und y berechnet sich zu:

$$\overline{D^2} = \frac{1}{\ell}\int_{x=0}^{\ell}\frac{1}{\ell}\int_{y=0}^{\ell}(x-y)^2\,\mathrm{d}y\,\mathrm{d}x = \frac{\ell^2}{6}\,.$$

Beschreiben n $[0, \ell)$-gleichverteilte Zufallszahlen die Position eines jeden Zufallspunktes, müssen die mittleren Abstandsquadrate der Komponenten aufsummiert werden. Es ergibt sich als Mittelwert für das Quadrat des Abstands zweier Zufallspunkte $\boldsymbol{X}$ und $\boldsymbol{Y}$ im Hyperwürfel:

$$\overline{D^2} = \sum_{k=1}^{n}\frac{1}{\ell^2}\int_{x=0}^{\ell}\int_{y=0}^{\ell}(x_k - y_k)^2\,\mathrm{d}y_k\,\mathrm{d}x_k = \frac{n\ell^2}{6}\,.$$

Wir ziehen, obgleich es nicht ganz richtig ist, erst nach der Mittelung die Wurzel und erhalten für den durchschnittlichen Abstand zweier Zufallspunkte die einfache Formel:

$$\overline{D} = \ell\sqrt{n/6} \qquad (\text{für } \ell = 20 \quad \text{und} \quad n = 600 \quad ☞ \quad \overline{D} = 200).$$

Der Blick zurück auf die Computermeßwerte zeigt: Die Abstands-Formel scheint zu stimmen. Den mathematischen Beweis kann ich hier nicht führen, weshalb dieser Mittelwert für große n so wenig streut. Die Computersimulation möge an Stelle des Beweises treten. Es sei angedeutet, daß hier eine Eigenschaft der Chi-Verteilung ins Spiel kommt. Denn wären die Differenzen $(x - y)$ der Zufallszahlen x und y (0, 1)-normalverteilt, würde – für große Werte n – die Wurzel aus der Quadratdifferenzensumme eine $(\sqrt{n}, 1/\sqrt{2})$-Normalverteilung ergeben. Mit anderen Worten: Die Streuung $1/\sqrt{2}$ tritt gegenüber dem Erwartungswert $\sqrt{n}$ für wachsendes n immer mehr zurück.

Nachdem der Anfangs-Zielabstand einer Optimierung mit $r_A = \overline{D}$ gegeben ist, stellt sich die Frage nach dem Endabstand r_E. Im Wert r_E spiegelt sich die geforderte Genauigkeit einer Optimierung wieder. Angenommen, jede Variable differiere schließlich nur noch um den Betrag $\varepsilon\ell$ von der exakten Optimaleinstellung. Dann ist

$$r_E = \sqrt{(\varepsilon\ell_1)^2 + (\varepsilon\ell_2)^2 + \cdots (\varepsilon\ell_n)^2} = \varepsilon\ell\sqrt{n}$$

ein erlaubter Restabstand zum Ziel. Wir setzen r_A und r_E in die $\ln(r_A/r_E)$-Formel ein und lösen nach γ auf. Die sich ergebende Generationszahl stellt das Minimum dar, das nur erreicht wird, wenn die Distanz $\overline{D}$ allerorts mit φ_{max} durchschritten wird. Wir fügen in die Generations-Abschätzungsformel einen Sicherheitsfaktor S ein:

$$\gamma = S\,\frac{2n}{c_{1,\lambda}^2}\,\ln\frac{1}{\varepsilon\sqrt{6}}, \qquad S = 2 \text{ bis } 10 \text{ (Sicherheitsfaktor).}$$

Die obige γ-Formel ist nützlich für die Schätzung des Rechen- oder Experimentieraufwands für eine anstehende ES-Optimierung. Die Formel wurde bereits angewendet, um die Zeitspanne der biologischen Evolution abzuschätzen (siehe Kapitel 2). Doch mehr als ein Zeit-Voranschlag liefert die Formel nicht. Muß sich die Evolutionsstrategie z. B. langzeitig einen schmalen Grat aufwärtskämpfen, kann die Generationszahl erheblich über dem rechnerischen Kreiskuppenwert liegen.

6

Fortschreiten im Evolutionsfenster

Skala der Mutationen

Es ist bemerkenswert: Ein sichtlich verwickelter Vorgang wie das $(1, \lambda)$-gliedrige Beklettern einer universalen quadratischen Bergformation wird durch die extrem einfache Formel $\Phi = \Delta - \Delta^2$ beschrieben. In der Theorie der Evolutionsstrategie wird Φ die universelle Fortschrittsgeschwindigkeit und Δ die universelle Schrittweite genannt. Durch Nullsetzen der ersten Ableitung der Funktion $\Phi(\Delta)$ lassen sich die Optimalwerte berechnen:

$$\Delta_{\text{opt}} = \frac{1}{2}, \qquad \Phi_{\max} = \frac{1}{4}.$$

Wir wollen $\Phi(\Delta)$ in einem Diagramm studieren. Um passend zu skalieren, fragen wir: In welchem Bereich bewegt sich Δ überhaupt? Gegeben sei ein würfelförmig begrenzter n-dimensionaler Variablenraum. Jede Variable besitze den Stellbereich ℓ. Wir starten an einem zufälligen Punkt. Der Abstand zum Ziel sei, wie im vorigen Kapitel abgeleitet wurde, $r_a = \ell\sqrt{n/6}$. Angenommen, wir haben, wie im ***Bild 6-1*** gezeigt, durch fleißiges evolutionsstrategisches Arbeiten den Zielabstand auf 1/1000 des Anfangswertes reduziert.

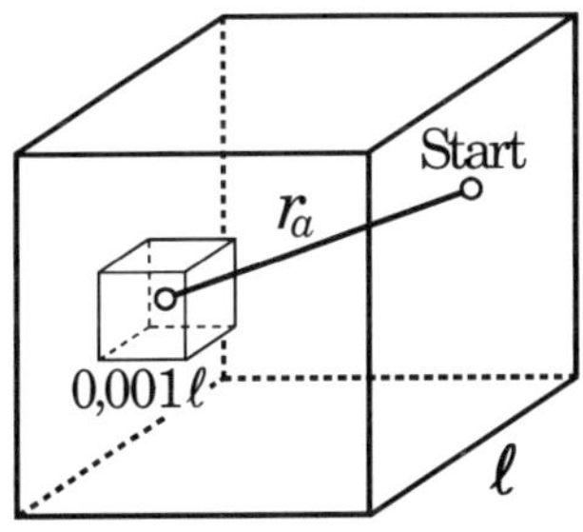

Bild 6-1:

Reduktion des Suchbereichs im Verlauf der Optimierung.

Falls die Qualitätsfunktion die Form einer Hyperkuppe (Kugelmodell) besitzt ($d_1 = d_2 = \cdots = d_k = d$), wird im eingekreisten Hyperwürfel der Kantenlänge $\ell/1000$ alles so aussehen wie zuvor. Wurde die Mutationsstreuung σ nicht verändert, so ist $\Delta = \sigma\, n/(2\, r)$ nun um den Faktor 1000 angewachsen. Aus den drei Zehnerpotenzen Differenz zu Δ_{opt} können ohne weiteres fünf Größenordnungen werden, wenn – falsch geschätzt – die ES-Optimierung mit $\Delta = 50$ (statt $\Delta = 0{,}5$) begonnen wurde. Die Folgerung ist: Die Δ-Skala unseres $\boldsymbol{\Phi}$-Δ-Diagramms muß logarithmisch unterteilt sein.

Das Bild des Evolutionsfensters

Die logarithmische Skala für Δ läßt ein scharfes Optimum für $\boldsymbol{\Phi}$ entstehen. Fortschritt findet nur in einem engen Mutations-Schrittweitenband statt. Das Gleichnis des Fensters im ***Bild 6-2*** demonstriert, wie immens wichtig es ist, beim evolutionsstrategischen Optimieren die „richtige" Mutationsschrittweite zu kennen. Da sämtliche Δ-Werte der Abszisse Mutationsschrittweiten repräsentieren, die für eine Optimierung in Frage kommen, ist es eine Kunst, das schmale Fenster zu finden. Wir wissen bereits, welcher Mechanismus diese Leistung zustande bringt: Es ist der Algorithmus der mehrgliedrigen Evolutionsstrategie mit Mutations-Schrittweiten-Regelung (MSR-ES).

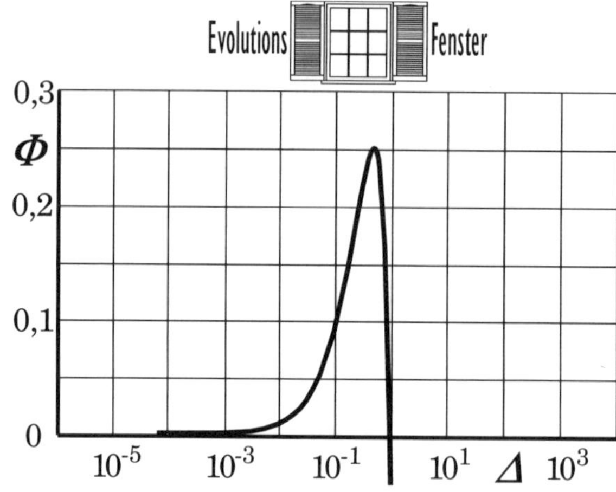

Bild 6-2:

Fortschritt der Evolutionsstrategie im Quadrik-Gebirge.

Das Fortschrittsfenster der Evolutionsstrategie im Quadrik-Gebirge hat für mich einen allgemeinen Erkenntniswert. Man könnte, wenn auch politisch verdreht, wie folgt argumentieren: Rechts vom Evolutionsfenster sitzen die Revolutionäre und links davon die Erzkonservativen. Bei den Revolutionären gibt es Rückschritt, bei den Konservativen kommt es zur Stagnation. Sich für die richtige Schrittweite zu entscheiden: Das ist die Kunst, die für den Politiker, Manager und Ingenieur gleichermaßen wichtig ist.

Meine gewagte Extrapolation in die aufgeführten komplexen menschlichen Tätigkeitsfelder gründet sich darauf, daß das lokale Quadrik-Gebirge ein Normverhalten der Welt widerspiegelt. Dieses Normverhalten wird, um es in die Erinnerung zurückzurufen, durch das allumfassende Prinzip der starken Kausalität bestimmt. Zwar beschreibt die Quadrikgleichung dieses Normverhalten nur im Handlungs-Nahfeld. Da jedoch erfolgreiches multidimensionales Handeln nach der Erkenntnis des Evolutionsfensters keine großen Sprünge erlaubt, hat sich die Lokalitätsbeschränkung im nachhinein entschärft.

Das Bild des Evolutionsfensters ist in einem Punkt noch erklärungsbedürftig: Die Lage des Funktionsmaximums ist nur in der abstrakten Φ-Δ-Ω-Darstellung fixiert. In einer Auftragung, die Δ durch die wahre Schrittweite δ ersetzt, ändert sich die Lage des Fensters. Ist man noch weit vom Optimum entfernt (Ω klein), befindet sich das Fenster normalerweise rechts. Nähert man sich dem Ziel, rückt das Fenster nach links (Ω groß).

Zwischen Erfolg und Fortschritt

Die Erscheinung des stark ausgeprägten Maximums für die Mutationsschrittweite soll diskutiert werden. Das Optimum erweist sich – wie so häufig – als Kompromiß zwischen zwei gegenläufigen Effekten. Das zeigt die folgende Betrachtung am Kreiskuppenmodell: Wir starten hinreichend weit vom Optimum entfernt. Wir zeichnen einen Kreis um den elterlichen Startpunkt. Der Radius $\delta = \sigma\sqrt{n}$ bestimmt das Einzugsgebiet der Mutationen. Ist δ sehr klein gegenüber dem Krümmungsradius der Höhenlinien, entarten die Höhenlinien innerhalb des Mutations-Einzugsgebiets zu Geraden. Die gerade Höhenlinie durch den Elternpunkt trennt den Bereich positiver Mutationen vom Bereich negativer Mutationen. Es wird im Mittel jede zweite Mutation ein Erfolg sein. Das sieht gut aus, ist es aber nicht. Denn die differentiell kleinen Mutationsstrecken ergeben auch nur differentiell kleine Fortschritte. Nun machen wir das Mutations-Einzugsgebiet wesentlich größer. Die durch den Elternpunkt laufende Höhenlinie ist jetzt gekrümmt, womit sich das Erfolgsgebiet einschnürt. Es gibt jetzt wesentlich häufiger mutative Mißerfolge als Erfolge. Der große Fortschritt, den die seltenen positiven Mutationen erzielen, kann die große Zahl von Mißerfolgen nicht aufwiegen. Es gibt einen optimalen Kompromiß zwischen der Erfolgshäufigkeit von Mutationen und der Größe des Fortschritts von Mutationen. Dieser optimale Kompromiß ist im Evolutionsfenster gegeben.

Steigt die Zahl der Dimensionen, so ergibt sich mit wachsender Mutationsschrittweite eine dramatische Erfolgs-Reduzierung. Der Grund ist die Explosion des Volumens in der Distanz des $\mathbb{R}^n$. Eine gedachte Kugelwelle, die sich im $\mathbb{R}^n$ ausbreitet, vergrößert ihre Oberfläche propotional mit r^{n-1} (r = Abstand vom Zentrum). Diese offenkundige mathematische Tatsache wird allzu schnell übersehen. Mit der anschaulichen Vorstellung eines zu bekletternden Gebirges behaftet planen wir unsere strategischen Operationen in einer x-y-Welt. Dagegen ist nichts einzuwenden, sofern man die Distanzverzerrungen des n-dimensionalen Raumes passend in die zweidimensionale x-y-Welt projiziert.

Das ***Bild 6-3*** zeigt die Projektion eines n-dimensionalen evolutionsstrategischen Bildes in die x-y-Ebene, und zwar unter Berücksichtigung der Volumenverhältnisse im $\mathbb{R}^n$. Gegeben sei eine Kreiskuppe (zweidimensionales Kugelmodell). Vom Elternpunkt E werden mit vier verschiedenen Schrittweiten Nachkommen N erzeugt. Es werden kreisrandverteilte Zufallszahlen verwendet. Wir betrachten die Menge der erfolgreichen Nachkommen. Das sind alle Punke der dick gezeichneten Kreissegmente im ***Bild 6-3***: Im zweidimensionalen Bild enden die Erfolgssegmente an der durch den Elternpunkt gezeichneten Höhenlinie der Kreiskuppe. Wir wechseln von $n = 2$ auf $n = 100$ über. Wie sieht nun das Bild der Menge der erfolgreichen Nachkommen aus? Wieder sollen die dick gezeichneten Kreissegmente Erfolg symbolisieren. Die virtuelle Höhenlinie im x-y-Bild, an der jetzt die Erfolgssegmente enden, hat die Form einer schmalen Keule.

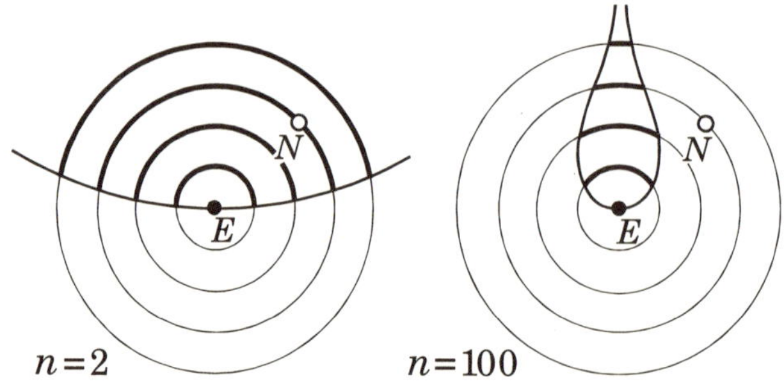

Bild 6-3:

Einschnürung des Erfolgsgebiets im 100-dimensionalen Raum aus 2-dimensionaler Sicht.

Wir stellen fest: Die Erfolgskeule entartet mit wachsender Entfernung vom Elternpunkt E zur Linie. Die Erfolgsgebiet-Einschnürung wird um so dramatischer, je größer die Variablenzahl ist. Die Einstellung der „richtigen" Mutationsschrittweite wird bei vielen Variablen zum entscheidenden Faktor für die Konvergenz der Evolutionsstrategie.

Bild des Gipfelkletterns im Hyperraum

Wie sieht es aus, wenn Individuen nach dem Algorithmus der Evolutionsstrategie mit mutativer Schrittweitenregelung einen Berg hinaufklettern? Das Optimierungsproblem werde beschrieben durch die (symmetrische) Quadrikgleichung:

$$Q = -\,x_1^2 - x_2^2 \cdots - x_n^2 \Rightarrow \text{Max.}$$

Geklettert wird in einem n-dimensionalen Hyperraum. Dreidimensionale geometrische Gebilde lassen sich bekanntlich in zwei Dimensionen projizieren. Versuchen wir, auch den Evolutionsweg aus dem n-dimensionalen Raum in zwei Dimensionen abzubilden. Bewährt hat sich eine Vorschrift, die den Punkt $p\{x_1, \ldots x_n\}$ im Hyperraum wie folgt auf den Punkt $P\{X, Y\}$ der Ebene abbildet:

$$X = \sqrt{x_1^2 + \cdots + x_{(n/2)}^2}\ , \qquad Y = \sqrt{x_{(n/2)+1}^2 + \cdots + x_n^2}\ .$$

Das ***Bild 6-4*** zeigt eine evolutionsstrategische Optimierungs-Szene, die aus dem 100-dimensionalen Hyperraum auf die X-Y-Ebene projiziert wurde. Es wurde eine (**1**, 10)-gliedrige Evolutionsstrategie angewendet. Die Schmalheit der Suchstraße sollte uns nicht überraschen. Denn wir wissen ja, daß sich in größerer mutativer „Sichtweite“ die virtuelle Höhenlinien-Keule derart stark zusammenzieht, daß das Erfolgsgebiet gegen Null geht. Die evolutionsstrategische Optimumsuche verliert sich nicht im immens voluminösen Hyperraum der Mißerfolge. Evolutionsstrategisches Gipfelklettern heißt, mit optimaler „freier Weglänge“ der Nachkommen den Gradientenweg hinaufdiffundieren.

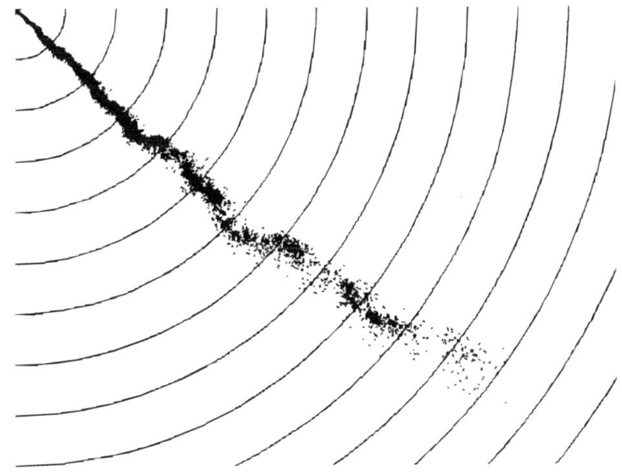

Bild 6-4:

Gradienten-Diffusion der Evolutionsstrategie im 100-dimensionalen Hyperraum.

Die Regeln der Projektion verleihen der Abbildung spezielle Eigenschaften. Gewünscht wäre die Optimum-Abstandstreue: Hat ein Punkt p im Hyperraum den Abstand D vom Gipfel, dann sollte das Abbild P auf der X-Y-Ebene gleichfalls den Abstand D vom Gipfel besitzen. Diese Forderung ist exakt erfüllt. Eine ebenfalls sehr erwünschte Eigenschaft wäre die Eltern-Nachkommen-Abstandstreue. Die Entfernung der Nachkommen vom Elter sollte in der X-Y-Projektion die Mutationsschrittweite δ widerspiegeln. Diese Forderung wird von der obigen Abbildungsvorschrift nur bedingt erfüllt. Mutationskreise werden lageabhängig verzerrt. Schließlich sei erwähnt, daß die einzelnen Variablen, trotz der schmalen Bahn, auf längere Sicht das Optimum überspringen können.

Es mag einen Evolutionsstrategen enttäuschen, wenn er vernimmt, daß das Verfahren seiner Wahl im Mittel nur eine Gradientenstrategie ist. Doch ich kenne für das Operieren im hochdimensionalen Variablenraum keine andere universelle Gipfel-Suchlogik, die so einsichtig ist, wie das Aufnehmen und Folgen eines bereits zum Gipfel ausgelegten Ariadnefadens.

Die Kehrseite der lokalen Klettertheorie

Evolutionsstrategisches Klettern im Quadrik-Gebirge erfolgt nach „egoistischen Motiven". Was zählt ist der momentan beste Fortschritt. Der (μ, λ)-Algorithmus bestimmt: Es überlebt, was momentan am besten ist. Doch was momentan am besten ist, kann sich längerfristig als falsch erweisen. Als Beispiel sei der langgestreckte ansteigende Grat aufgeführt. Die Evolutionsstrategie wird langfristig dem Gratfirst folgen: Die Fortschrittsstraße wird geführt durch den zentralen Gradienten, den ich auch globalen Gradienten nenne. Dagegen kennzeichnet der lokale Gradient die momentan beste Fortschrittsrichtung (***Bild 6-5 a***). Richtig wäre, wenn die Nachkommen einer Generation in Richtung des globalen Gradienten ausgelesen werden würden. Doch tatsächlich funktioniert die Auslese kurzsichtig in Richtung des lokalen Gradienten. Ein zum Elter gewordenes Individuum, das vom globalen Gradienten des langgestreckten Grats abgedriftet ist, schickt seine erfolgreichen Nachkommen in Richtung zum Gratfirst und nicht in Richtung des globalen Gradienten. Dabei kann es sogar vorkommen, daß man sich bezüglich der globalen Fortschrittsrichtung zurück bewegt (***Bild 6-5 b***). Es sei festgehalten, daß beim Kreiskuppenmodell globaler und lokaler Gradient an jeder Stelle zusammenfallen. Für das Kreiskuppenmodell ist die lokale Theorie der Evolutionsstrategie zugleich auch eine globale Theorie. Eine allgemeine globale Fortschritts-Theorie der Evolutionsstrategie, die auch für den Grat angemessen ist, muß erst noch geschaffen werden.

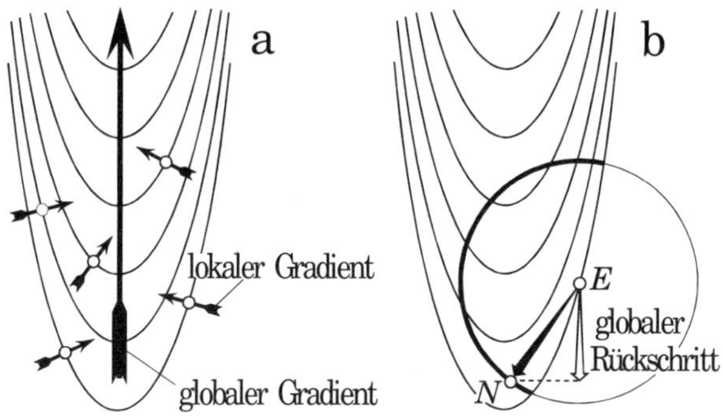

Bild 6-5:

Fortschreiten am Parabelgrat.

a) lokale Fortschritte

b) globaler Rückschritt

Wie können wir beim Grat besser in Richtung des globalen Gradienten zielen? Die Antwort lautet: Indem wir die Schrittweite vergrößern. Durch größere mutative Weitsicht läßt sich der Effekt, vom globalen Gradienten abgelenkt zu werden, abmindern. Angenommen, wir sind beim Besteigen eines Parabelgrats seitlich vom First abgekommen. Wir setzen um uns herum Mutationen, und zwar einmal auf einen kleinen und einmal auf einen großen Kreis. Die Menge der erfolgreichen Nachkommen sei jeweils durch den dick gezeichneten Abschnitt der Mutationskreise gekennzeichnet. Es zeigt sich deutlich (***Bild 6-6***): Auf dem großen Mutationskreis zielen die Erfolge weitaus besser in Richtung des globalen Gradienten als auf dem kleinen Mutationskreis. Aber man sieht auch deutlich die Abnahme der Erfolgwahrscheinlichkeit (Verhältnis des dick gezeichneten Kreisbogens zum gesamten Kreisumfang). Rechnet man das Kreisbogenverhältnis auf höhere Dimensionen um, geht auf dem großen Mutationskreis die Erfolgswahrscheinlichkeit gegen Null. Quintessenz: Auch für schnellstes ***globales*** Fortschreiten am Grat gibt es einen optimalen Kompromiß zwischen Erfolgswahrscheinlichkeit und Fortschrittspfeil.

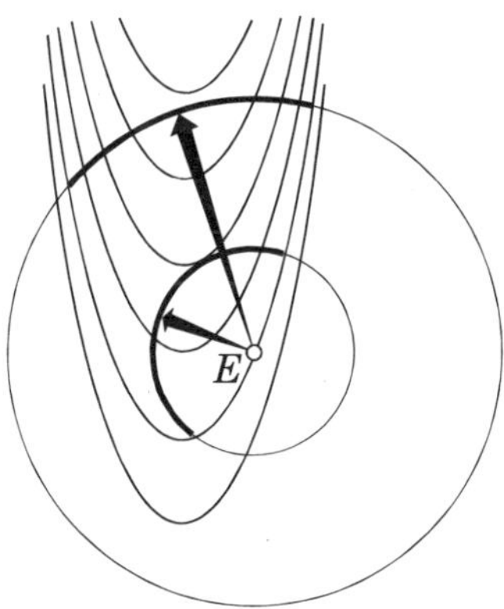

Bild 6-6:

Besseres Zielen in die globale Fortschrittsrichtung durch Vergrößerung der Mutationsschrittweite.

Computerexperimente am Parabelgrat zeigen: Globales Fortschreiten kann durchaus schneller sein als es der optimale Fenster-Fortschrittswert voraussagt. Aber es gibt noch einen zweiten Grund, am Grat zu kurzsichtiges (sprich lokales) Operieren mit der Evolutionsstrategie zu meiden. Der Gratfirst zeichnet sich durch eine besonders starke Krümmung der Höhenlinien aus. Am Gratfirst ist die Komplexität Ω besonders hoch und damit die Fortschrittsgeschwindigkeit gering. Die lokalen Gradienten beidseitig des Gratfirsts sind jedoch sämtlich auf den First gerichtet. Die lokal arbeitende Evolutionsstrategie lenkt sich also selbst in diesen Fortschritts-Flaschenhals. Wir kommen somit zu dem Schluß: Es ist angezeigt, in einer Grat-Situation die Mutationsschrittweite größer zu machen als es das Evolutionsfenster vorschreibt. Die globale Fortschrittsgeschwindigkeit erhöht sich dadurch.

Die Frage stellt sich: Wie findet man die Mutationsschrittweite, die am Grat maximalen globalen Fortschritt ergibt? Der ES-Algorithmus mit mutativer Schrittweitenregelung (siehe Kapitel 3) ist ungeeignet. Denn dieses Verfahren, das in einer Generation mehrere Schrittweiten ausprobiert, setzt eindeutig auf den lokalen Erfolg. Es überleben diejenigen Schrittweiten, die momentan zum größten Qualitätsgewinn führen. Um Schrittweiten bezüglich ihres langfristigen Qualitätsgewinns zu bewerten, müssen wir die Evolution mit den zu begutachtenden Schrittweiten eine Weile laufen lassen. Es sei der Vergleich mit einem Autorennen gestattet: Wer schon nach der ersten Kurve den an der Spitze liegenden Fahrer zum Sieger kürt, der wird gewiß nicht den strategisch besten Fahrer ermittelt haben.

Gegeben sei ein (μ, λ)-Schema. Dieses sei Strategie A genannt, wenn mit einer kleinen Mutationsschrittweite gearbeitet wird. Durchgeführt mit großer Mutationsschrittweite sei es die Strategie B. Wettkampf der Strategien heißt jetzt die Losung. Wir müssen Strategie A eine zeitlang ausprobieren und dann Strategie B dieselbe Zeitspanne laufen lassen. Der Wettbewerb unter Populationen, die strategisch verschieden operieren, ist ein Kunstgriff, um momentanen Opportunismus zu unterdrücken. Die Entwicklung altruistischer Verhaltensweisen in der Biologie ist ein Beispiel für das Entstehen von Strategien, die einer Population langfristig evolutive Vorteile verschaffen. Im nachfolgenden Kapitel sollen solche höheren Populations-Evolutions-Strategien (**PES**) entwickelt werden. Dabei wird es um recht komplexe Strategien gehen. Viele Evolutionsstrategen werden sich beim Lesen des Kapitels 7 gewiß fragen, ob es wirklich gerechtfertigt ist, Evolutionsstrategien derart „verschachtelt" zu programmieren. Doch das Problem der globalen Fortschrittsmaximierung läßt sich meines Erachtens nicht anders lösen. Wer von der Evolution der Evolution in der Natur überzeugt ist, wird die biologienahen Populations-Algorithmen kaum ignorieren können. Und eines sei vorweg gesagt: Populations-Evolutions-Strategien, die ich in der Form … $[\mu', \lambda'(\mu, \lambda)]$-ES schreibe, müssen nicht zwangsläufig mit mehr Individuen operieren als konventionelle (μ, λ)-gliedrige Evolutionsstrategien. Es findet im günstigen Fall lediglich eine Verschiebung der Individuenzahlen in neu eröffnete „Strategie-Klammern" statt.

7

Algorithmen von Evolutionsstrategien

Spielzeichen für Evolutionsstrategien

Ziel dieses Kapitels ist es, Handlungsregeln von Evolutionsstrategien zu entwerfen, wobei von Stufe zu Stufe das biologische Evolutionsgeschehen genauer nachgebildet werden soll. Ein von mir gern benutztes Mittel, um Evolutionsstrategien anschaulich darzustellen, sind symbolische Spiele mit Karten (RECHENBERG 1973, 1978). Diese Kartenspiele werden unter Einhaltung gewisser elementarer Spielregeln, die durch die Spielzeichen gegeben sind, durchgeführt. Nachfolgend meine evolutionsstrategischen Symbole und Regeln:

Spielzeichen Variablensatz

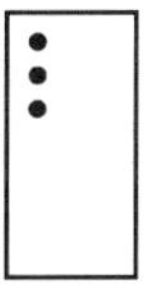

Eine Karte stellt das Sinnbild für einen Informationsträger dar. Darauf sind die Einstellzustände der Variablen in codierter Form niedergeschrieben. Codeformen der Technik sind Dezimal- und Binärzahlen. In der Biologie wird genetische Information durch quaternär codierte Nukleotidbasen-Tripletts dargestellt. Der Informationsträger ist das DNS-Molekül.

Spielzeichen Population

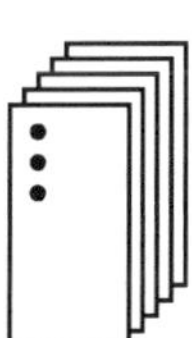

Ein Satz von Karten enthält die Information der zu einer Population zusammengeschlossenen Individuen einer Generation. Die Variabilität einer Population ist durch die unterschiedlichen Einstellwerte der Variablen auf den Karten gegeben. Der Kartenstapel ist das Analogon zum Gen-Pool in der Biologie.

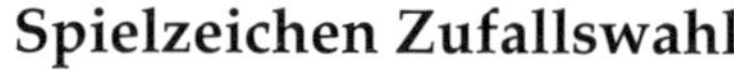

Spielzeichen Zufallswahl

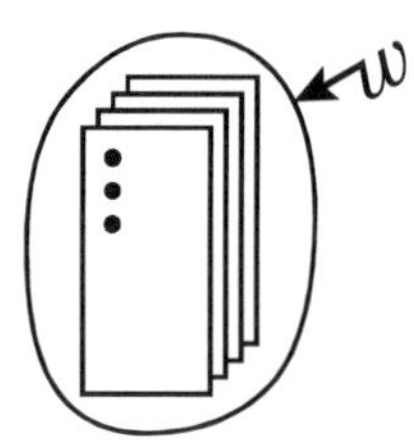

Die ovale Umrandung eines Kartensatzes soll eine Urne symbolisieren. Das mit einem Pfeil versehene *w* bedeutet, daß eine Karte zufällig aus dieser Urne herausgegriffen wird. Befinden sich innerhalb der Umrandung mehrere Populationen, so bezieht sich die Zufallswahl auf diese Einheiten. Wenn nicht anders vereinbart, erfolgt die Zufallsauswahl nach einer gleichverteilten Wahrscheinlichkeit.

Spielzeichen Duplikation

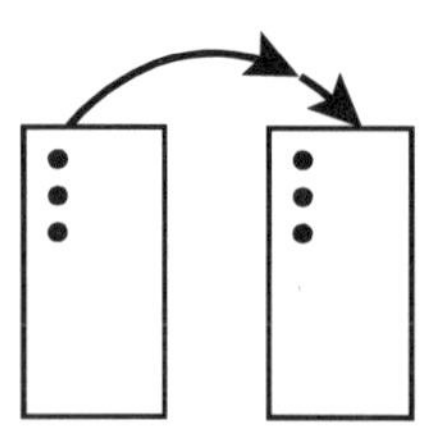

Ein Doppelpfeil weist auf eine Kartenverdoppelung hin. Die Information der einen Karte soll auf eine zweite übertragen werden: Kurz, die Karte wird kopiert. Der analoge Vorgang in der Biologie ist die Selbstverdoppelung des DNS-Moleküls. Ein Doppelpfeil an einer Population heißt, daß der gesamte Datensatz der Karte kopiert werden soll.

Spielzeichen Selektion

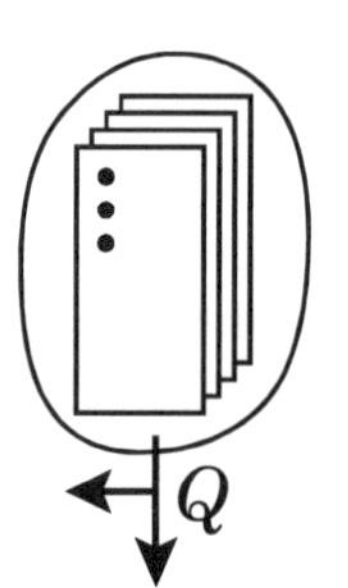

Die Umrandung kennzeichnet eine Urne, aus der Karten herausgenommen werden. Der sich verzweigende Pfeil mit dem danebenstehenden Buchstaben *Q* heißt, daß dabei eine Auslese nach der Qualität *Q* vorgenommen wird. Die selektierten Karten weisen höhere Qualitätswerte auf als der aus dem Prozeß herausfallende Rest. Befinden sich innerhalb der Umrandung mehrere Populationen, so bezieht sich die Selektion auf diese Entitäten. Eine Population kann nach einer anderen Qualität bewertet werden als ein Individuum.

Spielzeichen Mutation

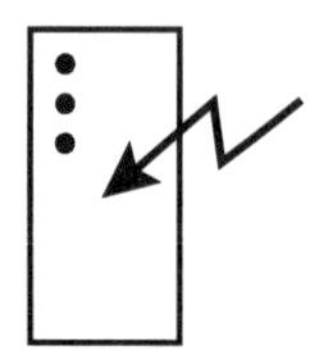

Ein Zickzackpfeil an einem Variablensatz heißt, daß die Variablenwerte durch einen Zufallsprozeß (meist mit normalverteilter Wahrscheinlichkeit) abgeändert werden. Dabei können sämtliche Variablenwerte einer Zufallsänderung unterworfen werden. Es können aber ebenso nur einige Variablennummern herausgewürfelt werden, die dann allein zufällig abgeändert werden.

Spielzeichen Rekombination

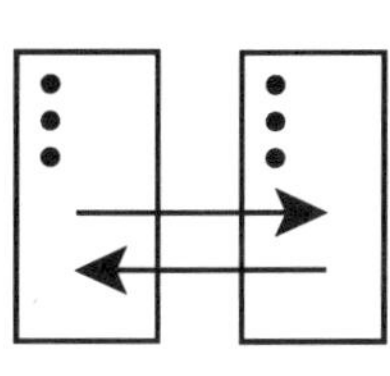

Zwei gegenläufige Pfeile symbolisieren eine Mischung. Es können Variablenwerte zweier oder mehrerer Karten gemischt werden (Mischungspfeile zwischen Karten). Es können auch Individuen zweier oder mehrerer Populationen vermischt werden (Mischungspfeile zwischen Kartensätzen). Das Symbol der gegenläufigen Pfeile signalisiert nur, daß gemischt werden soll. Die Mischungsregeln müssen ausformuliert werden. Standard in der Kontinuumstheorie der Evolutionsstrategie ist die mittelnde Mischung gleichindizierter Variablen (intermediäre Vererbung). Bei der diskreten Mischung wechseln gleichindizierte Variablen ihre Kartenplätze.

Spielzeichen Realisation

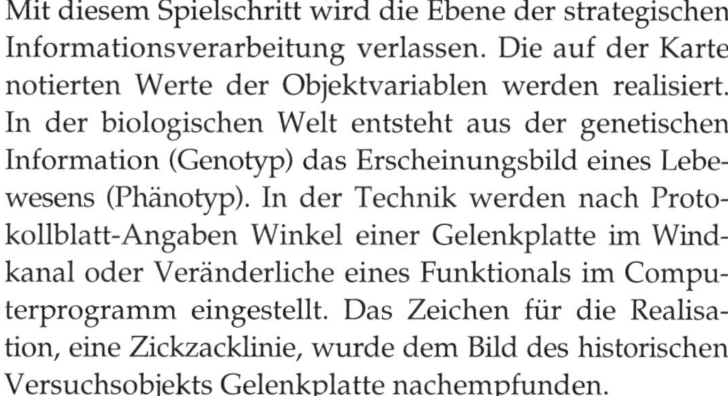

Mit diesem Spielschritt wird die Ebene der strategischen Informationsverarbeitung verlassen. Die auf der Karte notierten Werte der Objektvariablen werden realisiert. In der biologischen Welt entsteht aus der genetischen Information (Genotyp) das Erscheinungsbild eines Lebewesens (Phänotyp). In der Technik werden nach Protokollblatt-Angaben Winkel einer Gelenkplatte im Windkanal oder Veränderliche eines Funktionals im Computerprogramm eingestellt. Das Zeichen für die Realisation, eine Zickzacklinie, wurde dem Bild des historischen Versuchsobjekts Gelenkplatte nachempfunden.

Spielzeichen Bewertung

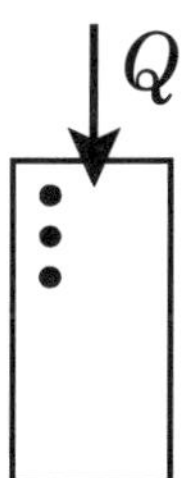

Die gemessene Qualität als Ergebnis des Versuchs (z. B. auf dem Computer oder im Windkanal) wird auf der betreffenden Datenkarte vermerkt. Bewertet werden sowohl Individuen als auch Populationen. Wenn man Individuenqualitäten durch das Attribut egoistisch kennzeichnet, so sind Populationsqualitäten altruistisch zu nennen. Die Qualitätsnotierung in der Ebene der Information ist eine strategische Hilfsoperation, die in der biologischen Realität so nicht abläuft. Durch diesen spieltechnischen Trick kann die Selektion formal in der Informationsebene durchgeführt werden.

Spielzeichen Isolation

Ein symbolischer Stacheldraht als ovale Umrandungslinie kennzeichnet eine Isolation. Karten innerhalb dieser Umrahmung können nicht mit außerhalb befindlichen Karten in Wechselwirkung treten. Das griechische Gamma γ am Stacheldrahtrahmen weist auf die Dauer der Isolation hin. Denn Isolation ergibt nur einen strategischen Sinn, wenn sie nach einer gewissen Spanne wieder aufgehoben wird. Die Generationszahl γ kann auch durch eine Zeit (z. B. CPU) begrenzt sein.

Stufen der Imitation biologischer Evolutionsprozesse

Ich möchte mit den elementaren Spielzeichen verschiedene Formen von Evolutionsstrategien aufbauen. Ich beginne mit der einfachen (**1**+1)-gliedrigen Evolutionsstrategie, der Urform des Evolutionsspiels: Der Variablensatz eines Elters wird dupliziert. Das Duplikat wird mutiert und bewertet. Elter und Nachkomme gelangen in eine Selektionsurne, aus der die qualitätsbeste Datenkarte ausgelesen und zum Elter der nachfolgenden Generation erklärt wird (***Bild* 7-1**).

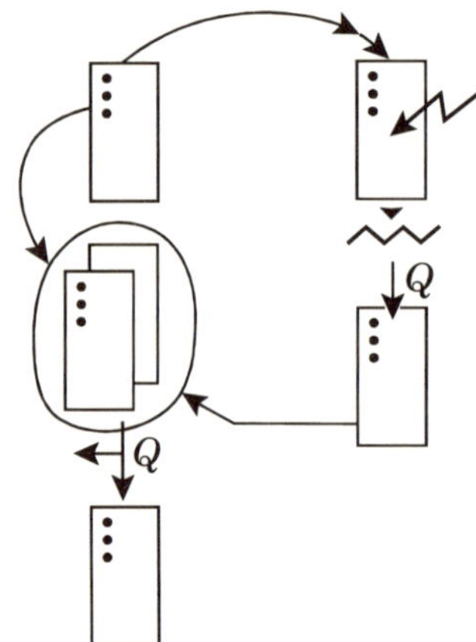

***Bild* 7-1:**

*(**1**+1)-gliedrige Evolutionsstrategie.*

Die (**1**+1)-gliedrige Evolutionsstrategie, genannt zweigliedrige Evolutionsstrategie, stand am Anfang der geschichtlichen Entwickung. Mit diesem Verfahren wurde 1964 das historische Gelenkplattenexperiment durchgeführt. Die Theorie der (**1**+1)-ES wird im Kapitel 18 behandelt (**ES '73**). Die (**1**+1)-gliedrige Evolutionsstrategie ist eine extreme Simplifizierung des DARWINschen Denkmodells.

Besser wird die biologische Wirklichkeit wiedergegeben, wenn der Elter nicht nur einen, sondern mehrere Nachkommen erzeugt. So arbeitet z. B. eine (**1**+5)-gliedrige Evolutionsstrategie (***Bild*** **7-2**).

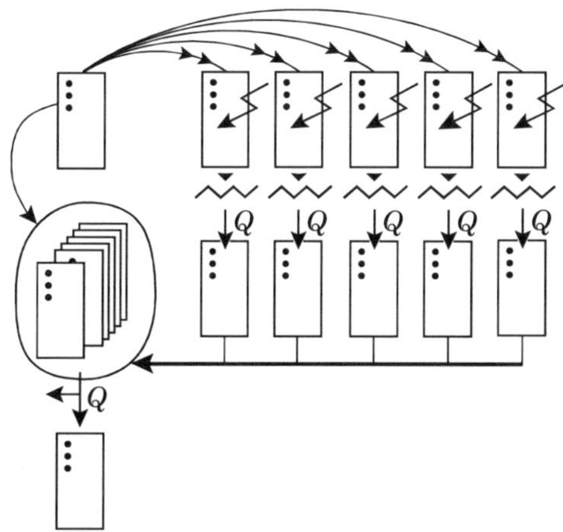

Bild *7-2:*

*(**1**+5)-gliedrige Evolutionsstrategie.*

Der Variablensatz des Elters wird jetzt 5mal dupliziert. Die Datensätze der 5 Nachkommen werden mutiert und realisiert. Mit einem „Qualitätsstempel" versehen gelangen die Nachkommenkarten in eine Selektionsurne. Die Elternkarte wird hinzugefügt. Von den 1+5 Datenkarten wird die beste ausgelesen und zum Elter der nachfolgenden Generation erklärt.

Wir wollen die (**1**+ 5)-gliedrige Evolutionsstrategie durch eine kleine Modifikation umwandeln in eine (**1**, 5)-gliedrige Evolutionsstrategie (***Bild*** **7-3**).

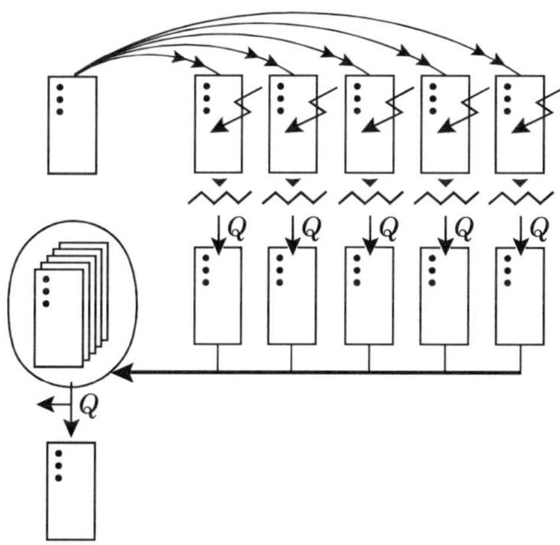

Bild *7-3:*

*(**1**, 5)-gliedrige Evolutionsstrategie.*

Dieses Schema unterscheidet sich von dem vorangegangenen Schema darin, daß nicht mehr der Elter plus die λ Nachkommen, sondern nur die Nachkommen in die Selektionsurne gelangen. Der Elter scheidet aus dem Prozeß aus, auch wenn er eine höhere Qualität als sämtliche Nachkommen aufweist.

Aber auch die $(1, \lambda)$-ES spiegelt das biologischen Geschehen nicht richtig wider. Deutlich besser wird die biologische Evolution simuliert, wenn in einer Generation mehrere Eltern Nachkommen produzieren. Ein Beispiel für ein solches Schema ist eine (**3**, 7)-gliedrige Evolutionsstrategie (***Bild 7-4***). Nunmehr kommt die biologische Population ins Spiel.

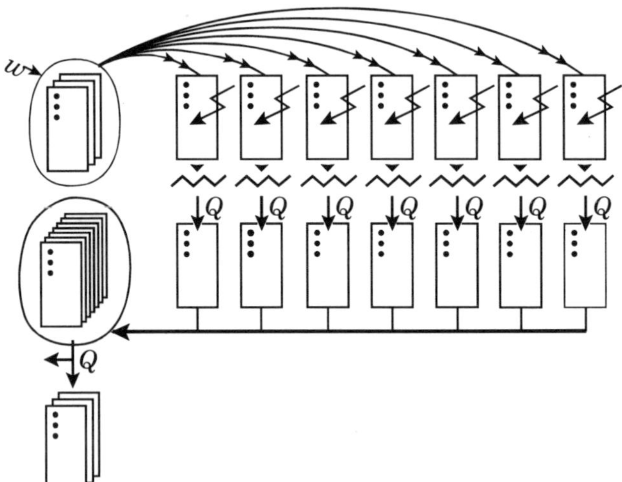

Bild 7-4:

(3, 7)-gliedrige Evolutionsstrategie.

Drei Eltern erzeugen in zufälliger Folge zusammen 7 Nachkommen. Ein Nachkomme entsteht, indem aus der Urne zufällig eine Elternkarte ausgewählt und dupliziert wird. Danach wird die Elternkarte in die Urne zurückgelegt. Insgesamt wird 7mal in die Urne hineingegriffen und die gezogene Elternkarte dupliziert. Es folgt die Mutation der Daten auf den Nachkommenkarten. Anschließend wird der Wert der veränderten Datensätze in der Realität erprobt. Die bewerteten Datenkarten der Nachkommen gelangen wieder in die Selektionsurne. Diesmal verläßt aber nicht nur die beste Datenkarte das Spiel als Gewinner. Jetzt werden die drei besten Datenkarten ausgelesen und zu Eltern der nachfolgenden Generation erklärt.

Die oben beschriebenen Evolutionsstrategien tragen die gemeinsame Kurzbezeichnung $(\mu \overset{+}{,} \lambda)$-ES. Lies: My Plus oder Komma Lambda gliedrige Evolutionsstrategie. Dabei bedeutet μ die Zahl der Eltern und λ die Zahl der Nachkommen einer Generation. Das Pluszeichen steht für den Fall, daß Eltern und Nachkommen zusammen in die Selektionsurne eingebracht werden. Das Kommazeichen wird gewählt, wenn die Eltern nicht in die Auslese einbezogen werden. In der Natur wurde Sterblichkeit von Eltern (Komma-Strategie) der Unsterblichkeit (Plus-Strategie) vorgezogen. Damit die Kommastrategie funktioniert, muß $\lambda > \mu$ sein. Die elegante Nomenklatur der Plus- oder Komma-Strategie wurde erstmals von H.-P. SCHWEFEL in seiner Dissertation 1975 eingeführt.

Es ist nun an der Reihe zu versuchen, in das Handlungsschema der Evolutionsstrategie den Mischungsmechanismus nach dem Vorbild der sexuellen Fortpflanzung in der Natur einzufügen. Ein Schema mit Mischung der Variablenwerte zweier Eltern beschreibt beispielsweise eine (**3**/2, 6)-gliedrige Evolutionsstrategie (***Bild** 7-5*).

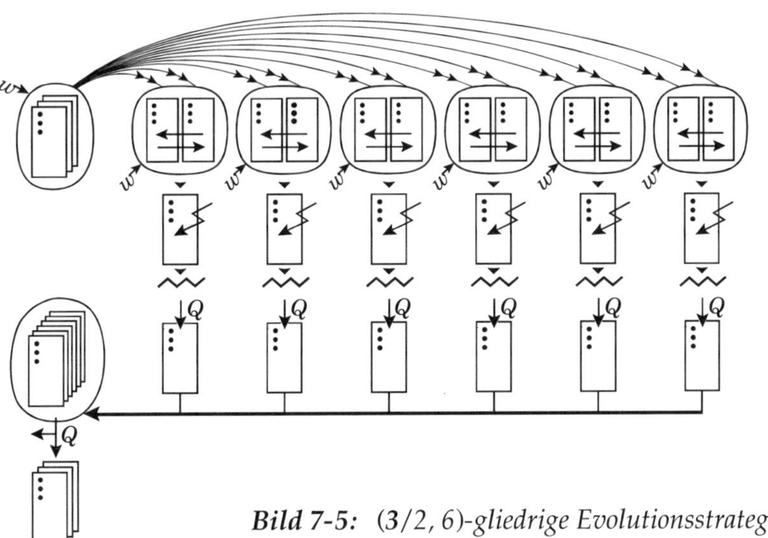

***Bild** 7-5:* *(**3**/2, 6)-gliedrige Evolutionsstrategie.*

Drei Eltern erzeugen insgesamt 6 Nachkommen, wobei ein Elter gewissermaßen nur die Hälfte seiner Variableninformation (deshalb der Bruchstrich) auf einen Nachkommen überträgt. Hier das Handlungsschema: Wir greifen zwei Elternkarten zufällig aus dem Populations-Topf heraus und duplizieren sie. Die beiden Duplikate werden nebeneinandergelegt. Bei der kontinuierlichen Mischung, mit $(\overline{\mathbf{3}/2}, 6)$-ES gekennzeichnet, werden die gemittelten elterlichen Variableneinstellungen auf eine Nachkommenkarte übertragen. Im Fall der diskreten Mischung, als (**3**/2, 6)-ES geschrieben, wird durch Werfen einer Münze für jede Variable entschieden, ob ihre Werte auf den Karten die Plätze wechseln sollen. Von den beiden so neu zusammengestellten Datensätzen wird ein Satz zufällig ausgewählt. Die so gemischten Datensätze werden anschließend mutiert. Mischungs- und Mutations-Prozedur werden 6mal wiederholt. Nach der Realisation und Bewertung der Datensätze gelangen die 6 Nachkommenkarten in die Selektionsurne. Die drei besten Karten werden ausgewählt und zu Eltern der nachfolgenden Generation erklärt. Formal können auch mehr als zwei Eltern ihre Variablenwerte kontinuierlich oder diskret vermischt auf eine Nachkommenkarte übertragen. Ich nenne diese erweiterte Prozedur **Multirekombination**. Eine Multirekombination ist in der Natur nur bei Viren bekannt.

In der Evolutionstheorie wird in der Regel das Individuum als Selektionseinheit angesehen. Damit läßt sich aber nicht erklären, weshalb Eigenschaften durch Evolution entstehen können, die für das Individuum neutral oder sogar nachteilig sind und lediglich die Population als Ganzes begünstigen. Um beispielsweise die Herausbildung altruistischer Verhaltensweisen oder die Entstehung einer genetisch festgelegten Lebenszeit bei Lebewesen zu verstehen, müssen wir annehmen, daß in der Evolution nicht nur das Individuum, sondern auch die Population als Ganzheit am Evolutionsspiel teilnimmt. So gesehen bildet die biologische Art ein Aggregat miteinander konkurrierender Populationen. Wir wollen in unserem Evolutionskartenspiel auch diesen Aspekt berücksichtigen. Beispiel für ein Schema, bei dem neben der Individuenauslese auch ganze Populationen selektiert werden, ist eine [**2**, 3(**4**, 7)]-gliedrige Evolutionsstrategie (***Bild 7-6***).

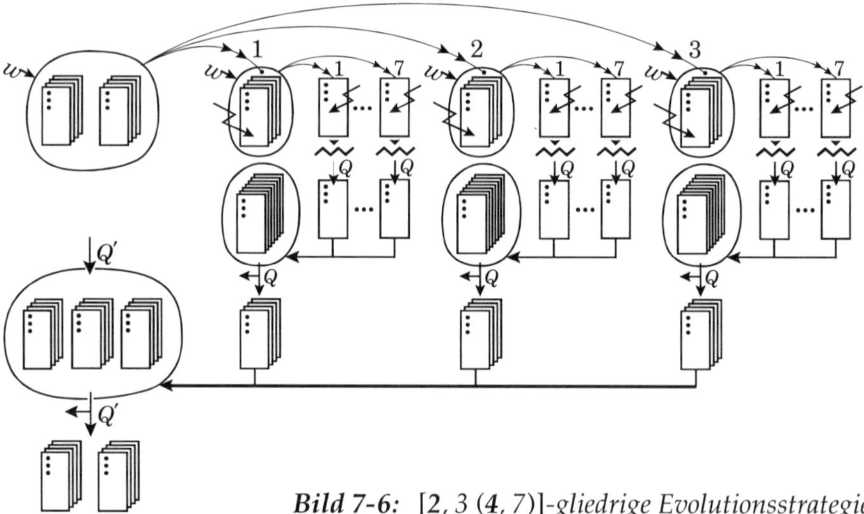

Bild 7-6: [**2**, 3 (**4**, 7)]-*gliedrige Evolutionsstrategie.*

Die Schreibweise als Zweiklammer-Ausdruck soll andeuten, daß es sich hier um eine formale Erweiterung des bisherigen logischen Musters handelt. Innerhalb der runden Klammer stehen weiterhin Individuen als Spieleinheiten. Außerhalb der runden, also in den eckigen Klammern, befinden sich dagegen Populationen als Evolutions-Spieleinheiten.

Das Verfahren läuft wie folgt ab: In einer Urne befinden sich zwei Elternpopulationen. Es wird dreimal hineingegriffen und die gewählte Population jeweils als Ganzheit dupliziert. Bei der Populations-Duplikation entstehen – wie bei der Individuen-Duplikation – Fehler. Die Logik geschachtelter Evolutionsstrategien ist so gestaltet, daß auf jeder Hierarchie-Ebene formal dasselbe geschieht. Wir rekapitulieren: Das Individuum bildet eine ***Variablenliste***. Der Duplikationsfehler betrifft Elemente dieser Liste, und das sind die Variablen. Eine Population bildet eine ***Individuenliste***. Folglich: Der Fehler betrifft nun Elemente dieser Liste, und das sind ganze Individuen. Was unter einer „ganzheitlichen" Individuen-Mutation zu verstehen ist, wird weiter unter erläutert. Mit den modifizierten Populationen wird dreifach parallel eine $(\mathbf{4}, 7)$-gliedrige Evolutionsstrategie abgearbeitet. Die Selektion nach der individuellen Qualität Q liefert drei neue Populationen. Diese gelangen als Einheiten in eine zweite Selektionsurne, aus der aufgrund ihrer Gruppenqualität Q' die zwei besten Populationen herausgesucht werden. Die Gruppenqualität Q' könnte im einfachsten Fall der Mittelwert aus allen Individuenqualitäten sein. Es könnte sich aber auch um eine neue Qualität handeln, die im opportunistischen Überlebenskampf der Individuen sonst nicht zum Zuge käme. Um die kooperativen Eigenschaften einer Population zu messen, das heißt eine Population als Ganzes zu bewerten, muß wieder in die Realisationsebene gewechselt werden. Im obigen Kartenspiel wird davon ausgegangen, daß sich die Gruppenqualität Q' aus den zuvor gemessenen Eigenschaften der Individuen bestimmen läßt.

In der synthetischen Evolutionstheorie, dem heute anerkannten Evolutionsmodell, wird der Mechanismus der Isolation als besonders wichtig angesehen. Schwache Isolation von Populationen in Raum und Zeit gibt es immer, da der Aktionsradius von Lebewesen beschränkt ist. Starke Isolation besteht, wenn eine Population auf eine einsame Insel verschlagen wird. Abgekoppelt vom „Rest der Welt" kann diese Population für eine gewisse Zeit ihren eigenen Weg gehen. Neues kann so ungestört entstehen. Wird schließlich die Isolation aufgehoben, kann die neuentwickelte Errungenschaft – nun mit Aussicht auf Erfolg – in Konkurrenz zum bewährten Standard treten. In der Sprache des Bergkletterers: Es ist denkbar, daß es neben dem bisher gefolgten Weg bergan einen zweiten Weg gibt, der – anfangs nicht so steil aufwärts gehend – schließlich zu einem anderen, vielleicht sogar höheren Berggipfel führt. Dieser zweite Weg könnte sich durch eine Weggabelung ergeben. Der zweite Weg könnte aber auch durch eine Barriere vom Erstweg behindert sein. Vielleicht liegt dieser zweite Weg sogar anfänglich etwas unterhalb des ersten Weges. In jedem Fall wäre es vorteilhaft, wenn die Evolution für eine gewisse Zeitspanne beiden Wegen folgte. Dafür ist es notwendig, daß Populationen, falls sie sich auf verschiedenen Wegen befinden, ihre Höherentwicklung für eine Zeitspanne unabhängig voneinander fortsetzen. Ein Schema, das diese Forderung erfüllt, ist zum Beispiel eine [**1**, 2(**4**, 7)^{30}]-gliedrige Evolutionsstrategie (***Bild*** **7-7**).

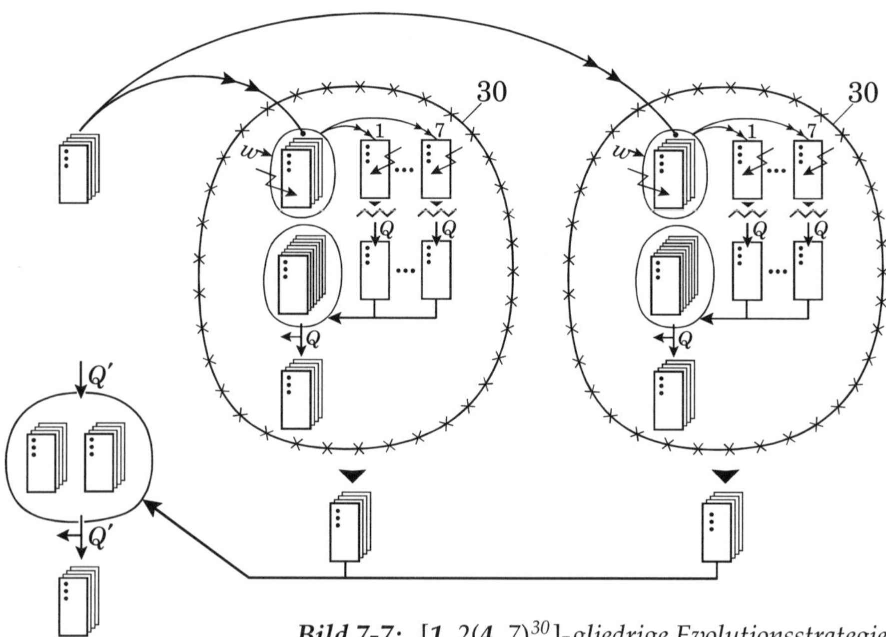

Bild 7-7: [**1**, 2(**4**, 7)^{30}]-*gliedrige Evolutionsstrategie.*

Gegeben ist eine 4-Eltern-Population. Durch Duplikation der Kartensätze und ganzheitliche Karten-Mutationen werden daraus zwei 4-Individuen-Populationen hergestellt. Beide Populationen führen 30mal hintereinander den Spielzug einer (**4**, 7)-ES durch. Die Populationen besteigen somit für die Dauer von 30 Generationen parallel das Optimierungsgebirge. Erst danach werden ihre Entwicklungshöhen gemessen. Die beste Population wird ausgewählt und der Zyklus beginnt von vorn. Alternativ kann die Dauer der Isolation auch durch eine Zeit τ gegeben sein. Zum Beispiel: In der Computerwelt laufen zwei Populationen 30 Sekunden lang getrennt im Optimierungsgefilde bergan.

Wir kommen zum letzten höheren Evolutions-Kartenspiel: In der Populationsbiologie gibt es den wichtigen Faktor des (raum-zeitlichen) Genflusses zwischen Populationen. Darunter versteht man den genetischen Mischungsprozeß, wenn Individuen zwischen getrennten Populationen wechseln. Wir gelangen zur Schreibform der Evolutionsstrategie mit Individuenmischung, indem wir das innerhalb der Individuenklammer verwendete Bruchzeichen (/) für die Variablenmischung formal auch auf die Populationsklammer übertragen. Ein Spielschema, bei dem sowohl Variablen als auch Variablensätze gemischt werden, ist z. B. eine [**4**/3, 6(**5**/2, 7)]-gliedrige Evolutionsstrategie (***Bild*** ***7-8***).

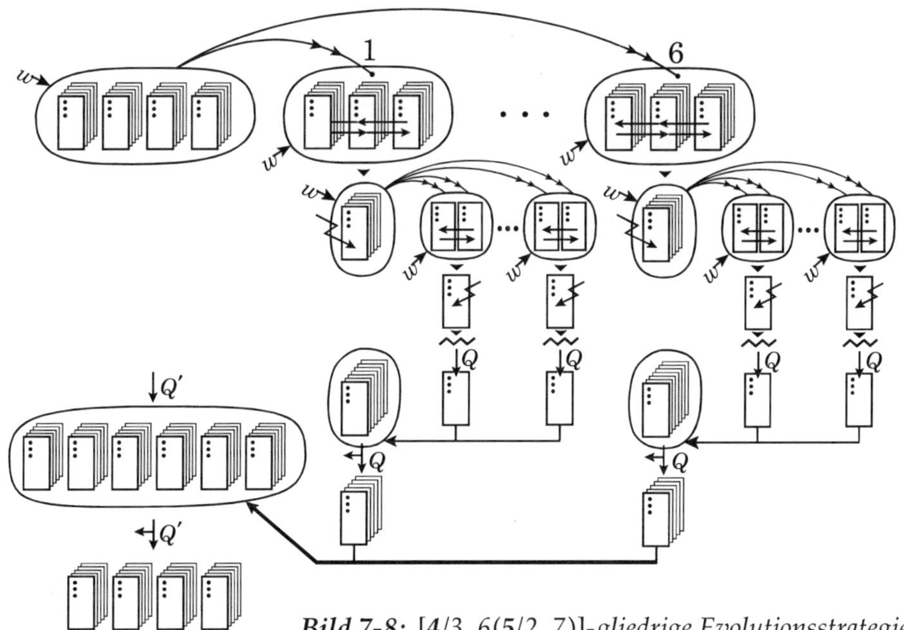

Bild 7-8: [**4**/3, *6*(**5**/2, *7*)]-*gliedrige Evolutionsstrategie.*

Aus dem Pool von vier Eltern-Populationen werden drei zufällig ausgewählt und dupliziert. Die drei Kartenhaufen werden nun – gut durchmischt – zu drei neuen, gleichstarken Haufen zusammengestellt. Wir wählen einen der neugemischten Kartenstapel aus. Diese Prozedur wird 6mal wiederholt. Jede so erzeugte Misch-Population führt nun den Spielzug einer (**5**/2, 7)-ES durch. Die 6 aus der individuellen Q-Selektion hervorgehenden Populationen gelangen nochmals in eine Selektionsurne. Dort auf der Populationsebene erfolgt die Selektion nach der gruppenspezifischen Qualität Q'. Es bleiben 4 Populationen übrig. Das Spiel kann von vorn beginnen.

Universelle Nomenklatur für Evolutionsstrategien

Es gibt demnach viele Evolutionsstrategien. Bei der Übersetzung des komplexen biologischen Evolutionsgeschehens in abstrakte Spielschemata mußten Vereinfachungen vorgenommen werden. Dabei war der Leitgedanke entscheidend, die elementaren Spielregeln für Evolutionsstrategien derart zu gestalten, daß sie sich mathematisch so einfach wie möglich handhaben lassen. Freilich sollte das biologische Grundphänomen nicht verletzt werden. Es sind hauptsächlich mathematische Gründe, weshalb z. B. für die Zufallswahl und Rekombination gleichverteilte Wahrscheinlichkeiten und für die Mutationssprünge normalverteilte Wahrscheinlichkeiten angesetzt wurden. Möglicherweise müssen weitere Spielzeichen eingeführt werden, wenn das biologische Evolutionsgeschehen genauer simuliert werden soll. Das hätte in dem hier verfolgten Konzept aber nur dann einen Sinn, wenn sich herausstellt, daß solche besonders wirklichkeitsgetreuen Evolutionsstrategien ein Optimum merklich schneller finden.

Sämtliche in der Form von Kartenspielen beschriebenen Evolutionsstrategien möchte ich unter der Kurzbezeichnung

$$\cdots\left[\mu'/\rho' \overset{+}{,} \lambda'(\mu/\rho \overset{+}{,} \lambda)^{\gamma}\right]^{\gamma'}\text{- ES}$$

zusammenfassen. Dabei bedeuten:

. . .
μ' = Zahl der Eltern-Populationen,
λ' = Zahl der Nachkommen-Populationen,
ρ' = Mischungszahl auf Populationsebene,
γ' = Zykluszahl für Populationsklammer,
μ = Zahl der Elternindividuen,
λ = Zahl der Nachkommenindividuen,
ρ = Mischungszahl auf Individuenebene,
γ = Zykluszahl für Individuenklammer.

Nicht explizit aufgeführt wird ein Laufindex, der die Klammer-Durchläufe zählt. Es werde vereinbart, daß die Zähler g, g', ... den Klammern „)", „]", ... zusätzlich angeheftet sind:

g = Klammer-Laufindex auf Individuenebene.
g' = Klammer-Laufindex auf Populationsebene.
. . .

Es bedeuten somit γ summarische und g momentane Generationszahlen auf den verschiedenen evolutionsstrategischen Verarbeitungsebenen.

Einsatz geschachtelter Evolutionsstrategien

Geschachtelte Evolutionsstrategien lassen sich immer anwenden. Die Frage stellt sich nur: Wozu soll es gut sein? Ist der Aufwand nicht zu groß? Analysieren wir das Variations- und Selektionsgeschehen für eine

$$[\mathbf{1}, 3(\mathbf{2}, 5)]\text{-ES}\,.$$

Die innere (runde) Klammer sagt uns, daß **2** Eltern 5 Nachkommen erzeugen. Der Faktor vor der inneren Klammer gibt an, daß dies 3fach parallel geschehen soll. Und die ganz links in der eckigen Klammer stehende **1** bedeutet, daß von den drei (**2**, 5)-ES-Spielzügen nur ein Ergebnis verwendet wird.

Wir führen den Prozeß weiter und gehen ins Detail: Die übriggebliebene Elternpopulation, bestehend aus 2 Individuen, muß verdreifacht werden. Die Variablensätze der Eltern 1 und 2 werden 3mal dupliziert. Wir setzen uns über die aus mathematisch formalen Gründen ausgesprochene Empfehlung der ganzheitlichen Individuen-Mutation zunächst hinweg und mutieren alle Variablen $(0, \sigma')$-normalverteilt. Anschließend setzt jedes Elternpaar dieselbe Zahl von 5 $(0, \sigma)$-normalverteilt mutierte Nachkommen aus. Das bedeutet am Ende, daß von 2 Eltern ausgehend insgesamt 15 Nachkommen mit der Streuung $\sigma = \sqrt{\sigma'^2 + \sigma^2}$ erzeugt wurden. Ergebnis ist: Die Vermehrungsweise der zwei Eltern in einer [**1**, 3(**2**, 5)]-ES (die **1** links in der Populationsklammer verschlüsselt 2 Eltern) unterscheidet sich nicht von der Vermehrungsweise einer (**2**, 15)-ES. Insbesondere kann es geschehen (wenn es auch sehr unwahrscheinlich ist), daß alle 15 Nachkommen von einem Elter abstammen.

Kommen wir zur Selektion. Nun wird rückwärts gespielt. Die 15 Nachkommen werden im ersten Schritt summarisch auf $3 \cdot 2 = 6$ Individuen reduziert. Doch Selektion findet nicht in (**6**, 15)-Manier statt. Es wird streng auf Gruppenzugehörigkeit geachtet Vom gleichen Elternpaar abstammende Nachkommen machen die Selektion unter sich aus. Von 5 Individuen bleiben 2 übrig, und das in jeder der 3 Gruppen. Die 3 selektierten Elternpaare werden anschließend, wieder unter Wahrung ihrer Gruppenzugehörigkeit, auf ein Elternpaar reduziert. Die Selektion findet in zwei Schüben statt. Das unterscheidet die (**2**, 15)-ES von der [**1**, 3(**2**, 5)]-ES. Doch das Experiment zeigt: Der Unterschied ist nicht gravierend. Wir können die Aussage riskieren:

Für gleichen Variations- und Selektionsmechanismus auf der Individuen- und Populationsebene gilt allgemein:

$$[\mu',\ \lambda'(\mu,\ \lambda)]-\text{ES} \ \cong\ (\mu'\cdot\mu,\ \ \lambda'\cdot\lambda)-\text{ES}.$$

Die Computersimulation auf einer Hyperebene in 100 Dimensionen ergab:

$$c_{[1,\,3(2,\,5)]} = 1{,}434 \qquad | \qquad c_{(2,\,15)} = 1{,}583\,.$$

Die Vergleichbarkeit beider Strategienformen ermutigt, eine (μ, λ)-ES aufzuspalten in eine $(\mu', \lambda'(\mu, \lambda^*)]$-ES, und zwar unter Wahrung des Produkts $\lambda^* \cdot \lambda' = \lambda$. Der Aufwand beider Strategien wäre gleich. Aber welch strategischer Nutzen erwächst aus dieser Strategie-Schachtelung?

Neues wird es nur geben, wenn auf Individuen- und Populationsebene unterschiedlich variiert und selektiert wird. So wurde daran gedacht, bei einer Zweikriterien-Qualitätsfunktion individuenseitig nach $Q = Q_1$ und populationsseitig nach $Q' = Q_2$ zu selektieren. Wenn es z. B. gilt, ein Tragflügelprofil mit maximalem Auftrieb und minimalem Widerstand zu entwickeln, wird auf Individuenseite nach minimalem Widerstand und auf Populationsseite nach maximalem Auftrieb selektiert. Doch man bedenke: Beide Kriterien liegen im Widerstreit: Hoher Auftrieb erzeugt hohen Widerstand und umgekehrt. Die Kompromißlösung der geschachtelten Evolutionsstrategie wäre von der Stärke der Selektion auf Individuen- und Populationsniveau abhängig. Starke Individuen-Selektion (μ deutlich kleiner als λ) und schwache Populations-Selektion (μ' fast so groß wie λ') würden zu einer anderen Lösung führen als umgekehrte Verhältnisse.

Eher ergeben geschachtelte Evolutionsstrategien einen Sinn, wenn Individuenqualität Q und Populationsqualität Q' unabhängig voneinander sind. So ist es z. B. geschickt, auf der Individuenebene nach der Objektqualität und auf der Populationsebene nach der Fortschrittsgeschwindigkeit zu selektieren. Klar, dann sollte auf Individuenebene auch nur an den Objektvariablen und auf Populationsebene nur an den Strategievariablen „gedreht" werden. Bei komplexen Problemen läßt sich häufig erst durch den Kunstgriff der Schachtelung die Selbstadaptation von Strategievariablen (Meta-Evolution) sicher verwirklichen. MICHAEL HERDY aus dem Kreis der Berliner Evolutionsstrategen arbeitet bereits auf der zweiten Hierarchie-Ebene, wenn er die Isolation der Art γ' sich selbst adaptieren läßt. Das ist kein Drang nach Novität, sondern die Verschiebung von Evolutionsprozessen auf höhere Hierarchie-Ebenen ist in solchen Fällen zwingend notwendig. Um nicht über Populationen von Populationen sprechen zu müssen, schlägt HERDY die aus der Evolutionsbiologie entlehnte Schachtelungsterminologie ...⟨Familie{Gattung[Art(Varietät)]}⟩ vor.

In der Algebra gilt für die Auswertung geschachtelter {[()]} Klammerausdrücke: Man fängt mit der runden Klammer an, das Ergebnis geht in die eckige Klammer ein, dann kommt die geschweifte Klammer an die Reihe usw. Genauso besteht die Logik der ES-Schachtelung darin, daß die untere strategische Ebene ausgewertet sein muß, ehe die darüber liegende an die Reihe kommt. Klammerung spiegelt hierarchisches Denken bei der Optimierung wider. — Meist ist eine evolutionsstrategische Klammerebene mit nur einer (μ, λ)-Operation nicht abgearbeitet. Das Ergebnis liegt erst nach dem γ-maligen Durchlaufen der Klammer vor (Stichwort Isolation). Deshalb wird bei einer geschachtelten Evolutionsstrategie der langwierigere Optimierungsvorgang gern auf die höhere Hierarchie-Ebene geschoben. Dazu ein Beispiel:

Gegeben ist ein gemischt ganzzahliges Optimierungsproblem (Kapitel 13). Hierarchisches Denken heißt: Die Qualität Q einer ganzzahligen Variablen-Einstellung wird erst bestimmt, nachdem die Maximierung von Q seitens der kontinuierlichen Variablen bereits vollzogen wurde. Die Vor-Optimierung der kontinuierlichen Variablen erfolgt durch γ-maliges Durchlaufen der Individuenklammer. Diesmal dürfen die Qualitäten Q und Q' identisch sein!

Ähnliches hierarchisches Denken ist bei der globalen Optimierung angezeigt (siehe Kapitel 12). Lokale Optimierung, nämlich das Besteigen regionaler Gipfel, geschieht auf der Individuenebene. Das hierarchisch übergeordnete Springen von Gipfel zu Gipfel vollzieht sich dagegen in der Populationsebene. Einfacher gesagt: In der runden Klammer werden Gipfel bestiegen, in der eckigen Klammer wird zu anderen Gipfeln gesprungen. Die Qualitäten Q und Q' sind wiederum gleich! Doch für das großräumige Gipfelspringen ist es angebracht, σ' deutlich größer als σ zu wählen.

Eine abschließende Bemerkung zum Begriff „ganzheitliche Variation". Um der Hierarchie-Logik gerecht zu werden und von Stufe zu Stufe umfassendere Spielzüge zu schaffen, gilt es auf Populationsniveau anders zu variieren als auf der Individuenebene. Das bedeutet konkret: Wurde auf der Individuenebene der Eltern-Punkt verschoben, sollte auf der Populationebene der elterliche Punktehaufen als Ganzes versetzt werden. Die Versetzungsregel lautet: Erst wird der Schwerpunkt der Population ermittelt. Dann wird der Schwerpunkt (samt Punktewolke) zufällig verschoben. Die Form der Punktewolke, gebildet von Individuen der Population, bleibt erhalten. Zugegeben: Die Operation erscheint wenig biologienah. Aber wir wahren die mathematische Form.

Auf dem Weg zu einer „ES-Algebra"

Das Schema der $\cdots [\mu'/\rho' \overset{+}{,} \lambda'(\mu/\rho \overset{+}{,} \lambda)^{\gamma}]^{\gamma'}$- ES enthält bereits eine unermeßliche Menge an Spielvarianten. Zusätzlich ist es möglich und auch sinnvoll, die Größen μ, μ'... sowie λ, λ'... als Funktion von den Klammer-Durchläufen g, g'... aufzufassen. Dazu ein Beispiel:

Gegeben sei eine (μ, λ)-ES. Wir setzen $\lambda = 7$ konstant und ändern μ nach der formelmäßigen Vorschrift: $\mu = 1 + \mathrm{INT}\,[6{,}99 * \sin^2[\pi(g-1)/8]$. Es ergeben sich für die Elternzahl μ periodisch mit g schwingende Werte:

g	1	2	3	4	5	6	7	8	9	10	11	12	13	14	15	16	17	···
μ	1	2	4	6	7	6	4	2	1	2	4	6	7	6	4	2	1	···
λ	7	7	7	7	7	7	7	7	7	7	7	7	7	7	7	7	7	···

Die sinusförmige Schwankung der Populationsstärke erinnert an Populationswellen, einen exotischen Vorgang in der Biologie. Man beginnt mit einer (**1**, 7)-ES. Es wird anfänglich stark selektiert. Von 7 Nachkommen überlebt nur einer. Schließlich, zur 5. Generation, ist eine (**7**, 7)-ES am Zuge. Jetzt wird gar nicht mehr selektiert. Von 7 Nachkommen überleben alle 7. Doch in der 9. Generation hat sich das Spiel wieder zur (**1**, 7)-ES zurückverwandelt.

Ein Problem stellt sich, falls wir die strategische Handlung verbal wie bisher formulieren. Beginnen wir mit der 1. Generation: Ein Elter erzeugt 7 Nachkommen, und von diesen wird der beste selektiert. Das Dilemma ist: Für den Spielzug der 2. Generation werden aber 2 Eltern benötigt. Deshalb müssen wir an dieser Stelle die Bedeutung des allgemeinen $(\mu \overset{+}{,} \lambda)$-Kürzels enger fassen und dahingehend präzisieren, daß damit allein der Reproduktionsprozeß beschrieben wird. In Worten: My Eltern erzeugen Lambda Nachkommen. Die Klammer verlassen $\mu + \lambda$ oder λ Individuen. Die Selektion findet erst beim Eingang in die nächste Klammeroperation statt. Benötigt werden für die nächste Operation μ Eltern. Wir selektieren nach der Qualität Q bis die Zahl μ der folgenden Klammer erreicht ist. Das geht nur, wenn die Menge $\mu \overset{+}{,} \lambda$ der Generation g größer/gleich der Menge μ der Generation g+1 ist. In der abstrakten Algebra bedeutet multiplikative Verknüpfung Hintereinanderreihung von Operationen. So können wir die Populationswellen-Strategie wie folgt schreiben:

$$(\mathbf{1}, 7)\,(\mathbf{2}, 7)\,(\mathbf{4}, 7)\,(\mathbf{6}, 7)\,(\mathbf{7}, 7)\,(\mathbf{6}, 7)\,(\mathbf{4}, 7)\,(\mathbf{2}, 7)\,(\mathbf{1}, 7) \ldots \text{-ES}\,.$$

Eine andere Spielvariante mit biologischem Hintergrund besteht darin, die Selektion für eine gewisse Generationsspanne völlig auszuschalten, danach wieder einzuschalten, wieder auszuschalten und so fort. Das sieht dann in unserer algebra-ähnlichen Notation wie folgt aus:

$$(\mathbf{1}, 7)\,(\mathbf{1}, 7)\,(\mathbf{1}, 7)\,(\mathbf{1}, 7)\,(\mathbf{1}, 7)\,(\mathbf{7}, 7)\,(\mathbf{7}, 7)\,(\mathbf{7}, 7) \ldots \text{-ES}\,.$$

Wir fassen mathematisch zusammen und erhalten die Kurzform

$$(\mathbf{1}\,, 7)^5\,(\mathbf{7}, 7)^3 \ldots \text{-ES}\,.$$

In Worten: Von Generation 1 bis 5 herrscht starke Selektion. Ab Generation 7 wird 3 Generationen lang die Selektion ausgeschaltet. Von 7 Nachkommen überleben alle. In dieser Phase tritt ein, was der Evolutionsbiologe als genetische Drift bezeichnet. Die abschließenden drei Punkte deuten eine periodische Wiederholung des Spiels an. Mit Generation 9 wird wieder auf den Anfang der algebraischen Kette zurückgeschaltet.

In der Evolutionsbiologie gibt es den Begriff der Gründersituation. Einige wenige Individuen gelangen in ein neues, paradiesisches Habitat, in dem sie sich zunächst ungehemmt vermehren können, bevor der Selektionskampf einsetzt. Eine Strategie mit vorgeschalteter Gründerphase läßt sich durch folgende Klammerkette wiedergeben:

$$(\mathbf{1}, 4)\,(\mathbf{4}, 16)\,(\mathbf{16}, 64)\,(\mathbf{64}, 256)\,(\mathbf{256}, 1024)^{100}\text{-ES}\,.$$

Von Generation 1 bis 4 findet ungehemmte Vermehrung statt. Danach wird 100-mal gleichstark reproduziert und selektiert. — Es mag abschrecken: Die Klammerkette läßt sich auch durch ein Produktzeichen ausdrücken:

$$\prod_{k=0}^{3}(\mathbf{4}^{k}, 4^{k+1})\cdot(\mathbf{256}, 1024)^{100}\text{-ES}\,.$$

Man könnte meinen, es liege ein algebraischer Kalkül für Evolutionsstrategien vor. Zur Erinnerung: Bereits die Rekombinations-Notation μ/ρ war arithmetisch geplant. Rho gleich zwei kennzeichnet wirklich halbe Eltern, die den Variablensatz eines Nachkommen herstellen. Und im vorangegangenen Abschnitt wurde gezeigt, daß der Reproduktionsprozeß einer geschachtelten ES in den Reproduktionsprozeß einer Basis-ES umgerechnet werden kann, indem man Eltern mit Eltern und Nachkommen mit Nachkommen multipliziert Das sind Ausnahmen. Allgemein gilt, daß Klammern nicht zahlenmäßig ausgerechnet werden dürfen. Ziel algebraischer Umformungen ist es vielmehr, geschachtelte Strategien in die My-Rho-Lambda-Basisoperationen aufzulösen. Das multiplikative Aneinanderreihen von Klammern heißt dann Abarbeitung der Reproduktions-Operatoren von links nach rechts.

Wer Evolutionsstrategien mit mehreren Eltern verwendet, fragt sich nach Abarbeitung der letzten Generation: Welcher Elter zählt? Soll es z. B. der Beste oder der Mittelwert der selektierten Eltern sein? Ich möchte die Bestwertausgabe und die Mittelwertausgabe durch die sich logisch anbietenden Notationen kennzeichnen:

Bestwertausgabe: $(\mu \dagger \lambda)^{\gamma}\cdot 1$ - ES, Mittelwertausgabe: $(\mu \dagger \lambda)^{\gamma}\cdot\overline{\mu/\mu}$ - ES .

Es sei daran erinnert: In der runden Klammer steht ein Reproduktionsprozeß, der λ bzw. $\mu+\lambda$ Individuen ausgibt. Die Selektion vollzieht sich zwischen den Klammern. Schreiben wir für die letzte Klammer ($\mathbf{1}+0$), wird nur das beste Individuum zurückbehalten, das sich wegen der Null nicht mehr vermehrt. Setzen wir für die Abschlußklammer ($\overline{\mu/\mu}+0$), werden die μ besten Individuen selektiert und gemittelt. Wegen der Null vermehrt sich auch dieser repräsentative Elter nicht. Wir lassen in Zukunft die Null und auch die Eins weg. Ohne Kennzeichnung zählt der Beste! Die Kennzeichnung der Mittelwertausgabe ist für die Formulierung geschachtelter Evolutionsstrategien wichtig.

Die multiplikative Notation bedeutet Hintereinanderreihung von ES-Zügen. Es stellt sich die Frage: Was bedeutet dann eine additive Verknüpfung der geklammerten Reproduktions-Operatoren? Wir nehmen das bekannte Beispiel eines geschachtelte ES-Spielzuges und rechnen formal aus:

$$[\mathbf{2},\ 4\,(\mathbf{2},8)]\text{-ES} = [\mathbf{2},\ (\mathbf{2},8)+(\mathbf{2},8)+(\mathbf{2},8)+(\mathbf{2},8)]\text{-ES}\,.$$

Die additive Aneinanderreihung der vier ES-Spielzüge bedeutet parallele Abarbeitung. Die Form, die durch gliedweises Ausmultiplizieren entsteht, führt zu einer Strategie-Notation, bei der auf Individuenebene parallel mit verschiedenen ES-Typen gearbeitet wird. Hier das Beispiel einer

$$[\mathbf{2},\ (\mathbf{1},5)^{20}+(\mathbf{1},10)^{10}+(\mathbf{1},20)^{5}]\ldots\text{-ES}\,.$$

Es werden zugleich ein ($\mathbf{1}$, 5)-Spielzug 20mal, ein ($\mathbf{1}$, 10)-Spielzug 10mal und ein ($\mathbf{1}$, 7)-Spielzug 5mal abgearbeitet. Nebenbei gesagt: Die drei Varianten benötigen etwa gleich viel Rechenzeit. Am Ende überleben die beiden besten Spielzüge. Die zwei Eltern starten (zufällig verteilt) die drei Klammern neu.

Zusammengefaßt: Es sorgt für logische Klarheit, Evolutionsalgorithmen in der Kurzform einer algebraischen Formel auszudrücken. Die universelle Notation von Evolutionsstrategien in der Form

$$\cdots\{\mu''/\rho'' \overset{+}{,}\ \lambda''\,[\mu'/\rho' \overset{+}{,}\ \lambda'(\mu/\rho \overset{+}{,}\ \lambda)^{\gamma}]^{\gamma'}\}^{\gamma''}\text{-ES}$$

kennzeichnet eine wohldefinierte Vermehrungs- und Selektionsstruktur. Die Form der Mutation und Rekombination muß anderswo vereinbart werden. Normal ist die wahrscheinlichkeitstheoretische Normalverteilung für die Variablenänderungen (Individuen-Mutation) und auch für die Schwerpunktverschiebungen (Populations-Mutation). Und „normal" ist die statistische Gleichverteilung für die Variablenmischung (Rekombination). Die runden, die eckigen und die geschweiften Klammern können aber auch andere Mutations- und Rekombinations-Mechanismen enthalten. REINHARD LOHMANN aus dem Kreis der Berliner Evolutionsstrategen setzt an die betreffenden Klammern zusätzliche Indizes, um so die gewählten Variationsmechanismen zu markieren. Die Schreibweise

$$(\mu/\rho,\lambda)^{\gamma}_{\text{mut, rek}}\text{ - ES}$$

möge bedeuten, daß bei dem Evolutionsspiel innerhalb der Individuen-Klammer der Mutationsmechanismus „mut" und der Rekombinationsmechanismus „rek" angewendet wird. Variationsmechanismen können wiederum eine Funktion des Generationszählers g sein. Eine häufig diskutierte Modifikation einer Evolutionsstrategie läßt sich damit in die Form

$$(\mu/\rho,\lambda)^{\gamma}_{x_1}\cdot(\mu/\rho,\lambda)^{\gamma}_{x_2}\cdots(\mu/\rho,\lambda)^{\gamma}_{x_n}\dots\text{ - ES}$$

bringen. In Worten: Eine My-Rho-Lambda Evolutionsstrategie wird γ mal abgearbeitet. Dabei wird erst einmal nur die Variable x_1 mutiert. Die zweite Klammer besagt, daß in den folgenden γ Spielzügen die Variable x_2 an die Reihe kommt. Nachdem schließlich in gleicher Weise die Variable x_n abgearbeitet wurde, beginnt das Spiel von vorn. Wir könnten dies als GAUß-SEIDEL-Strategie mit evolutionsstrategischen Zügen bezeichnen.

Unterschiedliche Mutationsmechanismen sind das Kennzeichen von Evolutionsstrategien mit mutativer Schrittweitenregelung. So wurde im Kapitel 3 das Zweischrittverfahren vorgeschlagen: Die Eltern erzeugen λ_1 Nachkommen mit vergrößerter und λ_2 Nachkommen mit verkleinerter Mutationsschrittweite. Wir können dies wie folgt schreiben:

$$(\mu \overset{+}{,} \lambda_1+\lambda_2)\text{ -ES,}\qquad \text{speziell}\qquad (\mathbf{2}+3_1+3_2)\text{ -ES.}$$

Zwei Eltern produzieren $3+3=6$ Nachkommen, davon 3 nach dem Mechanismus 1 (Schrittweite 1) und 3 nach dem Mechanismus 2 (Schrittweite 2).

Ich weiß: Mein Versuch, alle Evolutionsstrategien in ein algebra-ähnliches Schema zu pressen, ruft allgemeines Kopfschütteln hervor. Das Argument lautet: Es sei doch vermessen, alle Strategien im voraus erdenken zu wollen. Doch mir erscheint eine Wissenschaftsdisziplin, die alle Optionen offen halten möchte, eher fragwürdig. Die Faszination vieler theoretischer Strukturen besteht doch gerade darin, daß aus einigen wenigen Grundregeln (Axiomen) eine schier unerschöpfliche Mannigfaltigkeit produziert wird.

Ich fasse zusammen: Ziel ist es, die rhetorischen Ausdrucksformen von Evolutionsstrategien durch einen symbolischen Formalismus zu ersetzen. Die geklammerte Darstellung von Evolutionsstrategien, die durchblicken lassen soll, daß auf verschiedenen hierarchischen Ebenen der gleiche Grundalgorithmus abläuft, bedeutet mehr als eine abkürzende Schreibkonvention: Mit den Klammern darf algebraisch umgegangen werden. Dabei darf man jedoch nicht so weit gehen und eine $[\mathbf{4}/2+3(\mathbf{6}/3+8)^5]$-ES nach klassischer algebraischer Manier auswerten, wodurch eine 300 002-ES entstünde. Die Regeln der algebraischen ES-Struktur müssen zum Teil neu definiert werden. Nur unter gewissen Voraussetzungen dürfen Eltern mit Eltern (***fette*** Zahlen) und Nachkommen mit Nachkommen multipliziert werden. Die Potenz an einer Klammer steht bekanntlich als Abkürzung der mehrfachen Multiplikation mit sich selbst; und ein Faktor vor einer Klammer faßt die wiederholte gleichwertige Addition zusammen. Ausmultiplizieren ($a^4 = a \cdot a \cdot a \cdot a$) der Potenzform ermöglicht die Notation von Evolutionsstrategien mit seriell variablen Spielzügen. Das kommutative Gesetz gilt nicht. Die Form $a \cdot b \cdot c \cdot d$ kennzeichnet die Reihenfolge der Abarbeitung von links nach rechts. Ausaddieren ($4a = a+a+a+a$) erlaubt es, in der allgemeineren Form $(a+b+c+d)$ Evolutionsstrategien mit parallel verschieden ablaufenden Spielzügen zu formulieren. Bemerkenswert ist: Derart formal erweiterte Evolutionsstrategien arbeiten so, wie die Logik der Algebra es uns intuitiv vermittelt. Offen bleibt, ob eine evolutionsstratgische Algebra einmal zukünftig die mathematischen Voraussetzungen erfüllen kann, die von einer abstrakten Algebra erwartet werden.

8

Programmierung von Evolutionsstrategien

Computer-Experiment und Labor-Experiment

Die Evolutionsstrategie wurde für das Experiment im Labor entworfen. In der mit Rauschen durchsetzten Labor-Welt beweist das Optimierungsverfahren der Natur seine besondere Stärke. Doch mit ein paar Mutationen ist das Ziel nicht zu erreichen. Viele Varianten säumen den Weg zum Optimum. Und diese Varianten müssen realisiert werden. Das kostet Zeit und Geld. Nicht immer wird sich ein Versuchsobjekt so einfach variieren lassen wie die Gelenkplatte. Man stelle sich vor, eine Gasturbine soll auf dem Prüfstand eine Mutation (kleine Geometrie-Änderung) erfahren. Unmöglich, wird die Antwort lauten. Eine Gasturbine läßt sich nicht so verstellbar gestalten wie die Gelenkplatte. Eine Gasturbinen-Mutation zu verwirklichen heißt, eine neue Maschine fertigen.

Demgegenüber bereitet es keine Schwierigkeit, eine Variable x im Computermodell zu mutieren. Deshalb wird der Entwickler alles dransetzen, die Physik der Gasturbine auf dem Computer zu modellieren. Wegen der leichten Variierbarkeit werden selbst unzulängliche mathematische Modellierungen der experimentellen Realität vorgezogen. Die Evolutionsstrategie wird deshalb, entgegen der anfänglichen Intention, zunehmend zur Optimierung komplexer Computermodelle angewendet. Dieser Zug der Zeit sollte jedoch nicht vergessen lassen: Die Evolutionsstrategie läuft ebenso auf dem Rechner „Realität".

Evolutionsstrategie kompakt programmiert

Einleitend habe ich drei ES-Programme geschrieben und dabei Wert auf maximale Kürze gelegt. Die simplen Qualitäts-Testfunktionen werden jeweils in den schattierten Programmzeilen abgearbeitet. Im ersten BASIC-Programm besteigt eine (**1**, 20)-ES eine 100-dimensionale Kreiskuppe mit dem Gipfel im Nullpunkt. Der Start erfolgt bei $x_v = 100$ ($v = 1, 2, \cdots 100$). Im zweiten C-Programm klettert eine (**1**, 20)-ES einen unendlich langen Parabelgrat aufwärts. Wir starten im Koordinatenursprung. Im dritten C-Programm wird eine (**5**, 20)-ES vorgestellt. Wiederum wird eine 100-dimensionale Kreiskuppe bestiegen. Die Besonderheit des Programms: Durch Abwärtsschieben der Zeile 9 entsteht eine (**5**/5, 20)-ES .

(**1**, 20)-Evolutionsstrategie in „BASIC“

```
1   VV = 100: DIM XE(VV), XN(VV), XB(VV)
2   AA = 1.3: LL = 20: GG = 1000:   RANDOMIZE(12345)
3   DE = 1: FOR V = 1 TO VV: XE(V) = 100: NEXT V
4   FOR G = 1 TO GG
5      QB = -1E+10
6      FOR L = 1 TO LL
7         DN = DE * AA ^ (2 * FIX(RND + .5) - 1)
8         FOR V = 1 TO VV
9            Z = SQR(-2 * LOG(1 - RND) / VV) * SIN(6.28 * RND)
10           XN(V) = XE(V) + DN * Z
11        NEXT V
12        QN = 0: FOR V = 1 TO VV: QN = QN - XN(V)^ 2: NEXT V
13        IF QN > QB THEN
14           QB = QN: DB = DN
15           FOR V = 1 TO VV: XB(V) = XN(V): NEXT V
16        END IF
17     NEXT L
18     QE = QB: DE = DB:  FOR V = 1 TO VV: XE(V) = XB(V): NEXT V
19     PRINT G; QE; DE
20  NEXT G
21  END
```

1: Setzen der Variablenzahl **VV** und Dimensionierung des Variablenvektors **X** des Elters **E**, Nachkommen **N** und aktuell besten Nachkommen **B**. **2:** Eingabe des Schrittweitenfaktors **AA**, der Nachkommenzahl **LL**, der Generationszahl **GG** sowie der Startzufallszahl. **3:** Startwerte der Eltern-Schrittweite **DE** und der Eltern-Variablenwerte **XE(V)**. **4:** Anfang der Generationsschleife. **5:** Leerung des Bestwertspeichers durch Eingabe einer imaginären Minusqualität. **6:** Anfang der Nachkommenschleife. **7:** Mutation der Elternschrittweite **DE**. **8:** Anfang der Variablenschleife. **9:** Erzeugung einer (0, $1/\sqrt{\mathrm{VV}}$)-normalverteilten Zufallszahl **Z**. **10:** Mutation des Eltern-Variablenvektors. **11:** Ende der Variablenschleife. **12:** Berechnung der Qualität **QN** des Nachkommen. **13:** Anfang der Erfolgsschleife. **14, 15:** Speichern der Qualität, Schrittweite und Variablenwerte des erfolgreichen Nachkommen. **16:** Ende der Erfolgsschleife. **17:** Ende der Nachkommenschleife. **18:** Übertragen der Qualität, Schrittweite und Variablenwerte des besten Nachkommen auf den Elter der neuen Generation. **19:** Ausdruck von Generation, Qualität und Schrittweite. **20:** Ende der Generationsschleife. **21:** Programmende.

(1, 20)-Evolutionsstrategie in „C“

```
a   #include <stdio.h>
b   #include <stdlib.h>
c   #include <math.h>
d   #define V 100
    void main()
1   { double  Xe[V], Xn[V], Xb[V],  De, Dn, Db,  Qn, Qb;
2     int l, g, v;   double z, k=RAND_MAX+1.0;
3     double A=1.3;  int L=20, G=1000;
4     srand(12345);
5     De=1; for(v=0; v < V; v++) Xe[v]=0;
6     for(g=0; g <= G; g++)
7     { Qb=-1e+10;
8       for(l=0; l < L; l++)
9       { Dn=De*pow(A, 2*floor(Z+0.5)-1);
10        for(v=0; v < V; v++)
11        { z=sqrt(-2*log(1-rand()/k)/V)*sin(6.28*rand()/k;
12          Xn[v]=Xe[v]+Dn*z;
          }
13        for(Qn=xn[0], v=1; v < V; v++) Qn-=Xn[v]*Xn[v];
14        if(Qn > Qb) { Qb=Qn; Db=Dn;
                        for(v=0; v < V; v++) Xb[v]=Xn[v];}
        }
15      Qe=Qb; De=Db; for(v=0; v < V; v++) Xe[v]=Xb[v];
16      printf("%i %e %e \n", g, Qe, De);
      }
    }
```

a, b, c: Einbindung der benötigten Header-Dateien **d:** Makro für die Wertzuweisung der Variablenzahl `V`. **1:** Deklaration der Variablenwerte `X`, Schrittweiten `D` und Qualitätswerte `Q` des Elters `e`, aktuellen Nachkommen `n` und besten Nachkommen `b`. **2:** Deklaration des Nachkommenzählers `l`, Generationszählers `g` und Variablenzählers `v`. Deklaration der normalverteilten Zufallszahl `z` und der Normierungszahl `k` zur Erzeugung von `z` aus [0, 1)-gleichverteilten Zufallszahlen. **3:** Setzen des Schrittweiten-Änderungsfaktors `A`, der Nachkommenzahl `L` und der Generationszahl `G`. **4:** Initialisierung des Zufallszahlengenerators `srand()`. **5:** Starteinstellung der Eltern-Schrittweite `De` und des Eltern-Variablenvektors `Xe[v]`. **6:** Beginn der Generationsschleife. **7:** Leerung des Bestwertspeichers durch Eingabe einer imaginäre Minusqualität. **8:** Beginn der Nachkommenschleife. **9:** Erzeugung der Nachkommen-Schrittweite `Dn` durch Mutation des Elternwerts `De`. **10:** Beginn der Variablen Vektorschleife. **11:** Erzeugung einer $(0, 1/\sqrt{V})$-normalverteilten Zufallszahl `z`. **12:** Bildung des Nachkommen Variablenvektors `Xn[v]` durch Mutation des Eltern-Vektors `Xe[v]`. **13:** Berechnung der Qualität `Qn` des Nachkommen. **14:** Abfrage von Erfolg oder Mißerfolg. Bei Erfolg Speicherung der Qualität `Qn`, der Schrittweite `Dn` und der Variablenwerte `Xn[v]` als `b`-Werte. **15:** Übertrag der Schrittweite `Db` und der Variablen `Xb[v]` des besten Nachkommen auf die Eltern der neuen Generation. **16:** Ausdruck von Generation, Qualität, und Schrittweite.

$(\mathbf{5}, 20)\overline{\mathbf{5}/5}$ - und $(\mathbf{5}/5, 20)\overline{\mathbf{5}/5}$-Evolutionsstrategie in „C“

```
a    #include <stdio.h>
b    #include <stdlib.h>
c    #include <float.h>
d    #include <math.h>
e    #define V 100
f    #define M 5
g    #define Z (rand()/(RAND_MAX+1.0))

     double Qual(double X[])
     { int v; double Q;
       for(Q=0, v=0; v<V; v++) Q-=X[v]*X[v];
       return(Q);
     }

     void main()
I    { int v; double Dn, Qn, Xn[V];
II     Dn=1; for(v=0; v<V; v++)  Xn[v]=100;
III    srand(12345);

1      { double A=1.3;  int L=20, G=1000;
2        double Xe[V][M], Xb[V][M],
                     De[M], Db[M], Qb[M];
3        int l, g, m, r, j, v;  double z, h;
4        for(m=0; m<M; m++) { De[m]=Dn;
                   for(v=0; v<V; v++) Xe[v][m]=Xn[v];}
5        for(g=1; g<=G; g++)
6        { for(m=0; m<M; m++) Qb[m]=-DBL_MAX;
7          for(l=0; l<L; l++)
8          { for(Dn=0, m=0; m<M; m++) Dn+=De[m]/M;
9            Dn*=pow(A, 2*floor(Z+0.5)-1);
10           r=(int)(M*Z);
11           for(v=0; v<V; v++)
->           { /* r=(int)(M*Z); */
12             z=sqrt(-2*log(1-Z)/V)*sin(6.2832*Z);
13             Xn[v]=Xe[v][r]+Dn*z;
             }
14           Qn=Qual(Xn);
15           for(j=0, h=Qb[0], m=1; m<M; m++)
               if(Qb[m] < h) h=Qb[m], j=m;
16           if(Qn > Qb[j]) { Qb[j]=Qn; Db[j]=Dn;
                   for(v=0; v<V; v++) Xb[v][j]=Xn[v];}
           }
17         for(m=0; m<M; m++)  { De[m]=Db[m];
                for(v=0; v<V; v++) Xe[v][m]=Xb[v][m];}
         }
```

☞...

```
18      for(v=0; v<V; v++)
          for(Xn[v]=0, m=0; m<M; m++)
            Xn[v]+=Xe[v][m]/M;
19      for(Dn=0, m=0; m<M; m++) Dn+=De[m]/M;

PRN     printf("%i %e %e \n", G, Qual(Xn), Dn);
      }
    }
```

a, b, c, d: Einbindung der benötigten Header-Dateien. **e:** Makro für die Wertzuweisung der Variablenzahl `V`. **f:** Makro für die Wertzuweisung der Elternzahl `M`. **g:** Makro für die Erzeugung einer [0, 1)-gleichverteilten Zufallszahl `Z`. **I:** Deklaration des Variablenzählers `v`, der Nachkommen-Schrittweite `Dn`, der Nachkommen-Qualität `Qn` und des Nachkommen-Variablenvektors `Xn[v]`. **II:** Startwerte für Schrittweite `Dn` und Variablenvektor `Xn[v]`. **III:** Initialisierung des Zufallszahlengenerators. **1.** Setzen des Schrittweiten-Änderungsfaktors `A`, der Nachkommenzahl `L` und Generationszahl `G`. **2.** Deklaration der Schrittweite `D`, der Qualität `Q` und des Variablenvektors `X[v]` der Eltern `e[M]` und der besten Nachkommen `b[M]`. **3:** Deklaration des Elternzählers `m`, des Nachkommenzählers `l`, des Generationszählers `g`, der Rekombinanten-Nummer `r`, eines Sortierschleifenzählers `j` und des Variablenzählers `v`; Deklaration der Gauß-Zufallszahl `z` und einer Merkgröße `h`. **4:** Starteinstellung der Eltern-Schrittweiten `De[m]` und des Eltern-Variablenvektors `Xe[v][m]`. **5.** Beginn der Generationsschleife. **6.** Leerung des Bestwertspeichers durch Eingabe einer imaginäre Minusqualität. **7.** Beginn der Nachkommenschleife. **8.** Mittelung der Eltern-Schrittweiten. **9.** Mutation der gemittelten (Norm-)Schrittweite. **10.** Wahl des elterlichen Rekombinanten. **11.** Beginn der Variablen-Vektorschleife. **12.** Erzeugung einer $(0, 1/\sqrt{V})$-normalverteilten Zufallszahl. **13.** Mutation des rekombinierten Elternvektors. **14.** Berechnung der Qualität `Qn` des Nachkommen. **15.** Bestimmung der Nummer `j` des schlechtesten Elters im Bestwertspeicher. **16.** Abfrage von Erfolg oder Mißerfolg. Bei Erfolg Tausch des schlechtesten Elters `Xe[v][j]` mit dem Nachkommen und Speicherung der Qualität `Qn`, der Schrittweite `Dn` und der Variablen `Xn[v]` als `b`-Werte. **17.** Übertrag der Schrittweiten `Db[m]` und der Variablenwerte `Xb[v][m]` der besten `M` Nachkommen auf die Eltern der neuen Generation. **18.** Mittelung des elterlichen Variablenvektors. **19.** Mittelung der elterlichen Schrittweite. **PRN:** Ausdruck von Generation, Qualität, und Schrittweite des besten gemittelten Elters.

Das dritte Programm druckt erst nach 1000 Generationen die mittlere Qualität und Mutationsschrittweite aus. Wer den zeitlichen Optimierungsablauf studieren möchte, muß den Druckbefehl aufwärts verschieben. — Ein Erfolgserlebnis ist jedem gewiß, der das letzte Programm zweimal laufen läßt und beim zweiten Mal die Zeile 9 – wie gezeigt – abwärts schiebt. Der damit vollzogene Übergang von der (**5**, 20)-ES ohne Rekombination zur (**5**/5, 20)-ES mit Multirekombination ist mit einer deutlichen Konvergenzbeschleunigung verbunden. Auf meinem Rechner ergeben sich die Werte: Qual $= -1{,}12 \cdot 10^{-1}$ ohne Rekombination und Qual $= -3{,}24 \cdot 10^{-15}$ mit Multirekombination. — Ich möchte empfehlen, mit dem Programm 3 die Konvergenz verschiedener Evolutionsstrategien zu studieren. Die Elternzahl **M** wird in Zeile **f** eingegeben. Die übrigen strategischen Parameter (Schrittweitenfaktor **A**, Nachkommenzahl **L** und Generationszahl **G** werden in der Programmzeile **1** auf Wunschgröße gesetzt. Die Anfangswerte (Startschrittweite **Dn** und Startvektor **Xn[v]**) sind in den römisch bezifferten Programmzeilen zu initialisieren. Wer Konvergenz-Statistik betreiben möchte, muß für jeden Lauf die Startzufallszahl im Argument von **rand()** ändern (0 ... 32767). Und wer schließlich das Kompaktprogramm zur Lösung einer neuen Maximierungsaufgabe anwenden möchte, kann die im schattierten Bereich progammierte Qualitätsfunktion durch die eigene Qualitätsfunktion **Q** ersetzen und die Variablenzahl **V** in Zeile **e** anpassen.

Ein Plädoyer für die Multirekombination My = Rho! Diese Strategievariante zeichnet sich durch besondere Einfachheit aus, und das sowohl bei der Programmierung (Verschiebung einer Zeile) als auch in der Theorie. Da $\rho < \mu$ zur Zeit keine erkennbaren Vorteile bietet, wird von Evolutionsstrategen gern die $(\mu/\mu, \lambda)$-ES der allgemeineren $(\mu/\rho, \lambda)$-ES vorgezogen.

Abschließend muß ich meine Code-Komprimierung verteidigen. Der Doppelpunkt in BASIC und das Komma in C erlaubt einem „Querdenker“ die Querprogrammierung: Prozeduren, die zu kurz für eine Funktionsdefinition sind, habe ich auf eine Zeile gebracht. Der C-Experte protestiert. Er hat gelernt: Ein gutes C-Programm besteht aus einer „Kette“ von Funktionsaufrufen. Mir ging es aber bei der Programmierung darum, den Code einer ES-Version auf eine Seite bzw. Doppelseite unterzubringen. Eben das ist mit einer prozeduralen Programmierung nicht zu erreichen. Zugegeben: Das Lesen des Codes ist nicht leicht. Das Programm ist länger als es aussieht. Die Logik des Programms muß man sich mühsam „erknobeln“. Notfalls muß der Code eben abgetippt werden.

Programm einer geschachtelten Evolutionsstrategie

Knifflig ist die Programmierung geschachtelter Evolutionsstrategien. Ein Ärgernis ist die Zunahme der Individuen von Stufe zu Stufe. Das kostet Speicherplatz. Es sei festgestellt, daß es die Mengen μ, μ', μ'' (und nicht λ, λ', λ'') sind, die Aufwand kosten. Denn ein sparsamer Programmierer wird seine Speicher mit „Überlauf“ versehen. Das heißt, es werden lediglich die μ besten Individuen, μ' besten Populationen und so fort in sogenannten Bestwertspeichern gesammelt. Doch läßt sich nicht vermeiden, daß bei konventionell geschachtelten Evolutionsstrategien der Speicherbedarf mindestens multiplikativ $(\mu \cdot \mu' \cdot \mu'' \cdots)$ mit der Zahl der Schachtelungsebenen anwächst. Deshalb möchte ich die Form einer geschachtelte Evolutionsstrategie vorschlagen, bei welcher der Speicherbedarf nur additiv $(\mu + \mu' + \mu'' \cdots)$ wächst. Wir schließen die Individuen-Klammer mit einen Eltern-Mittelung ab:

$$[\mu', \lambda'((\mu, \lambda)^{\gamma} \cdot \overline{\mu/\mu})]\text{-ES}\,.$$

Ein repräsentativer Mischungs-Elter tritt jetzt an die Stelle der differenzierten My-Eltern-Population. Wir sparen viel Speicherplatz, wenn wir in der [Populationen]-Klammer die μ' Populationen jeweils nur durch ihren repräsentativen Datensatz beschreiben. Würde eine {Arten}-Klammer folgen, wäre die Prozedur zu wiederholen. Das heißt, jede Population ist wiederum durch ***einen*** repräsentativen Datensatz zu ersetzen, was durch intermediäre Rekombination auf der Populationsebene geschieht. Letzlich wird damit jede der μ'' Arten durch den Mittelwert von Mittelwerten der Datenkarten beschrieben.

Damit läßt sich das Programm einer geschachtelten Evolutionsstrategie „mechanisch" erstellen. Es gilt, das vorangegangene Programm nur geschickt zu duplizieren. Da sich das Basis-Programm nicht ändert, muß die erklärende Zeilennumerierung nicht wiederholt werden. Hier das Bild der Programmstruktur:

```
              • • •
    2222222222222222222222222
     2222222222222222222222222
bbbbbbbbbbbbbbbbbbbbbbbbbbbbbb
   1111111111111111111111111
    1111111111111111111111111
     1111111111111111111111111
aaaaaaaaaaaaaaaaaaaaaaaaaaaaaa
   0000000000000000000000000
    0000000000000000000000000
     0000000000000000000000000
     0000000000000000000000000
    0000000000000000000000000
   0000000000000000000000000
aaaaaaaaaaaaaaaaaaaaaaaaaaaaaa
     1111111111111111111111111
    1111111111111111111111111
   1111111111111111111111111
bbbbbbbbbbbbbbbbbbbbbbbbbbbbbb
     2222222222222222222222222
    2222222222222222222222222
              • • •
```

Ein Programm, in einem Programm, in einem Programm, ... : Man könnte es ein „fraktales" Programm nennen. Die Sprungstellen ... bbb, aaa sind besonders zu behandeln. In den zwischengeschobenen Programmzeilen entscheidet sich, ob ein Datentransfer zwischen den Hierarchie-Ebenen stattfinden soll, oder ob die Ebenen unabhängig arbeiten sollen. Durch Setzen oder Löschen der Kommentarzeichen /* ...*/ kann über diesen Transfer entschieden werden.

$[\mathbf{3}, 30((\mathbf{2}, 10)^{200}\ \overline{\mathbf{2/2}})]$ - Evolutionsstrategie in „C "

```
       #include <stdio.h>
       #include <stdlib.h>
       #include <float.h>
       #include <math.h>
       #define V 30
       #define M0 2
       #define M1 3
       #define Z (rand()/(RAND_MAX+1.0))

       double Qual(double X[])
       { int v; double Q;
         for(Q=-300, v=0; v<V; v++)
           Q+=10*cos(6.2832*X[v])-X[v]*X[v];
         return(Q);
       }

       void main()
       { int v; double Dn0, Dn1, Qn0, Qn1, Xn0[V], Xn1[V];
         Dn0=1; Dn1=1; for(v=0; v<V; v++) Xn0[v]=4, Xn1[v]=3;
         srand(12345);

1          { double A1=1.1;  int L1=30, G1=100;
1            double Xe1[V][M1], Xb1[V][M1],
1                         De1[M1], Db1[M1], Qb1[M1];
1            int l, g, m, r, j, v;  double z, h;
1            for(m=0; m<M1; m++) { De1[m]=Dn1;
1                       for(v=0; v<V; v++) Xe1[v][m]=Xn1[v];}
1            for(g=1; g<=G1; g++)
1            { for(m=0; m<M1; m++) Qb1[m]=-DBL_MAX;
1              for(l=0; l<L1; l++)
1              { for(Dn1=0, m=0; m<M1; m++) Dn1+=De1[m]/M1;
1                Dn1*=pow(A1, 2*floor(Z+0.5)-1);
1                r=(int)(M1*Z);
1                for(v=0; v<V; v++)
1                { z=sqrt(-2*log(1-Z)/V)*sin(6.2832*Z);
1                  Xn1[v]=Xe1[v][r]+Dn1*z;
1                }

aaaaaa for(v=0; v<V; v++) Xn0[v]=Xn1[v]; /*Dn0=Dn1;*/

0          { double A0=1.3;  int L0=10, G0=200;
0            double Xe0[V][M0], Xb0[V][M0],
0                         De0[M0], Db0[M0], Qb0[M0];
0            int l, g, m, r, j, v;  double z, h;
0            for(m=0; m<M0; m++){ De0[m]=Dn0;
0                       for(v=0; v<V; v++) Xe0[v][m]=Xn0[v];}
```

☞ ...

```
0       for(g=1; g<=G0; g++)
0       { for(m=0; m<M0; m++) Qb0[m]=-DBL_MAX;
0         for(l=0; l<L0; l++)
0         { for(Dn0=0, m=0; m<M0; m++) Dn0+=De0[m]/M0;
0           Dn0*=pow(A0, 2*floor(Z+0.5)-1);
0           r=(int)(M0*Z);
0           for(v=0; v<V; v++)
0           { z=sqrt(-2*log(1-Z)/V)*sin(6.2832*Z);
0             Xn0[v]=Xe0[v][r]+Dn0*z;
0           }
0
0           Qn0=Qual(Xn0);
0           for(j=0, h=Qb0[0], m=1; m<M0; m++)
0             if(Qb0[m] < h) h=Qb0[m], j=m;
0           if(Qn0 > Qb0[j]) { Qb0[j]=Qn0; Db0[j]=Dn0;
0             for(v=0; v<V; v++) Xb0[v][j]=Xn0[v];}
0         }
0         for(m=0; m<M0; m++)  { De0[m]=Db0[m];
0           for(v=0; v<V; v++) Xe0[v][m]=Xb0[v][m];}
0       }
0       for(v=0; v<V; v++)
0         for(Xn0[v]=0, m=0; m<M0; m++)
0           Xn0[v]+=Xe0[v][m]/M0;
0       for(Dn0=0, m=0; m<M0; m++) Dn0+=De0[m]/M0;
0     }
aaaaaa for(v=0; v<V; v++) Xn1[v]=Xn0[v]; /*Dn1=Dn0;*/
1           Qn1=Qual(Xn1);
1           for(j=0, h=Qb1[0], m=1; m<M1; m++)
1             if(Qb1[m] < h) h=Qb1[m], j=m;
1           if(Qn1 > Qb1[j]) { Qb1[j]=Qn1; Db1[j]=Dn1;
1             for(v=0; v<V; v++) Xb1[v][j]=Xn1[v];}
1         }
1         for(m=0; m<M1; m++)  { De1[m]=Db1[m];
1           for(v=0; v<V; v++) Xe1[v][m]=Xb1[v][m];}
1       }
1       for(v=0; v<V; v++)
1         for(Xn1[v]=0, m=0; m<M1; m++)
1           Xn1[v]+=Xe1[v][m]/M1;
1       for(Dn1=0, m=0; m<M1; m++) Dn1+=De1[m]/M1;

PRN     printf("%i %e %e %e \n", G1, Qual(Xn1), Dn1, Dn0);
      }
    }
```

Zwei Anwendungen der geschachtelten ES

Die „fraktalen" Stufen 0 und 1 des zweifach geschachtelten Musterprogramms sind am linken Rand des Programms gekennzeichnet. Durch Nachoben-Kopieren des oberen und Nachunten-Kopieren des unteren Programmabschnitts können weitere Schachtelungs-Stufen angefügt werden. Danach sind die Stufen-Kennziffern entsprechend abzuändern (z. B. Db**1** → Db**2**). Und schließlich müssen bei der Hochschachtelung die hinzukommenden Strategiegrößen und Variablenwerte definiert und initialisiert werden.

Auf dem Computer wurden für zwei hochgeschachtelte Strategien die Fortschrittsgeschwindigkeiten auf der ansteigenden Ebene bestimmt ($\delta = 1$ auf allen Stufen):

$$\varphi_{(((((((((1,\,3)1,\,3)1,\,3)1,\,3)1,\,3)1,\,3)1,\,3)1,\,3)1,\,3)1,\,3)} = 12{,}31\ ,$$

$$\varphi_{(((((1,\,6)1,\,6)1,\,6)1,\,6)1,\,6)} = 7{,}85\ .$$

Man könnte die Ergebnisse als „theoretischen Sport" bespötteln. Dennoch, Tatsache ist: Es gibt Konvergenzprobleme in der Optimierung, die sich ohne Schachtelung einer Evolutionsstrategie nicht lösen lassen. Beispiele dafür sind der spitze Grat und die RASTRIGINsche Funktion.

Beginnen wir mit dem kritischen Testproblem eines 100-dimensionalen spitzen Grates:

$$Q = \max\left[x_1 - \sum_{k=2}^{100} |x_k|\right].$$

Das Problem wurde bereits im Kapitel 6 angeschnitten: Die Evolutionsstrategie ist zu kurzsichtig, um zu merken, daß sich durch Vergrößern der Mutationsschrittweite die Fortschrittsgeschwindigkeit eigentlich beliebig steigern ließe. Wegen der äußerst geringen Erfolgswahrscheinlichkeit im Zentrum des Grates verkleinert eine normale Evolutionsstrategie mit mutativer Schrittweitenregelung laufend δ und bleibt schließlich auf dem Gratfirst stecken.

Dieses Hängenbleiben am spitzen Grat verhindert eine Strategie-Schachtelung: Die Mutationsschrittweite wird jetzt nur auf Populationsebene variiert. Mehrere Populationen mit unterschiedlichem δ laufen den Grat aufwärts, wobei sich während der Isolation γ die Schrittweite nicht ändert. Ist γ genügend groß ($\gamma > 1000$), wird sich im Populationswettlauf eine größere Schrittweite (weil fortschrittsoptimal) auch durchsetzen. Ergebnis einer Computersimulation: Die

Fortschrittsgeschwindigkeit wächst mit der Zeit exponentiell an. Zur Einstellung dieser Strategievariante müssen wir die Schrittfaktoren A0 = 1 und A1 > 1 setzen und die Kommentarzeichen bei den Umbenennungen Dn**0** ⇆ Dn**1** löschen, um so den Schrittweitentransfer zu ermöglichen.

Nun sei das Problem gestellt, in einem vielgipfeligen Optimierungsgefilde das globale Optimum zu finden. Die Qualitätsfunktion (nach RASTRIGIN) lautet:

$$Q = \max\left[-300 + \sum_{k=1}^{30} 10\cos(2\pi\, x_k) - x_k^2\right].$$

Die multimodale Funktion ist im ***Bild 12-3*** (Seite 157) dargestellt. Mit einer geschachtelten Evolutionsstrategie läßt sich der Gipfel des Bergs der Berge nach dem Grundsatz finden: Springe auf Populationsniveau in das Einzugsgebiet neuer Gipfel und beklettere auf Individuenebene diese Gipfel. Vom höchsten gefundenen Gipfel aus wiederhole diese Sprung-Kletter-Prozession. Wichtig bei dieser Optimierungslogik ist, daß sich die Schrittweiten Dn1 und Dn0 nunmehr unabhängig voneinander optimal einstellen können. Deswegen müssen wir den Mutationsschrittweiten-Transfer durch Hinzufügen von Kommentarzeichen diesmal ausschalten sowie die Schrittweiten-Änderungsfaktoren A0 > 1 und A1 > 1 setzen. Das dargestellte zweifach geschachtelte ES-Programm ist für die RASTRIGINsche-Funktion eingestellt.

Die Zeilen-Folge der geschachtelten ES entspricht exakt der Zeilen-Folge der zuvor dargestellten $(\mathbf{5}, 20)\,\overline{\mathbf{5}/5}$-ES. Wer dieses Programm studiert, sollte auch das geschachtelte Programm lesen können. Das Basis-Programm der (μ, λ)-Evolutionsstrategie ist so aufgebaut, daß keine besonderen Programmierkniffe verwendet wurden. Die Gleichkeit von innerem und äußerem Programm wurde programmierungstechnisch nicht genutzt. Ich glaube, daß der gewandte Programmierer das Ablaufschema in der direkten Darstellung am schnellsten durchschaut, um den Code schließlich nach seiner Vorstellung der Sprache C angemessener zu gestalten. — Am Fachgebiet *Bionik und Evolutionstechnik der TU Berlin* haben KARSTEN TRINT und UWE UTECHT das Progamm **„evoC“** entwickelt, das dem Anwender diese Arbeit abnimmt. Mit **„evoC“** lassen sich für die Anwendung Evolutionsstrategien nach Wunsch schachteln.

9

ES-Experimente auf dem Computer

Evolution einer Augenlinse

Skeptiker in punkto DARWINs Evolutionstheorie weisen oft auf das Problem der Entstehung des Auges hin: Ein 5%-Auge sei funktionslos und ohne Sinn. Es müssen viele, präzise aufeinander abgestimmte Mutationen schlagartig zusammentreffen, damit etwas entsteht, was als Auge funktioniert. DARWIN schreibt: *„Wenn gezeigt werden könnte, daß irgendein komplexes Organ existierte, das unmöglich aus unzähligen aufeinanderfolgenden geringfügigen Modifikationen gebildet worden sein könnte, so würde meine ganze Theorie restlos zusammenbrechen“*. Tatsächlich erfolgt die Augen-Evolution auf dem Weg der kleinen Schritte:

1. *Zusammenballen von lichtempfindlichen Zellen.*
2. *Eindellen der Pigmentschicht zu einer Grube.*
3. *Überdecken der Grube mit einer Gallert-Masse.*
4. *Ausformen der Gallert-Masse zum Lichtkonzentrator.*

Flachauge, Becherauge, Grubenauge, Linsenauge: Das sind Evolutionsstufen, die auch heute noch als Überbleibsel an archaischen Organismen zu finden sind. Es gelte, die Stufen evolutionsstrategisch nachzuzeichnen. Das ***Bild 9-1*** zeigt einen deformierbaren Glaskörper mit den Dicken d_k ($k = 1, 2, \ldots n$).

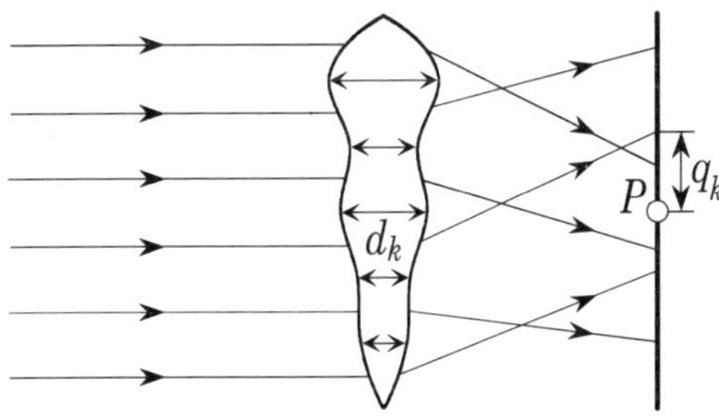

Bild 9-1:

Deformierbarer Glaskörper als Evolutionsobjekt.

Die Strahlen eines parallelen Lichtbündels werden beim Durchqueren dieses Glaskörpers verschieden stark gebrochen. Durch richtiges Einstellen der Dicken d_k soll erreicht werden, daß sämtliche Strahlen in einem Punkt P zusammentreffen (Eigenschaft der Sammellinse). Die Abweichung von diesem Zielzustand kann durch Bildung der Summe der Abweichungsquadrate $\sum q_k^2$ gemessen werden. Es ergibt sich das Optimierungsproblem:

$$\text{Strahlenstreuung} = \sum q_k^2 \Rightarrow \text{Min.}$$

Die Sammellinse ist ausgeformt, wenn die Strahlenstreuung den Wert Null erreicht. Mutationen, die die Strahlenstreuung verringern, sind selektionspositiv. Evolutionsbiologisch gesehen: Ein Lebewesen, dessen Augen-Gallerte die Lichtstrahlen etwas mehr bündelt, würde den sich nähernden Schatten eines Räubers eher detektieren als sein Norm-Artgenosse. Evolutives Fortschreiten vom 1%-Auge zum 100%-Auge ist, trotz kritischer Infragestellung, möglich.

Für die mathematische Formulierung des Problems wurde der veränderbare Glaskörper mit dem Brechungsindex ε aus Prismen der Höhe h zusammengesetzt. Die Basisdicken d_k der Prismen bilden die Variablen der Polygonlinse. Die Randdicke d_0 werde vorgegeben. Lichtstrahlen, die auf die Mitten $(h/2)$ der Prismenstücke fallen, werden als repräsentativ angesehen. Der Weg jedes Lichtstrahls läßt sich nach den Gesetzen der geometrischen Optik berechnen (Lichtbrechung am schlanken Prisma). Die Auftreffpunkte der n Lichtstrahlen in der Bildebene liefern zusammengenommen die Strahlenstreuung. Aus der Skizze läßt sich die Qualitätsfunktion direkt ablesen:

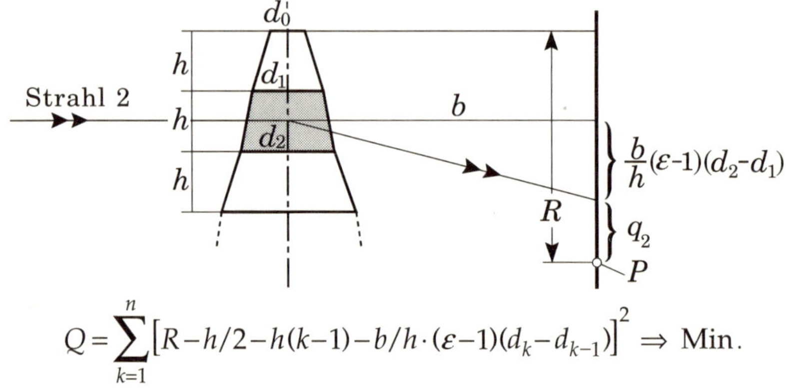

$$Q = \sum_{k=1}^{n} \left[R - h/2 - h(k-1) - b/h \cdot (\varepsilon - 1)(d_k - d_{k-1})\right]^2 \Rightarrow \text{Min.}$$

Es sei festgehalten, daß die dargestellte Gleichung nur für sehr dünne Linsen gilt. Wer mit der Evolutionsstrategie zum Beispiel ein farbkorrigiertes, viellinsiges Super-Teleobjektiv entwickeln möchte, muß es mit der geometrischen Optik genauer nehmen. So dürfen $\sin\alpha$ und $\tan\alpha$ nicht mehr gleich α gesetzt werden. Und der Lichtstrahl muß im Glas exakt verfolgt werden, um seinen Austrittspunkt zu bestimmen. — Im ***Bild 9-2*** sehen wir die Entwicklung von der Fensterscheibe zum Brennglas, durchgeführt mit einer (**1**, 10)-ES. Die Linse wurde aus 10 Abschnitten zusammengesetzt. Die neben den Generationszahlen stehenden geklammerten Zahlen geben die Werte der Strahlenstreuung an.

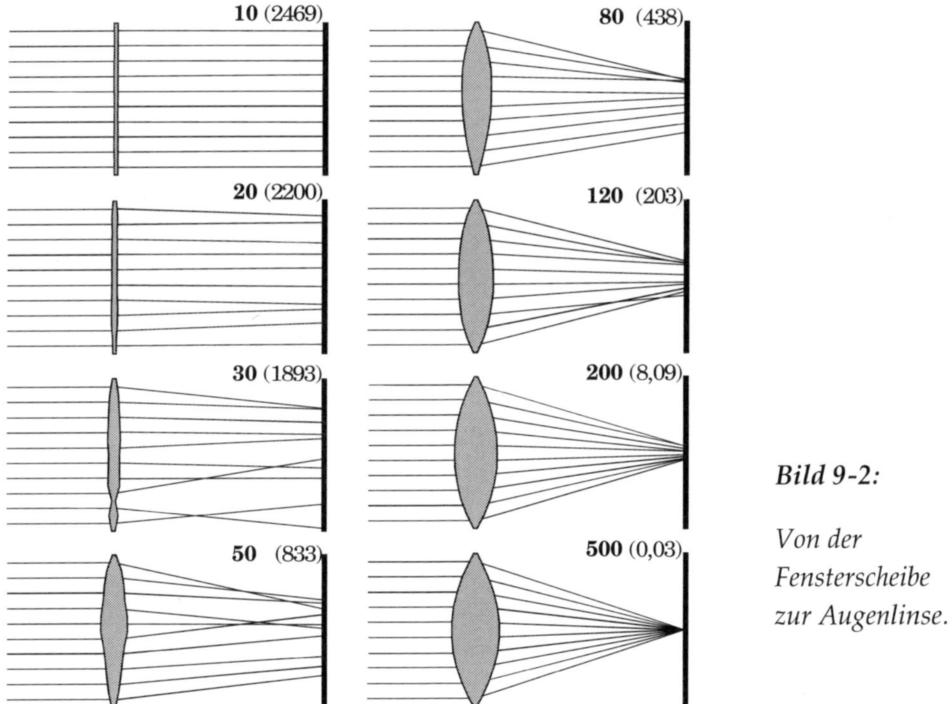

Bild 9-2:

Von der Fensterscheibe zur Augenlinse.

Evolution einer Fernsehverkabelung

Kabelfernsehen kommt auch nach SCHILDA. Auf dem Marktplatz endet das senderseitige Hauptkabel. Nun müssen die Haushalte von SCHILDA daran angeschlossen werden. Das zum Einsatz kommende Glasfaserkabel ist teuer. Deshalb beauftragt der Bürgerrat den Geometer der Stadt, einen Verkabelungsplan minimaler Gesamtlänge auszuarbeiten. Nun, der Landvermesser von SCHILDA ist ein kluger Kopf. Er hat gelernt: Die kürzeste Verbindung zwischen zwei

Punkten ist die Gerade. Und strikt nach dieser Regel entwirft er seinen Verkabelungsplan (***Bild* 9-3*a***).

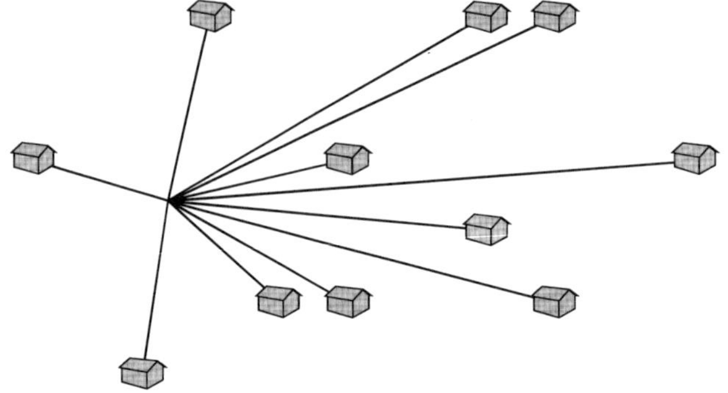

***Bild* 9-3*a*:**

Fernsehverkabelung der Häuser von SCHILDA.

Der Evolutionsstratege schüttelt den Kopf. Er glaubt, mit Hilfe seiner Technik eine bessere Lösung entwickeln zu können. Er entwirft eine variationsfähige Verbindungsgeometrie. Das Verbindungsnetz wird aus Dreierverzweigungen zusammengesetzt. Die Knoten der Verbindungsstruktur sind x-y-verschieblich. Das Minimierungsproblem läßt sich nun mathematisch formulieren:

$$Q = \sum_{\text{alle Streckenendpunkte}} \sqrt{\Delta x_i^2 - \Delta y_i^2} \Rightarrow \text{Min}\,.$$

Zu Beginn der evolutionsstrategischen Optimierung liegen alle Knoten übereinander. Die Verkabelungsgeometrie entspricht somit der SCHILDAer Lösung. Die Evolutionsstrategie entwirrt das Knotenknäuel (***Bild* 9-3b**). Das mit einer (**1**, 10)-ES gefundene Minimalnetz benötigt 40% weniger Kabellänge als die Lösung von SCHILDA.

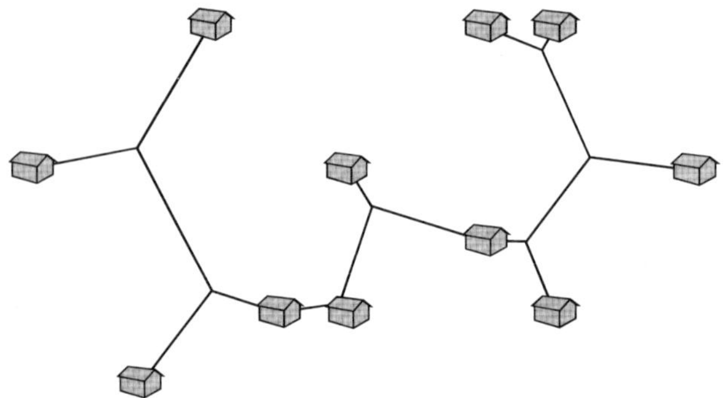

***Bild* 9-3*b*:**

Evolutionsstrategische Minimalverkabelung von SCHILDA.

Es sei darauf aufmerksam gemacht, daß die Form der Minimallösung von der gewählten Grundstruktur des Netzes abhängt. Die Reihenfolge, in der die Häuser „mathematisch" verkabelt werden, ist im Verlauf der Optimierung nicht veränderbar. Wer das globale Optimum sucht, muß die ES-Optimierung für andere Verknüpfungs-Topologien wiederholen. Auch die Natur tut sich schwer, wenn es um das Optimieren einer Topologie geht. Vom Diktat einer vorhandenen Struktur ist schwer wegzukommen. Die Grundform des Skeletts der Fische hat sich im Verlauf der Landtier-Werdung nicht verändert. Die Evolution hat die biologische Tragstruktur nie neu entworfen, sondern lediglich modifiziert. Mir kann keiner glauben machen, daß die optimierte Topologie einer schwebenden Unterwasser-Tragstruktur auch für ein aufrecht gehendes Land-Lebewesen die beste Lösung sein soll.

ES-Konstruktion einer Fachwerkbrücke

Ein Fachwerk ist eine Tragstruktur, bestehend aus Stäben, die an den Knotenpunkten gelenkig miteinander verbunden sind. HOLGER EGGERT, der das folgende Beispiel programmiert hat, legt ein ebenes, statisch bestimmtes Fachwerk zugrunde. Die Stabkräfte werden bei gegebener Belastung nach dem RITTERschen Schnitt-Verfahren berechnet. Die Aufgabe ist, die Stabquerschnitte (hier Rundvollstäbe) so auszulegen, daß

- für Zugstäbe eine zulässige Spannung gerade nicht überschritten wird,
- für Druckstäbe ein Euler-Knicken des Stabes gerade vermieden wird.

Sind die Stäbe nach diesen Regeln dimensioniert, läßt sich das Gewicht der Konstruktion bestimmen. Gesucht ist die Lösung minimalen Gewichts. Die Aufgabe ähnelt dem Verkabelungsproblem: Wieder sind verschiebliche x-y-Koordinaten (Knotenpositionen) die Variablen des Systems. Und wiederum legt die getroffene Knoten-Numerierung eine unabänderliche Verbindungsstruktur fest.

Ziel eines Computerexperiments war die Entwicklung einer gewichtsminimalen Bogenbrücke. Die zwei Auflagerknoten bestimmen die Spannweite der Brücke. Die Fahrbahn (Untergurt) ist in 11 Knotenpunkte unterteilt. Damit die Fahrbahn eben bleibt, dürfen diese Knoten nur in x-Richtung verschoben werden. Die 10 Obergurtknoten der Brückenkonstruktion sind dagegen in x- und y-Richtung verschieblich. Das Problem wird demnach durch 31 Variablen beschrieben. Die Belastung der Brücke ergibt sich durch die Fahrzeuge auf der Fahrbahn. Der Statiker verschmiert die Last auf der Fahrbahn, das heißt er gibt eine Streckenlast vor. Das Eigengewicht der Konstruktion wird nicht gesondert aufgeschaltet. In dem im ***Bild 9-4*** dargestellten Computerlauf wurde eine (**10**/10, 100)-gliedrige Evolutionsstrategie angewendet. Unter den aufgeführten Generationszahlen stehen (in Klammern) die Gewichte der Konstruktionen.

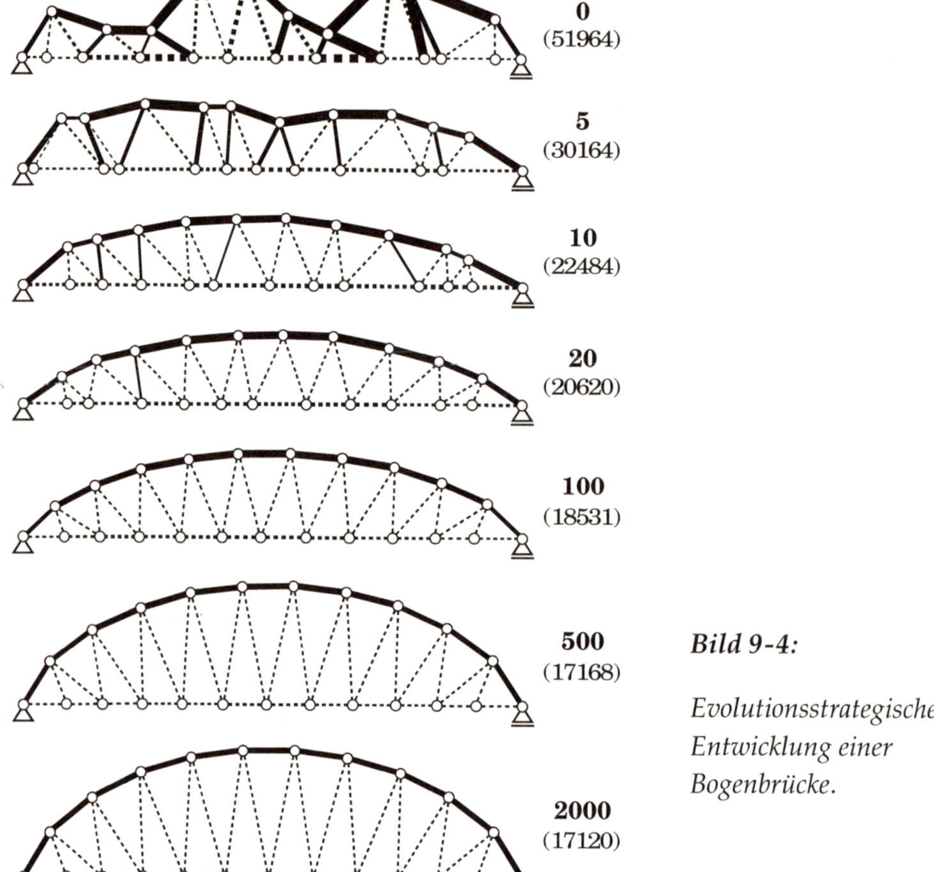

Bild 9-4:

Evolutionsstrategische Entwicklung einer Bogenbrücke.

ES-Optimierung einer Rumpfspindel

Wie sieht ein Stromlinien-Drehkörper minimalen Widerstands aus? WILLIAM E. PINEBROOK hat dieses Problem mit einer klassischen (**1**+1)-gliedrigen Evolutionsstrategie mit 1/5-Erfolgsregel behandelt. Gegeben sind Stirnflächenkreis und Länge des Spindelkörpers. Für jede evolutionsstrategisch erzeugte Variante wird im ersten Rechengang die Druckverteilung ermittelt. Aber ohne Reibung heben sich die an den Stirnflächenelementen angreifenden Druckkräfte bekanntlich auf. Im zweiten Rechengang wird nun unter Berücksichtigung der Druckverteilung die Entwicklung der wandnahen reibenden Strömungsschicht verfolgt. PINEBROOK nimmt realistisch an, daß trotz stabilisierenden Druckabfalls die Strömung bereits bei 3% der Lauflänge turbulent wird. Die Grenzschichtrechnung liefert die Form der wandnahen Geschwindigkeitsprofile, woraus sich wiederum die Wandschubspannungen ergeben. Die Aufsummation der lokalen Reibungskräfte über der Körperoberfläche liefert schließlich den Reibungswiderstand. Ferner resultiert aus der Verdrängungswirkung der Grenzschicht eine veränderte Druckverteilung. Die Druckverteilung der Potentialströmung mit der resultierenden Kraft Null in Strömungsrichtung wird verändert. Es entsteht zusätzlich ein Druckwiderstand. Zusammengenommen ergeben beide Widerstände den Gesamtwiderstand, den es zu minimieren gilt. Das ***Bild 9-5*** zeigt die Entwicklung der Rumpfformen, angefangen von der „Luftschiff-Form" bis hin zur „Delfin-Spindel".

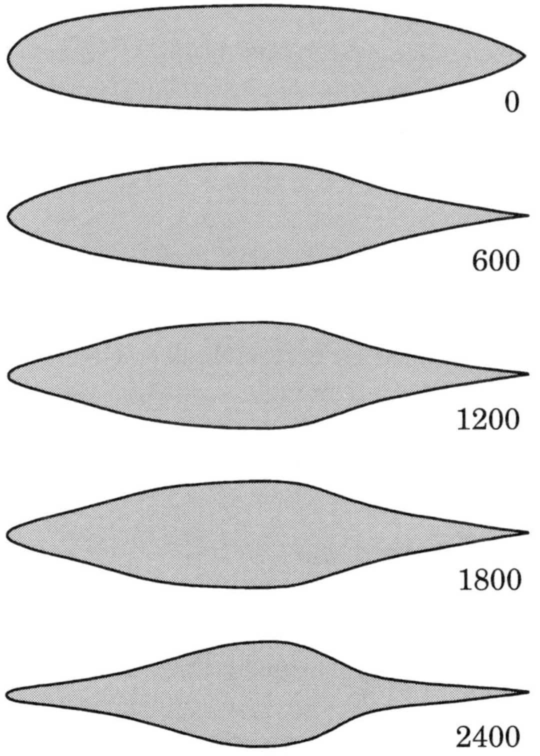

Bild 9-5:

2400 Generationen der Evolution einer Rumpfspindel minimalen Widerstands.

Zum Ergebnis möchte ich bemerken: Oberfläche erzeugt Reibung. Somit wird ein Trend der Optimierung sein, die Körperoberfläche zu minimieren. Die Lösung allein dieses Problems ergäbe sich, wenn man einen Stab mittig durch eine Kreisscheibe (gleich Stirnfläche) steckt und das Gebilde in eine Seifenlauge taucht. Die sich bildende Haut umspannt das Konstrukt mit minimaler Oberfläche. Doch die Seifenhautform hätte am Hauptspant einen strömungsungünstigen Knick. In der evolutionsstrategischen Widerstandsminimierung wird dieser Konturknick beseitigt. Aber es gilt noch mehr zu bedenken. Solange der Körper sich aufdickt, wird die Grenzschicht durch Beschleunigung dünn gehalten, und das bedeutet große Reibung. Sollte demnach eine Reibungsgrenzschicht vorn wenig beschleunigt werden um schneller dick zu werden (schlankes Körper-Vorderteil)? Auch das wäre nicht richtig; denn dicke Grenzschichten verfälschen die potentialtheoretische Druckverteilung, die ja den Druckwiderstand Null hätte. — Dieser Exkurs in strömungstechnische Details zeigt, welch komplexe Kompromißfindung die Lösung dieses Optimierungsproblems ausmacht.

Evolution eines Steinwurfs

Im Jahre 1744 glaubte der französische Gelehrte PIERRE-LOUIS MOREAU DE MAUPERTUIS, einen allumfassenden Weltenplan gefunden zu haben. Danach soll die Natur stets mit größter Sparsamkeit verfahren. Bei einem Stein der Masse m, der von einem Punkt a zu einem Punkt b fliegt, drückt sich das Sparsamkeitsprinzip wie folgt aus:

$$\int_a^b mv\,\mathrm{d}s \Rightarrow \mathrm{Min}\ .$$

LEIBNIZ und EULER äußerten vor MAUPERTIUS bereits ähnliche Gedanken. Das Minimierungsproblem, das die Natur bei jedem Steinwurf löst, sollte sich auch mit der Evolutionsstrategie behandeln lassen. Wir binden das Energie-Erhaltungsprinzip im Schwerefeld in das Wirkungsintegral ein und erhalten:

$$\int_a^b m\sqrt{2/m\,(E_0 - mgy)}\,\mathrm{d}s \Rightarrow \mathrm{Min}\ .$$

Zur numerischen Lösung der Aufgabe mit der Evolutionsstrategie wird die Bahnkurve des Steins durch einen Polygonzug approximiert. Die x- und y-Werte der 10 Stützpunkte des Bahnpolygons ergeben 20 Variablen. Durch Verschieblichkeit der x-Koordinaten wird dafür gesorgt, daß auch schleifenförmige Bahnen erzeugt werden können. Aber eine Äquidistanz der x-Achsen-Stützstellen wird belohnt. Das ***Bild 9-6*** zeigt, wie eine (**1**, 10)-ES eine unphysikalische Schleifenflugbahn in die bekannte Wurfparabel umformt.

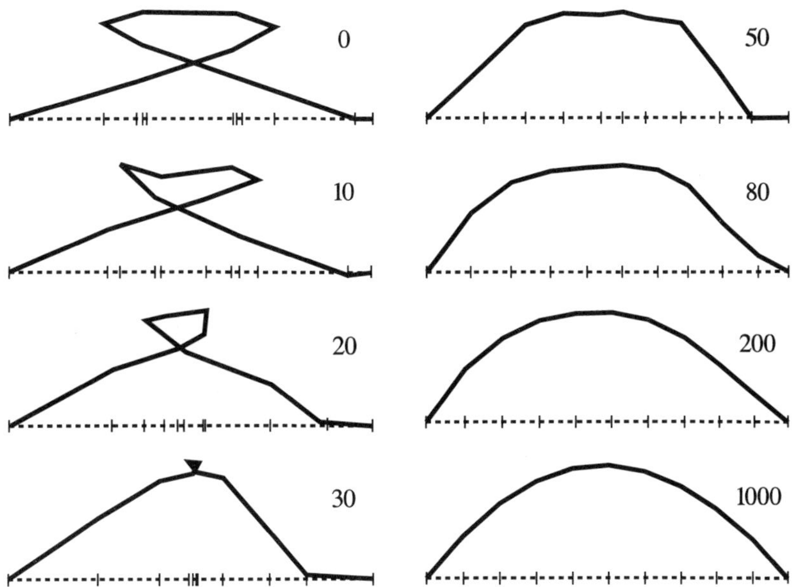

Bild 9-6: *Steinflugbahnen – ES-Minimierung des Wirkungs-Integrals.*

Es sei daran erinnert, daß die Physik zahlreiche Extremalprinzipien kennt, nach denen sich die Natur richtet:

1. Prinzip von TORRICELLI, nach welchem der Schwerpunkt eines beweglichen Systems im Schwerefeld die tiefste Lage annimmt.
2. Prinzip der minimalen potentiellen Energie eines elastostatischen Systems im Gleichgewicht.
3. Prinzip von FERMAT, bei welchem ein Lichtstrahl stets den Weg minimaler Zeit wählt.
4. Prinzip des kleinsten Zwanges von GAUß, bei dem die Abweichung der erzwungenen von der ungehinderten Bewegung zum Minimum wird.
5. Prinzip von HERTZ, nach welchem eine Bewegung mit minimaler Bahnkrümmung erfolgt (Prinzip der geradesten Bahn).
6. Prinzip von HAMILTON, bei dem das Zeitintegral über die LAGRANGE-Funktion ein Minimum, ein Maximum oder einen Sattelwert annimmt.

Geht man davon aus, daß sich die Arbeitsgeschwindigkeit zukünftiger Rechner weiter erhöht, so könnte man spekulieren, daß viele komplexe Probleme in den Naturwissenschaften durch eine evolutionsstrategische Lösung des entsprechenden Extremalprinzips gelöst werden könnten. Dem HAMILTON-schen-Prinzip kommt dabei eine Vorzugsrolle zu. Es läßt sich nämlich für klassische mechanische Systeme genauso anwenden wie für quantenphysikalische Vorgänge (chemische, thermodynamische und elektrodynamische Prozesse).

Evolution eines magischen Quadrats

Ein magisches Quadrat ist eine spezielle Zahlenstruktur. Ganze Zahlen sind zu einer quadratischen Matrix angeordnet. Die Zahlen sollen so gesetzt werden, daß alle Spalten, alle Zeilen und die beiden Diagonalen die gleiche Summe S ergeben. Die Größe S heißt magische Summe. Etwa 4000 Jahre alt ist das „Chinesische Quadrat", in welchem die Zahlen 1 bis 9 zu einer 3 mal 3 Matrix mit der magischen Summe 15 angeordnet sind. Und ALBRECHT DÜRER hat in seinem Kupferstich *Melancholie* ein magisches Quadrat aus 4 mal 4 Feldern dargestellt, das unter Verwendung der Zahlen 1 bis 16 die magische Summe 34 aufweist. Es ist üblich, von einem magischen Quadrat zu fordern, daß es mit aufeinanderfolgenden natürlichen Zahlen gebildet wird.

Um ein magisches Quadrat evolutionsstrategisch zu entwickeln, muß eine Qualitätsfunktion Q konstruiert werden. Denn liegen zwei unterschiedliche Zahlenquadrate A und B vor, muß eindeutig entschieden werden können, ob A besser als B ist, B besser als A ist, oder A so gut wie B ist. Eine Funktion, die diese Entscheidung zuläßt, lautet z. B. für ein 3 mal 3 Quadrat:

n_1	n_2	n_3
n_4	n_5	n_6
n_7	n_8	n_9

$$\begin{aligned} Q = {} & (n_1+n_2+n_3-15)^2+(n_4+n_5+n_6-15)^2+(n_7+n_8+n_9-15)^2 \\ & +(n_1+n_4+n_7-15)^2+(n_2+n_5+n_8-15)^2+(n_3+n_6+n_9-15)^2 \\ & +(n_1+n_5+n_9-15)^2+(n_3+n_5+n_7-15)^2 \Rightarrow \text{Min}\,. \end{aligned}$$

Die Mutationsregel lautet:

- *Suche zufällig eine Zahl aus dem Quadrat heraus.*
- *Ändere sie virtuell um einen kleinen Betrag ab.*
- *Suche die Zahl im Quadrat, die gleich der Abgeänderten ist.*
- *Vertausche wechselseitig die 1. Zahl mit der 2. Zahl.*

Mit dieser Mutationsprozedur wird die Wirkung einer Mutation zur kleinstmöglichen gemacht: Kleine Ursache ergibt kleine Wirkung. Dieses **stark kausal** genannte Verhalten macht das Funktionieren der Evolutionsstrategie erst möglich (siehe folgendes Kapitel). Das ***Bild 9-7*** zeigt ein magisches Quadrat, das evolutionsstrategisch entwickelt wurde. Es besitzt die stattliche Anzahl von 30 mal 30 gleich 900 Feldern. Jede Zahl von 1 bis 900 kommt in diesem echten magischen Quadrat nur eimal vor.

619	283	528	448	411	060	716	038	341	644	541	121	734	007	872	696	186	900	542	128	109	577	174	369	821	084	837	447	419	863
031	763	247	882	858	434	513	465	098	611	580	892	423	758	275	656	110	049	005	050	897	470	490	288	638	707	009	189	726	401
315	663	238	079	211	522	422	547	382	595	180	809	784	674	210	531	870	014	409	621	417	745	187	178	538	086	326	488	742	732
202	888	255	096	894	264	700	786	212	251	702	516	254	196	804	414	134	500	348	117	846	136	325	712	298	208	333	439	891	794
600	714	356	432	155	805	881	668	188	311	788	537	506	665	141	032	138	129	628	244	380	415	605	510	004	646	242	757	691	347
508	243	751	354	574	160	564	698	156	379	269	768	819	743	262	071	526	352	471	286	184	554	772	737	017	765	476	301	688	067
647	604	719	460	199	345	343	258	871	282	085	253	020	425	089	738	273	438	220	802	730	807	643	039	555	456	717	803	185	509
649	030	813	034	205	328	878	207	831	594	614	579	073	252	588	550	292	829	418	339	558	268	832	362	398	318	721	235	481	239
853	366	177	266	658	679	636	182	728	183	437	517	047	045	278	446	630	670	591	731	114	498	785	323	291	302	365	444	491	782
104	332	285	112	589	371	561	818	724	854	224	041	662	080	322	776	736	122	443	789	167	887	113	118	617	263	899	453	557	496
635	575	584	161	754	487	741	830	346	466	304	144	690	885	843	250	222	154	194	502	127	681	057	105	629	320	593	223	799	214
336	659	852	094	397	449	070	350	130	061	364	546	895	335	289	290	597	570	394	792	585	675	295	145	523	468	850	861	324	319
429	746	775	664	867	822	486	237	669	299	081	165	519	064	149	378	078	849	376	603	306	678	868	426	657	310	307	229	455	023
179	125	677	800	590	433	331	357	337	773	338	711	607	693	545	267	798	886	392	459	606	316	413	344	151	718	116	276	200	077
019	233	572	705	524	633	385	396	536	504	359	729	314	645	450	747	478	363	625	740	355	440	361	048	261	083	708	270	139	893
313	410	164	249	685	479	457	879	294	482	862	051	452	091	040	874	602	056	245	816	672	074	770	402	374	841	576	880	168	257
639	107	321	483	166	869	596	464	544	327	191	193	748	495	706	181	386	384	216	103	226	246	801	806	412	755	808	666	021	655
567	671	699	221	390	002	234	814	062	100	055	475	581	309	824	826	828	777	739	383	442	170	277	753	435	241	093	111	838	598
810	053	408	640	521	349	774	632	566	790	817	624	308	489	259	759	037	532	033	673	571	330	377	530	407	142	272	248	192	372
008	876	497	860	135	859	218	163	368	279	106	613	119	203	527	697	873	360	511	715	153	016	399	847	126	896	375	689	795	232
197	875	661	562	436	159	006	709	695	132	209	010	499	651	825	373	884	733	560	889	395	198	147	857	133	393	834	013	029	451
676	518	090	781	549	890	035	780	072	540	587	054	704	766	169	052	653	793	514	137	631	108	405	201	610	492	334	583	424	367
762	102	388	539	820	140	075	725	068	877	535	563	076	723	667	069	206	158	474	227	430	484	485	190	864	848	529	839	101	551
297	092	463	797	317	042	087	097	609	569	143	686	215	565	578	694	157	710	767	620	623	779	329	400	627	493	461	351	520	427
582	586	123	059	701	608	146	063	281	845	796	082	599	131	228	312	618	024	543	856	256	851	512	815	445	428	370	088	727	840
637	420	018	505	148	750	462	720	601	003	844	454	552	173	416	764	752	883	403	556	171	472	172	342	494	011	066	559	340	827
231	683	265	616	162	421	735	015	713	898	722	036	391	787	634	043	548	783	533	099	260	025	389	687	507	652	525	467	115	573
756	204	473	441	381	124	568	095	761	176	654	626	503	749	012	622	358	026	692	152	660	833	305	553	835	300	296	680	293	387
230	225	842	534	001	240	280	219	650	515	480	855	150	213	744	287	044	406	771	058	778	760	823	836	236	812	046	642	811	027
684	469	274	641	217	791	615	303	682	175	648	865	271	703	769	120	501	065	458	028	866	022	404	592	612	477	431	284	353	195

Bild 9-7: *Evolutionsstrategisch entwickeltes magisches 30 mal 30-Quadrat mit der magischen Summe 13 515.*

Ein 486er-PC (Baujahr '93) mußte für die Lösung des Problems mit 900 Variablen um acht Stunden arbeiten. Es kam eine (**1**, 400)-ES zur Anwendung. Die hohe Nachkommenzahl ist notwendig, um in der Schlußphase der Lösungsansteuerung wegen der geringen Erfolgswahrscheinlichkeit nicht laufend zurückgeworfen zu werden. Denn ***ein*** Schritt vor dem Ziel muß genau eines der beiden letzten fehlerhaften Felder getroffen und in der richtigen Vorzeichen-Richtung geändert werden. Die Wahrscheinlichkeit dafür beträgt aber nur 1:1800.

Das Beispiel soll die vielfältige Einsetzbarkeit der Evolutionsstrategie demonstrieren. Sonst lassen sich große magische Quadrate auch mit Spezialverfahren konstruieren, und das geht gewöhnlich schneller. Aber vielleicht möchte jemand in einem 30×30-Quadrat sein Geburtsdatum oder seine Scheckkarten-Geheimnummer verstecken, oder es soll das DÜRER-Quadrat im Zentrum erscheinen. Die Spezialstrategie ist dafür nicht ausgelegt. Der Evolutionsstrategie bereiten solche Sonderwünsche keine Probleme.

Aussicht auf die zweistelligen Kapitel

In den Kapiteln 0 bis 9 wurden in Folge Idee, Theorie und Anwendung der Evolutionsstrategie abgehandelt. Es paßt gut, daß die höherstelligen Kapitelnumerierungen nun auch die „höheren" Themen der Evolutionsstrategie beinhalten: Wir fragen: Welcher logische Mechanismus steckt hinter den gängigen Optimierungsstrategien? Welches ist der mathematische Grund, daß „Sex" (sprich Mischung von Variablen) konvergenzbeschleunigend wirkt? Ist eine globale Optimierungsstrategie denkbar, die zielstrebig den höchsten aller Gipfel besteigt? Was ist unter einer Struktur-Evolution zu verstehen? Wer ahmt die biologische Evolution besser nach, die Freunde der Genetischen Algorithmen oder die Anhänger der Evolutionsstrategie? Ist evolutionsstrategische Optimierung auch in extrem verrauschten Welten möglich? Und über welche Themen der Evolutionsstrategie wird am meisten diskutiert?

Leitschnur „starke Kausalität“

Ein frustrierendes Experiment

Ein Experimentator steht vor einem würfelförmigen Kasten (der Black Box der Kybernetiker). Er sieht, daß an dem Kasten Sensoren angebracht sind. Leitungen führen von den Sensoren zu einem Anzeigegerät (***Bild 10-1***). Aus dem Kasten ragen Drehknöpfe heraus, die zum Verstellen einladen.

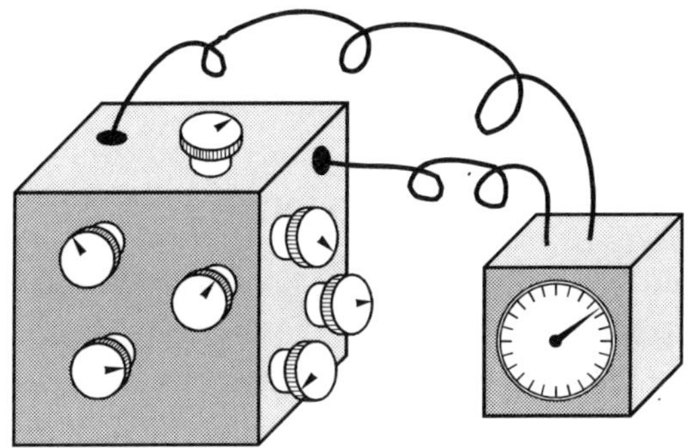

Bild 10-1:

Experimentierobjekt Stellkasten mit Qualitätsanzeige.

Der Experimentator versucht es. Er möchte den Zeiger auf 100 stellen. Eine Drehung des Knopfes 1 nach links und der Zeiger des Meßgeräts springt von 213 auf 64. Vorsichtig geworden probiert der Experimentator den Knopf 2. Eine kleine Drehung nach rechts, und die Anzeige springt von 64 auf 305. Der Experimentator nimmt sich Knopf 3 vor. Er dreht sehr vorsichtig nach links. Der Zeiger macht einen Satz von 305 auf 478. Nun dreht er wieder behutsam zurück. Der Zeiger geht auf den ursprünglichen Wert 305 zurück. Noch etwas weiter rechts herum gedreht und der Zeiger springt von 305 auf 42. Das Versuchsobjekt verhält sich anormal. Resigniert gibt der Experimentator auf.

Schwache Kausalität – starke Kausalität

Gleiche Ursache, gleiche Wirkung: Das ist auf die Kurzform gebracht das klassische Kausalitätsprinzip der Physik. Wer genau sein will kommt hier in Bedrängnis. Wann lassen sich – z. B. für ein zu überprüfendes Experiment – jemals exakt die gleichen Ursachen einstellen? Das Prinzip ist nicht viel Wert. Es ist schwach und wird heute in der Physik das **schwache Kausalitätsprinzip** genannt. Auch unser Drehknopf-Kasten verhält sich schwach kausal, und das irritiert den Experimentator.

So scharf sollte man das Kausalitätsprinzip nicht definieren. Wichtig ist auch zu wissen, wie stark **kleine Änderungen** der Ursache die Wirkung beeinflussen. Tatsache ist, wir können nur deshalb in dieser Welt erfolgreich agieren, weil gilt: Kleine Ursachen-Änderungen erzeugen kleine Wirkungs-Änderungen. Wenn ich eine gefüllte Kaffeekanne etwas mehr neige, dann fließt etwas mehr Kaffee heraus und umgekehrt. Hätte der Drehknopf-Kasten sich auch so normal verhalten; der Experimentator hätte sein Ziel spielend erreicht.

Das erweiterte Prinzip „ähnliche Ursachen haben ähnliche Wirkungen" heißt heute, weil es so viel mehr wert ist, das **starke Kausalitätsprinzip**. Unsere Welt ist – dem Himmel sei Dank dafür – stark kausal organisiert. Ausnahmen, die von der Chaos-Forschung unter die Lupe genommen werden, „bestätigen die Regel".

Reiz und Fluch der schwach kausalen Codierung

Es ist eine Tatsache, daß die mentale Welt des Menschen (POPPERs Welt II) und die Welt der Erzeugnisse des menschlichen Geistes (POPPERs Welt III) vorwiegend schwach kausal organisiert sind. Es beginnt mit der Sprache. Kopf, Zopf, Topf: Drei fast gleiche Lautbilder mit jedoch völlig unterschiedlichen Bedeutungen. Eine kleine Änderung, und aus dem Zopf, der abgeschnitten werden soll, wird der Kopf. Oder denken wir an den Aufbau unserer Zahlen. Ob dezimal oder binär geschrieben: Eine kleine Änderung, falls sie nicht gerade an der letzten Stelle erfolgt, hat fatale Auswirkungen auf den numerischen Wert. Nun, da der Mensch sich anschickt, eine Maschine zu bauen, die mit seinen Geistesprodukten operiert, ist auch diese Maschine hochgradig schwach kausal organisiert. Jeder weiß: Eine kleinste Änderung in der Hardware oder Software eines Computers, und schon funktioniert nichts mehr.

Die Nachteile einer schwach kausalen Welt sind offenkundig. Weshalb gibt es sie dann überhaupt? Die Antwort lautet: Eine Welt-Codierung, die nicht

Rücksicht nehmen muß auf Ähnlichkeitsrelationen, ist äußerst kompakt. Wie gedrungen Realitäten beschrieben werden können zeigt die Geschichte der Entwicklung der Zahlen. Es begann damit, daß Entitäten (z. B. 745 Rinder einer Herde) eins zu eins durch Kieselsteine oder durch Kerben auf einem Kerbholz abgebildet wurden:

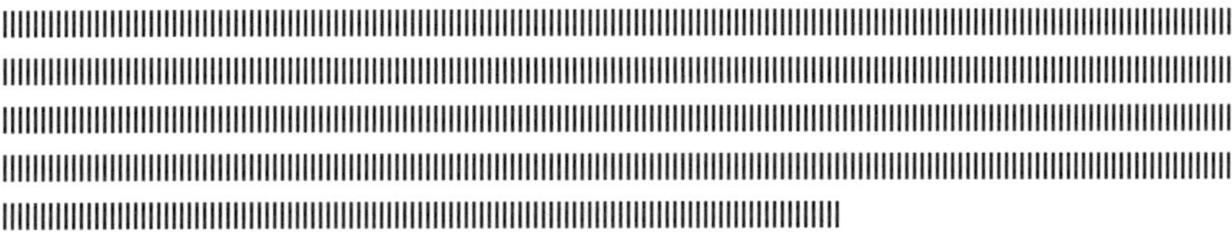

Schon wesentlich übersichtlicher wurde es, als der Mensch den Einfall hatte, kleine Kieselsteine als Einer-Symbole, etwas größere Kiesel als Zehner-Symbole und noch etwas größere Kiesel als Hunderter-Symbole zu verwenden. Die obige Kerbholz-Darstellung bildet sich nun ab in:

Aus Indien stammt schließlich der kompakte Positionscode (Stellenwert-Code), der die obige lange Strichliste dezimal darstellt durch:

745

Und lediglich zwei Zahlzeichen benötigt die etwas längere binäre Stellenwert-Codierung:

1011101001

Die kompakte Darstellung einer Zahl durch den Positionscode (dezimal oder binär) ist faszinierend. Der Vorteil: Solche Kurz-Notierungen lassen sich ökonomisch speichern; und sie lassen sich mit geringem Aufwand von einem Ort zu einem anderen transferieren. Aber Vorsicht ist geboten. In der schwach kausalen Welt der Kurzschrift läßt sich nicht bedächtig handeln, um nach der Lösung eines Problems zu suchen. Eine kleine Mutation führt bereits zur Katastrophe. Die Kurz-Codierung hat die Nachbarschaftsrelationen des realen Weltgeschehens durcheinandergebracht. Nur mit viel Vorwissen läßt sich mit schwach kausalen Systemen erfolgreich umgehen. Der „Fluch“ der schwachen Kausalität wird deutlich, wenn wir den „Trumpf“ der starken Kausalität dagegenhalten.

Trumpf der starken Kausalität zum Problemlösen

Die geordnete Welt der starken Kausalität ist etwas Feines. Die Eigenschaft der starken Kausalität heißt, daß sich Ähnliches zusammenballt. Das wiederum hat zur Folge, daß sich aus der Mannigfaltigkeit der Variableneinstellungen eines komplexen Problems durch Nachdenken mächtige Bereiche aussondern lassen. Es genügt, in der verbleibenden Mannigfaltigkeit nach der Lösung zu suchen.

Ein (Optimierungs)Problem läßt sich allgemein durch folgende Situation kennzeichnen: Gegeben ist eine quasi unendlich große Zahl von Möglichkeiten. Gesucht ist eine Realisierung (Einstellung des Objekts), die eine gewünschte Eigenschaft aufweist. Nicht zu Ende zu bringen ist der Plan, alle Möglichkeiten auszuprobieren, so wie der Käfer im ***Bild 10-2*** alle Punkte abgrast.

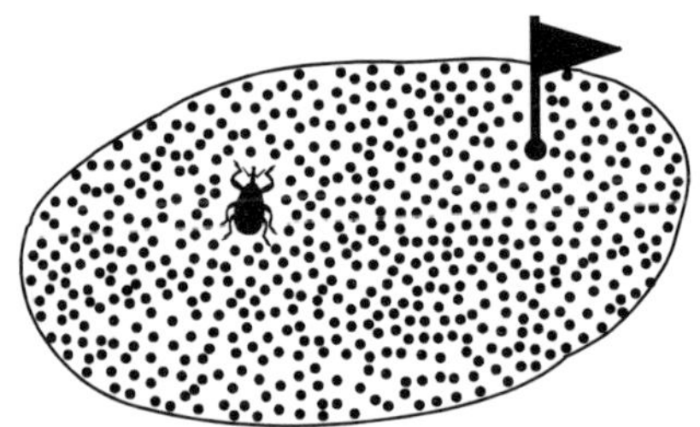

Bild 10-2:

Unmöglich !

Lösungsfindung in einer quasi unendlich großen Mannigfaltigkeit.

Aussicht auf Erfolg hat die Suche nach der Lösung nur, wenn der Raum der Möglichkeiten stark eingeschränkt wird (***Bild 10-3***). Es ist die Kunst des Problemlösers, darüber nachzudenken, wo er überall nicht zu suchen braucht.

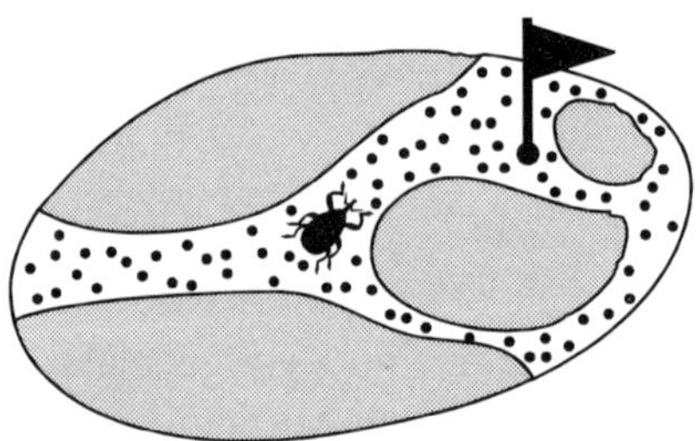

Bild 10-3:

Möglich !

Lösungsfindung in einer stark eingeschränkten Mannigfaltigkeit.

Zur Kunst des Einschränkens ein Beispiel: Ein Mathematiker sucht eine natürliche Zahl besonderer Eigenschaft. Er kommt zu dem Schluß: Die gesuchte Zahl kann nicht durch 2, nicht durch 3, nicht durch 5 und nicht durch 7 teilbar sein. Ferner überlegt er sich, daß auch eine Primzahl nicht Lösung sein kann. Und schließlich darf die gesuchte Zahl nicht größer als 1000 sein. Es bleiben mit diesen Einschränkungen nur noch 63 Zahlen übrig, die zu überprüfen wären.

In stark kausalen Welten bietet sich eine Einschränkungsmethode an, die aus menschlicher Sicht alltäglich ist. Ich komme zurück zu dem Wanderer, der im Nebel einen Berg besteigen möchte und einen beschilderten Weg mit der Aufschrift „zum Gipfel" findet. Er wird sich hüten von diesem gekennzeichneten Pfad abzukommen. — Berge sind sichtbar gemachte starke Kausalität (kleine Positionsänderungen = kleine Höhenänderungen). Und in der Bergwelt der starken Kausalität existieren auch Wege zum Optimum. Würde jemand sie ausschildern, wäre der Name ***Gradientenweg*** passend. Ein Optimierer beschränkt seine Suche auf diesen Weg. Er wäre dumm, wenn er diese Leitlinie verlassen würde. Das Gefilde querfeldein des Gradientenweges wird links liegen gelassen. Eine stark kausale Welt ist voll von Ariadnefäden, die darauf warten, vom fährtensuchenden Käfer im ***Bild 10-4*** aufgespürt zu werden.

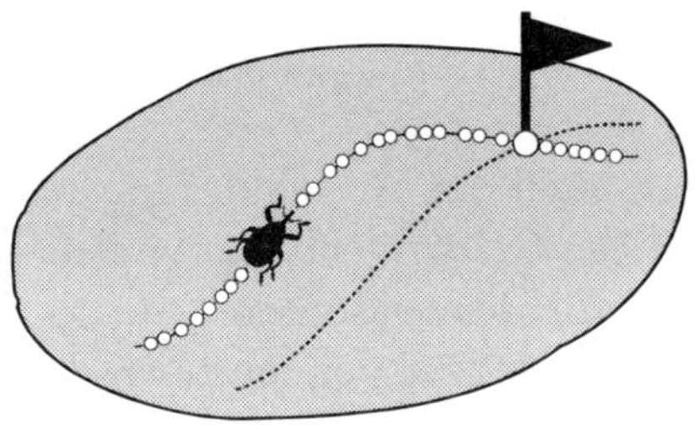

Bild 10-4:

In einer stark kausalen Welt sind Ariadnefäden zum Ziel ausgelegt.

Angenommen, eine Gradientenspur ist analytisch gegeben. Das Aussonderungsprinzip lautet: Ignoriere alles, was nicht auf dieser Linie liegt. Setze Testpunkte zufällig oder äquidistant auf diese Linie. Das Optimum ist schnell lokalisiert.

Das Prinzip des Aussonderns läßt sich auf die Spitze treiben. Angenommen, die Qualitätsfunktion ist überall differenzierbar. Der Mathematiker verwirft alle Punkte der Mannigfaltigkeit, die an einem Abhang liegen. Bekanntlich läßt sich durch Nullsetzen der ersten Ableitung die Mannigfaltigkeit mit der Eigenschaft „auf einem Abhang liegen" analytisch auf einem Schlag aussondern. Es bleibt ein Punkt übrig (***Bild 10-5***), und das ist ein mathematisches Optimum.

Bild 10-5:

Aussondern aller Punkte mit einem Differentialquotienten ungleich Null.

Evolutionsstrategisches Aussondern

Nur selten gelingt die mathematische $\partial/\partial x_i \neq 0$-Aussonderung, welche die Stelle(n) $\partial/\partial x_i = 0$ übrig läßt (***Bild 10-5***). Dazu muß die Qualitätsfunktion algebraisch gegeben und differenzierbar sein. Weniger einschränkend ist die Voraussetzung der starken Kausalität, als Normverhalten unserer Welt gedeutet. Jetzt gilt es, von den in stark kausalen Welten ausgelegten Ariadnefäden (Gradientenwegen) Gebrauch zu machen. Im Gegensatz zu der im ***Bild 10-4*** skizzierten Vorstellung liegt die Gradientenbahn aber gewöhnlich nicht in mathematischer Form vor. Eine Gradienten-Folge-Strategie muß den Gradienten erst herausarbeiten, um ihm zu folgen. Eine Gradienten-Folge-Strategie simuliert numerisch-approximativ den Rollvorgang einer trägheitslosen Kugel in eine Talsole. Dabei ist augenscheinlich: Die Kugel durchrollt nur einen verschwindend kleinen Gebietsbereich. Im Hochvariablenraum ist dies ein dünner Schlauch. Die Mannigfaltigkeit außerhalb dieses Schlauches wird ausgesondert. Denn dort kann die Talsole nicht liegen.

Die ins Tal rollende Kugel ist geeignet, auch das Aussonderungsprinzip der Evolutionsstrategie bildhaft dazustellen. Die Gradientenbahn wird diesmal stochastisch ausgelotet. Evolutionsstrategische Gradientendiffusion ist unscharf. Ein imaginärer Seitenwind läßt die rollende Kugel (bzw. den fährtensuchenden Käfer im ***Bild 10-6***) laufend von der exakten Gradientenbahn abdriften. Die Seitendrift kann bei einer quadratisch-symmetrischen Qualitätsfunktion dazu führen, daß bei langen Optimierungsläufen das Optimum spiralig umkreist wird. Deshalb wurde die Vorstellung von der Gradientendiffusion einmal von meinen Mitarbeitern arg in Zweifel gezogen. Doch kurzzeitig ist Gradientendiffusion stets erfüllt. Und die allmählich hinzukommende Seitwärtsdrift kostet auch nichts. Worauf es ankommt ist wiederum die enorme Einschränkung des Bereiches, in dem einzig und allein nach dem Optimum gesucht wird.

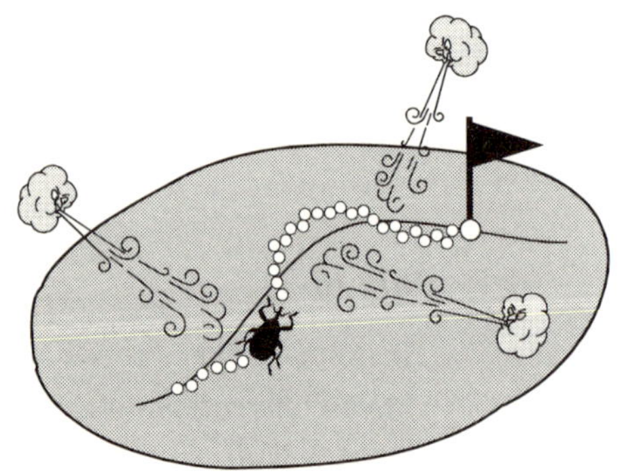

Bild 10-6:

Evolutionäre Gradientendiffusion – Abdriften von der Gradientenbahn durch „stochastischen Seitenwind".

Grundsätzlich gilt: Das Gradientenweg-Auswahlverfahren funktioniert nur in stark kausal (bergförmig) organisierten Welten. Dabei darf dem Begriff „Gradientenweg" durchaus etwas von seiner mathematischen Strenge genommen werden. Gräben und Wälle können sich in den Weg stellen. Solche Hindernisse werden evolutionsstrategisch übersprungen. Es bleibt die Idee, nämlich das Ausscheiden der mächtigen Querfeldein-Mannigfaltigkeit, die nicht Lösung des Problems sein kann.

Die Vorstellung von der Gradientendiffusion der Evolutionsstrategie enttäuscht manchen Optimierungsexperten. Er erwartet raffiniertere Schachzüge. Aber wo gibt es diese? Machen die Amerikanischen Genetischen Algorithmen oder das sogenannte *Simulated Annealing* etwas anderes, als stückweise schlecht und recht dem Gradienten zu folgen? Und wer jetzt entrüstet ist soll zeigen, nach ***welchem*** anderen logischen Prinzip die Suchgebiets-Reduktion erfolgt. Dennoch gibt es sie: Höhere Optimierungs-Schachzüge! Das simple mathematische Modell „Gradient in stark kausalem Weltgeschehen" ließe sich zu einer Form höherer Ordnung weiterentwickeln. Das Wissen über die Existenz von Bergen könnte umfassender genutzt werden. Die lokal mathematisch erkundbare Bergform möge zu einer hypothetischen Gesamtform ausgebaut werden. Der Gipfel eines Hypothese-Berges sei dann Ausgang für den nächsten Optimierungs-Zug. Abstrakt gesprochen: Der „höhere" Optimierungsstratege könnte stark kausales Weltverhalten global durch eine „quadratische Form" approximieren. Er springt von quadratischem Optimum zu quadratischem Optimum. — Mathematische Modellbildung und mathematische Modellbearbeitung: Das ist das Universalprinzip des Problemlösens. Hinzu kommt häufig noch der Kunstgriff, nur eine begrenzte Zahl von Variablen zur Bearbeitung freizugeben. Die Suche in Unterräumen macht das Problem zwar übersichtlicher, doch die Wege werden länger.

Ich bin durchaus nicht glücklich darüber, daß Evolutionsstrategien lediglich auf das mathematische Modell des Gradientenweges in stark kausalen Welten bauen. Das ist ein Modell 1. Ordnung und nicht besonders originell. Strategie-Bastler ersinnen unzählig viele neue Schrittsetz-Regeln. Dann beweisen sie an speziellen Beispielen, daß ihre Regeln funktionieren. Ich vermisse die generelle wissenschaftliche Erklärung der Funktion dieser Schachzüge! Ist es mathematisches Operieren an einem Modell 1. 2. ... Ordnung, oder ist es wirklich etwas ganz anderes? Tatsache ist: Auch die strategische Operation der Rekombination baut auf das Modell 1. Ordnung (Gradient in stark kausaler Welt). Die Theorie der THALES-Rekombination im Kapitel 11 zeigt: Der strategische Schachzug der Rekombination zentriert Eltern auf den Gradienten.

Suche in der Welt des Diskreten

Optimierung im Kontinuum ist eine Sache, Optimierung im Diskontinuum eine andere. In einer Skala, die vom Kontinuum zum Diskontinuum führt, steht am äußersten Ende die Null-Eins-Optimierung.

Geometrisch gesehen geht es darum, sich längs der Kanten eines Hyperwürfels in eine „optimale Ecke“ zu bewegen. Es gibt – dem normalen Weltgeschehen sei gedankt – auch hier die Zusammenballung von ähnlichen Wirkungen (siehe Mimikry-Problem im Kapitel 18). Kleine Positionsänderungen im Gitter des Hyperwürfels führen zu kleinen Wirkungen. Wir wollen dieses Verhalten **starke binäre Kausalität** nennen. Eine kleine Positionsänderung ist gegeben, wenn nur eine Binärvariable komplementär umgeschaltet wird, das heißt eine Null zur Eins oder eine Eins zur Null wird. Wie im Kontinuum erhöht die Akkumulation von Ähnlichem die Chance, in der Ein-Kanten-Nachbarschaft etwas Besseres zu finden. Eine Gradientendefinition im Binärraum kenne ich nicht. Der „Binärgradient“ möge diejenige Kante kennzeichnen, die zur maximalen Qualitätsänderung führt. Starke binäre Kausalität begünstigt die Existenz eines Binärgradienten. Gilt starke binäre Kausalität für jeden Binärraum-Punkt, läßt sich sehr wahrscheinlich ein Weg der kleinen Sprünge (Ein-Kanten-Übergänge) bis zum Optimum konstruieren.

Wer zum Optimum gelangen will, sucht auf diesem Weg. Dabei sind zusammengenommen niemals mehr als n Kanten (n = Variablenzahl) zu durchlaufen – auch wenn das Optimum maximal weit entfernt ist. Ferner sind bei Existenz eines Binärgradienten jedesmal n Versuche notwendig, um die Kante des maximalen Erfolges herauszufinden. Das macht n mal n gleich n^2 Versuche, die im Höchstfall erforderlich sind, um die Optimum-Ecke im binären Hyperwürfel zu finden. Wenn man bedenkt, daß der gesamten Raum der Möglichkeiten 2^n Punkte enthält, bedeuten n^2 Versuche eine gewaltige Einschränkung.

Binäre Optimierung kann schwieriger oder auch leichter vonstatten gehen als angedeutet. Schwieriger wird es, wenn die postulierte starke Kausalitätsordnung sich abschwächt. Die Ähnlichkeits-Zusammenballung zerrinnt, womit Punkte der Verbesserung – ohnehin dünn gesät – sich nun auf eine größere Umgebung verteilen. Es kann sein, daß im Einkanten-Abstand gar kein qualitätsbesserer Punkt existiert. Erst nach einem zusätzlichen Zweikanten-Durchlauf findet sich mindestens ein Punkt der Verbesserung. Somit müssen wir

$$N = \binom{n}{1} + \binom{n}{2} = n + \frac{n(n-1)}{2}$$

Punkte durchmustern, um den Bestpunkt in 2. Ordnung zu ermitteln. Wenn gar im Ein-, Zwei- und Dreikanten-Abstand nach dem Gradienten gefahndet werden muß, käme formal das Glied n über 3 hinzu usw. Aber es gibt auch Erleichterungen im binären Optimierungsablauf. Evolutionsstrategien müssen dem binären Gradientenweg ja nicht exakt folgen. Nicht der beste, sondern ein besserer Nachbarpunkt ist gesucht. Kurz: Viele Wege führen zum Optimum.

Ergebnis: Die Analyse des binären Optimierungsgeschehens zeigt, daß auch hier starke Kausalität ein Modell ist, das die Richtschnur des Handelns bestimmt. Starke Kausalität ist ein Vorwissen, das nicht hoch genug gepriesen werden kann. Ohne starke Kausalität verliert sich der Optimierer in der Unermeßlichkeit des hochdimensionalen Raumes. Das gilt im Kontinuum wie im Diskreten.

Intermezzo: Die Macht des Einschränkens

An einer numerischen „Denksportaufgabe" möchte ich die Kraft der Einschränkung nochmals demonstrieren. Im Jahr 1990 erschien in der FISCHER-Logo-Reihe der Band: „Das Lexikon der Zahlen". Der Autor DAVID WELLS stellt in aufsteigender Folge Zahlen vor, die sich durch eine Besonderheit auszeichnen. So wird die 3stellige Zahl 153 vorgestellt, weil $153 = 1^3 + 5^3 + 3^3$ gilt. Auf einer späteren Seite wird die 4stellige Zahl 1634 aufgeführt, für die ähnlich $1634 = 1^4 + 6^4 + 3^4 + 4^4$ gilt.

Zusammen mit meinem Assistenten MICHAEL HERDY habe ich eine 20stellige Zahl gesucht, die sich als Summe ihrer zur 20sten Potenz erhobenen Ziffern selbst reproduziert. Das Ergebnis lautet:

$$\begin{aligned} 63\,105\,425\,988\,599\,693\,916 = {} & 6^{20}+3^{20}+1^{20}+0^{20}+5^{20}+4^{20}+2^{20}+5^{20}+9^{20}+8^{20} \\ & + 8^{20}+5^{20}+9^{20}+9^{20}+6^{20}+9^{20}+3^{20}+9^{20}+1^{20}+6^{20}. \end{aligned}$$

Dabei mußten wir nicht etwa alle 20stelligen natürlichen Zahlen, angefangen von 10 000 000 000 000 000 000 bis hin zu 99 999 999 999 999 999 999 durchprobieren. Die Mannigfaltigkeit von 89 999 999 999 999 999 999 Zahlen zu testen, ob eine darunter ist, die der obigen Summen-Potenz-Eigenschaft genügt, hätte auf unserem 486er-PC (Jahrgang '93) circa eine Milliarde Jahre gekostet. Nein, das Prinzip „Denken und Einschränken" führt dazu, daß nur

$$K_{20(10)} = \binom{10+20-1}{20} = 10\,015\,005$$

Möglichkeiten durchmustert werden mußten. Das ist die Zahl aller möglichen Kombinationen der 10 Ziffern 0 bis 9 zu 20stelligen Zahlen. Denn bei der Summen-Potenz-Bildung spielt die Reihenfolge der Ziffern keine Rolle. Wir müssen nur die 10 015 005 verschiedenen Ziffernkombinationen durchprobiern und prüfen, ob das Ergebnis einer Summen-Potenz-Bildung die eingegebenen Ziffern abdeckt. Diese beschränkte Menge an Prüfoperationen bewältigte der Rechner in etwa fünf Stunden.

Die Kunst, 89 999 999 999 999 999 999 − 10 015 005 = 89 999 999 999 989 984 994 Zahlen einfach aus der Betrachtung auszuklammern, macht die Stärke eines Reduktionsprinzips quantitativ besonders deutlich. Zugegeben, das Beispiel hat nichts mit der evolutionsstrategischen Suchgebiets-Einschränkung zu tun. Denn von der ordnenden Kraft der starken Kausalität wird hier nicht Gebrauch gemacht. Ich möchte mit der Diskussion des hübschen Zahlenproblems nur dafür werben, Problemlösungs-Strategien mehr als bisher durch die Brille der verwendeten Einschränkungsmethode zu sehen. Viele Optimierungspraktiken würden damit von dem Ruch befreit, der „Alchemie" zu frönen.

11

Die THALES-Rekombination

Rekombination, Abschied vom Kontinuum?

Kombinatorik ist Häufigkeitsanalyse im Diskontinuum. Wer etwas neu-kombinieren (re-kombinieren) möchte, braucht dazu wohlunterscheidbare Entitäten. Aber es hat seinen Preis, sich vom Kontinuumsdenken zu lösen. Allzu aufwendig ist eine Mathematik, die zwischen ach so vielen aufzählbaren Möglichkeiten differenzieren muß. Doch um über Rekombination reden zu können, müssen wir erst einmal vom Kontinuum Abschied nehmen.

Ein Anhänger der Amerikanischen Genetischen Algorithmen fängt überhaupt erst an zu arbeiten, nachdem er sein Problem diskretisiert hat. Die reellwertige Darstellung einer Variablen ist für ihn wertlos. Erst wenn z. B. die Länge einer Strecke „————" in einen Binärstring „1110010" umcodiert worden ist, beginnt der GA-Anwender zu arbeiten. Denn er möchte – so wie die Natur – rekombinieren. Und es macht keinen Sinn, zwei verschieden lange Strecken „—a—" und „——b——" rekombinieren zu wollen. Sehr wohl lassen sich aber die Stellen von zwei verschiedenen Binärstrings rekombinieren: Zum Beispiel läßt sich aus a = „1110010" und b = „1101101" durch Transfer der unterstrichenen Stellenwerte 00 von a nach b der String c = „1100001" neu zusammenstellen.

Es muß aber erlaubt sein, nach dem phänotypischen Effekt dieser Binärstring-Operation zu fragen. Angenommen, wir hätten die Strecken nach dem Dualcode verschlüsselt. Dann gilt für das obige Beispiel: Aus $a = 114$ und $b = 109$ wird $c = 97$ rekombiniert. Ich empfehle: Jeder möge für verschiedene Zahlen-Darstellungen (römisch, indisch-arabisch, dual, GRAY-, AIKEN-, STIBITZ-Code) die Rekombinationsergebnisse studieren. Ich sage es unverblümt: Ich sehe den Sinn nicht. Das Ärgernis ist, daß das Rekombinationsergebnis vorwiegend die Codierungsvorschrift widerspiegelt. In der Intra-Variablen-Rekombination steckt kein Mechanismus, der mehr sein könnte als ein Quasi-Zufallsprozeß, angewandt auf die decodierte reellwertige Variable. Für den Dual- und GRAYcode läßt sich etwa folgender Effekt erkennen: Die Rekombination zweier reellwertiger Größen a und b ($a < b$) führt zur Größe c, die etwas kleiner sein kann als a, zwischen a und b liegen kann, oder etwas größer sein kann als b. Ein Kontinuist – wie ich – ist schnell mit folgender Deutung der Binärstring-Rekombination zur Stelle: Die reellwertigen Variablen a und b rekombinieren heißt, einen Zufallswert zwischen a und b wählen. Und das ist nicht mehr als eine ungenaue Mittelwertbildung. Dies ist zugegebenermaßen keine hochrangige Einschätzung eines vermeintlich raffinierten Operators der Genetischen Algorithmen. Die Kritik entschärft sich, wenn sich der Anwender eines Genetischen Algorithmus auf die Welt des Diskreten beschränkt.

Die Entität „Variable“

Mit der Kontinuumstheorie der Evolutionsstrategie ist es so wie mit der Kontinuumsmechanik. Beide sind nicht frei von diskreten Elementen: Es gibt eine Entität, die ist vorhanden oder nicht. Gemeint ist die Definitionsgröße, die man eine Variable nennt. Ein Winkel, den wir mit α_3 bezeichnen, kann nicht mehr oder weniger existent sein, obgleich der „Fuzziloge“ (Forscher, der sich mit unscharfer Logik befaßt) darüber sinnieren würde. Die Variable (nicht ihr zugewiesener Wert) ist eine diskrete, wohldefinierte Einheit. Deshalb ist die Rekombination zwischen Variablen eine mögliche Operation. Die Inter-Variablen-Rekombination hat bei Evolutionsstrategien und bei Genetischen Algorithmen gleiche Bedeutung. Denn es spielt keine Rolle, in welcher codierten Form Variablen als autonome Einheiten neu kombiniert werden.

Sehen wir uns die Rekombination von zwei Variablen x und y an: Gegeben sind die zwei elterlichen Einstellungen:

$$\begin{array}{lll} \text{Elter 1:} & x = 4, & y = 3. \\ \text{Elter 2:} & x = 6, & y = 2. \end{array}$$

Durch vertikalen Tausch der x-Werte ergeben sich die Rekombinanten:

$$\begin{array}{lll} \text{Reko 1:} & x = 6, & y = 3. \\ \text{Reko 2:} & x = 4, & y = 2. \end{array}$$

Der auch mögliche vertikale Tausch der y-Werte liefert keine weiteren neuen x-y-Paarbildungen. Sehen wir uns die Lage der Eltern und Rekombinanten in der Koordinatenebene an:

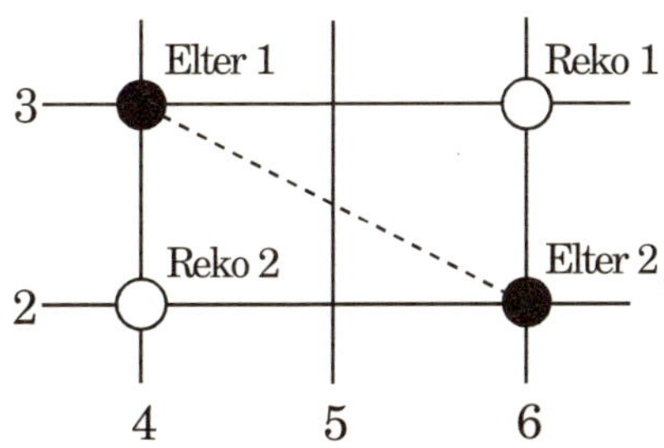

Wir gelangen zu der geometrischen Konstruktionsregel für Rekombinanten: Die Verbindungslinie der Eltern werde als die Diagonale eines Rechtecks aufgefaßt. Die Seiten des Rekombinationsrechtecks verlaufen parallel zu den Koordinatenachsen. An den noch unbesetzten zwei Ecken dieses Rechtecks liegen die Rekombinanten. Diese Konstruktionsregel gilt auch für den drei- und höherdimensionalen Fall: Die Elternpunkte bilden die Eckpunkte der Hauptdiagonalen eines Quaders bzw. Hyperquaders. Die Quaderkanten verlaufen wiederum parallel zu den Koordinatenachsen. Die nicht von Eltern besetzten $2^n - 2$ Ecken bilden die möglichen Positionen von Rekombinanten. Denken wir uns $n = 100$ Variablen. Die Zahl der möglichen Lagen von Rekombinanten ist praktisch unendlich ($2^{100} - 2 \approx 10^{30}$ ist etwa die Zahl der Moleküle in einem 100×100×100 Meter messenden Luftwürfel). Die Illustration der großen Zahl hat einen Grund: Für große Werte n dürfte sich die „geometrisch gekünstelt" erscheinende Lage der Rekombinanten verwischen. Denn der kritische Optimierer muß sich fragen: Worin liegt eigentlich der strategische Sinn, daß gerade die Eckpunkte eines Rechtecks, eines Quaders, eines Hyperquaders mit Nachkommen besetzt werden sollen? Weshalb die Einschränkung, daß die Kanten dieses Rechtecks, Quaders oder Hyperquaders, in dessen Ecken Nachkommen gesetzt werden sollen, parallel zu den Achsen des gewählten Koordinatensystems gelegt werden?

Kontinuisierung der Rekombination

Wir betrachten eine (**2**/2, λ)-gliedrige Evolutionsstrategie. Wir fragen: Wie weit sind Rekombinanten-Nachkommen von ihren Eltern entfernt? Zweckmäßiger ist es zu fragen: Wie weit sind Rekombinanten-Nachkommen vom Schwerpunkt ihrer Eltern entfernt? Falls der Rekombinationsquader ein Würfel ist, sieht man es auf Anhieb: Die Nachkommen haben alle denselben Abstand vom Mittelpunkt der Eltern-Verbindungslinie. Konkret: Ist $2R$ die Distanz der Eltern voneinander, dann haben sämtliche Rekombinanten (und natürlich auch die Eltern) den Abstand R vom Elternschwerpunkt. Sieht man genau hin, dann gilt diese Aussage aber auch für einen beliebigen Rekombinationsquader. Die Nachkommen haben immer den Abstand R = Elterndistanz-Halbe vom Mittelpunkt der Eltern-Verbindungslinie. Multidimensional gesprochen: Die Rekombinanten-Nachkommen liegen stets auf der Oberfläche einer n-dimensionalen Hyperkugel mit dem Radius R.

Die Rekombinanten liegen aber immer noch an ausgewählten Punkten auf dieser Hyperkugel. Es sind dies die Ecken eines in die Kugel eingeschriebenen Quaders, dessen spezielle Lage durch die Richtung der Koordinatenachsen bestimmt ist. Eine Drehung des Koordinatensystems, und schon führt die Rekombinations-Operation zu einem anderen Ergebnis. Das heißt: Das Isotropie-Postulat des Kontinuums ist verletzt. Wir konstruieren deshalb ein Denkmodell, bei dem alle möglichen Koordinatendrehungen gleichsam auf einen Schlag präsent sind. Das Ergebnis: Die Rekombinanten liegen jetzt gleichmäßig verschmiert auf der Oberfläche der n-dimensionalen Hyperkugel. Sehen wir uns im ***Bild 11-1*** diesen für die Theorie der Rekombination bedeutsamen Vorgang in zwei Dimensionen an:

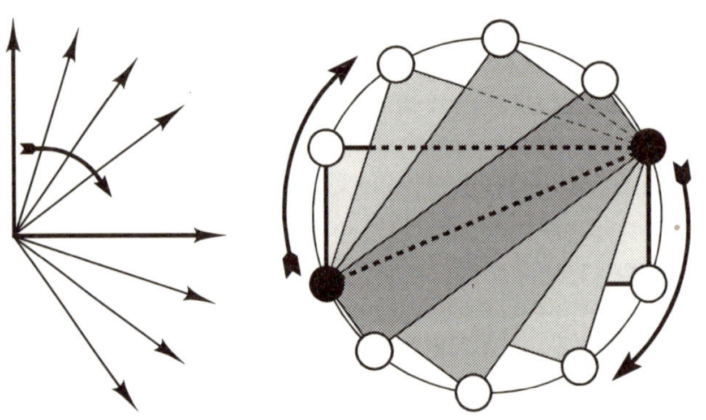

Bild 11-1:

Koordinatendrehung mit THALES-Kreis-Wanderung der Rekombinanten.

Wir repetieren den Satz von THALES: Im Halbkreis ist jeder Peripheriewinkel ein rechter. Daraus folgt umgedreht: Rechte (Peripherie)-Winkel eines Dreiecks gleicher Basis ordnen sich auf einem Halbkreis an. Die rechten Peripheriewinkel sind die Ecken des Rekombinationsrechtecks. Drehen wir unser Koordinatensystem, dreht sich das Rekombinationsrechteck. Die Rekombinantenecken wandern also auf einem THALES-Kreis um. Wir merken noch an: Nach 360°

Drehung laufen die Positionen der „THALES-Rekombinanten" zweimal um. Das beschleunigt die Verschmierung der Rekombinanten auf einem Kreis.

Die rotative Verschmierung der Rekombinanten auf dem THALES-Kreis ist Grundgedanke für die Kontinuisierung der Rekombination. In einer Kontinuumstheorie der (**2**/2, λ)-ES liegen die Rekombinanten gleichverteilt zufällig auf der Hyperkugel mit dem Radius R (siehe ***Bild 11-2***).

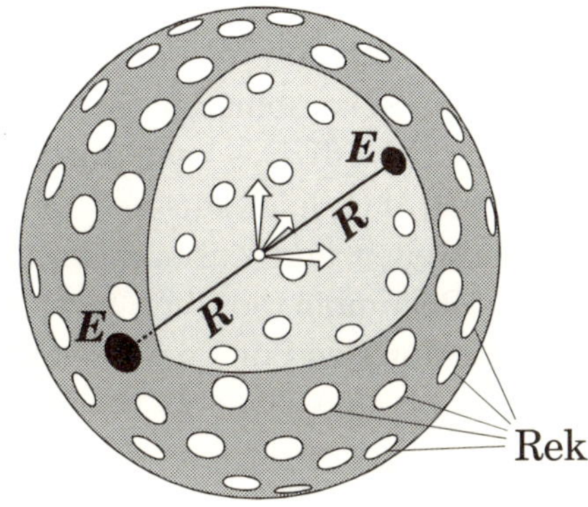

Bild 11-2:

Kontinuisierung der Rekombination –

Rekombinanten verteilen sich gleichmäßig auf der Elternschwerpunkts-Kugel.

Wer eine solch gewagte Theorie baut, muß sich vergewissern, ob sie die Wirklichkeit trifft. Deshalb wurde folgender Computer-Versuch durchgeführt: Gegeben ist das quadratische Problem

$$Q = \max(-x_1^2 - x_2^2 - \cdots - x_{500}^2) .$$

Die ES-Maximierung startet bei $x_1 = x_2 = \cdots = x_{500} = 100$, ($Q_{\text{Start}} = -5 \cdot 10^6$). Nach 10000 Generationen wird der Computerlauf gestoppt. Es ergeben sich aus je 10 Läufen die Mittelwerte:

(**2**/2, 10)-ES mit diskreter Koordinaten-Rekombination: $Q_{\text{Ende}} = -8{,}43 \cdot 10^{-12}$.

(**2**/2, 10)-ES mit kontinuisierter Zufalls-Rekombination: $Q_{\text{Ende}} = -7{,}45 \cdot 10^{-12}$.

Ich wiederhole: Bei der diskreten Rekombination besetzen die Rekombinanten die Ecken eines Hyperkubus (Kubus-Diagonale = Elternabstand). Bei der kontinuisierten Rekombination werden die Rekombinanten gleichmäßig auf eine Hyperkugel verteilt (Kugeldurchmesser = Elternabstand). Die Tatsache, daß beide Rekombinationsarten zum gleichen Ergebnis führen, freut den Theoretiker wie den Praktiker. Der Theoretiker kann zur Kontinuums-Mathematik greifen, um eine $(\mu/\rho, \lambda)$-ES zu behandeln. Der Praktiker kann weiterhin mit der einfach zu implementierenden diskreten Rekombination operieren.

Es stellt sich die Frage nach dem Mechanismus, der die Rekombinanten auf die Oberfläche der Hyperkugel gleich-verteilen soll. Tatsächlich mache ich es so wie bei der Mutation. Die Komponenten des Rekombinanten-Vektors werden einfach aus $(0, \tau)$-normalverteilten Zufallszahlen gebildet. Die Rekombinanten liegen – vorausgesetzt daß n groß ist – genügend genau auf der Schale einer Hyperkugel mit dem Radius $R = \tau\sqrt{n}$.

Die Rekombination läßt sich in ihrer kontinuumsanalogen Operationsform quasi als eine Mutation deuten, deren Schrittweite aus dem Abstand der Eltern resultiert. Mit dieser Mutationsschrittweite R läßt sich eine Weile trefflich optimieren. Die Wirkung der Quasi-Mutation durch Rekombination ist erschöpft, wenn die Eltern sich mehr und mehr angleichen ($R \Rightarrow 0$). Das kann durch Zufall geschehen, oder es tritt zwangsläufig auf, wenn das Spiel länger dauert. Das ***Bild 11-3*** zeigt für eine (**2**/2, 6)-ES das Fortschreiten und Zusammenschnüren einer Population durch alleinige Kontinuums-Rekombination von zwei Eltern. Die hellen Punkte bilden die Nachkommen, die dunklen Punkte die selektierten Eltern einer Generation.

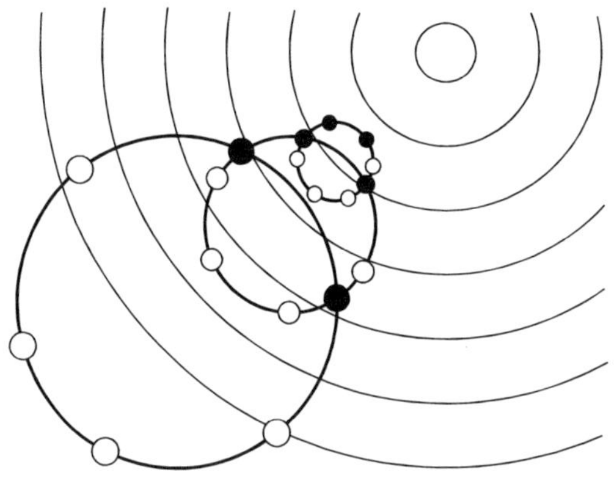

Bild 11-3:

Fortschreiten durch Rekombination ohne Mutation.

Wir sehen im ***Bild 11-3*** eine allzu bekannte Erscheinung. Rekombination wirkt nur dann, wenn die Eltern auseinanderliegen. Nicht umsonst verwendet die Natur die raffiniertesten Tricks, um genetisches Material vor Inzucht zu bewahren. — Die vorgestellte Deutung der Wirkung der Rekombination hat für mich den großen Vorzug: Das Fortschreiten durch Rekombination wird sichtbar und berechenbar. Wir müssen nicht mehr zu der „Klein-Fritzchen-Erklärung" greifen, die da lautet: Durch Rekombination reichern sich positive Variableneinstellungen an. Dieses banale Modell hat bisher zu keiner tieferen mathematischen Einsicht geführt.

*Theorie der (**2**/2, λ)-ES mit K-Rekombination*

Es sei vorausgeschickt: Das Kontinuums-Modell der Rekombination wird sich als äußerst mathematik-freundlich erweisen; und aus diesem Grund wurde es auch entworfen. Beginnen wir mit der Kernfrage: Wie groß stellt sich die verborgene Rekombinanten-Schrittweite $R = \tau\sqrt{n}$ ein, wenn der Evolutionsstratege mit der Mutationsschrittweite $\delta = \sigma\sqrt{n}$ operiert? Gesucht ist das asymptotische σ-τ-Gleichgewicht:

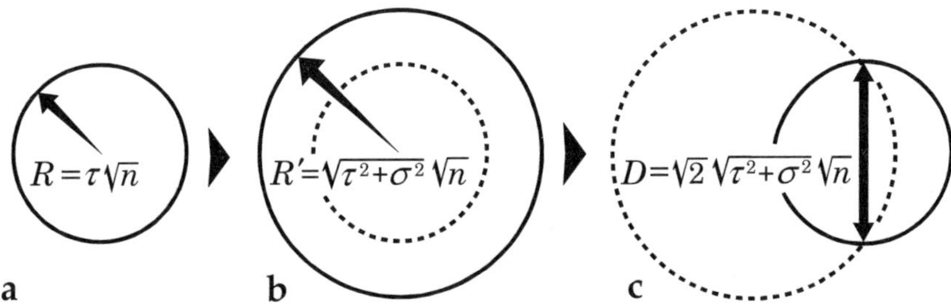

a) Wir erzeugen im $\mathbb{R}^n$ $(0, \tau)$-normalverteilte Zufallspunkte. Das sind unsere kontinuisierten Rekombinanten-Nachkommen. Sie liegen für große n auf der Kugelschale mit dem Radius $R = \tau\sqrt{n}$. Wir wollen am Ende τ so wählen, daß sich mit $2R$ der gewünschte Elternabstand ergibt.

b) Auf die Nachkommen werden zusätzlich $(0, \sigma)$-normalverteilte Mutationen aufgepfropft. Die Kugel bläht sich auf. Nach dem Additionstheorem für normalverteilte Zufallszahlen ergibt sich der Kugelradius $R' = \sqrt{\sigma^2+\tau^2}\cdot\sqrt{n}$.

c) Wir bestimmen den euklidischen Abstand der Nachkommen auf dieser Hyperkugel. Das Ergebnis überrascht. Alle Nachkommen (damit auch die Eltern) haben im Hochvariablenraum denselben Abstand D voneinander. Das Additionstheorem liefert den Erwartungswert $D^2 = 2\cdot(\sigma^2+\tau^2)n$. Die Eigenschaft der *Chi*-Verteilung läßt den Abstand D für $n >> 1$ zur Konstanten werden.

Der Prozeß a → b → c ist im Gleichgewicht, wenn das Aufpfropfen der Mutation den Radius R' so aufbläht, daß $D/2 = R$ gilt. Die Gleichsetzung liefert $\tau = \sigma$. Es gilt somit für die R'-Streuung $\sigma' = \sqrt{2}\cdot\sigma$. In Worten: Eine (**2**/2, λ)-ES arbeitet mit einer wirksamen Streuung σ', die um den Faktor $\sqrt{2}$ größer ist als die angewandte Mutationsstreuung σ. So einfach ist das! Wir benennen σ' um in die effektive Streuung σ_{eff}: Nun können wir darangehen, die Klettergeschwindigkeit einer (**2**/2, λ)-ES auf einer ansteigenden Hyperebene zu berechnen. Die Grundstruktur der linearen Fortschrittsformel ist immer dieselbe: Die evolutionsstrategische Klettergeschwindigkeit auf einer Ebene wächst proportional zur Mutationsstreuweite, hier der effektiven Streuung σ_{eff}:

$$\varphi_{2/2,\,\lambda\,\text{lin}} = \text{Faktor} \cdot \sigma_{\text{eff}}\,.$$

Der Faktor ergibt sich als Mittel der beiden Fortschrittsgeschwindigkeiten:

$\varphi_{1,\,\lambda(1)\,\text{lin}} = c_{1,\,\lambda(1)} \cdot \sigma_{\text{eff}}$ Fortschritt des 1.-besten Nachkommen,

$\varphi_{1,\,\lambda(2)\,\text{lin}} = c_{1,\,\lambda(2)} \cdot \sigma_{\text{eff}}$ Fortschritt des 2.-besten Nachkommen.

Denn das theoretische Modell der Kontinuums-Rekombination lautet: Erzeuge einen imaginären Elter im Schwerpunkt der beiden besten Nachkommen und arbeite mit der Ersatz-Streuung $\sigma_{\text{eff}} = \sqrt{2} \cdot \sigma$. Diese Operation liefert

$$\varphi_{2/2,\,\lambda\,\text{lin}} = \frac{c_{1,\,\lambda(1)} + c_{1,\,\lambda(2)}}{2}\,\sigma_{\text{eff}}\,.$$

Der Fortschrittsbeiwert $c_{1,\,\lambda(1)}$ ($= c_{1,\,\lambda}$) ist bekannt und tabelliert. Der Fortschrittsbeiwert $c_{1,\,\lambda(2)}$ ist der Geschwindigkeitsfaktor, der sich ergibt, wenn man bei der evolutionsstrategischen Ebenen-Besteigung statt des besten den zweitbesten Nachkommen zum Elter deklariert. Der Beiwert $c_{1,\,\lambda(2)}$ bestimmt sich aus der exakten Beziehung

$$\lambda\, c_{1,\,\lambda-1} = (\lambda - 1)\, c_{1,\,\lambda} + c_{1,\,\lambda(2)}\,.$$

Allgemein gilt: Die λ-malige Erzeugung von λ Nachkommen mit jeweils zufälliger Wiederwegnahme eines davon liefert definitionsgemäß λ-mal $\varphi_{1,\,\lambda-1}$ oder, häufigkeitsanalytisch gedacht, $(\lambda - 1)$-mal $\varphi_{1,\,\lambda}$ und einmal $\varphi_{1,\,\lambda(2)}$. Wir ersetzen $c_{1,\,\lambda(2)}$:

$$\varphi_{2/2,\,\lambda\,\text{lin}} = \frac{\lambda\, c_{1,\,\lambda-1} - (\lambda - 2)\, c_{1,\,\lambda}}{2}\,\sigma_{\text{eff}} = c_{\overline{2/2},\,\lambda}\,\sigma_{\text{eff}}\,.$$

Der Faktor vor der Mutationsstreuung σ_{eff} ist der Fortschrittsbeiwert der intermediären $(\mathbf{2/2},\,\lambda)$-ES. Die lineare Theorie ist Vorstufe für die nichtlineare Theorie. Für eine quadratisch-symmetrische Qualitätsfunktion (Kugelmodell) läßt sich die Fortschrittsformel durch scharfes Hinsehen wie folgt konstruieren: Wir starten mit der Ur-Formel für die Fortschrittsgeschwindigkeit der $(1,\,\lambda)$-ES:

$$\varphi_{1,\,\lambda} = c_{1,\,\lambda}\,\sigma - \frac{n\,\sigma^2}{2r} = \varphi_{1,\,\lambda\,\text{Linie}} - a\,.$$

Wir versuchen, den in σ linearen und quadratischen Term der Gleichung aus einer Grafik (***Bild 11-4***) abzulesen:

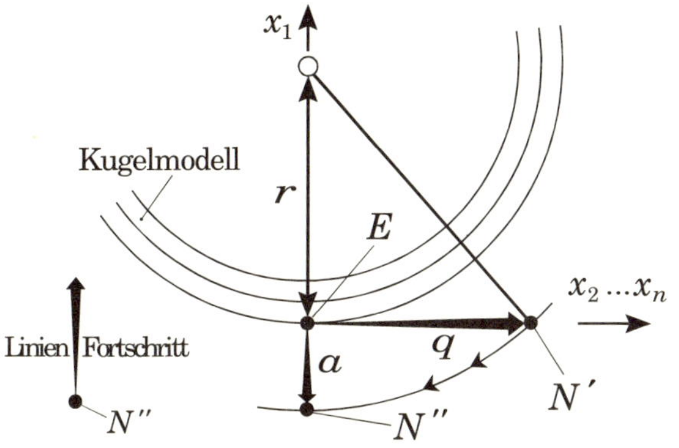

Bild 11-4:

Rückschritt a durch Querschritt q.

Grafische Interpretation der Formel-Glieder für den Fortschritt am Kugelmodell.

In Worten gilt: Fortschritt (Kugel) = Fortschritt (Linie) – Rückschritt. Aber wodurch kommt der Rückschritt zustande? In dem gezeichneten Koordinatensystem $\{x_1, x_2, \cdots x_n\}$ ist das erkennbar: Der noch nicht vollständig „ausmutierte" Nachkomme N' (es fehle die Mutation Δx_1) wird erst einmal zurückgeworfen, weil die Mutationen $\Delta x_2 \cdots \Delta x_n$ ihn senkrecht zur Zielrichtung seitlich wegführen (Querschritt q). Wir projizieren N' längs der Höhenlinie nach N''. Denn der Fortschritt ist definitionsgemäß die Höhenlinienprojektion auf den elterlichen Gradienten. Noch ist es aber ein Rückschritt a. Es folgt die Mutation Δx_1. Sie erzeugt den Fortschritt $\varphi_{1,\lambda}$ längs der x_1-Achse. Somit ist es richtig, vom Linienfortschritt im Punkt N'' den Rückschritt a abzuziehen.

Aus dem PYTHAGORAS erhalten wir $r^2 + q^2 = (a+r)^2$, woraus für den Fall $a \ll r$ die Näherung $a \approx q^2/2r$ folgt. Die Bedingung $a \ll r$ erfüllt sich bei Anwendung der Evolutionsstrategie im Hochvariablenraum durch Schrittweitenadaptation von selbst, weil $q \ll r$ gilt. Denn der Querschritt q berechnet sich für große Werte von n zu $q = \sigma\sqrt{n-1} \approx \sigma\sqrt{n}$, so daß im „Fenster" gilt: $q \sim r/\sqrt{n}$. Damit wurde die Ur-Form der Fortschrittsformel anschaulich interpretiert.

Tatsache ist: Jeder Nachkomme macht denselben Querschritt q, also auch die zwei besten (= Eltern der neuen Generation). Werden die Vektoren der zwei Eltern addiert, verlängert sich nach dem Additionstheorem für die Normalverteilung der resultierende Querschritt-Vektor um den Faktor $\sqrt{2}$. Der Schwerpunkt der zwei Eltern wird gebildet, indem man die Eltern-Vektoren addiert und die Resultierende halbiert. Ergebnis ist schließlich ein um den Faktor $1/\sqrt{2}$ verkleinerter Querschritt, bzw. ein halbierter Rückschritt. Unsere Überlegung führt somit zu der angepaßten Fortschrittsformel

$$„\varphi_{2/2,\lambda} = c_{2/2,\lambda}\,\sigma - \frac{n\sigma^2}{2 \cdot 2r}" .$$

Die Anführungs-Strichelchen sollen darauf hinweisen, daß die Formel noch nicht fertig ist. Besser gesagt: Sie ist noch falsch. Denn angenommen, die Mutationsstreuung wäre Null. Es gäbe keinen Fortschritt. Die beiden Eltern mögen aber einen Abstand voneinander besitzen. Klar, nun gibt es einen rekombinativen Fortschritt. Wir müssen deshalb – so haben wir es weiter oben getan – die Mutationsstreuung σ durch die effektive Streuung ersetzen. Mutationsstreuung σ und Rekombinationsstreuung τ addieren sich ja zu der Gesamtstreuung $\sigma_{\text{eff}} = \sqrt{\sigma^2 + \tau^2}$. Da wir bereits wissen, daß sich im Gleichgewicht $\tau = \sigma$ einstellt, gilt $\sigma_{\text{eff}} = \sigma\sqrt{2}$. Nun ersetzen wir noch unseren linearen Term durch den bereits berechneten linearen Fortschritt. Es ergibt sich

$$\varphi_{2/2,\lambda} = \frac{\lambda\, c_{1,\lambda-1} - (\lambda-2)\, c_{1,\lambda}}{2}\, \sigma_{\text{eff}} - \frac{n\,\sigma_{\text{eff}}^2}{4r} = c_{\overline{2/2},\lambda}\, \sigma_{\text{eff}} - \frac{n\,\sigma_{\text{eff}}^2}{4r} .$$

Die Fortschrittsformel hat sich gegenüber ihrer Ur-Form nur wenig geändert. Der Fortschrittsbeiwert ist durch den intermediären Wert $c_{\overline{2/2},\lambda}$ zu ersetzen. Der Rückschritts-Term hat sich halbiert. Und die alte Mutationssteuung σ ist zur Streuung $\sigma_{\text{eff}} = \sigma_{\text{Mutation}} \cdot \sqrt{2}$ geworden. Ich wiederhole: Es ist unumgänglich, in der Fortschrittsformel die effektive und nicht die mutative Streuung einzuführen.

Finale: Theorie der kontinuisierten (μ/μ, λ)-ES

Multi-Rekombination (eine μ/μ-Operation) gibt es in der Natur lediglich bei Viren. Höherentwickelte Lebensformen arbeiten evolutionsstrategisch gesehen mit einer $\mu/2$-Mischung. Aber uns bleibt keine Wahl. Bei der μ/μ-Mischung werden die Nachkommen von ***einem*** ideellen Punkt aus (dem Elternschwerpunkt) erzeugt. Dieses Mutieren von ***einem*** Punkt aus vereinfacht die Mathematik entscheidend. Anderenfalls ginge die Statistik der Elternverteilung (Lage der Eltern zueinander) in die Theorie mit ein.

Es gibt statistisch-geometrische Merkwürdigkeiten im Hochvariablenraum Ich wiederhole einige: Zwei in einen Hyperwürfel der Kantenlänge ℓ gestreute Zufallspunkte haben den Abstand $\ell\sqrt{n/6}$. Die Länge eines $(0, \sigma)$-normalverteilten Zufallsvektors ist $\sigma\sqrt{n}$. Zwei normalverteilte Zufallsvektoren stehen senkrecht aufeinander. Sie besitzen den Abstand $\sigma\sqrt{2n}$ voneinander. Wohlgemerkt, die angegebenen Formeln führen zu Konstanten, wo man Streuung erwartet. Ich füge nun eine weitere Merkwürdigkeit an: Gegeben ist eine Schar von μ unabhängigen $(0, \sigma)$-normalverteilten Zufallsvektoren. Wir bestimmen den Vektor-Schwerpunkt. Dann besitzt jeder Vektor den Abstand

$$D/2 = \sqrt{\frac{\mu-1}{\mu}}\,\sigma\sqrt{n}$$

von diesem Schwerpunkt. Wie ergibt sich diese für die Theorie der Rekombination immens wichtige Beziehung? Der Ableitungsidee sei angedeutet: Man greife die i-te Koordinate eines der μ $(0, \sigma)$-Vektoren und die i-te Koordinate des Vektor-Schwerpunkts heraus. Es gilt, daß eben diese Koordinatenwerte sowie ihre Differenzen wiederum normalverteilte Zufallszahlen sind, und zwar mit einer nach dem Additionstheorem berechenbaren veränderten Streuung. Man setze diese neuen normalverteilten Zufallszahlen in die euklidische Abstandsformel ein. Die Quadrierung, Summierung, Erwartungswertbildung und Wurzelziehung führt zu obenstehenden Formel. Die Eigenschaft der *Chi*-Verteilung läßt für $n >> 1$ den Erwartungswert wieder zur Konstanten werden.

Es ändert sich in der statistischen Betrachtung nichts, wenn die i-te Koordinate des $(0, \sigma)$-Vektors eines Elters X durch die j-te Koordinate des $(0, \sigma)$-Vektors eines Elters Y ausgetauscht wird. Das geschieht bei der Rekombination. Ergo: Auch die Rekombinanten-Nachkommen haben alle denselben Abstand $D/2$ vom Elternschwerpunkt. Der Kreis schließt sich, wenn man die Sonderfälle von Rekombinanten einschließt, die wieder Elternpositionen einnehmen.

Der Abstand $D/2$ ist Radius der Hyperkugel, auf dem die sogenannten THALES-Rekombinaten liegen sollen. Es ist ja unsere neuartige Praktik, Rekombinanten nicht zufällig in die Ecken von Hyperquadern, sondern $(0, \tau)$-normalverteilt auf die Oberfläche dieser Hyperkugel zu streuen. Hinzu kommen die $(0, \sigma)$-normalverteilten Mutationen. Die wie zuvor durchgeführte Rechnung zeigt, daß eine Evolutionsstrategie, die auf diese Art Nachkommen setzt, schließlich bei folgendem τ das Gleichgewicht ($R = D/2$) erreicht:

$$\tau = \sigma\sqrt{\mu-1}\,, \qquad \text{woraus folgt} \qquad \sigma_{\text{eff}} = \sqrt{\sigma^2+\tau^2} = \sigma\sqrt{\mu}\ .$$

In Worten: Die Streuung, mit der eine Evolutionsstrategie mit diskreter Multi-Rekombination effektiv arbeitet, ist gegenüber der angewandten Mutationsstreuung um den Faktor $\sqrt{\mu}$ erhöht. Wir ersetzen die Streuung in der Fortschrittsformel durch σ_{eff}:

$$\varphi_{\mu/\mu,\,\lambda} = c_{\overline{\mu/\mu},\,\lambda}\,\sigma_{\text{eff}} - \frac{n\,\sigma_{\text{eff}}^2}{?\cdot 2r}\,.$$

Wofür steht das Fragezeichen unter dem Bruch des Rückschrittsglieds? Wir erinnern uns an die Interpretation der beiden Glieder der Fortschrittsformel für die isotrope quadratische Qualitätsfunktion: Das erste Glied beschreibt den Fortschritt längs der x_1-Achse und das zweite Glied den Rückschritt durch mutative Seitwärtsdrift (***Bild* 11-4**). Rekombination verkleinert das Rückschrittsglied durch Reduktion der Seitwärtsdrift. Die Querschritts-Vektoren der μ Eltern werden aneinandergesetzt, und die um $\sqrt{\mu}$ gestreckte Resultierende wird durch μ dividiert. Da der Rückschritt proportional zum Quadrat des Querschritts ist, kommt das Quadrat von $\sqrt{\mu}$ unter den Bruch. Wir erhalten die endgültige Formel:

$$\varphi_{\mu/\mu,\,\lambda} = c_{\overline{\mu/\mu},\,\lambda}\, \sigma_{\text{eff}} - \frac{n\,\sigma_{\text{eff}}^2}{\mu \cdot 2r} \,.$$

Noch bildet der intermediäre Fortschrittsbeiwert $c_{\overline{\mu/\mu},\,\lambda}$ die große Unbekannte. Es ist gelungen (die Ableitung soll „unterschlagen" werden), die folgende exakte Beziehung aufzustellen:

$$c_{\overline{\mu/\mu},\,\lambda} = \frac{1}{\mu} \sum_{k=0}^{\mu-1} \sum_{i=k}^{\mu-1} (-1)^{i-k} \frac{\lambda - i}{\lambda - k} \binom{\lambda}{i} \binom{i}{k} c_{1,\,\lambda-k} \,.$$

Die Formel benötigt nur die Kenntnis der Fortschrittsbeiwerte einer $(1, \lambda)$-ES. Eine Schwierigkeit bildet allerdings die Tatsache, daß große Summanden auftreten, die im Vorzeichen alternieren. Die erfolgreiche Auswertung der Doppelsumme setzt deshalb voraus, daß die benötigten $c_{1,\,\lambda}$-Werte sehr genau bekannt sind. Diese Berechnung wurde von FRANK HOFMANN geleistet (Kapitel 17).

Abschließend sei darauf aufmerksam gemacht: Die Theorie der THALES-Rekombination hat asymptotischen Charakter. Sie gilt exakt nur für $n \to \infty$. Wer die theoretischen Aussagen überprüfen möchte, darf deshalb nicht nur mit 5 Variablen arbeiten. Um die Theorie einer (**2**/2, λ)-ES zu verifizieren, müssen schon 100 Variablen angesetzt werden. Wer die Theorie der $(\mu/\mu, \lambda)$-ES auf den Prüfstand bringen möchte, sollte schon mit mindestens 1000 Variablen arbeiten. Im nachfolgenden Abschnitt werden wir für das Kugelmodell ableiten, daß die $(\mu/\mu, \lambda)$-ES eine um den Faktor μ größere Fortschrittsgeschwindigkeit besitzt als die (μ, λ)-ES. Zunächst hatte ich keinen Erfolg, dieses spannende Ergebnis für eine (**20**/20, 100)-ES zu verifizieren. Erst für $n = 20\,000$ ergab die Simulation eine genaue Übereinstimmung mit der theoretischen Vorhersage.

Wie erklärt sich das schlechtere asymptotische Verhalten der $(\mu/\mu, \lambda)$-ES gegenüber der (μ, λ)-ES? Ein Grund ist die μ-fach größere Mutationsschrittweite der Multi-Rekombinationsstrategie im Evolutionsfenster maximalen Fortschritts.

Es gilt $\delta_{\text{opt}} = \mu \cdot c_{\overline{\mu/\mu},\lambda}\ r/\sqrt{n}$ (s. weiter unten). Damit aber die Voraussetzung der Theorie $\delta/r \ll 1$ erfüllt bleibt, muß die Variablenzahl n jetzt μ^2-mal größer gemacht werden. In Zahlen ausgedrückt: Wenn bisher für die Gültigkeit der asymptotische Theorie $n \geq 30$ ausreichte, kann bei 10 Eltern gleiche Güte erst ab $n = 3000$ erwartet werden. Große Variablenzahl ist ferner notwendig, um die Rekombinanten nach der „THALES-Theorie" auf dem Umfang einer Kugel hinreichend gleichmäßig zu verschmieren. Und nur große Variablenzahl garantiert, daß die Rekombinanten den gleichen Abstand vom Elternschwerpunkt annehmen.

Das zentrale Fortschrittsgesetz, komplettiert

Ich möchte es als Krönung der Theorie der Evolutionsstrategie bezeichnen. Jede Form einer Evolutionsstrategie, beschrieben durch My Eltern, Lambda Nachkommen und Multi-Rekombination (intermediär oder THALES/diskret) läßt sich mit Blick auf ihre lokale Fortschrittsgeschwindigkeit bewerten:

$$\varphi_{\overline{\mu/\mu},\lambda} = c_{\overline{\mu/\mu},\lambda}\,\sigma - \frac{\Omega}{\mu}\sigma^2 \qquad \text{bzw.} \qquad \varphi_{\mu/\mu,\lambda} = c_{\overline{\mu/\mu},\lambda}\,\sigma_{\text{eff}} - \frac{\Omega}{\mu}\sigma_{\text{eff}}^2 \ .$$

Zur Erinnerung: Die Göße $\boldsymbol{\Omega}$ heißt Komplexität. Die isotrope quadratische Qualitätsfunktion (Kugelmodell genannt) besitzt die Komplexität $\boldsymbol{\Omega} = n/2r$. In der $\boldsymbol{\Omega}$-Schreibart gilt die obige Formel aber nicht nur für das Kugelmodell. Sie gilt für jede um den Elter ($y_k = 0$), bei geeigneter Koordinatendrehung quadratisch entwickelbare, vollständig konvexe Qualitätsfunktion der Form

$$Q = Q_0 + \sum_{k=1}^{n} c_k y_k - \sum_{k=1}^{n} d_k y_k^2 \,, \qquad d_k \geq 0 \ \text{ für alle } k\,.$$

In dieser Allgemeinheit müssen wir für die Komplexität setzen:

$$\boldsymbol{\Omega} = \frac{\sum d_k}{\sqrt{\sum c_k^2}} \ .$$

Damit die Fortschrittsformel sowohl für die THALES/diskrete als auch für die intermediäre Rekombination gilt, werde in ihrer komplettierten Form auf eine σ-Indizierung „eff" verzichtet. Stets bedeute σ die effektive Mutationsstreuung. Wir merken uns, daß bei diskreter μ/μ-Rekombination dann $\sigma = \sqrt{\mu} \cdot \sigma_{\text{mut}}$ gilt. Für die intermediäre Rekombination setzen wir dagegen wie bisher $\sigma = \sigma_{\text{mut}}$. Und für die (1, λ)-ES bleibt selbstverständlich alles wie zuvor.

Multiplizieren wir die Fortschrittsformel beidseitig mit $\Omega / (\mu \cdot c^2_{\overline{\mu/\mu}, \lambda})$, ergibt sich das zentrale Fortschrittsgesetz in der erweiterten Fassung:

$$\Phi = \Delta - \Delta^2 \quad \text{mit} \quad \Phi = \frac{\varphi_{\mu/\mu,\,\lambda}}{c^2_{\overline{\mu/\mu},\,\lambda}} \frac{\Omega}{\mu} \quad \text{und} \quad \Delta = \frac{\sigma}{c_{\overline{\mu/\mu},\,\lambda}} \frac{\Omega}{\mu} \,.$$

Man mache sich klar: Gegeben ist der Algorithmus der $(\mu/\rho, \lambda)$-ES. Es ist φ eine von den Parametern $\mu, \rho, \lambda, \sigma, \Omega$ abhängige Funktion. Ein Anhänger der Computer-Simulation würde gewiß Jahrzehnte brauchen, um den Einfluß von $\mu, \rho, \lambda, \sigma, \Omega$ auf φ zu studieren. Würde er jemals merken, daß durch die Φ-Δ-Ω-Transformation die Computer-Messungen alle auf einen Kurvenzug zu liegen kommen? Die Antwort erübrigt sich. Dank der Theorie müssen wir nicht auf dem Computer simulieren. Alles ist im voraus berechenbar. Das Verhalten $\Phi = \Delta - \Delta^2$ ist so simpel, daß ich grafische Teildarstellungen $\varphi = f(\lambda)$, $\varphi = f(\mu)$, ... für überflüssig halte. Vollständig ist die Theorie aber noch nicht. Sie gilt für $\rho = 1$ und $\rho = \mu$. Ich erwarte, daß auch im Bereich dazwischen das zentrale Fortschrittsgesetz gilt, wenn der richtige Ausdruck für σ_{eff} gefunden wird.

Optimales Fortschreiten mit Rekombination

Stellen wir die Theorie auf die Probe. Durch Nullsetzen der ersten Ableitung läßt sich das Maximum der Fortschrittsgeschwindigkeit bestimmen:

$$\frac{\partial \varphi}{\partial \sigma} = \cdots = 0 \quad \text{liefert} \quad \sigma_{\text{opt}} = \mu \frac{c_{\overline{\mu/\mu},\,\lambda}}{2\Omega} \,, \text{ woraus folgt } \quad \varphi_{\mu/\mu,\,\lambda\,\max} = \mu \frac{c^2_{\overline{\mu/\mu},\,\lambda}}{4\Omega} \,.$$

Auf den ersten Blick stellen wir fest: Die ***maximale*** Fortschrittsgeschwindigkeit steigt proportional mit der Elternzahl μ. Ich sage „auf den ersten Blick", weil μ auch den Wert $c_{\overline{\mu/\mu},\,\lambda}$ ändert. Doch die Formeln der Theorie der Evolutionsstrategie sind so konstruiert, daß die zum Fortschrittsbeiwert zusammengefaßte Rest-Unbekannte fast das Merkmal einer Konstanten hat. Der Fortschrittsbeiwert einer normalen Evolutionsstrategie liegt „über den Daumen gepeilt" zwischen 1 und 3. Normal möge heißen, daß die Nachkommenzahl λ nicht kleiner als das 3fache und nicht größer als das 1000fache der Elternzahl μ ist.

Ich möchte an dieser Stelle deutlich machen: Die Schwierigkeit der Theorie der Evolutionsstrategie konzentriert sich allein auf die Bestimmung der Fortschrittsbeiwerte. Es sind komplizierte numerische Methoden und Computersimulationen, die diese Werte liefern. Die Tauglichkeit der Theorie ist schließlich dadurch gegeben, daß der Fortschrittsbeiwert über große Bereiche von μ und λ als Konstante aufgefaßt werden darf.

Von Bedeutung ist die Tatsache, daß die optimale Mutationsstreuung σ einer rekombinativen Evolutionsstrategie proportional mit der Elternzahl μ wächst. Die größere Mutationsstreuung erzeugt größere Qualitätsänderungen. Größere Qualitätsänderungen ragen besser aus einem Qualitätsrauschen heraus. Ergo: Rekombinative Evolutionsstrategien sind besonders robust gegenüber Störungen. Dies bestätigt eine schon lange gemachte Beobachtung.

Die feinere Analyse der Formel für die maximale Fortschrittsgeschwindigkeit zeigt: Es gibt zu jeder Nachkommenzahl λ eine optimale Elternzahl μ: Nachfolgend 8 optimale Lambda-My-Einstellungen:

$\lambda = 10$	$\mu_{opt} = 3$	$c_{\overline{3/3},10} = 1{,}066$	$\Omega\ \varphi_{max} = 0{,}852$
$\lambda = 20$	$\mu_{opt} = 6$	$c_{\overline{6/6},20} = 1{,}111$	$\Omega\ \varphi_{max} = 1{,}852$
$\lambda = 30$	$\mu_{opt} = 8$	$c_{\overline{8/8},30} = 1{,}196$	$\Omega\ \varphi_{max} = 2{,}861$
$\lambda = 50$	$\mu_{opt} = 14$	$c_{\overline{14/14},50} = 1{,}181$	$\Omega\ \varphi_{max} = 4{,}883$
$\lambda = 100$	$\mu_{opt} = 27$	$c_{\overline{27/27},100} = 1{,}213$	$\Omega\ \varphi_{max} = 9{,}937$
$\lambda = 200$	$\mu_{opt} = 54$	$c_{\overline{54/54},200} = 1{,}219$	$\Omega\ \varphi_{max} = 20{,}06$
$\lambda = 500$	$\mu_{opt} = 135$	$c_{\overline{135/135},500} = 1{,}222$	$\Omega\ \varphi_{max} = 50{,}39$
$\lambda = 1000$	$\mu_{opt} = 270$	$c_{\overline{270/270},1000} = 1{,}223$	$\Omega\ \varphi_{max} = 101{,}0$

Wer sich mit massiv parallen Rechentechniken befaßt wird aufmerksam: Der Fortschritt der $(\mu/\mu, \lambda)$-ES steigt leicht überproportional mit der Zahl der Nachkommen. Mit anderen Worten: Ein Rechner mit zehnmal mehr Prozessoren, auf denen die Nachkommen parallel abgearbeitet werden, erbringt etwas mehr als die 10fache Konvergenzgeschwindigkeit. Über superlineares Zeitverhalten wird kontrovers diskutiert. Die $(\mu/\mu, \lambda)$-ES zeigt leicht superlineares Konvergenzverhalten. Aber dies ist – das sei betont – algorithmisch bedingt. Die Verwaltung der Prozessoren wird den Zeitgewinn mehr als aufheben.

Dreizehn Schlußthesen zur Theorie der Rekombination

1. Das Modell der THALES-Rekombination wurde entwickelt, um die evolutionsstrategische Operation „Mischung von Variablenwerten“ invariant gegenüber einer Koordinatendrehung zu machen.
2. Im Hochvariablenraum ist die THALES-Rekombination in ihrer Wirkung praktisch nicht von der biologischen Form der diskreten Rekombination zu unterscheiden.

3. Eine „Mathematik" der $(\mu/\mu, \lambda)$-ES wird möglich, weil sämtliche Nachkommen von ***einem*** imaginären Elter aus erzeugt werden, und weil die Nachkommen im Hochvariablenraum alle denselben Abstand vom Elter haben.
4. Die neue Theorie macht Schluß mit der Tautologie (Wiederholung der Prämisse der Selektion): Durch Rekombination sammeln sich positive Variablen-Mutationen an.
5. Der konvergenzbeschleunigende Mechanismus der Rekombination beruht auf der Zentrierung eines imaginären Elters der neuen Generation auf den Gradienten der Qualitätsfunktion.
6. Diskrete Rekombination unterscheidet sich von der intermediären Rekombination dadurch, daß der $(0, \sigma)$-normalverteilten ***mutativen*** Variation additiv eine $(0, \tau)$-normalverteilte ***rekombinative*** Variation hinzugefügt wird.
7. Die rekombinative Streuung τ der Thales-Rekombination beinhaltet eine Erinnerung an die Größe der Variation, die in der Generation der Groß-, Urgroß-, Urgroß-, ... Eltern die Norm war.
8. In einer $(\mu/\mu, \lambda)$-ES bildet die Elternzahl μ gleichsam eine mutative Schwungmasse, die den Ablauf der mutativen Schrittweitenregelung träger macht (regelungstechnisches Integral-Glied).
9. Die Fortschrittsgeschwindigkeit φ der rekombinativen Evolutionsstrategie steigt in erster Näherung (für $\lambda > 3\mu$ und $n >> 1$) proportional mit der Zahl μ der Eltern an.
10. Die effektive Mutationsstreuung σ_{opt} der rekombinativen Evolutionsstrategie wächst ebenfalls proportional mit der Elternzahl μ, woraus folgt, daß Nachkommen sich besser aus einem Qualitätsrauschen herausheben.
11. Rekombinante Evolutionsstrategien weisen – algorithmisch bedingt – leicht superlineares Verhalten auf, wenn man die Nachkommen-Berechnung auf einzelne Prozessoren verteilt.
12. Das zentrale Fortschrittsgesetz gilt weiterhin: Es existiert eine universelle Darstellung, die den Fortschritt als Funktion der Variations-Sprungweite für lokal isotropes quadratisches Funktionsverhalten beschreibt.
13. Intermediäre und diskrete Rekombination sind identisch, wenn ihre effektiven Schrittweiten gleich sind. Das heißt, daß bei der intermediären Vererbungsform mit der $\sqrt{\mu}$-fachen Schrittweite gearbeitet werden muß.

12

Multimodale ES-Optimierung

Starke, halbstarke, schwache Kausalität

Ohne starke Kausalität läuft nichts! So lautet überspitzt das Dogma der Evolutionsstrategie. Doch damit gibt sich die Gilde der Optimierer ganz und gar nicht zufrieden. Denn Tatsache ist, daß wir Menschen ohnehin in einer stark kausalen Welt gut zurechtkommen. Unser Denkapparat wurde speziell für das Operieren im stark kausalen Alltagsgeschehen ausgelegt (sprich evolutioniert). Wir sind angepaßt für das Problemlösen in dieser Normalwelt. Das ist die Botschaft, die uns die evolutionäre Erkenntnistheorie vermittelt. Zum Problem wird Problemlösen erst richtig, wenn

der Grad der starken Kausalität sich abschwächt.

Kausalitätsstärke läßt sich mit einer elastischen Fernwirkkraft gleichsetzen. Die Eindellung einer Gummioberfläche pflanzt sich zwingend in der Umgebung fort, und zwar um so stärker, je dicker die Haut ist. Ein Tuch leitet demgegenüber keine elastischen Kräfte weiter. Ein zerknittertes Tuch ist die Sichtbarmachung schwacher Kausalität. „Nullkausalität" kennzeichne schließlich ein Verhalten ohne geringste Nachbarschaftskorrelation (stochastisches Funktional).

Die Lösung eines Problems, das durch superstarke Kausalität hochgradig geordnet ist, wird allgemein wenig Bewunderung hervorrufen. Standardfrage nach einem Referat über die Evolutionsstrategie ist: Was geschieht in einer vielgipfeligen Optimierungslandschaft? Noch ist Ordnung vorhanden, aber die ordnenden „Kräfte" sind von deutlich kleinerer Reichweite als beim kompakten singulären Gipfel. Ich möchte deshalb ein solches multimodales Optimierungsproblem als halbstark kausal geordnet einstufen. (JOACHIM BORN nennt es sehr passend „semi-kausal").

Fata Morgana der globalen Optimierung

Es sieht nicht gut aus, wenn es darum geht, in einem mit Bergen vollgepackten Hochvariablenraum evolutionsstrategisch den höchsten Gipfel anzusteuern. Viele Evolutionsstrategen fallen einer Selbsttäuschung anheim, wenn sie über diesbezügliche Erfolge berichten: Vielleicht war die Zahl der Dimensionen hinreichend niedrig, um das globale Optimum zufällig zu finden, was keine strategische Leistung darstellt. Oder das globale Optimum liegt an einer besonders ausgezeichneten Stelle. JOACHIM BORN berichtete im Berliner ES-Seminar über folgenden selbsterlebten Fall: Ein raffiniert konstruierter Mutationsoperator ergab sensationell gute globale Konvergenz. Die Enttäuschung ließ nicht lange auf sich warten, als nämlich klar wurde: Das globale Testfunktions-Optimum befand sich im Koordinatennullpunkt, und der ausgeklügelte Mutationsoperator bevorzugte auf versteckte Weise Koordinaten-Nullwerte.

Häufig ordnen sich bei multimodalen Testfunktionen die Gipfel nach einem regulären mathematischen Muster im Variablenraum an. Der Experimentator konstruiert unbewußt Mutationsoperatoren, die auf das aktuelle Gipfelraster abgestimmt sind. Von JOACHIM BORN stammt ebenfalls der Hinweis, daß ein globaler Konvergenz-Mechanismus nur deshalb beeindruckend gut funktionierte, weil sich die Gipfel des multimodalen Test-Funktionals in einem Quadrat-Gitter (bzw. Hyperkubus-Gitter) anordneten.

Diese Aussage ist ernst zu nehmen. Im Kapitel 11 haben wir erfahren (und es als zu spezialisiert empfunden), daß die diskrete Rekombination ausschließlich die Ecken eines Rechtecks (bzw. Hyperquaders) besetzt. Angenommen, der Sonderfall tritt ein, daß sich die Berggipfel ebenfalls gerade in einem koordinatenparallelen Gitter anordnen. So ist es bei der im ***Bild 12-3*** dargestellten, nach I. A. RASTRIGIN benannten multimodalen Testfunktion. Es läßt sich folgender Konvergenzmechanismus voraussagen: Sobald einige Bergspitzen lokalisiert sind, rastet die diskrete Rekombination gleichsam in das Gipfelgitter ein. Das Ergebnis: Die Rekombination zielt von nun an bevorzugt auf die Bergspitzen. Dies gilt insbesondere für Genetische Algorithmen, wenn dergestalt listig codiert wird, daß die Gipfel gleiche Binär-Schemata aufweisen. Die multimodale Konvergenz des Verfahrens wird blendend sein. Doch wann gibt es schon den Fall, daß sich die Gipfel einer Optimierungsfunktion gerade in einem regelmäßigen Koordinaten-Gitter anordnen? Meine Empfehlung lautet: Wenn Konstrukteure von globalen Optimierungsstrategien ihr Verfahren an mathematisch konstruierten, vielgipfeligen Testfunktionen prüfen, sollten sie auch einmal in einem gedrehten Koordinatensystem arbeiten.

Die Leere zwischen den Optima

Für ein vielgipfeliges Gebirge im hochdimensionalen Variablenraum gilt: Zwischen den Einzugsgebieten der Berge befindet sich meistens unendlich viel Leere. Ich möchte diese Behauptung beweisen und beginne mit zwei Dimensionen. Gegeben ist ein quadratisch begrenztes x-y-Suchareal. In diesem Areal befinden sich 5 mal 5 gleichhohe kegelförmige Berge, die unmittelbar aneinanderstoßen (***Bild 12-1***). Wie groß ist der Raum zwischen den Kegelbergen?

Bild 12-1:

Multimodale Gegirgsformation in zwei Dimensionen.

Einzugsgebiete von 25 regelmäßig angeordneten Bergen.

Ich definiere einen Lückenwert, der mit L bezeichnet sei:

$$L = \frac{\text{Leerraum zwischen den Bergen}}{\text{Raum der Berge}} = \frac{V_{\text{Hypercubus}} - V_{\text{Hyperkugel}}}{V_{\text{Hyperkugel}}} \,.$$

Der Lückenwert L ist übrigens unabhängig von der Anzahl der im Koordinatengitter regelmäßig angeordneten Berge. Hier die Lückenwert-Formel für beliebige Dimensionen:

$$L^{(n)} = \left(\frac{2}{\sqrt{\pi}}\right)^n \Gamma\left(\frac{n}{2} - 1\right) - 1 \,.$$

Es ist Γ die sogenannte verallgemeinerte Fakultät (Gammafunktion). Im Sonderfall für ganzes m gilt $\Gamma(m) = (m-1)!$. Wir studieren einige Zahlenwerte:

$$L^{(2)} = 4/\pi - 1 = 0{,}2732\,,$$

$$L^{(3)} = 6/\pi - 1 = 0{,}9099\,,$$

$$L^{(100)} = \left(2/\sqrt{\pi}\right)^{100} \cdot 50! - 1 = 5{,}3528 \cdot 10^{69}\,.$$

Wir stellen fest: Der Lückenwert strebt mit wachsender Variablenzahl gegen Unendlich. Es gilt die Aussage, daß Volumenteile gleichmäßiger Konvexität in einem Raum wachsender Dimensionszahl verschwinden. Hochgradig ungleichmäßig konvex ist z. B. der Quader, für den die Aussage nicht gilt. Im $\mathbb{R}^n$ entarten somit gemeinhin ***ganze*** Berge – und nicht nur die Bergspitzen – zu „singulären Punkten". Das globale Optimum wird samt seiner Umgebung zur praktisch unauffindbaren Singularität. Das ist das Faktum. Es ist eine Illusion zu glauben, man könne die Täler zwischen den Bergen (die schwarzen Leerräume) „einfach so" bis zum nächsthöheren Berg überspringen. Der Optimierer, der sich am Rand eines der dargestellten Berge befindet, wird es nicht schaffen, auf den Rand eines anderen Berges überzusetzen. Sicher fällt er in ein „schwarzes Loch". — Daraus folgt: Der Sprung in einen Abgrund ist unausweichlich. Aus der Tiefe muß dann der nächstliegende Berg bestiegen werden.

Ein echtes multimodales Testproblem

Ich möchte nunmehr eine vielgipfelige Qualitätsfunktion formulieren, an der jeder die Problematik der multimodalen Optimierung studieren kann:

$$Q = \max\left\{ \sum_{i=0}^{20} (100-i) \cdot \exp-\left(\sum_{k=1}^{30} \left[\left(x_k - z_{30i+k} \right) / 30 \right]^2 \right) \right\},$$

$$\text{mit} \qquad z_j = \left[32 z_{j-1} + 13(i+1) \right] \bmod 31, \qquad z_0 = 1\,.$$

Die Funktion setzt sich aus 21 Exponentialbergen zusammen. Vor der Superposition haben die einzelnen Berge die Höhen 100, 99, 98, ... 80. Durch die Addition der 21 Exponentialfunktionen werden die Gipfelhöhen leicht zunehmen. Die Modulo-Funktion legt eine quasi zufällige Lage der Exponentialberge im 30-dimensionalen Variablenraum fest. So liegt die Spitze des Berges „0" vor der Superposition bei $x_1 = 14$, $x_2 = 27$, $x_3 = 9$, ... $x_{29} = 6$, $x_{30} = 19$. Die Überlagerung sämtlicher Exponentialfunktionen wird die Lage der Bergspitzen leicht verschieben. HEINZ MÜHLENBEIN hat die obige Testfunktion bereits eingesetzt, um sein BGA (Breeder Genetic Algorithm) genanntes Verfahren zu erproben.

Ich lege Wert auf eine in keiner Weise geordnete Lage der Berggipfel. Denn allzu leicht geschieht es, daß sich eine Gipfelordnung in einer Mutations- oder Rekombinationsprozedur wiederfindet. Die obige ungeordnete multimodale Testfunktion sollte den Optimierungsstrategen zum Nachdenken anregen: Jede Stelle im Variablenraum kann mit gleicher Wahrscheinlichkeit den höchsten

Gipfel tragen. Angenommen, wir haben einen Gipfel erklommen. Von der Spitze dieses Gipfels aus gesehen ist das noch höher liegende Gebiet um den globalen Gipfel laut Formel verschwindend klein. Wer im Hochvariablenraum den höchsten Berg unter vielen Bergen finden möchte, muß auf das Glück setzen. Echte Glücksspiele kennen aber keine Gewinnstrategie. Wer an einer Glücksspiel-Gewinnstrategie arbeitet wird vom Kenner belächelt. Viele Optimierungsstrategen haben es versucht bzw. arbeiten noch immer daran. Ihr Ziel ist es, einen universellen globalen Optmierungsalgorithmus zu ersinnen. Meine persönliche Meinung dazu ist: Wer sich dieses Ziel für den hochdimensionalen Variablenraum setzt, arbeitet an der Erfindung eines *„Perpetuum mobile"*.

Multimodale Optimierung im Hochvariablenraum erscheint hoffnungslos, wenn man es darauf anlegt, in einer Folge mit sich beständig verbessernden Qualitätswerten zum globalen Optimum vorzudringen. Das bedeutet jedoch nicht, daß sich nicht irgendwelche Optima ansteuern lassen. Es gibt ja genügend davon. Man startet an einer zufälligen Stelle, nimmt den dort ausliegenden Ariadnefaden auf und hangelt sich in evolutionsstrategischer Manier zum Gipfelpunkt aufwärts. Oben angekommen notiert man die Gipfellage und springt dann an eine andere Stelle des Variablenraums erneut in ein schwarzes Loch. Auch hier findet sich ein Ariadnefaden, der meist zu einem ***neuen*** Gipfel führt (***Bild 12-2***). Prinzipiell ließe sich so auch das globale Optimum finden. Das Roulette muß nur solange gespielt werden, bis sämtliche Optima gefunden worden sind. Der Sprung ins schwarze Loch kann als Großmutation gedeutet werden. Eine besonders raffinierte Strategie möchte ich dieses stochastische Gipfelsuchen allerdings nicht nennen. Aber die Methode funktioniert.

Bild 12-2:

Strategie der Globaloptimierung.

Sprung ins schwarze Loch und Wiederaufnahme eines Ariadnefadens.

Ordnungsrelation „Berg der Berge"

Es stellt sich die Frage, ob es die Norm ist, daß sich Gipfel einer multimodalen Qualitätsfunktion willkürlich im Raum verteilen. Oder sind natürliche Probleme eher so organisiert, daß sich um einen Gipfel gegebener Höhe vornehmlich Gipfel ähnlicher Höhe scharen? Damit soll auf das Prinzip der starken Kausalität angespielt werden, diesmal auf der Stufe der Gipfelhöhen. Bei Diskussionen mit Ideologen der Globaloptimierung habe ich das Empfinden, daß diese stillschweigend eine Ordnung der Gipfel voraussetzen. Ich kann es nicht durchschauen, ob bei realen multimodalen Problemen eine solche Ordnung existiert. Die Alltagserfahrung läßt uns im Stich. Multimodale Optimierungsprobleme sind eher exklusiv. Eine Kausalitäts-Analyse multimodaler Optimierungsprobleme führen MICHAEL CONRAD und WERNER EBELING durch. Sie vermuten, daß in hochdimensionalen Fitness-Landschaften Sattelpunkte dominieren: Es ist eher wahrscheinlich, daß mindestens in einem eindimensionalen „Paß" die Qualität noch ansteigt.

Aber es bleibt dabei. Es ist ein gewaltiger Unterschied, ob sich 10 Gipfel durcheinander wie im Fall **a** oder geordnet wie im Fall **b** aneinanderreihen.

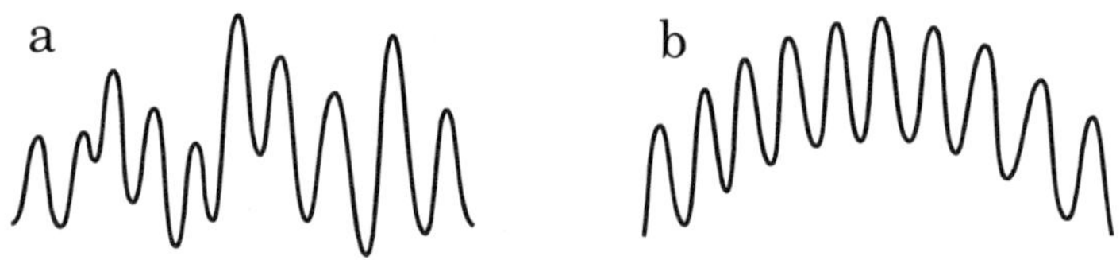

Der Fall **a** gleicht der Situation im Lotto. Es gibt keinen Trick, schneller als der Zufall es erlaubt das Einzugsgebiet des höchsten Berges anzuschneiden. Für die Situation **b** kann ich mir dagegen eine ausgeklügelte globale Gipfelsuchstrategie vorstellen. Die Existenz der monoton steigenden/fallenden Gipfel-Einhüllenden läßt sich nutzen. Für mehr als eine Dimension ist das Folgen der monoton ansteigende Gipfelsprungstraße das Gebot.

Während die Ordnungsrelation des Bergs der Berge für typische reale multimodale Qualitätsfunktionen noch in der Diskussion ist, haben Optimierer schon immer ihre multimodalen Testfunktionen quasi stark kausal geordnet. Es ist fürwahr ein schwieriges Unternehmen, eine multimodale Testfunktion so unspezifisch zu formulieren, daß Position und Höhe eines jeden Gipfels frei gewählt werden können. Die oben vorgeschlagene ungeordnete Exponential-Gipfel-Funktion wird kaum großen Anklang finden. Ein Ärgernis ist bereits die Tatsache, daß die exakte Lage des globalen Optimums nicht unmittelbar einsichtig ist. Soll der Variablenraum gar mit Abermillionen von Bergen gefüllt werden, wird die Situation vollends unübersichtlich. Denn jeder Berg übt Einfluß auf den anderen. Da ist es doch viel gescheiter, beispielsweise ein einfaches quadratisches Funktional zu nehmen, und auf diesen Basisberg eine periodische Sinus- oder Cosinusfunktion aufzusetzen. So lassen sich höchst einfach multimodale Qualitätsfunktionen mit millionenfachen Gipfeln konstruieren. Eine klassische multimodale Testfunktion lautet :

$$Q = \max\left[-300 + \sum_{k=1}^{30} 10\cos(2\pi\, x_k) - x_k^2\right] \qquad \text{mit} \quad -5{,}12 \le x_k \le 5{,}12\,.$$

Dieses Funktional wurde 1974 von I. A. RASTRIGIN vorgeschlagen und ist als multimodales Testproblem sehr beliebt. Das ***Bild 12-3*** zeigt die RASTRIGIN-Funktion in zwei Dimensionen.

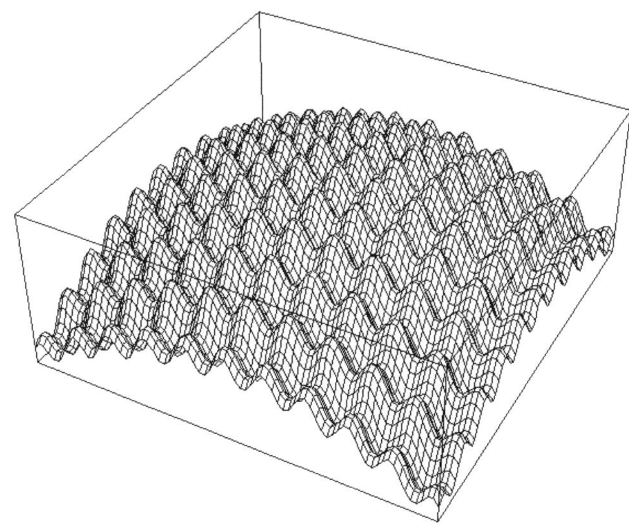

Bild 12-3:

Testfunktion mit 121 Gipfeln in zwei Dimensionen.

Das globale Funktionsmaximum liegt klar ersichtlich bei $x_k = 0$. Dort gilt $Q_{max} = 0$. In der obigen mathematische Formulierung besitzt die RASTRIGINsche Testfunktion die runde Zahl von 10^{30} Gipfeln. Der Blick auf die zweidimensionale Repräsentation der RASTRIGINschen Funktion zeigt: Es existiert ein Berg der Berge. Die semi-kausale Gipfelordnung erspart es uns, alle Gipfelhöhen testen zu müssen. Es gibt einen Gipfel-zu-Gipfel-Verbindungsweg. Wir werden sehen, daß sich mit einer geschachtelten Evolutionsstrategie der Berg der Berge in einer Gipfel-Sprungprozession längs des Gradienten der Gipfel-Einhüllenden besteigen läßt.

Geschachtelte Optimierung

Im Jahre 1977 erschien im PIPER-Verlag ein außergewöhnliches, spekulatives Buch mit dem Titel „Zwischenstufe Leben“. Der Autor CARSTEN BRESCH formuliert darin seine These der Rekapitulation der Evolution auf ständig ansteigenden Organisationsstufen: Selbstreproduktionsfähige Moleküle beginnen um die Ursuppe zu konkurrieren, auf der Stufe von Molekülverbänden (Zellen) setzt sich der DARWINsche Wettbewerb fort, Zellverbände (Mehrzeller) wetteifern um den Lebensraum, Verbände von Mehrzellern (Klone) werden zu Wettkampfeinheiten, ad infinitum. In der BRESCHschen Vision setzt sich dieser DARWINSche Prozeß unter extraterrestrischen Zivilisationen in kosmischen Regionen fort. Man erkennt unschwer ein hierarchisches strategisches Schema. Diese Tatsache war Anlaß für mich, Evolutionsstrategien nach eben diesem Schachtelungsprinzip zu konstruieren (siehe Kapitel 7). Nach mathematischer Manier werden die zuerst abzuarbeitenden Evolutionsgrößen von inneren runden Klammern umschlossen. Es folgen, von eckigen Klammern umschlossen, die übergeordneten Größen, von geschweiften Klammern umschlossen, die über-übergeordneten Größen usw. Nachfolgend wiederhole ich die algebraische Schreibweise geschachtelter Evolutionsstrategien:

$$\cdots\{\mu''/\rho'' \dagger \lambda''[\,\mu'/\rho' \dagger \lambda'(\mu/\rho \dagger \lambda)^{\gamma}]^{\gamma'}\}^{\gamma''}\text{-ES}\,.$$

In den runden Klammern wirken Individuen, in den eckigen Klammern Populationen (Varietäten), in den geschweiften Klammern Populationen von Populationen (Arten) und so fort.

Berge, Überberge, Über-Überberge ...

Angenommen, Berge formieren sich quasi stark-kausal zu Überbergen, Überberge formieren sich quasi stark-kausal zu Über-Überbergen und so fort: Die rund eingeklammerten Strategieterme sind dann bestimmend für die Besteigung der Unterberge, die hinzugefügten eckig eingeklammerten Strategieteile für die Besteigung der Überberge und die abermals hinzugefügten geschweift eingeklammerten Strategieterme für die Besteigung der Über-Überberge usw. Das ist die Kletterlogik geschachtelter Evolutionsstrategien.

Beschränken wir uns auf die $[\mu', \lambda'(\mu, \lambda)^{\gamma}]$-ES. Sie ist die einfachste Form einer geschachtelten Evolutionsstrategie und bildet die Grundlage für die globale Optimierung. Sehen wir uns die Mechanik des „Gipfel“-Gipfel-Steigens in diesem Fall genauer an. Gegeben sind μ' Eternpopulationen. Sie setzen bildlich gesprochen in ihrer Umgebung (gegeben durch die Mutationsreichweite δ') λ' Nachkommenpopulationen aus. Der Biologe würde von Gründerpopulationen sprechen. Im ***Bild 12-4*** ist es eine Elternpopulation ($\mu'= 1$), die drei Gründerpopulationen ($\lambda'= 3$) aussetzt. Diese beklettern nun parallel mit einer (μ, λ)-gliedrigen Evolutionsstrategie die ihnen nächstliegenden lokalen Berge, und zwar isoliert γ Generationen lang. Ist die Isolationszahl γ groß genug, werden die Gründerpopulationen ihre Berggipfel erklommen haben. Jetzt wird wieder auf die Terme in den eckigen Klammern zurückgeschaltet. Von den λ' Arbeitspopulationen werden die μ' besten selektiert und zu neuen Elternpopulationen deklariert. Diese Elternpopulationen halten nun die höchsten Berggipfel in der näheren Umgebung besetzt. Sie streuen wieder Gründerpopulationen in ihre Umgebung aus, die von vorn die umliegenden Gipfel erklimmen und so fort.

Bild 12-4:

*Gipfelspringen und Gipfelklettern einer [**1**, 3(μ, λ)]-ES.*

Betrachten wir den Prozeß auf der Populationsebene, so stellt sich uns eine Gipfel-Sprungprozession dar, die entlang einer Gipfelstraße zum globalen Optimum stattfindet. Diese Gipfelprozessionsstraße ist das Analogon zum Gradientenweg der lokalen Optimierung. Die Gipfelsprungprozession in der quasi stark-kausal geordneten Gipfelwelt nenne ich Meta-Evolution.

Problematik der „rhetorischen" Strategie-Innovation

Ich reagiere verärgert, wenn Optimierungs-Schachzüge mit verbaler List feilgeboten werden: Da ist dann von Bergtälern die Rede, die strategisch mit Wasser gefüllt werden, von Abgründen, die mit einer Großmutation übersprungen werden, von Sackgassen, die man mit neutralen Mutationen verläßt usw. Ich gestehe: Noch ist auch das meta-evolutionsstrategische Folgen einer Gipfelprozessionstraße eine gedankliche Innovation. Von dieser ausgedachten Gipfelsprungtechnik wird erwartet, daß man sich nicht in der Unendlichkeit des $\mathbb{R}^n$ verrennt. Bei der lokalen Optimierung ist es das Ariadnefaden-Folgen, das eine immense Reduktion der zu erkundenden Mannigfaltigkeit bewirkt. Und schon melden sich Zweifel an, ob die Gipfelsprungprozession die gewünschte Reduktion des Suchvolumens erbringt. Denn während der Ariadnefaden im unimodalen Gebirge dem Worte nach nahezu eindimensional ist, muß die Gipfelprozessionsstraße als breit bezeichnet werden. (In der Sprache des $\mathbb{R}^n$ wäre „voluminös" das passende Wort). Die breite Prozessionsstraße entsteht durch die relativ großen Sprungweiten beim Setzen der Gründerpopulationen. Denn die Gründerpopulationen müssen stets das Einzugsgebiet der elterlichen Gipfel verlassen. Mit kleinen δ'-Mutationen läßt sich hier nicht arbeiten. Aber eine große Schrittweite läßt die Evolution rechts aus dem Evolutionsfenster herausfallen. Das gilt auch im Metagebirge der Berggipfel. Werden wir also trotz einsichtiger Kletterlogik vom „Fluch der Dimensionen" eingeholt?

Das ist ein grundsätzliches Problem der Strategie-Innovation. Man konstruiert ein mathematisch-logisches Kletterprinzip. Dabei bildet der zu besteigende Qualitätsberg in zwei Dimensionen die Richtschnur des Denkens. Die neue Optimierungsstrategie funktioniert auch gut in zwei, drei, vier ... Dimensionen. Aber spätestens ab 10 Dimensionen ist es vorbei mit der praktischen Konvergenz. Objektiv gesehen funktioniert die Klettermechanik zwar immer noch so, wie sie ausgedacht wurde. Aber die Wahrscheinlichkeiten der gedachten Kletterbilder erfahren eine einschneidende Änderung. Der Grund dafür sind die der menschlichen Einsicht schwer zugänglichen Volumenverzerrungen im hochdimensionalen Raum. Darauf sei immer wieder verwiesen: Man stelle sich einen Wanderer vor, der eine Landschaft um sich herum in Augenschein nimmt. Er läßt seinen Blick um 45 Grad schweifen. Aus Erfahrung weiß er, daß der von ihm erfaßte zirkuläre Landstreifen in weiter Ferne ein gutes Stück größer ist als ein gleicher Landbogen in seiner Nähe. In einer hochdimensionalen Umgebung ist bei derselben Betrachtung der Landbogen in der Ferne aber nicht bloß ein gutes Stück größer, sondern er ist schlicht unermeßlich groß. Es ereignet sich eine Distanz-Volumenexplosion.

Von einer Theorie erwarte ich, daß sie Optimierungs-Schachzüge quantitativ faßbar macht. Denn rhetorische Strategien gaukeln uns oft etwas vor. Es gilt, Optimierungsstrategien von „alchimistischem" Beiwerk zu befreien. Versuchen wir deshalb, die Meta-Evolution mathematisch zu präzisieren.

Zur Theorie der Meta-Evolution

Unimodale Optimierung mit der Evolutionsstrategie wurde meist am Kugelmodell studiert. Es paßt, wenn wir multimodale Optimierung mit der geschachtelten Evolutionsstrategie nun an der RASTRIGINschen multimodalen Erweiterung des Kugelmodells untersuchen. Das ***Bild 12-5*** zeigt einen Höhenlinienausschnitt dieses multimodalen Kugelmodells. Das Zielfähnchen kennzeichnet den höchsten Berg. Um den Gipfel *E'* scharen sich höhere und niedrigere Berge. Im hell schattierten Quadrat führen alle (Gradienten-)Wege zurück nach *E'*. Gründerpopulationen müssen also weiter weg von *E'* ausgesetzt werden.

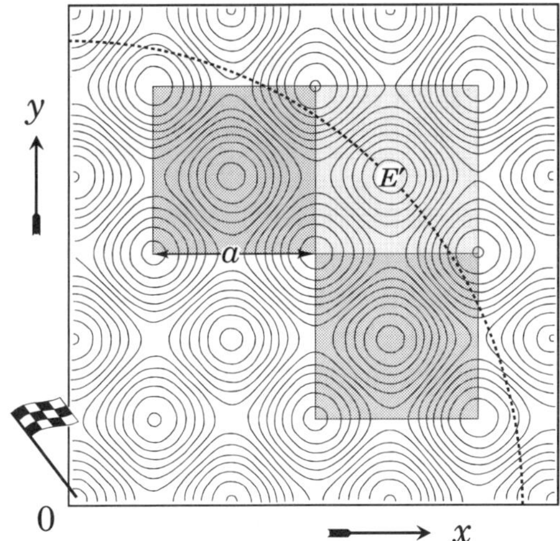

Bild 12-5:

Höhenlinienbild der RASTRIGINschen Funktion (Ausschnitt) –

Angrenzende Einzugsgebiete für Gipfel (dunkel schattiert), die höherer als E' liegen. Die Ecken der Quadrate markieren die Tiefstpunkte von Mulden.

Es könnte schwer sein, im hochdimensionalen Raum von *E'* aus mit einem größeren Mutationsschritt δ' das Einzugsgebiet eines höheren Berges zu treffen. Denn Berge höher als *E'* liegen nur innerhalb des gestrichelten Kreises. Und dieses konvexe Gebiet schnürt sich im $\mathbb{R}^n$ drastisch zusammen. Aus der Theorie des Kugelmodells folgt, daß sich das Übel verschwindender Erfolgswahrscheinlichkeit nur durch kleine Mutationsschrittweiten überlisten läßt. Die am dichtesten dem Berggipfel *E'* gelegenen Einzugsgebiete höherer Berge sind im ***Bild 12-5*** dunkel schattiert. Im $\mathbb{R}^n$ ergibt sich für die Wahrscheinlichkeit des Treffens eines dieser Einzugsgebiete stets ein Integralausdruck folgenden Typs:

$$W_e' = \left[\frac{1}{\sqrt{2\pi}\,\sigma'} \int\limits_{-a/2}^{a/2} \exp-\left(\frac{x}{\sqrt{2}\,\sigma'}\right)^2 \mathrm{d}x \right]^{n-m} \left[\frac{1}{\sqrt{2\pi}\,\sigma'} \int\limits_{a/2}^{3a/2} \exp-\left(\frac{x}{\sqrt{2}\,\sigma'}\right)^2 \mathrm{d}x \right]^{m} .$$

Die Größe m kann je nach Lage eines angrenzenden Hyperkubus-Einzugsgebiets die Werte 1, 2, ... n annehmen. So ist $m = 1$ zu setzen, wenn der betrachtete Einzugskubus die dichteste Lage zu E' einnimmt, also auf dem Koordinatenkreuz liegt. Befindet sich der Einzugskubus in entferntester angrenzender Lage, nämlich an der Ecke der E' umgebenden Kubusmenge, ist $m = n$ zu setzen. Die Bestimmung der Wahrscheinlichkeit W_e' für das Treffen eines erfolgreichen Einzugsgebiets setzt also voraus, daß der angewählte Hyperkubus durch seinen m-Wert identifiziert wird.

Die Aufteilung der RASTRIGINschen Funktion im $\mathbb{R}^n$ in hyperkubische Einzugsgebiete von Gipfeln zerstört die Isotropie des Kontinuums. Jede Punktlage E' ist individuell zu behandeln. Gesucht ist die Fortschrittsgeschwindigkeit φ' der Sprungprozession auf Populationsebene. Das Berechnungsprinzip lautet: Es sind – von E' aus – alle Einzugsgebiete mit höheren Gipfeln zu lokalisieren. Für jeden dieser Einzugs-Hyperkuben ist W_e' zu berechnen und mit der Zielannäherung $\vec{r}_{\text{Elterngipfel}} - \vec{r}_{\text{höhererGipfel}}$ zu multiplizieren. Die Summe aller dieser Ergebnisse ergibt den Erwartungswert der Fortschrittsgeschwindigkeit φ_{1+1}'.

Wir beginnen mit der Situation (0), die sich kurz vor Erreichen des Ziels ergibt: Alle Variablen sind bereits richtig auf Null eingestellt bis auf eine. Es gibt nur ein erfolgreiches Einzugsgebiet, das auf dem Weg entlang einer Achse zu erreichen ist. In der $(n-m)$-Form des W_e'-Integrals ist $m = 1$ zu setzen. Das Integrationsergebnis, mit dem zurückgelegten Gipfelsprungweg a multipliziert, ergibt die Fortschrittserwartung:

$$\varphi_0' = a \cdot \frac{1}{2}\left[\operatorname{erf}\left(\frac{3a}{\sqrt{8}\sigma'}\right) - \operatorname{erf}\left(\frac{a}{\sqrt{8}\sigma'}\right)\right]\left[\operatorname{erf}\left(\frac{a}{\sqrt{8}\sigma'}\right)\right]^{n-1}.$$

Bemerkenswert ist, daß die Populations-Fortschrittsgeschwindigkeit, aufgetragen über der Populations-Schrittweite $\delta' = \sigma'\sqrt{n}$, ein sehr schmales Optimum bildet (***Bild 12-6***). Zahlenmäßig ausgedrückt: Ist die optimale Populations-Schrittweite $\delta_{\text{opt}}' = 1{,}3\,a$ um den Faktor 1,5 zu groß oder um den Faktor 1/1,5 zu klein, gibt es kein Fortschreiten. Das Einzugsgebiet mit höherem Gipfel wird nicht mehr angeschnitten. Zur Erinnerung: Das Evolutionsfenster für die Individuenschrittweite δ war so eng nicht. Erst wer hier die optimale Schrittweite δ um den Faktor 5 verpaßt, fällt aus dem Evolutionsfenster. Die Eigenschaft des $\mathbb{R}^n$ läßt δ_{opt}' mit zunehmender Dimensionszahl n größer und größer werden. So ergibt sich für $n = 1000$ eine optimale Populations-Schrittweite $\delta_{\text{opt}}' = 4{,}81\,a$. Dieses paradoxe Verhalten erklärt sich damit, daß das Volumen eines Hyperkubus sich in den Ecken konzentriert. Die Ecken des Einzugs-Hyperkubus sind aber nur auf einem längeren, schrägen Weg von E' aus zu erreichen.

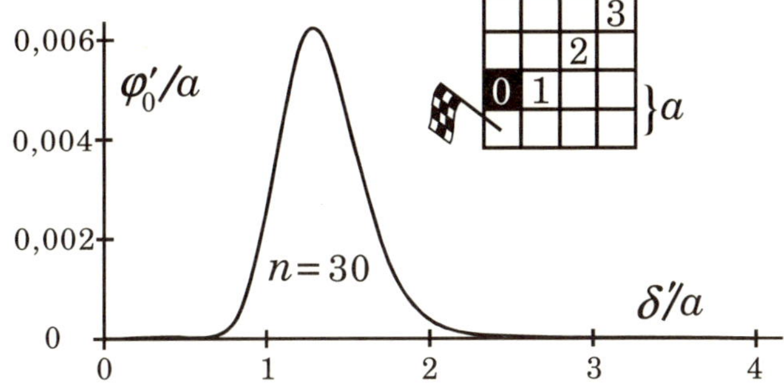

Bild 12-6:

Evolutionsfenster „0" für Populations-Schrittweite am RASTRIGIN-Modell.

Wir untersuchen nun die Situation (1). Alle Variablen weichen um den Betrag a vom globalen Optimum ab. Der Punkt E' befindet sich auf der Hauptdiagonalen in der Entfernung $a\sqrt{n}$ vom globalen Optimum. Es gibt viele an E' grenzende hyperkubische Einzugsgebiete mit höheren Gipfeln:

$\binom{n}{1}$ Einzugsgebiete mit dem Fortschritt $a\sqrt{1}$ $\quad (m = 1)$,

$\binom{n}{2}$ Einzugsgebiete mit dem Fortschritt $a\sqrt{2}$ $\quad (m = 2)$,

$\vdots$

$\binom{n}{n}$ Einzugsgebiete mit dem Fortschritt $a\sqrt{n}$ $\quad (m = n)$.

Zum Glück besitzen die Einzugsgebiete gleichen Fortschritts auch gleichen m-Wert. So läßt sich W_e' leicht mit den Fortschritten gewichten:

$$\varphi_1' = a\sum_{m=1}^{n}\binom{n}{m}\frac{\sqrt{m}}{2^m}\left[\operatorname{erf}\left(\frac{a}{\sqrt{8}\sigma'}\right)\right]^{n-m}\left[\operatorname{erf}\left(\frac{3a}{\sqrt{8}\sigma'}\right)-\operatorname{erf}\left(\frac{a}{\sqrt{8}\sigma'}\right)\right]^{m}.$$

Das ***Bild 12-7*** zeigt: Das Fensterverhalten ist geblieben. Die Fortschrittsgeschwindigkeit hat gegenüber der Situation „0" um das 50fache zugenommen.

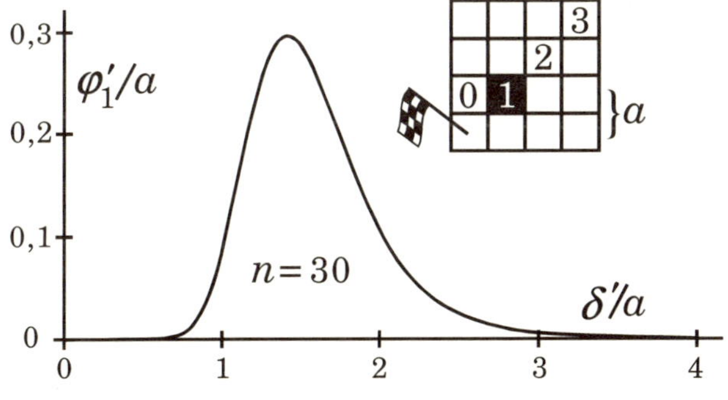

Bild 12-7:

Evolutionsfenster „1" für Populations-Schrittweite am RASTRIGIN-Modell.

In Fortsetzung der Theorie wäre es vernünftig, weiterhin nur Punkte auf der Haupdiagonalen zu betrachten. Denn im hochdimensionalen Raum ist die Zahl der Hauptdiagonalen mit 2^{n-1} bedeutend größer als die Zahl n der Achsen. Daraus folgt, daß die Hauptdiagonalen-Lage eher repräsentativ ist als eine Achsenlage. Es käme also die Situation „2" an die Reihe. — Doch sei die Theorie hier für beendet erklärt. Zu viele hyperkubische Einzugsgebiete mit höheren Gipfeln müßten in das Integral einbezogen werden. Wir begnügen uns damit, daß für die Lagen 2, 3, 4, ... der Wert φ_1' eine brauchbare Näherung darstellt. Denn für mich hat die Theorie ihren Zweck erfüllt. Die Konvergenz der geschachtelten Evolutionsstrategie am RASTRIGIN-Modell ist berechenbar. Und was ich rechnen kann, habe ich verstanden.

Es gilt nun, die Theorie am Experiment zu überprüfen. Gegeben sei eine RASTRIGINsche Bergwelt in 30 Dimensionen. Der Start der Optimierung erfolge bei $x_k = 4$ für $k = 1, 2, ... 30$. Die Entfernung zum Optimum (alle $x_k = 0$) beträgt somit $D = 4\sqrt{30}$. Die Optimierung bewege sich geradlinig mit optimaler Gründer-Populations-Schrittweite auf Diagonalenkurs. Um die Strecke D zu durchmessen benötigen wir laut Theorie $G' = D/\varphi'_{1\max} = 73$ Generationen. Das Einkreisen des Ziels erfordert weitere Generationen. Im ungünstigsten Fall kämen noch $G' = 1/\varphi'_{0\max} = 160$ Generationen hinzu. Die Schätzung gilt für eine (**1**+1)-ES auf Populationsebene, wobei die Gründerpopulationen mit festgehaltener optimaler Schrittweite ausgesetzt werden. Bei realen Problemen ist δ'_{opt} unbekannt. Die Fensterschrittweite muß sich selbst finden. Ich habe eine $[\mathbf{3}, 30(\mathbf{2}, 10)^{200}]$-ES eingesetzt und dabei sowohl auf der Individuen- als auch auf der Populationsebene mit mutativer Schrittweitenregelung gearbeitet (siehe Programm auf Seite 108). Das ***Bild 12-8*** zeigt die Ergebnisse von 25 Versuchen:

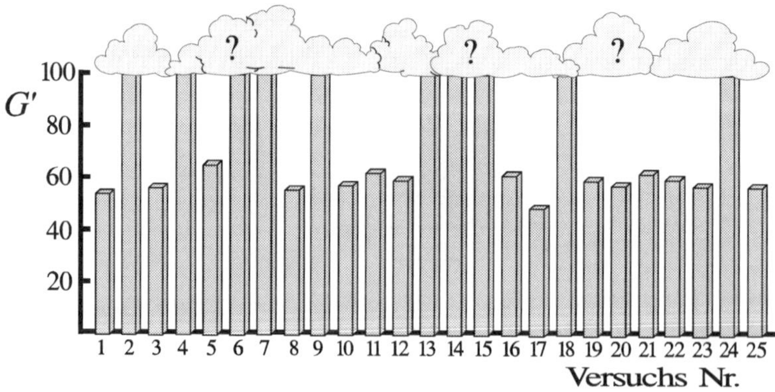

Bild 12-8: *Gründer-Generationen G' zum Finden des RASTRIGIN-Optimums.*

Wenn Säulen in den „Wolken“ verschwinden, heißt dies, daß das globale Optimum nicht gefunden wurde. Das ist 10mal der Fall. Die Ansteuerung des höchsten Berggipfels verlangsamt sich rapide, wenn wir in den Bereich der letzten $3 \times 3 \times 3 \times \cdots$ Einzugs-Hyperkuben (Gipfelpunkt im Mittelkubus) gelangen. Fortschreiten zum Optimum ist einfacher als Einkreisen eines Optimums. In der Situation „0“ nimmt gemäß der Theorie die Erfolgswahrscheinlichkeit erheblich ab. Um so mehr ist zu würdigen, daß in 15 von 25 Fällen das RASTRIGIN-Optimum nach 50 bis 60 Gründerpopulationen gefunden wurde. Die Größenordnung entspricht unserer theoretischen Abschätzung. Hervorzuheben ist besonders die Tatsache, daß es der mutativen Schrittweitenregelung gelingt, das extrem schmale Fortschrittsfenster auf der Populationsebene zu finden.

Selbstverständlich sind die abzuarbeitenden 50 Generationen auf Populationsebene nicht gleichzusetzen mit der Zahl von Funktionsaufrufen. Diese ist um den Faktor λ' mal λ mal γ höher. Wir erhalten die stattliche Zahl von $3 \cdot 10^6$ Funktionsaufrufen. Es sei festgehalten, daß der Optimierungsvorgang nicht anders verliefe, wenn das Koordinatensystem im RASTRIGIN-Modell gedreht werden würde. Auch die Anordnung der Gipfel in einem äquidistanten Gitter spielt für die globale Konvergenz des Verfahrens keine Rolle. Das ist wichtig. Denn bei einem realen multimodalen Funktional ist solch eine Ordnung kaum gegeben. Vorausgesetzt wird für das geschachtelte Verfahren des Hügelspringens und Gipfelkletterns lediglich eine semi-kausale Ordnung der Gipfelhöhen. Mit anderen Worten: Im Nahfeld eines gegebenen Gipfels müssen sich die Gipfelhöhen so anordnen, wie wir es intuitiv vom Bild einer normalen mathematischen Funktion her kennen. Die Einhüllende der Gipfelhöhen muß eine besteigbare Hügellandschaft erkennen lassen.

13

Optimierung von Strukturen

Was ist eine Struktur?

Es gibt Worte, die dann gern gebraucht werden, wenn es am treffenden Ausdruck mangelt. Zwei dieser Universalvokabeln sind für mich „System" und „Struktur". Kristallstruktur, Programmstruktur, Bevölkerungsstruktur: Dreimal Struktur in völlig verschiedenem Sinnzusammenhang. Was ist also genau unter einer Struktur zu verstehen, die, so die Überschrift, optimiert werden soll? Ich schlage in MEYERS ENZYKLOPÄDISCHEM LEXIKON nach und finde eine lange und eine kurze Definition. Hier die kurze:

> ***Lage und Verbindung der Teile eines nach einem einheitlichen Zweck sich bildenden Organismus.***

Es war IMMANUEL KANT, der diese komprimierte Strukturdefinition verfaßt hat. KANT orientiert sich an Vorstellungen des lebenden Organismus, und das gefällt mir, wenn es um das Thema ***Struktur-Evolution*** geht.

In Verbindung mit der Evolutionsstrategie wird das Problem der Struktur-Optimierung erstmals von JOHANNES WIEDEMANN (1974) und ALFRED HÖFLER (1976) diskutiert: Ein ebenes Stabtragwerk soll minimales Gewicht bekommen. Gesucht sind die x-y-Koordinaten der Knoten des Fachwerks (siehe **ES '73**). Aber das ist nur das halbe Problem. Es gibt viele Möglichkeiten, Stäbe durch Knoten zu einem Fachwerk miteinander zu verbinden. Das gilt auch unter der Nebenbedingung, daß dabei ein statisch bestimmtes Fachwerk herauskommen soll. Das ***Bild 13-1*** zeigt 12 (von 70 möglichen) Verbindungs-Topologien eines ebenen Kragträgers, bestehend aus 6 Stäben. Gesucht ist neben der besten x-y-Lage der konstruktiv frei verschieblichen Knoten 1 und 2 zugleich die günstigste Verbindungs-Topologie der Stäbe.

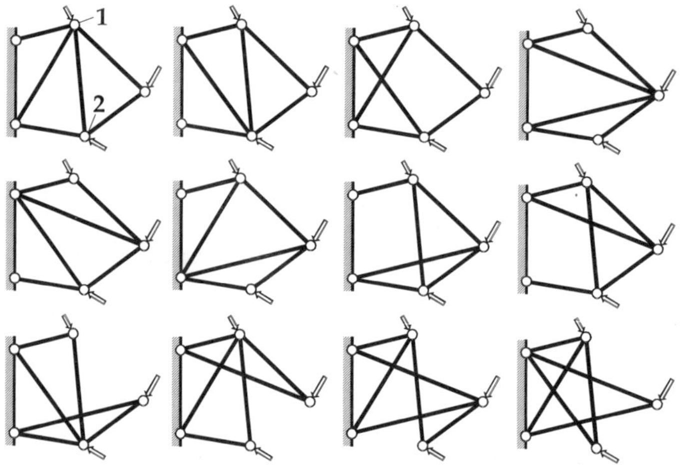

Bild 13-1:

12 von 70 Verbindungs-Topologien eines ebenen Kragträgers.

Auf eine einfache Formel gebracht: Das Knoten-Optimierungsproblem ist in ein Topologie-Optimierungsproblem eingebettet. Wer mathematisch-formal denkt, wird finden: Das Knoten-Problem besitzt Variablen (den Satz $\boldsymbol{g}$), und das Topologie-Problem besitzt Variablen (den Satz $\boldsymbol{s}$). Ausgeschrieben:

$$\text{Fachwerksgewicht} \quad G = \text{Funktion}\,(\boldsymbol{g}, \boldsymbol{s}) \;\Rightarrow\; \text{Min!}$$

Die Besonderheit dieses Optimierungsproblems besteht einzig und allein darin, daß die Variablensätze $\boldsymbol{g}$ und $\boldsymbol{s}$ von höchst unterschiedlichem Typ sind. Die Variablen g können kontinuierlich verstellt werden (g steht für die einzelne Gleitvariable – statt g_i). Und die Variablen s wiederum sind nur diskontinuierlich änderbar (s steht für die einzelne Sprungvariable – statt s_i).

Ich behaupte: Das Stabwerksproblem ist kein Sonderfall. **Struktur-Optimierung ist formal betrachtet stets gemischt diskret-kontinuierliche Optimierung.** Das Gemisch von Kontinuum und Diskontinuum, das den Strukturbegriff bestimmt, kann man auch aus der KANTschen Definition herauslesen. Was KANT ***Lage*** nennt (hier Knotenlage) steht für Kontinuum und was bei ihm ***Verbindung*** heißt (hier Stabverbindung) ist dem Diskontinuum zuzuteilen.

Über die beiden Variablen-Klassen $\boldsymbol{g}$ und $\boldsymbol{s}$ läßt sich aussagen: Die einzelnen Gleitvariablen g verhalten sich nach des Evolutionsstrategen Wunsch, was heißt, sie lassen sich skalieren (sprich: eindimensional nach der Größe ordnen). Das kann man von den einzelnen Variablen s nicht sagen. Sprungvariablen nach der Größe zu skalieren ist eine Kunst, die nur schwer gelingt. Denn Sprungvariablen einer Struktur entarten häufig zu Null-Eins-Größen, was heißt, daß Elemente der Struktur bei „0" herausgenommen und bei „1" eingefügt werden.

Und zwischen 0 und 1 gibt es nichts, das sich ordnen ließe. Auch für den Fall, daß die Sprungvariablen mehr als zwei Einstellstufen aufweisen, ist das Finden einer Ordnungsrelation das zentrale Problem. Denn ohne das diskrete Pendant einer starken Kausalität im Strukturraum wird evolutionsstrategisches Optimieren von Strukturen zur Lotterie. Deshalb gilt: Wenn wir uns mit der Strukturoptimierung auseinandersetzen, dann unter der Annahme, daß es uns gelingt, lückenhaft starke Kausalität im $\boldsymbol{s}$-Variablenraum zu erzeugen. Wir können wenigstens auf mengenmäßig starke Kausalität hoffen. Im Fall der 0-1-Optimierung: Je weniger Binärsprünge, desto kleiner die Wirkung.

Gemischt-ganzzahlige Optimierung

Ich habe als Beispiel für ein gemischt ganzzahliges Optimierungsproblem, das für beide Variablenklassen die Forderung nach starker Kausalität erfüllt, und das zugleich ein Strukturierungsproblem darstellen könnte, die simple kugelmodellähnliche Funktion konstruiert:

$$Q = \min\left\{(x_1 - s_1)^2 + (x_2 - s_2)^2 + s_1^2 + s_2^2\right\}.$$

Die Variablen x_1 und y_1 seien kontinuierlich verstellbar. Es sind unsere Gleitvariablen. Die Variablen s_1 und s_2 können dagegen nur sprunghaft verändert werden. Wir nennen sie Sprungvariablen. (In der obigen Modellgleichung mögen s_1 und s_2 beispielsweise nur ganze Zahlenwerte annehmen dürfen). Tatsache ist, daß sich Optimierungsprobleme dieser Art (natürlich mit mehr Variablen beider Typen) bemerkenswert häufig stellen. Als Beispiele seien aufgeführt: Gewichtsminimierung von Stabtragwerken, Konstruktion minimaler Wegnetze und Entwurf neuronaler Netze. Die Sprungvariablen s werden hier Strukturvariablen genannt.

Die Modellgleichung ist einfach zu durchschauen. Für jede ganzzahlige Voreinstellung von s_1 und s_2 ist das Minimum bei $x_1 = s_1$ und $x_2 = s_2$ gegeben. Das globale Minimum liegt bei $x_1 = s_1 = 0$ und $x_2 = s_2 = 0$. Die obige Modellgleichung läßt sich leicht auf n Dimensionen erweitern. Konventionell evolutionsstrategisch läßt sich das genaue Null-Minimum für die Gleitvariablen kaum mehr finden. Die Sprungvariablen blockieren den Fortschritt. Die Mutationsschrittweite der Sprungvariablen läßt sich nicht kleiner als die ganzzahlige Sprungeinheit machen. Das Evolutionsfenster wird unweigerlich rechts verlassen. Der Evolutionsstratege könnte auf die Idee kommen, die Größen s einmalig zu modifizieren und die Funktion dann bei festgehaltenen s kontinuierlich nach

x_1 und x_2 zu optimieren. Diese Prozedur wäre mit anderen s-Einstellungen zu wiederholen. Es gilt, Lösungen in Unterräumen anzusteuern und über diese Zwischenoptima zum Hauptoptimum zu gelangen. Erinnert sei hier an die Logik der deterministischen GAUß-SEIDEL-Strategie: Alle Variablen bis auf eine Arbeitsvariable werden festgehalten. Nur die Arbeitsvariable wird optimiert. Ist der Bestwert in der gewählten Koordinaten-Suchstraße gefunden worden, wird auf eine neue Arbeitsvariable umgeschaltet usw. Die Optima in der eindimensionalen Sicht werden auch hier relative Optima genannt, obgleich kein multimodales Optimierungsproblem vorliegt.

Zweigeteilte Optimierung

Der Optimierer tut gut daran, Gleitvariablen und Sprungvariablen „nicht in einen Topf zu werfen". Der Gedanke, im **s**-Raum zu modifizieren und im **g**-Raum nachzuoptimieren, läßt sich als Optimierung in einer Optimierung auffassen. KARSTEN TRINT aus der Berliner Evolutionsstrategie-Gruppe hat diesen Prozeß in einem Blockdiagramm (das von mir im ***Bild* 13-2** scherzhaft abgeändert wurde) dargestellt:

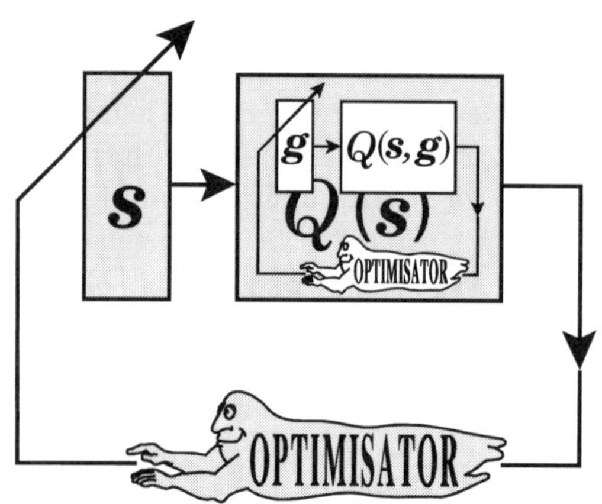

***Bild* 13-2:**

Optimierung in der Optimierung.

*Dämonen (Optimisatoren) beobachten je die Qualität Q und agieren an **g** und **s** so, daß Q extremal wird.*

Der äußere Dämon modifiziert die s-Werte und erhält am Ausgang die Qualität Q. Die partielle Optimierung von Q nach den Gleitvariablen g vollführt blitzschnell der innere Dämon. Der Außen-Dämon merkt vielleicht gar nichts davon. Wer evolutionsstrategische Strukturierung so deutet, hat allein um die Lösung der diskreten Optimierungsaufgabe min/max $Q(\boldsymbol{s})$ zu ringen. Die optimale Einstellung der Gleitvariablen ist zu einem Teil der Qualitätsermittlung geworden.

Ich möchte das Problem in die mathematische Form bringen. Gegeben sei die gemischt diskret-kontinuierliche Optimierungsaufgabe*

$$Q = \min_{\boldsymbol{s},\, \boldsymbol{g}} \left[f(\boldsymbol{s}, \boldsymbol{g}) \right].$$

Die kaskadenhafte Optimierungsprozedur läßt sich durch den mathematischen Formalismus

$$Q = \min_{\boldsymbol{s}} \left\{ \min_{\boldsymbol{g}} \left[f(\boldsymbol{s}, \boldsymbol{g}) \right] \right\}$$

ausdrücken. In Worten: Man minimiere erst f partiell nach $\boldsymbol{g}$ und dann f partiell nach $\boldsymbol{s}$. Zur geschachtelten Optimierungsprozedur paßt eine geschachtelte Evolutionsstrategie, z. B. in der von mir favorisierten Form der

$$\left[\mu'/\mu',\, \lambda'(\mu/\mu,\, \lambda)^{\gamma}\, \overline{\mu/\mu} \right] \text{- ES}.$$

In der Individuenklammer ( ) werden die Gleitvariablen und in der Populationenklammer [ ] die Sprungvariablen optimiert. So will es das Schema von ***Bild 13-2***. Doch die geschachtelte Strategie beinhaltet mehr. In dem Zwei-Dämonen-Schema stellt sich nämlich die Frage: Mit welchen g-Werten startet der Innendämon die Optimierung neu, wenn der Außendämon die s-Werte wieder modifiziert hat? Eine evolutionsstrategische Regel wäre der Zufallsstart. Eine geschachtelte Evolutionsstrategie vollzieht die Initialisierung der Gleitvariablen auf andere Weise: Um die Feinheit der Re-Initialisierung zu illustrieren beginne ich mit dem Zustand, daß die Gleitvariablen für λ' Modifikationen der s-Werte bereits optimiert wurden. Je μ Eltern besetzen λ' lokale Gipfel. Durch den abschließenden $\overline{\mu/\mu}$-Zug wird jede aus μ Eltern bestehende Population der inneren Klammer durch einen repräsentativen Punkt ersetzt. Nachdem aus den λ' Populationsrepräsentanten die μ' besten ausgelesen wurden, folgt der für die Re-Initia-

---

* In der Literatur wird häufig für eine Optimierungsprozedur die Schreibweise

$$Q = f(\boldsymbol{s}, \boldsymbol{g}) \Rightarrow \text{Min}$$

gebraucht. Diese Nomenklatur, obgleich auch ich sie benutze, ist zu bemängeln. Der Vergleich wäre, man würde bei der Integrationsprozedur, angewendet auf die Funktion $f(x)$,

$$I = f(x)\, dx \Rightarrow \int_x$$

schreiben. Das Operatorzeichen gehört vor den Operanden! Erst dadurch wird das mathematische Hantieren in gewohnter Weise möglich.

lisierung entscheidende Schritt: Die Rekombination auf der Ebene der Populationen (hier Populationsrepräsentanten). Ergebnis: Es wird von einer ausgezeichneten Gleitvariablen-Position neu gestartet. Und wenn Rekombinieren besseres Optimumzielen in stark kausalen Landschaften bedeutet, liegt diese Gleitvariablen-Initialisierung voraussichtlich auch günstig zum nächst höheren Berg der Sprungvariablen. Übrigens: Bei einer geschachtelten Strategie ohne Rekombination ist die Re-Initialisierung ebenfalls festgelegt: Der Neustart erfolgt nun von den besten Berggipfeln aus.

Stukturierung durch Strategie-Schachtelung

Weshalb empfehlen Evolutionsstrategen (REINHARD LOHMANN hat es zum ersten Mal getan), bei der Strukturoptimierung oder verwandten Problemen mit geschachtelten ES zu arbeiten? Ohne Zweifel kopiert das Verfahren gewisse Züge der GAUß-SEIDEL-Strategie: Konstanthalten der einen Variablenklasse (hier Sprungvariablen) und Ändern der anderen Variablenklasse (hier Gleitvariablen). Durch diese periodische Zweiteilung des Optimierungsgeschehens wird erreicht, daß wenigstens ein Teil des Weges durch Gradientendiffusion zurückgelegt werden kann. Das Verhängnis der Distanz-Volumenexplosion läßt sich durch diesen Trick auf die Sprungvariablen einschränken, und das ist keineswegs belanglos. Eine einfache Evolutionsstrategie kann nicht zwischen einzelnen Variablenänderungen unterscheiden. Was zählt ist die gesamte Vektorlänge eines Mutationsschritts. Diese allein entscheidet über Konvergenz oder Nichtkonvergenz der Evolutionsstrategie. Die Mutations-Vektorlänge setzt sich aber aus den Komponenten ***aller*** Variablen zusammen. Sind unter den Vektorkomponenten Sprungvariablen, wird der Mutationsvektor alsbald zu lang, und die Evolutionsstrategie funktioniert nicht mehr. An der Distanz-Volumenexplosion sind alle Variablen schuld.

Es muß ein Kunstgriff genannt werden, wenn es gelingt, mittels einer geschachtelten Evolutionsstrategie bei einem gemischten Optimierungsproblem (Problem mit Gleit- und Sprungvariablen) die Gleitvariablen aus dem Geschehen der Distanz-Volumenexplosion herauszuhalten. Der Vorteil wird besonders offensichtlich, wenn nur wenige Sprungvariablen aber viele Kontinuumsvariablen das Problem bestimmen.

Zusammengefaßt: Optimierung in der Optimierung, unumgänglich für eine Strukturoptimierung, läßt sich elegant durch eine geschachtelte Evolutionsstrategie verwirklichen. Vorteil Nummer 1: Eine geschachtelte Evolutionsstrategie enthält zugleich vernünftige Initialisierungsvorschriften. Die äußere Optimierung übt Einfluß auf die innere aus. Vorteil Nummer 2: Variablen, die sich nicht nach des Evolutionsstrategen Wunsch verhalten, lassen sich aus dem Prozeß heraushalten. Fortschrittsmaximale evolutionsstrategische Gradientendiffusion kann wenigstens in den Unterräumen der Gleitvariablen stattfinden.

Häusernetz, Stabtragwerk und Neuralnetz

Verhalten sich reale Strukturierungsprobleme ähnlich wie die konstruierte simple Modellfunktion? Die Antwort ist leicht zu geben: Die Modellfunktion ist nämlich gar nicht fingiert, sondern extrem vereinfachte Realität mit dem Namen „Minimales Verbindungsnetz": Häuser sollen miteinander sparsamst verkabelt werden. Das Problem besteht darin, die Y-förmigen Kabelaufzweigungen so zu legen, daß die gesamte Kabellänge minimal wird. Bei größerer Häuserzahl gibt es unüberschaubar viele Verbindungsmöglichkeiten. Und für jede Verbindungsart existiert eine beste x-y-Positionierung der Gabelungspunkte. Aber nur eine Verbindungsart löst bei bester x-y-Positionierung der Gabelpunkte das gestellte Minimalproblem am besten. Ich habe lange herumprobieren müssen, bis ich die in dem ***Bild 9-3b*** auf Seite 116 dargestellte beste Verbindungstopologie der Fernsehverkabelung von SCHILDA gefunden habe.

Es ist nicht schwer, das Verkabelungsproblem analytisch darzustellen. Die Kabellänge als Funktion der x-y-Positionen der Gabelpunkte ergibt sich aus dem PYTHAGORAS. Jede Verbindungstopologie wird zunächst durch eine eigene Qualitätsfunktion beschrieben. Schaut man genau hin, sind alle Qualitätsfunktionen gleich aufgebaut. Verschiedenheit ergibt sich dadurch, daß die x-y-Koordinaten der Häuser in jeder Gleichung in einer anderen Kombination vorkommen. Das bedeutet: Wir können mit nur einer Qualitätsfunktion operieren, wenn wir neue Variablen definieren, deren Vorrat die Werte der Häuserkoordinaten beschreibt. Eben das sind die postulierten Sprungvariablen (oder Strukturvariablen). Und wie geschaffen ist auch die Bezeichnung Gleitvariablen für die x-y-Gabelungskoordinaten, da diese sich beliebig fein verstellen lassen.

Ein ähnlich geartetes topologisches Problem entstammt der Statik: Aus Stäben läßt sich ein Tragwerk konstruieren. Zweck der Konstruktion ist, Druck- und Zugkräfte entlang von Stäben über Knoten fortzuleiten. Der Ingenieur möchte die Aufgabe mit minimalem Materialaufwand (minimalem Gewicht) lösen. Die Positionen der Knoten können frei in kleinsten Schritten verändert werden. Es sind Gleitvariablen. Ferner läßt sich die Topologie der Stäbeverbindung vielfältig abwandeln. Da diese Variation nicht kontinuierlich möglich ist, vermuten ich in der analytischen Darstellung des Problems die Sichtbarwerdung von Sprungvariablen. Ich stelle mir vor, daß sich eine allgemeinste Qualitätsfunktion aufstellen ließe, die für alle statisch bestimmten Stabwerks-Topologien gegebener Knotenzahl gilt. Ich stelle mir weiter vor, daß in diesem Gleichungssystem Symbole als „Platzhalter" für die Richtungskosinusse der Kräftepfade freigelassen werden könnten. Diese Platzhalter werden in Abhängigkeit von der Verbindungstopologie mit Richtungskosinussen aufgefüllt. Die Platzhalter sind die postulierten Sprungvariablen. Dieser theoretische Exkurs soll zeigen, daß die vorweg diskutierte diskret-kontinuierliche Modellfunktion ein allgemeinstes Strukturierungsproblem beschreibt. Es geht um Einsicht. Sonst läßt sich, wie BERND KOST (1993) gezeigt hat, Strukturoptimierung mit geschachtelten Evolutionsstrategien auch ohne diese Problemanalyse durchführen.

Den Strukturierungsproblemen „Häusernetz" und „Stabtragwerk" sei das Strukturierungsproblem der konnektionistischen Rechentechnik zugefügt. Knotenprozessoren (Neuronen) sollen durch Leitungen miteinander verbunden werden. Grundgedanke des neuronalen Netzwerks ist, durch geeignete Gewichtung der Verknüpfungen ein gewünschtes logisches Verhalten zu erzeugen. Die Gewichte lassen sich beliebig fein justieren und stellen deshalb Gleitvariablen dar. Zusätzlich läßt sich die Verbindungsführung der Neuronen ändern. Diese topologische Variation ist nicht dosierbar. Wir postulieren die Existenz von Sprungvariablen in einem Neuralnetz-Funktional.

Neuronale Netze werden auf dem Computer simuliert: Die Signalausbreitung wird verfolgt und die Signalverarbeitung in den Knoten durchgerechnet. Mir geht es um die Durchleuchtung des ***Strukturierungsproblems***. Ich werde deshalb ein neuronales Netz analytisch unter die Lupe nehmen, das die logische Paritäts-Funktion beherrschen soll. Die Transferfunktion in jedem Knoten ist bekannt (FERMI-Funktion). Die Verbindungsstruktur liegt vor. Eingangsmuster und Ausgangsreaktionen sind gegeben. Eine Qualitätsfunktion läßt sich konstruieren, indem die Ausgangs-Fehlerquadrate über alle Eingangsmuster summiert werden. Es gilt, diesen „Gesamtfehler" als Funktion von den eingestellten Gewichten zu minimieren. – Und worin liegt das Strukturierungsproblem?

Der Kern der Aufgabe sei an einem historischen Beispiel wiederholt. Gegeben sei die umfangreiche Sammlung der Bahndaten von Planeten. Gewiß bereitet es keine Schwierigkeit, die Bahndaten durch einen hochgradigen Polynomansatz bzw. ein neuronales Netz zu approximieren. Doch in dieser Form ist die Interpolationsaufgabe unvollständig gestellt: Es gibt unzählige funktionierende Formelstrukturen. Was der Wissenschaftler sich wünscht: Er möchte die dem Verständnis dienende Minimal-Formel aus den Daten extrahieren, die zugleich beste Voraussagbarkeit garantiert. Und das wären die KEPLERschen Gesetze.

Strukturierung durch Lohn und Strafe

Gegeben ist die neuronale Struktur

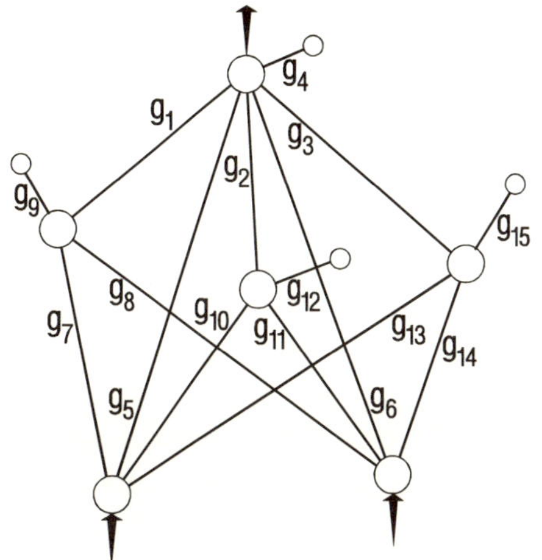

mit dem Wunschverhalten:

Eingang 00 Ausgang 1,
Eingang 01 Ausgang 0,
Eingang 10 Ausgang 0,
Eingang 11 Ausgang 1.

Jedes Eingangsmuster erzeugt ein von den Gewichtseinstellungen g abhängiges Ausgangssignal. Die 15 Gewichte sind nun so zu bestimmen, daß die quadratische Soll-Ist-Differenz am Ausgang zu einem Minimum wird:

$$\min_{g_1 \cdots g_{15}} \left\{ \left[1 - \frac{1}{1+e^{-\left(\frac{g_1}{1+e^{-g_9}} + \frac{g_2}{1+e^{-g_{12}}} + \frac{g_3}{1+e^{-g_{15}}} + g_4\right)}} \right]^2 + \right.$$

$$\left[\frac{1}{1+e^{-\left(\frac{g_1}{1+e^{-g_8-g_9}} + \frac{g_2}{1+e^{-g_{11}-g_{12}}} + \frac{g_3}{1+e^{-g_{14}-g_{15}}} + g_4 + g_6\right)}} \right]^2 +$$

$$\left[\frac{1}{1+e^{-\left(\frac{g_1}{1+e^{-g_7-g_9}} + \frac{g_2}{1+e^{-g_{10}-g_{12}}} + \frac{g_3}{1+e^{-g_{13}-g_{15}}} + g_4 + g_5\right)}} \right]^2 +$$

$$\left. \left[1 - \frac{1}{1+e^{-\left(\frac{g_1}{1+e^{-g_7-g_8-g_9}} + \frac{g_2}{1+e^{-g_{10}-g_{11}-g_{12}}} + \frac{g_3}{1+e^{-g_{13}-g_{14}-g_{15}}} + g_4 + g_5 + g_6\right)}} \right]^2 \right\}.$$

Tatsache, wenngleich nicht unmittelbar zu beweisen, ist: Die Optimierungsgleichung ist überbestimmt. Es gibt viele, viele Gewichtseinstellungen, die das Problem lösen. Wenn man das weiß, reizen besonders Lösungen, bei denen maximal viele Gewichte den Wert Null haben. Ich behaupte: Die ellenlange Minimierungsfunktion auf der vorigen Seite verhält sich genau so wie die überschaubare Modellfunktion

$$\min\{(x+y-10)^2\}.$$

Lösungen der letzten Aufgabe sind: $x=5$, $y=5$ oder $x=2$, $y=8$ oder $x=0$, $y=10$ oder... Wer auf diese Modellfunktion die Evolutionsstrategie ansetzt, würde von Lauf zu Lauf eine andere Lösung erhalten. Besonders interessant sind die „regulären" Lösungen $x=0$, $y=10$ bzw. $x=10$, $y=0$.* Hier besitzt die Modellfunktion die Minimalstruktur.

Gesucht ist ein Verfahren, das im Zuge der Optimierung diese ausgezeichneten (regulären) Lösungen ansteuert. Ich möchte diesen Wunsch geometrisch veranschaulichen.

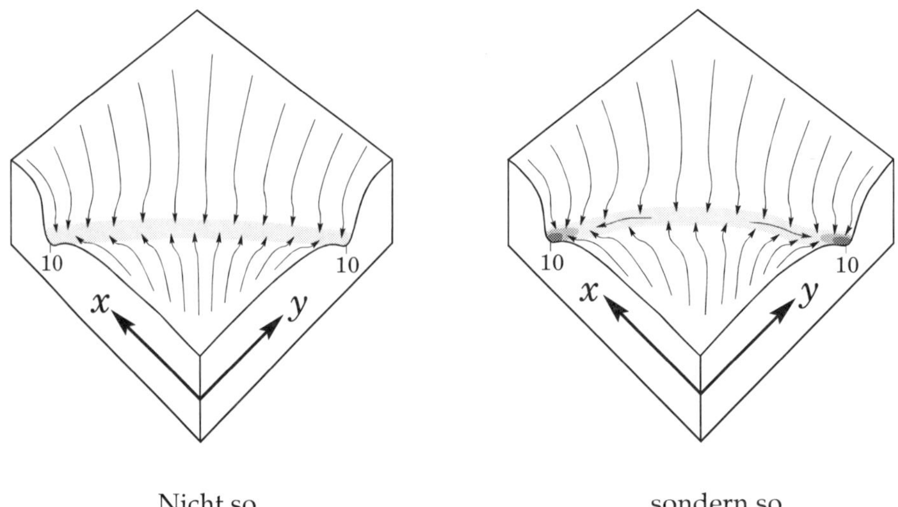

Nicht so, sondern so

müßte die zweidimensionale Optimierungslandschaft aussehen. Der Rinnenboden $x+y=10$ mit dem Fehler Null muß auf den Koordinatenachsen eine zusätzliche Eindellung erfahren. Die Optimierung würde nicht irgenwo in der

* Das Adjektiv „regulär" wird in der Mathematik benutzt, um hervorzuheben, daß ein Normalfall oder unter mehreren Fällen der interessantere oder einfachere vorliegt.

Rinne zum Stillstand kommen, sondern sie würde in die Achsenpositionen mit $x = 0$ oder $y = 0$ hineingezogen werden.

Wer anders denkt und mit „analytischem" Blick auf die Modellgleichung sieht wird bemerken: Ungleichmäßigkeit in den x- und y-Werten ($x = 1$, $y = 9$) ist zu belohnen, Gleichmäßigkeit ($x = 5$, $y = 5$) ist zu bestrafen. Dies läßt sich durch die Erweiterung

$$\min\{(x+y-10)^2 + k(x\cdot y)^2\}$$

erreichen. Wir haben eine Zwei-Wünsche-Optimierung, den Anfang einer Polyoptimierung vor uns. Klar ist, daß das Produkt $x{\cdot}y$ in der Verbindung 1×9 kleiner als in der Verbindung 5×5 ist. Die Quadrierung von $x{\cdot}y$ ist notwendig, damit nicht ein negatives Vorzeichen der Zusatzfunktion ein Minimum bei minus Unendlich erzeugt. Der additive Zusatzterm wird in der Optimierungsliteratur Straffunktion genannt. Das ***Bild 13-3*** zeigt, daß sich durch diese Straffunktion die gewünschten Mulden in der Fehlerrinne $x + y = 10$ formieren.

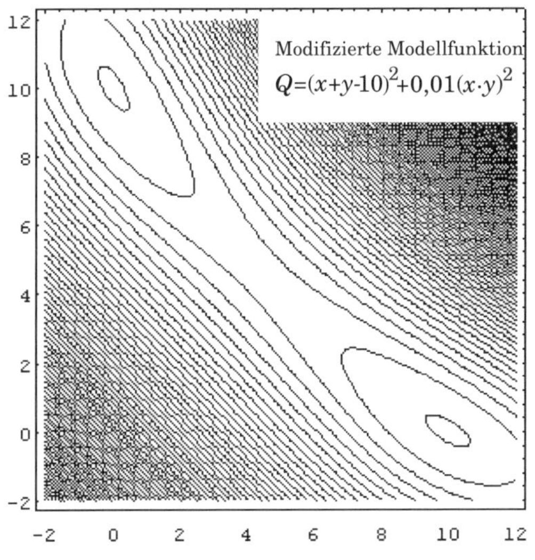

Bild 13-3:

Eindellung der Rinnenfunktion an den regulären Lösungspunkten.

Eine Straffunktion ist ein heikles Mittel der Optimierung. Oft verfälscht sie die Originalfunktion und das Optimum verschiebt sich. Hier ist es anders: Der Strafterm verschwindet an den regulären Lösungspunkten. Nullsetzen der ersten Ableitung der modifizierten Modellfunktion liefert die Lage der Minima exakt bei $x = 0$, $y = 10$ und $x = 10$, $y = 0$. Unsere Überlegungen beziehen sich auf die regularisierende Minimierung der zweidimensionalen Funktion $(x+y-10)^2$. Was geschieht, wenn eine dritte Variable hinzukommt. Wir bleiben bei der linearen Struktur einer überbestimmten Optimierungsaufgabe und studieren die Form

$$\min\{(x+y+z-10)^2+k(x\cdot y\cdot z)^2\}.$$

Ein Strafterm der Form $x^2 \cdot y^2 \cdot z^2$ verschwindet bereits, wenn ***eine*** Variable zu Null geworden ist. Dies läßt sich mit einem Trick vermeiden. Der Strafterm werde in der Form $(x^2+\varepsilon)\cdot(y^2+\varepsilon)\cdot(z^2+\varepsilon)$ angesetzt, wobei ε eine kleine Schranke darstellt. Es sei angemerkt: In der ES-Optimierungspraxis werden die regulären Lösungen $x=0$, $y=0$, $z=10$ oder $x=0$, $y=10$, $z=0$ oder $x=10$, $y=0$, $z=0$ auch ohne diese mathematische Verschönerung gefunden. Und was besonders zählt: Auch neuronale Netze lassen sich mit dieser Strafterm-Methode in einem gewissen Umfang regularisieren (minimal strukturieren).

Dennoch haben viele meiner Freunde die multiplikative Straffunktion mit Kopfschütteln quittiert. Deshalb führe ich einige additive Formen von erprobten n-dimensionalen Strukturierungs-Straffunktionen an:

$$k\sum_i \ln(1+cx_i^2)\,, \qquad k\sum_i \sqrt[10]{x_i^2}\,, \qquad k\sum_i \tanh(x_i^2)\,, \qquad k\sum_i 1/(1+\mathrm{e}^{-cx_i^2})\,.$$

Ich wiederhole: Diese Straffunktionen müssen an den Fehlerterm eines neuronales Netzes angehängt werden. Mit etwas Geschick gelingt es, eine ES-Strukturierung im Sinne einer Regularisierung (möglichst viele Gewichte Null) durchzuführen. Mit Geschick meine ich, daß es nicht auf Anhieb gelingen mag. Es muß an den Konstanten k und c „gedreht" werden.

Strukturierung durch „Fuzzifizierung"

Zurück zum Anfang: Strukturierung wurde als Lösung eines gemischt diskret-kontinuierlichen Optimierungsproblems

$$Q=\min_{\boldsymbol{s},\,\boldsymbol{g}}\{f(\boldsymbol{s},\boldsymbol{g})\}$$

gedeutet. Daraufhin sehen wir uns die Modellunktion $Q=\min\{(g_1+g_2-10)^2\}$ an. Ohne Frage: g_1 und g_2 sind Gleitvariablen. Gesonderte Sprungvariablen sind nicht zu erkennen. Erstrebt werden Nulleinstellungen von g_1 oder g_2. Viele Optimierer weisen den g-Werten nun eine diskret-kontinuierliche Doppelrolle zu. Einerseits variieren sie g_1 und g_2 fein dosiert. Andererseits springen sie mit g_1 oder g_2 nach Null. Strategisch wird dann so verfahren, daß eine zu Null gemachte Gleitvariable nicht mehr mutiert wird. Es wird gezielt in Unterräumen nach dem Minimum gesucht. Ich habe versucht, diese Sichtweise der Regularisierungsaufgabe in die Form

$$Q = \min \left\{ (g_1 s_1 + g_2 s_2 - 10)^2 + k(s_1 + s_2) \right\}$$

zu bringen. Hier wurden die Gleitvariablen einfach mit Sprungvariablen s_1 und s_2 multipliziert. Über die Sprungvariablen, die nur die Werte 0 oder 1 annehmen können, werden die Gleitvariablen ein- und ausgeblendet. Um Ausblenden zu belohnen, wird der Summenterm angehängt. Die entworfene Qualitätsfunktion betrachtet das Problem gezielt unter dem Aspekt der regularisierenden Strukturierung (0-1-Einstellung der s-Größen). Diese Q-Formulierung ist geeignet für eine Optimierung in der Optimierung (***Bild* 13-2**). Der innere Dämon optimiert die g-Aufgabe; der äußere Dämon manipuliert an den s-Werten und beurteilt seine Aktionen nach der Menge der s-Nullwerte. Aber es gibt offene Fragen. Manipuliert der innere Dämon weiter an der Gleitvariablen g, wenn der äußere Dämon die Sprungvariable $s = 0$ gesetzt hat? Was macht er, wenn nach einer gewissen Zeit sein äußerer Kollege wieder $s = 1$ setzt? Es müssen strategische Zusatzregeln definiert werden, und das mißfällt mir.

Das Ärgernis rührt daher, weil wir so handeln, als ob s und g zwei Variablentypen seien. Wir tun dies, um die diskret-kontinuierliche Doppelnatur des Strukturierungproblems sichtbar zu halten. Doch eigentlich ist s bloß ein springendes g. Deshalb definiere ich s als Funktion von g wie folgt:

$$s(g) = 0 \quad \text{für} \quad g = 0 \qquad \text{und} \qquad s(g) = 1 \quad \text{für} \quad |g| > 0 \,.$$

Allerdings liefert nun das Produkt $g \cdot s$ nicht mehr als wenn g allein dagestanden hätte. Aber es ist mathematisch auch nicht falsch. Wenigstens bleibt die Doppelnatur von Lage (g) und Verbindung (s) eines Strukturierungsproblems erkennbar. Es stellt sich die strategische Frage: Wann wird jemals g exakt Null? Bei normalverteilten g-Mutationen nie. Eine Nullmutation müßte geschaffen werden. Aber ich mag Großmutationen nach dem Motto „Viel-hilft-viel" nicht. Ich schlage vor, die s-Funktion wie folgt zu modifizieren:

$$s(g) = 0 \quad \text{für} \quad |g| \leq \varepsilon \qquad \text{und} \qquad s(g) = 1 \quad \text{für} \quad |g| > \varepsilon \,.$$

Mit diesem Trick könnnen wir ohne eine gesonderte Null-g-Großmutation in den Ausblendzustand von g hineinrutschen. Das freut den Kontinuisten. Und viele Strukturierungsalgorithmen verfahren nach dieser Methode.

Eine problematische Frage stellt sich: Eine Qualitätsfunktion wird entworfen, um optimierend zu strukturieren, und diese Qualitätsfunktion nimmt dabei Züge der verwendeten Optimierungsstrategie an. Man sollte meinen, eine Qualitätsfunktion muß unabhängig von der verwendeten Optimierungsstrategie formuliert werden. Tatsächlich lassen sich Zielannäherungen verschiedenartig ausdrücken. Und Optimierungsstrategien können auf der einen Zielfunktion besser arbeiten als auf der anderen. Ein komplexes neuronales Netz wird evolutionsstrategisch z. B. sicherer optimiert, wenn als Fehlerabstand eine TSCHEBYSCHEFFsche anstelle einer EUKLIDischen Norm verwendet wird. Tatsache ist: Bei der Konstruktion einer Ziel- bzw. Qualitätsfunktion ist einzig wichtig, daß das erstrebte Ziel den Extremwert der Funktion bildet. Und es gibt unendlich viele Zielfunktionen, die diese Bedingung erfüllen*.

Versuchen wir deshalb weiter, an der Zielfunktion für eine evolutionsstrategische Strukturierung im Falle einer diskret-kontinuierlichen Doppel-Variablen zu „drehen". Es kommt ein Trick, der als „Fuzzifizierung" gedeutet werden könnte: Das Schwarz-Weiß-Denken (die Null-Eins-Variation von s), soll durch Grautöne evolutionskonform überbrückt werden. Null-Eins-Denken bleibt zwar Endziel der Optimierung und muß belohnt werden. Aber die Evolutionsstrategie möge zwischendurch im Graubereich agieren können. Mit dem Vorschlag, beispielsweise $s(g)$ nach der Vorschrift

$$s = \tanh(g^2)$$

zwischen 0 und 1 zu verschmieren, erhalten wir die Optimierungsfunktion:

$$Q = \min\left\{\left[g_1 \tanh(g_1^2) + g_2 \tanh(g_2^2) - 10\right]^2 + k\left[\tanh(g_1^2) + \tanh(g_2^2)\right]\right\}.$$

Vielen mag die Konstruktion der obigen Zielfunktion gekünstelt erscheinen. Doch wenn es sich bewährt, sollte es erlaubt sein. Das Wesen der obigen Zielfunktion liegt in einer doppelten Verzerrung der originalen Rinne. Es gibt zwei Möglichkeiten, die waagerechte Rinne $\min(g_1 + g_2 - 10)^2$ zu modifizieren: Höhenänderungen (Verzerrung der Q-Werte) und Höhenverschiebungen (Ver-

---

* Ich möchte vorschlagen, den Begriff ***Qualitätsfunktion*** immer dann zu verwenden, wenn diese die Eigenschaft besitzt, auch abseits vom Optimum die Güte einer Problemlösung im Sinne des Optimierers zu bewerten. Eine ***Zielfunktion*** muß darauf keine Rücksicht nehmen. Mit ihr soll ein Gradientenpfad zum Lösungspunkt (gleich Funktionsextremum) gelegt werden. So könnte es auf dem Weg zum Optimum wohl passieren, daß eine Verbesserung des Zielfunktionswertes eine im Sinne des Optimierers schlechtere Lösung darstellt.

zerrung der g-Achsen). Die Hyperbeltangenssumme baut Vertiefungen an den Achsen auf (siehe Straffunktionsmethode). Die Multiplikation der g-Werte in der Originalfunktion mit der Hyperbeltangensfunktion verbreitert die so vertiefte Rinne an den Achsen. Im höherdimensionalen Fall sind die Ausdrücke „Achsen“ durch „Unterräume“ zu ersetzen. Das ***Bild 13-4*** zeigt, wie sich aus der elliptischen Mulde durch die zusätzliche g-Verzerrung die optimierungsfreundliche kreisförmige Mulde bildet.

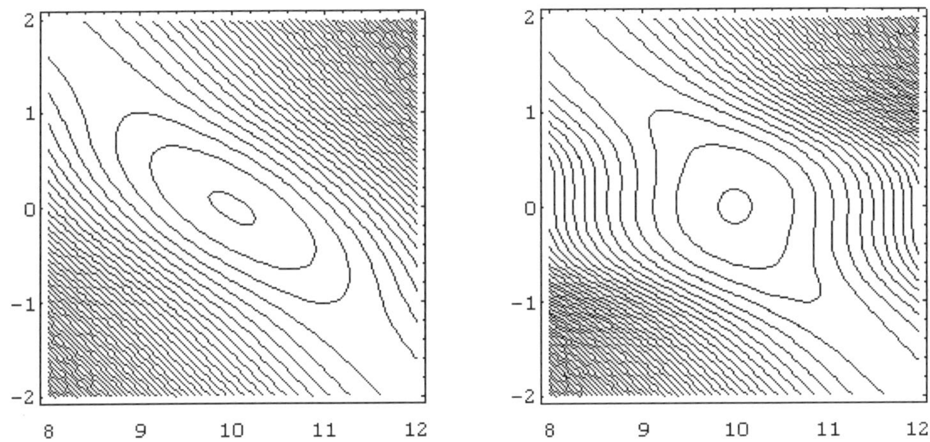

Bild 13-4: *Höhenverzerrung (links) und zusätzliche Flächenverzerrung (rechts) der Fehlerrinne durch eine „Fuzzifizierung“ der Sprungvariablen.*

Zusammengefaßt: Es ist keine mathematische Willkür, die zu der gezeigten Höhen- und Flächenverzerrung der originalen Funktion führt. Am Anfang steht die Doppelrolle der Variablen als Gleit- und Sprung-Größen. Dieser wird durch die kombinative Schreibweise $g{\cdot}s$ Rechnung getragen:

$$Q = \min\{f[\mathbf{g}\cdot s(\mathbf{g})] + k\cdot p[s(\mathbf{g})]\},\quad s(\mathbf{g}) = 0 \text{ für } |\mathbf{g}| \le \varepsilon \text{ und } s(\mathbf{g}) = 1 \text{ für } |\mathbf{g}| > \varepsilon.$$

Die Formulierung beschreibt eine Minimierungsaufgabe mit der Straffunktion p als Regularisierungszusatz. Mathematisch darf $\varepsilon \to 0$ gehen. In diesem Fall müssen spezielle Mutationsprozeduren erdacht werden, um den singulären Punkt Null zu treffen. Wir machen nun den 0-1-Sprung von s sanfter und setzen:

$$Q = \min\{f[\mathbf{g}\cdot \tanh(c\mathbf{g}^2)] + k\cdot p[\tanh(c\mathbf{g}^2)]\}\,.$$

Für $c \to \infty$ ergibt sich wieder das vorherige Delta-Funktions-Verhalten mit $\varepsilon \to 0$.

Strukturierung mit der EVASIONs-Methode

EVASION bedeute EVAkuierung aus der DimenSION. Durch die Konstruktion von richtig plazierten Senken im Qualitätsgebirge gelingt es, Gradientenpfade aus Hyperräumen in Hyper-Unterräume zu legen, so daß ein Folgen dieser Pfade das System in diese Unterräume lenkt. Das ist die Logik des beschriebenen Verfahrens der Minimal-Struktur-Findung. Nun soll dieses Verfahren erprobt werden. Es sind drei neuronale Netze zu strukturieren mit den im ***Bild 13-5*** links gezeigten Soll-Verhaltensweisen. Das TAL-Netz soll eine binäre 5-Bit-Durchzählung in eine 0-1-Berg-und-Talbahn umwandeln. Für das UND-Netz ist die Erfüllung der logischen 5-Bit-UND-Funktion gefordert (nur wenn alle Eingänge eins sind schalte der Ausgang auf Eins). Und das PAR-Netz soll die Paritätsfunktion erzeugen (nur eine gerade Zahl von Einsen liefere auch am Ausgang eine Eins). Gegeben ist als Startkonfiguration ein vorwärtsgekoppeltes dreischichtiges neuronales Netz mit 6 Zwischenneuronen (***Bild 13-5*** rechts). Noch ist in Vorwärtsrichtung alles mit allem verbunden. Das Netz ist möglicherweise überdimensioniert. Wir werden es sehen.

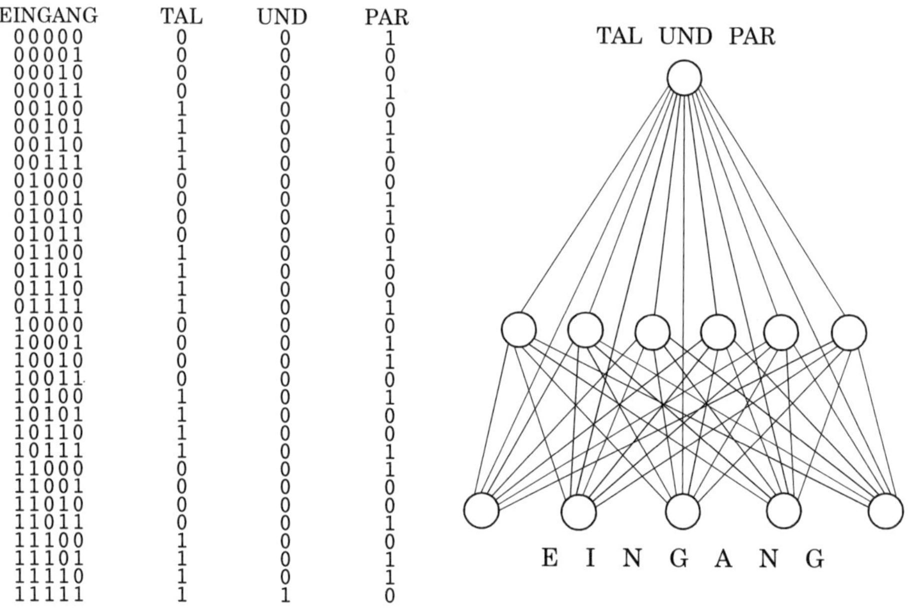

EINGANG	TAL	UND	PAR
00000	0	0	1
00001	0	0	0
00010	0	0	0
00011	0	0	1
00100	1	0	0
00101	1	0	1
00110	1	0	1
00111	1	0	0
01000	0	0	0
01001	0	0	1
01010	0	0	1
01011	0	0	0
01100	1	0	1
01101	1	0	0
01110	1	0	0
01111	1	0	1
10000	0	0	0
10001	0	0	1
10010	0	0	1
10011	0	0	0
10100	1	0	1
10101	1	0	0
10110	1	0	0
10111	1	0	1
11000	0	0	1
11001	0	0	0
11010	0	0	0
11011	0	0	1
11100	1	0	0
11101	1	0	1
11110	1	0	1
11111	1	1	0

Bild 13-5: *Soll-Verhaltensweisen (links) und Anfangs-Struktur (rechts) eines neuronalen Netzes für die ES-EVASION.*

Die Aufgabe „TAL“ hat mit der Strömungsgelenkplatte – dem *Experimentum crucis* der Evolutionsstrategie – gemein, daß die Lösung augenfällig ist. Die Berg-und-Tal-Reaktion ist identisch mit dem Springen der mittleren Bit-Stelle des Eingangs. Simples Durchschalten des mittleren Eingangsneurons zum Ausgang löst das Problem. Sehen wir uns die Experimente im ***Bild* 13-6** an: Mit einer nullnahen Zufallseinstellung der Gewichte **a** wird gestartet. Die Stärke der Linien bildet die Gewichte ab. Lösung **b** könnte das Ergebnis eines konventionellen Back-Propagation-Trainings sein. Doch als Evolutionsstratege habe ich das Netz mit der Evolutionsstrategie trainiert. Mit der EVASIONs-Methode wurde aus derselben Zufallseinstellung **c** die „reguläre“ Lösung **d** entwickelt. Es bleibt, das Rudiment (graue Verbindung) zu bereinigen.

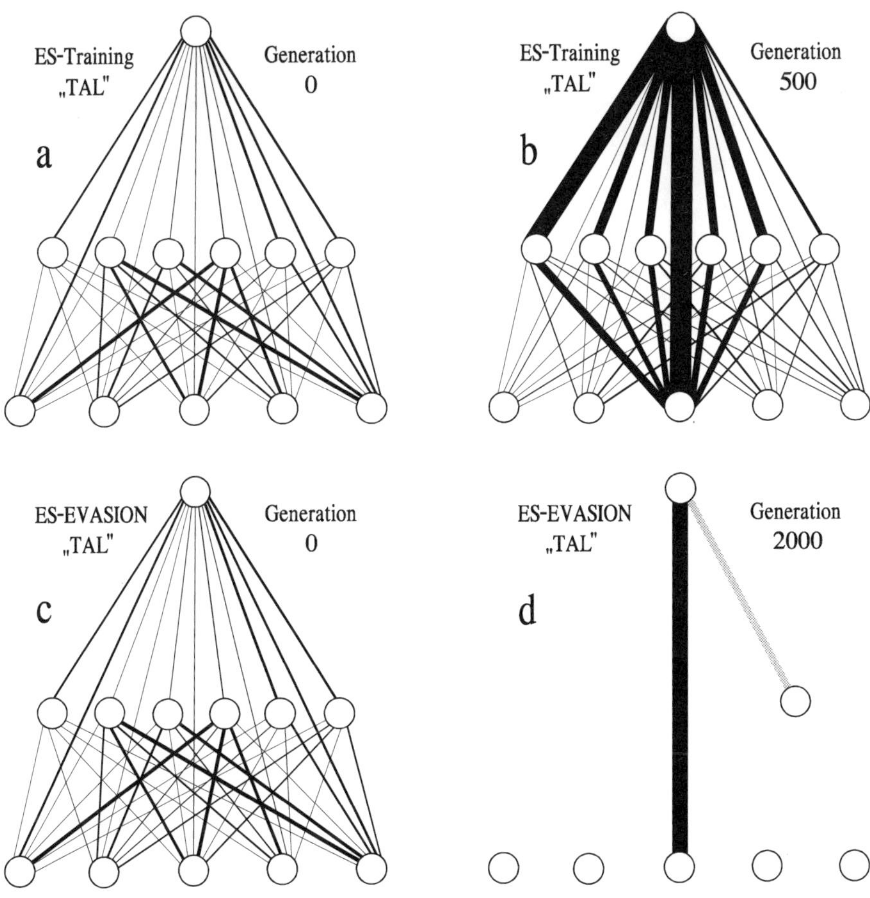

***Bild* 13-6**: *Training und EVASION des TAL-Netzes mit (**1**, 100)-ES.*

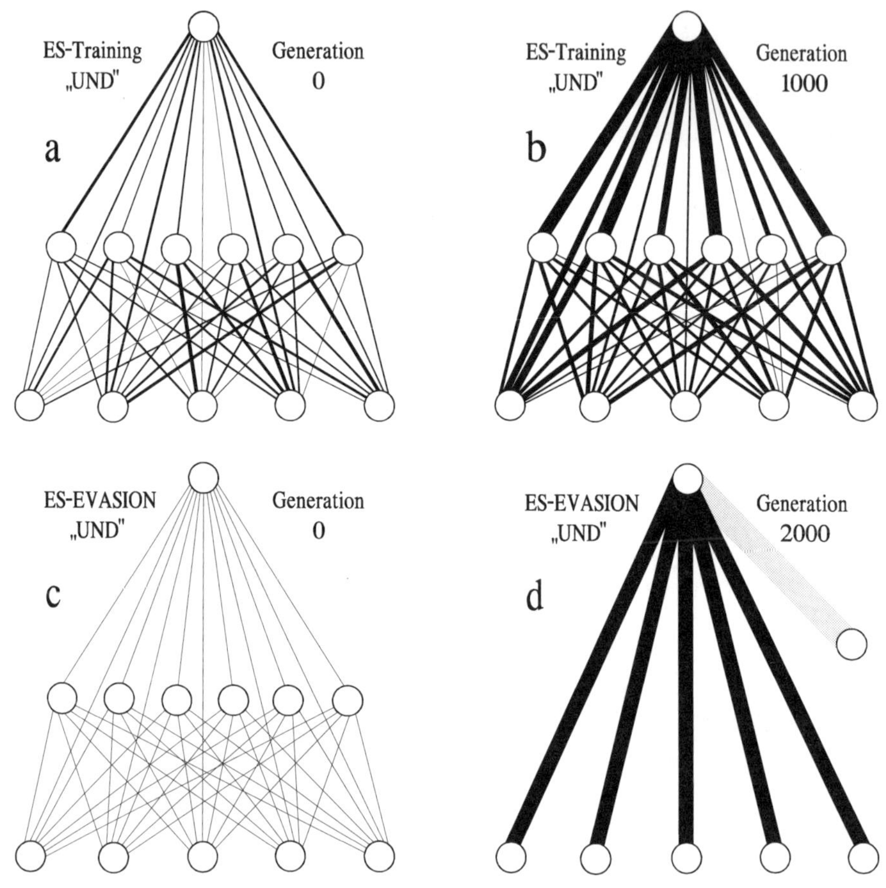

***Bild* 13-7**: *Training und EVASION des UND-Netzes mit (**1**, 100)-ES.*

Das ***Bild 13-7*** zeigt Start- und End-Strukturen für das UND-Netz. Wie beim TAL-Netz starte ich mit „dünnen Linien", um das Herauswachsen der Gewichte zu genießen. Es sei festgestellt: Der Unterschied zwischen den Lösungsprozessen **a**→**b** und **c**→**d** besteht darin, daß im Fall **a**→**b** die originale Fehlerabweichung zugrundegelegt wird, während im Fall **c**→**d** das Fehlergebirge verformt wird, um aus entbehrlichen Dimensionen herausgeleitet zu werden.

Schwierig ist das Training und die EVASION des PAR-Netzs. Am Paritätsproblem werden gern ausgeklügelte Trainingsalgorithmen geprüft. Erst nachdem ich am Fehlerfunktionsterm anstelle des Quadrats eine höhere Potenz (hier 16) angesetzt habe, konvergierte die Evolutionsstrategie. Das ***Bild 13-8*** zeigt den Weg der ES-EVASION des PAR-Netzes in 6 Entwicklungsstufen.

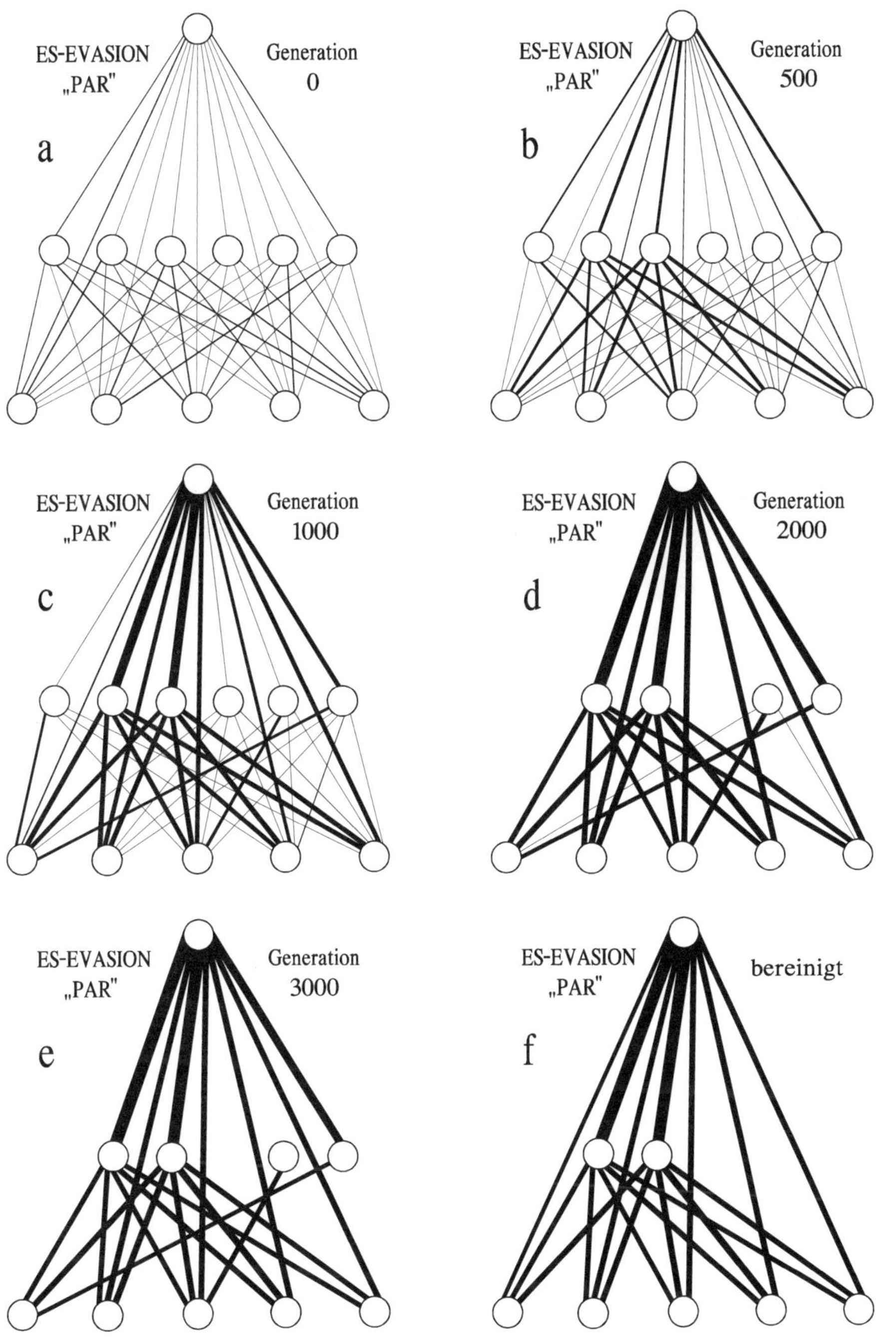

Bild 13-8: *Stufen der EVASION des PAR-Netzes mit (**1**, 100)-ES.*

Mit der evolutionsstrategischen EVASIONs-Methode konnten minimale Paritätsnetze bis zu 8 Eingangs-Bits entwickelt werden. Eingestanden: Nicht jeder Computerlauf führt sicher zur Minimalstruktur. Rudimente bleiben zumeist übrig. Der Biologe kennt das, und der Evolutionsstratege entfernt sie per Hand. Rudimentäre Gewichte entwickeln sich deshalb so langsam zurück, weil bei ihnen die zielnahe Mutationsschrittweite, adaptiert zur Feinanpassung der relevanten Gewichte, zu wenig bewirkt. Dies ist das Manko der Evolutionsstrategie mit globaler Schrittweitenregelung. Noch wird an einer robusten Evolutionsstrategie mit individueller Schrittweitenanpassung gearbeitet (siehe Kapitel 14). Kurz: Die Methode der EVASION ist entwicklungsfähig. Wer das Verfahren anwendet muß noch Geduld üben, Alternativen ausprobieren und Neustarts versuchen. Die Idee funktioniert, was es zu beweisen galt.

14

Optimierung im Rauschen

Zitterberge und die Evolutionsstrategie

Es ist nicht einfach, den zittrigen Berg im ***Bild 14-1b*** zu besteigen. Diese Situation muß die natürliche Evolution meistern. Die Selektion arbeitet unscharf. Das Qualitätsgebirge ist verrauscht: Eine noch so günstige Mutation stirbt aus, wenn ihr Träger vom Blitz erschlagen wird.

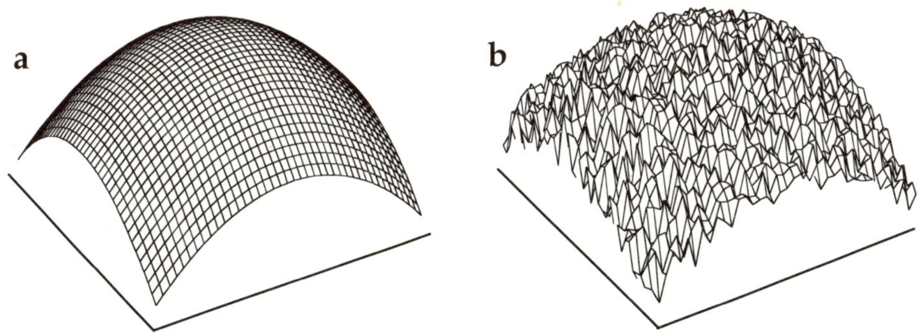

Bild 14-1: *„Mathematischer" Optimierungsberg (**a**) und Momentaufnahme eines realen Optimierungsberges (**b**).*

Ein Optimierungsproblem, das auf dem Rechner abgebildet werden kann, wird gemeinhin die Bedingung erfüllen: Gleiche Variableneinstellung, gleicher Qualitätswert.* Wer aber im Labor experimentiert, weiß: Die Meßwerte schwanken. Das Qualitätsgebirge verhält sich eher wie ein wabbelnder Pudding.

* Ausnahmen bilden auf dem Computer begrenzte Genauigkeiten der Zahlendarstellung und numerisches Rauschen durch Abbruchfehler bei langwierigen Approximationen.

Wir wollen annehmen, daß Qualitätsrauschen von Fremdquellen erzeugt wird: Eine Stahlwelle werde auf einer Drehbank gefertigt. Es sind die vielen kleinen Unwägbarkeiten wie Inhomogenität des Materials, Spannungsschwankungen im Netz, Viskosität der Kühlflüssigkeit, Temperatur in der Werkstatt, Schwingungen des Gebäudes, die zu fehlerhaften Wellen führen. Legt man die Wellen nacheinander auf die Waage, zeigt sich, daß die Qualität „Gewicht" um einen Zentralwert nach einer GAUßschen-Glockenkurve streut. Der zentrale Grenzwertsatz der Wahrscheinlichkeitsrechnung sagt aus, daß die Summe der vielen unabhängigen Zufallsgrößen unter gewissen Voraussetzungen, die praktisch immer gegeben sind, zur GAUßschen Normalverteilung konvergiert.

Lineare Störtheorie der (1, λ)-Evolutionsstrategie

Eine gemessene Qualität $\tilde{Q}$ weiche um den Betrag δ vom wahren Wert Q ab. Wir setzen

$$\tilde{Q} = Q + \delta .$$

Der Fehler δ sei, wie oben auseinandergesetzt, $(0, \sigma_q)$-normalverteilt. Die Stärke des Qualitätsrauschens werde also durch die Streuung σ_q angezeigt. Dann gilt für die Fehlerwahrscheinlichkeit $w(\delta)$:

$$w(\delta) = \frac{1}{\sqrt{2\pi}\,\sigma_q}\, \mathrm{e}^{-\frac{1}{2\sigma_q^2}\delta^2} .$$

Was passiert, wenn im Algorithmus einer $(1, \lambda)$-gliedrigen Evolutionsstrategie die Nachkommen dermaßen fehlerhaft bewertet werden? Ganz einfach: Im Zuge der Selektion geht nicht mehr unbedingt der in Wahrheit beste Nachkomme als Sieger hervor. Ein Nachkomme, dessen Fortschritt kleiner ist als der des objektiv besten, kann zum Elter der neuen Generation werden. Folge ist: Die Fortschrittsgeschwindigkeit nimmt unter dem Einfluß von Störungen ab. Wie stark $\tilde{\varphi}$ gegenüber φ abnimmt, studieren wir erst einmal am linearen Fall. Und linear bedeutet

$$\text{Fortschreiten entlang der Linie} \quad Q = a \cdot x .$$

Unter Berücksichtigung von Rauschen durch Meßfehler wird daraus

$$\text{Fortschreiten entlang der Zitterlinie} \quad \tilde{Q} = \delta + a \cdot x .$$

Wir klettern mit einer $(1, \lambda)$-ES die Zitterlinie aufwärts. Die Ableitung der linearen $\tilde{\varphi}$-Formel ist langwierig und nicht leicht zu verstehen (siehe dazu auch Seite 358, **ES '73**). Deshalb schreibe ich das Ergebnis der Theorie sogleich hin:

$$\tilde{\varphi} = h \cdot \varphi_{1,\lambda} \qquad \text{mit} \qquad h = \sqrt{\frac{1}{1+(\sigma_q/a\sigma)^2}} \;.$$

Wer Zweifel hegt kann die Computersimulation als „moderne" Abart des Beweisens heranziehen.* — Der Abminderungsfaktor h sei erläutert. Es gilt

$$h^2 = \frac{(a\sigma)^2}{(a\sigma)^2 + \sigma_q^2} = \frac{\text{mutative } Q\text{-Varianz}}{\text{gesamte } Q\text{-Varianz}} \;.$$

Der Wert h^2 wird in der Biologie unter verändertem Blickwinkel Heritabilität genannt. Der Biologe interessiert sich für das Rauschen auf der Merkmalsebene: Durch Umwelteinflüsse werden Genmutationen der Varianz σ^2 verfälscht ausgeprägt. Es sei σ_m^2 die Varianz eines umweltbedingten Merkmalsrauschens. Dann schreibt der Züchtungsbiologe

$$h^2 = \frac{\sigma^2}{\sigma^2 + \sigma_m^2} = \frac{\text{mutative Merkmalsvarianz}}{\text{gesamte Merkmalsvarianz}} \;.$$

Dieser Seitenblick auf die Biologie soll zeigen: Wir hätten das technische Problem auch darin sehen können, daß beim manuellen Experimentieren mit der Evolutionsstrategie Fertigungsfehler der mutierten Versuchsobjekte auftreten (Einstellfehler der Variablen). Die Form des Abminderungsfaktors h für die lineare Fortschrittsgeschwindigkeit bleibt.

Ich möchte das Ergebnis der linearen Theorie ausmalen. Wir betätigen uns als Koster von Kaffeemischungen. Unsere subjektiven Fehler bei der Qualitätsabwägung seien 10mal größer als die wahren Qualitätsänderungen der mutierten Mischungen. Man hat das Gefühl, eine evolutionsstrategische Kaffeekomposition kann nicht gelingen.

$$\text{Aus} \quad \frac{\sigma_q}{a\sigma} = 10 \quad \text{folgt} \quad \tilde{\varphi} = \sqrt{\frac{1}{1+10^2}}\,\varphi\,, \qquad \tilde{\varphi} \approx \frac{1}{10}\,\varphi\,.$$

Immerhin, es gibt (im linearen Fall) noch eine Fortschrittsgeschwindigkeit.

---

* Der Faktor h gilt auch für die (1+1)-ES bei wiederholter Elternmessung (s. Seite 358) und wurde in dieser Form bereits Ende der 60er Jahre von HANS-PAUL SCHWEFEL abgeleitet (unveröffentlicht). In einer neuen Arbeit gibt HANS-GEORG BEYER (1993) ebenfalls die h-Formel an.

Lineare Störtheorie der (μ, λ)-Evolutionsstrategie

Wechseln wir zum allgemeineren Fall der (μ, λ)-Evolutionsstrategie über. Für das Fortschreiten entlang einer Linie gilt:

$$\varphi_{\mu,\lambda} = c_{\mu,\lambda} \cdot \sigma, \quad \text{und vielleicht} \quad \tilde{\varphi}_{\mu,\lambda} = \tilde{c}_{\mu,\lambda} \cdot \sigma \ ?$$

Die mit einem Fragezeichen abgeschlossene Formel ist nicht falsch. Nur gilt

$$\text{zwar} \quad \tilde{c}_{1,\lambda} = h \cdot c_{1,\lambda}\,, \quad \text{doch es gilt nicht} \quad \tilde{c}_{\mu,\lambda} = h \cdot c_{\mu,\lambda}\,!$$

Überraschend ist $\tilde{c}_{\mu,\lambda} \gg h \cdot c_{\mu,\lambda}$. Das ist ärgerlich für eine simple Theorie, freut jedoch den Anwender. Hier die Ergebnisse von Computersimulationen:

$h = 1$			$h = 1/10$			$h = 1/100$		
$c_{1,10}$	=	1,54	$\tilde{c}_{1,10}$	=	0,154	$\tilde{c}_{1,10}$	=	0,015
$c_{2,10}$	=	1,35	$\tilde{c}_{2,10}$	=	0,242	$\tilde{c}_{2,10}$	=	0,025
$c_{5,10}$	=	0,90	$\tilde{c}_{5,10}$	=	0,293	$\tilde{c}_{5,10}$	=	0,037
$c_{1,100}$	=	2,51	$\tilde{c}_{1,100}$	=	0,251	$\tilde{c}_{1,100}$	=	0,025
$c_{5,100}$	=	2,16	$\tilde{c}_{5,100}$	=	0,635	$\tilde{c}_{5,100}$	=	0,095
$c_{20,100}$	=	1,62	$\tilde{c}_{20,100}$	=	0,773	$\tilde{c}_{20,100}$	=	0,206

Wir blicken auf die letzte Spalte ($h = 1/100$) und staunen über den 8,24fach höheren Fortschritt der (**20**, 100)-$\widetilde{\text{ES}}$ gegenüber der (**1**, 100)-$\widetilde{\text{ES}}$. Man könnte vermuten, daß bei 20 Eltern $\tilde{Q}$-Schwankungen herausgemittelt werden. Nach den Gesetzen der Statistik würde bei 20 Messungen der Qualitätsfehler um den Faktor $\sqrt{20} = 4{,}5$ abgemindert. Berücksichtigt man dies in der h-Formel, sollte $h = 1/100$ auf $h \approx 4{,}5/100$ korrigiert werden. Doch die Rechnung geht nicht auf.

$$\text{Es gilt nicht:} \quad \tilde{c}_{20,100} \approx (4{,}5/100) \cdot 1{,}62 = 0{,}073\,, \quad \text{sondern} \quad \tilde{c}_{20,100} = 0{,}206.$$

Die Fortschrittsgeschwindigkeit ist in dem Beispiel fast dreimal höher als nach der Mittelungs-These zu erwarten wäre.

Die lineare Theorie der gestörten ES-Optimierung kommt zu dem Ergebnis: Durch mehr Nachkommen läßt sich die Bremsung der Evolutionsstrategie im Rauschen nicht verringern. Statt z. B. λ zu verzehnfachen sollte man besser jeden Nachkommen zehnmal vermessen. Aber μ zu erhöhen lohnt sich. Bisher machte es keinen Sinn, bei einer (μ, λ)-ES die Elternzahl $\mu > 1$ zu wählen. Die Theorie liefert für $\mu = 1$ die höchste Fortschrittsgeschwindigkeit. Wozu sollte man auch den zweitbesten, drittbesten, ... Nachkommen den Berg mit hinaufschleppen? Völlig anders sieht es für die ES-Optimierung im Rauschen aus. Die Erhöhung der Elternzahl hat eine „supermittelnde" Wirkung. Um diesen μ-Effekt zu nutzen, muß schließlich doch λ erhöht werden.

Die lineare Störtheorie der (μ, λ)-ES muß noch ausgearbeitet werden. Ziel einer Störtheorie ist die explizite $\tilde{c}_{\mu,\lambda}$-Formel, an der sich ablesen ließe, wie μ und λ zu wählen sind, um bei gegebenem oder geschätztem Störpegel maximale Fortschrittsgeschwindigkeit zu erzielen. Vorerst kann ich nur die Empfehlung aussprechen, mit zunehmendem Störrauschen erst die Elternzahl μ und dann auch die Nachkommenzahl λ zu erhöhen. — MICHAEL HERDY hat die $(\overline{\mu/\mu}, \lambda)$-ES auf der verrauschten Ebene untersucht und keine Verminderung des h-Wertes gefunden. Im gestörten Quadrikgebirge erhöht Multirekombination dennoch die Fortschrittsgeschwindigkeit, und das deshalb, weil durch die μ-fach vergrößerte Fensterschrittweite Qualitätsschwankungen zurücktreten.

Nichtlineare Störtheorie der Evolutionsstrategie

Die ausführliche Behandlung des gestörten Fortschreitens auf der Linie rechtfertigt sich, da sie die nichtlineare Störtheorie vorbereitet. Es sei an die anschauliche Ableitung des Fortschritts am Kugelmodell erinnert (***Bild 11-4***): Erst werden die quer zu Gradientenrichtung gedrehten $n-1$ Variablen mutiert, was zum Rückschritt führt. Für die letzte in Gradientenrichtung weisende Variable gilt dann das Bild des Fortschreitens auf der Linie. Wir legen die Quadrikgleichung als allgemeinste Form einer Qualitätsfunktion zugrunde:

$$Q = Q_0 + \sum_{k=1}^{n} c_k y_k - \sum_{k=1}^{n} d_k y_k^2 \, .$$

Es gilt nun anstatt (s. Kapitel 4)

$$\varphi_{\mu,\lambda} = c_{\mu,\lambda}\,\sigma - \Omega\sigma^2 \qquad \text{mit} \qquad \Omega = \sum d_k \Big/ \sqrt{\sum c_k^2}$$

die erweiterte Fortschrittsformel

$$\tilde{\varphi}_{\mu,\lambda} = \tilde{c}_{\mu,\lambda}\,\sigma - \Omega\sigma^2 \qquad \text{mit} \qquad \Omega =: \text{ wie oben }.$$

Es ist zu beachten, daß der gestörte Fortschrittsbeiwert $\tilde{c}_{\mu,\lambda}$ – neben der Abhängigkeit von μ und λ – eine Funktion von h ist. Vorerst kennen wir diese Abhängigkeit mathematisch explizit nur für $\mu = 1$.

Ausgeschrieben ergibt sich die Formel für die Fortschrittsgeschwindigkeit:

$$\tilde{\varphi}_{1,\lambda} = \frac{\sigma}{\sqrt{1+(\sigma_q/a\sigma)^2}}\, c_{1,\lambda} - \Omega\sigma^2 \quad \text{mit} \qquad a = \sqrt{\sum c_k^2}\,.$$

Gesucht sei die Mutationsstreuung $\sigma = \tilde{\sigma}_{\text{opt}}$, für die bei Rauschen $\tilde{\varphi}_{1,\lambda}$ maximal wird. Auf klassische Weise läßt sich $\partial\tilde{\varphi}/\partial\sigma = \cdots = 0$ bilden und die resultierende Gleichung nach σ auflösen. Es ergibt sich:

$$\sigma = \tilde{\sigma}_{\text{opt}} = \frac{c_{1,\lambda}}{2\Omega}\, h(2-h^2)\,, \qquad \frac{\tilde{\boldsymbol{\sigma}}_{\mathbf{opt}}}{\boldsymbol{\sigma}_{\mathbf{opt}}} = h(2-h^2)\,.$$

Zur optimalen Streuung gehört die maximale Fortschrittsgeschwindigkeit:

$$\tilde{\varphi}_{1,\lambda\,\text{max}} = \frac{c_{1,\lambda}^2}{4\Omega}\, h^4(2-h^2)\,, \qquad \frac{\tilde{\boldsymbol{\varphi}}_{\mathbf{1,\lambda\,max}}}{\boldsymbol{\varphi}_{\mathbf{1,\lambda\,max}}} = h^4(2-h^2)\,.$$

Es wurde erwähnt, daß die Größe h einen biologische Hintergrund besitzt. Mit h lassen sich obendrein die Formeln besonders kompakt schreiben. Die beiden oben rechts stehenden einprägsamen Formeln setzen die gestörten evolutionsstrategischen Größen jeweils ins Verhältnis zu den ungestörten. Doch so zweckgemäßig sind die wohlgestalteten Formeln nicht. Denn in h steckt implizit noch $\tilde{\sigma}_{\text{opt}}$, womit die $\tilde{\sigma}_{\text{opt}}/\sigma_{\text{opt}}$-Formel an Gehalt verliert. Ich füge noch eine dritte leicht verifizierbare h-Formel „rechts" an:

$$\longrightarrow \qquad \frac{\boldsymbol{\sigma_q}}{\boldsymbol{a\sigma}_{\mathbf{opt}}} = \sqrt{1-h^2}\,(2-h^2).$$

Jetzt können wir für beliebig vorgegebene h-Werte die fett geschriebenen Größen berechnen und mit zusammengehörigen Werten zwei aussagekräftige Diagramme zeichnen. So zeigt das ***Bild 14-2***, wie mit zunehmendem Qualitätsrauschen σ_q die Mutationsstreuung $\tilde{\sigma}_{\text{opt}}$ (gegenüber σ_{opt} ohne Rauschen) erst leicht erhöht und dann wieder vermindert werden muß. Das überrascht. Gehen mit der Streuungsminderung Mutationen nicht erst recht im Rauschen unter? Tatsächlich wird mit dem Verkleinern der Mutationsstreuung ein Zurückschreiten erschwert. Für $\tilde{\sigma}_{\text{opt}} = 0$ wird die Lage wenigstens gehalten!

Das ***Bild 14-3*** zeigt, wie die Fortschrittsgeschwindigkeit mit wachsendem Rauschpegel abnimmt. Schließlich ist für $\sigma_q/a\,\sigma_{\text{opt}} = 2$ der Fortschritt Null. Der „magische" 2er-Wert sei veranschaulicht. Angenommen das Quadrikmodell ist unverrauscht. Dann ist $a\sigma_{\text{opt}}$ die Nachkommen-Qualitätsstreuung bei optimal eingestellter Mutationsstreuweite ($\sigma_{\text{opt}} = c_{1,\lambda}/2\Omega$). Ist die durch Rauschen verursachte $\tilde{Q}$-Streuung doppelt so groß wie die durch Mutationen bedingte Q-Streuung, gibt es keinen Fortschritt mehr. Dann ist die Mutationsstreuung $\tilde{\sigma}_{\text{opt}} = 0$ zu setzen, damit Rückschritt vermieden und die Position gehalten wird.

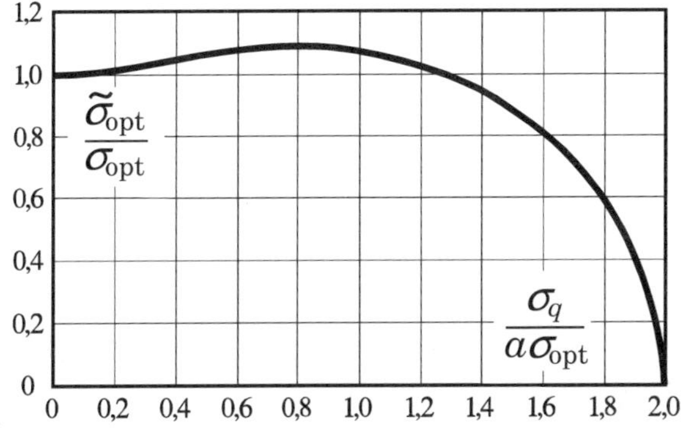

Bild 14-2:

Verhältnis der Mutationsstreuung mit und ohne Rauschen für das Quadrikgebirge.

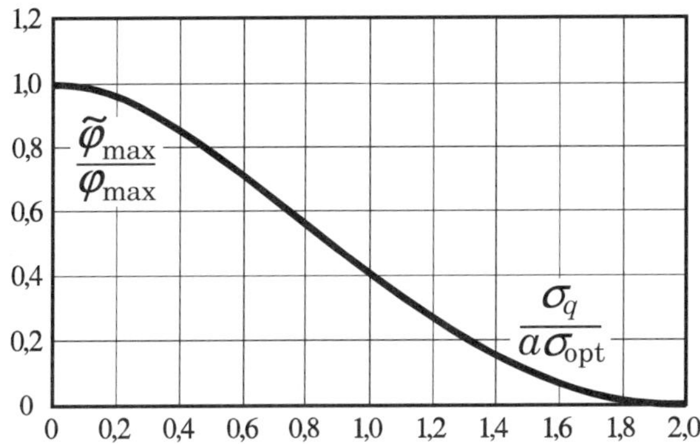

Bild 14-3:

Verhältnis der Fortschrittsgeschwindigkeit mit und ohne Rauschen für das Quadrikgebirge.

Konvergenz der $(1, \lambda)$-ES bei verrauschter Qualitätsfunktion ist somit nur gewährleistet, solange gilt:

$$\frac{\sigma_q}{a\,\sigma_{\text{opt}}} = \frac{2\Omega}{a\,c_{1,\lambda}}\,\sigma_q < 2\,, \qquad \text{umgerechnet} \qquad \Omega < \frac{a\,c_{1,\lambda}}{\sigma_q}\,.$$

Diese Aussage ist theoretisch. Es soll ein vorstellbarer Optimierungsberg betrachtet werden. Wir setzen in der Quadrikgleichung alle $d_k = d$:

$$Q = Q_0 + \sum_{k=1}^{n} c_k\, y_k - d \sum_{k=1}^{n} y_k^2\,.$$

Ich nenne dies eine symmetrische Quadrik. Diese quadratische Form läßt sich wie folgt umschreiben:

$$Q = Q_0 + \frac{1}{4d}\sum_{k=1}^{n} c_k^2 - d\sum_{k=1}^{n}\left(\frac{c_k}{2d} - y_k\right)^2 .$$

Und das ist ein Kugelmodell mit dem Gipfel bei $y_k^* = c_k/2d$. Für den Radius der n-dimensionalen „Höhenlinie“ am Elternort $y_k = 0$ gilt:

$$r = \sqrt{\sum_{k=1}^{n} (y_k^*)^2} = \frac{1}{2d}\sqrt{\sum_{k=1}^{n} c_k^2}.$$

Es gelingt nun, die Komplexität Ω durch den Höhenlinienradius auszudrücken:

$$\Omega = \sum_{k=1}^{n} d \Big/ \sqrt{\sum_{k=1}^{n} c_k^2} = \frac{nd}{2dr} = \frac{n}{2r} .$$

$$\text{Aus} \quad \Omega(\text{Stagnation}) = \frac{a\, c_{1,\lambda}}{\sigma_q} \qquad \text{folgt} \qquad r(\text{Stagnation}) = \frac{n}{2\, a\, c_{1,\lambda}}\, \sigma_q .$$

Welche Bedeutung kommt der Größe a zu ? Es ist dies die Gradientensteigung unseres Gebirges am Elternort $y_k = 0$:

$$\text{Aus} \quad a = \sqrt{\sum_{k=1}^{n} (\partial Q/\partial y_k)^2} \qquad \text{wird für} \qquad y_k = 0: \quad a = \sqrt{\sum_{k=1}^{n} c_k^2} .$$

Spezialfälle der Quadrikgleichung wurden bereits im Kapitel 5 diskutiert. Die obige Rechnung sollte nochmals zeigen, wie aus dem Modell des Quadrikgebirges auf spezielle lokale Gebirgsformationen geschlossen werden kann. Die Existenz einer Stagnations-Komplexität zeigt, daß am verrauschten Gebirge die Evolutionsstrategie das Optimum nicht wie sonst asymptotisch erreicht. Sie bleibt beim Kugelmodell am berechneten Stagnationsradius stecken. Wer mit einer $(1, \lambda)$-ES operiert, kann nicht viel dagegen tun. Ich empfehle, bei Störungen auf eine (μ, λ)-ES umzuschalten. Ich möchte wiederholen: Es wäre ein kleiner Durchbruch, wenn es gelänge, explizite Formeln für die Konvergenz einer Mehr-Eltern-Evolutionsstrategie an einer verrauschten Quadrik zu entwickeln. Unscharfe Optimierungswelten sind alltäglich. Die Tatsache, daß Evolutionsstrategien auch in dieser Welt funktionieren, ist vielleicht ihr schönster Zug gegenüber klassischen Optimierungsverfahren.

Große Variation und kleine Vererbung

Es ist der 7. Mai 1993 und evolutionsstrategisches Seminar: ANDREAS OSTERMEIER spricht über *„Computersimulationen zur mutativen Schrittweitenregelung"*. Dem Auditorium wird das erstaunliche Ergebnis präsentiert, daß Nachkommen mit großen Schrittweitenvariationen zu erzeugen seien, bei der Vererbung die erfolgreichen Schrittweitenänderungen jedoch gedämpft weitergegeben werden sollten. Angenommen, in einer Generation gewinne der Nachkomme, dessen Schrittweite – gegenüber die elterlichen Norm – mit 2 multipliziert wurde. Bei der Vererbung wird ein „Rückzieher" gemacht: In die neue Generation wird z. B. lediglich eine 1,1-fache Schrittweitenvergrößerung übertragen. Umgekehrt wird genauso verfahren. — Und ich hatte immer geglaubt, eine positive Mutation, egal ob es sich um eine Objektvariable oder Mutationsschrittweite handelt, sollte auch als solche in die nächste Generation übertragen werden.

Heute sehe ich klarer. Mit der Parole „groß variieren aber klein vererben" läßt sich geschickt gegen ein Rauschen ankommen. Die meta-evolutive Anpassung von Einzelschrittweiten funktioniert deswegen so unbefriedigend, weil sie auf dem Störpegel der Objektvariablen-Mutationen stattfindet. Evolutionsstrategische Optimierung im Rauschen sollte den „OSTERMEIER-Effekt" nutzen. Ich möchte den Gewinn im Fall der asymptotischen ($n \to \infty$) Theorie am Kugelmodell ableiten (***Bild 14-4***). Wie immer drehen wir das Koordinatensystem so, daß die x_1-Achse zur elterlichen Gradientenrichtung wird. Es ist $\sigma_{\text{opt}} = c_{1,\lambda}\, r/n$ die optimale Mutationsstreuung, die wir mit k multiplizieren. Die Mutation aller Variablen bis auf x_1 führt zum Nachkommen N'. Es gilt $EN' \approx k\sigma_{\text{opt}}\sqrt{n}$. Die Höhenlinienprojektion $N' \to N''$ liefert $EN'' \approx k^2\sigma_{\text{opt}}^2\, n/(2r)$ als Rückschritt. Das Ergebnis der letzten x_1-Mutation führt zum Linienfortschritt $N''N = k\,c_{1,\lambda}\,\sigma_{\text{opt}}$. Summa summarum bleibt für großes k ein Rückschritt übrig. Nun nehmen wir den Faktor k heraus. Es ist egal, ob wir das vorher oder nachher tun. Wir bewegen uns längs der schwarzen Pfeile und gewinnen einen Fortschritt.

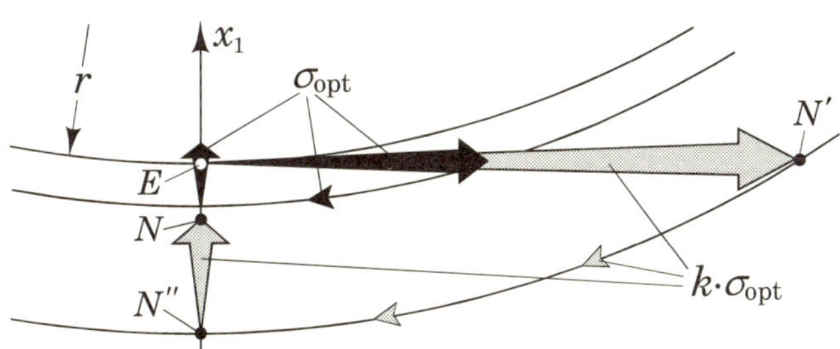

Bild 14-4: *Optimale und „aufgeblähte" Mutationsoperation am Kugelmodell.*

Der Vorteil der Aufblähung von σ_{opt} ist sichtbar. Auf der x_1-Linie wird k-fach vergrößert mutiert, wodurch die mutativen Qualitätsänderungen besser aus dem Rauschen herausragen. Nachdem der beste Nachkomme so sicherer als sonst lokalisiert wurde, wird die k-Multiplikation wieder herausgenommen. Für $k = 1$ folgt wiederum maximaler Fortschritt: $\varphi_{1,\lambda\,\max} = c_{1,\lambda}^2\, r/(2n)$. Die Ungereimtheit, daß eine „erfolgreiche" Mutation nicht als solche vererbt werden soll, erkärt sich also damit, daß diese gar kein Erfolg ist. Bei zu großer Schrittweite ist die ausgelesene Mutation letztlich diejenige, die sich am wenigsten verschlechtert. Erst durch eine Dämpfung wird sie zur wirklichen Verbesserung.

Der Gewinn der Mutationsvergrößerung im Rauschen läßt sich quantitativ angeben. Der Abminderungsfaktor h des Linienfortschritts beträgt

$$\text{nicht mehr} \quad h = \sqrt{\frac{1}{1+(\sigma_q/a\sigma)^2}}\,, \quad \text{sondern} \quad h = \sqrt{\frac{1}{1+(\sigma_q/a\,k\sigma)^2}}\,.$$

Für $k \to \infty$ wäre Rauschen eliminiert ($h = 1$). Das Ergebnis zeigt die Grenzen der Theorie. Natürlich darf man k nicht beliebig groß machen. Der Bereich der lokalen aymptotischen Theorie ($q \ll r$) würde verlassen werden. „Groß variieren aber klein vererben" ist eine gute Regel, solange man es nicht übertreibt. Aber es gilt auch: Je mehr Variable, je größer darf k werden. Da laut Theorie $\delta_{\text{opt}} \sim 1/\sqrt{n}$ schrumpft, darf $k \sim \sqrt{n}$ zunehmen, und die Bedingung $q \ll r$ wird nicht verletzt. Dies gilt später auch für den Verstärkungs-Exponenten κ.

Die gute Konvergenz einer (μ, λ)-ES im Rauschen ist – wohl neben der Quasi-Mittelung – ***auch*** durch eine „Aufblähung" der Mutantenverteilung bedingt. Wir betrachten Linienfortschreiten: In einer $(1, \lambda)$-ES sind die Individuen gleich der Mutationsstreuung auseinandergezogen. Bei einer (μ, λ)-ES mit $\mu > 1$ streuen die Individuen aber weiter auseinander. Im fortschrittslosen Grenzfall $\mu = \lambda$ ist die Individuen-Dispersion am größten. Grundsätzlich gilt: Die Nachkommen einer (μ, λ)-ES rücken weiter auseinander als die einer $(1, \lambda)$-ES (***Bild 14-5***). Die Selektionsrangfolge wird seltener durch Rauschen „verdreht". Eine ES mit großem μ wird somit ihren Fortschritt länger aufrechthalten als umgekehrt. Mit steigendem Rauschen verschiebt sich das Optimum zu höheren μ-Werten.

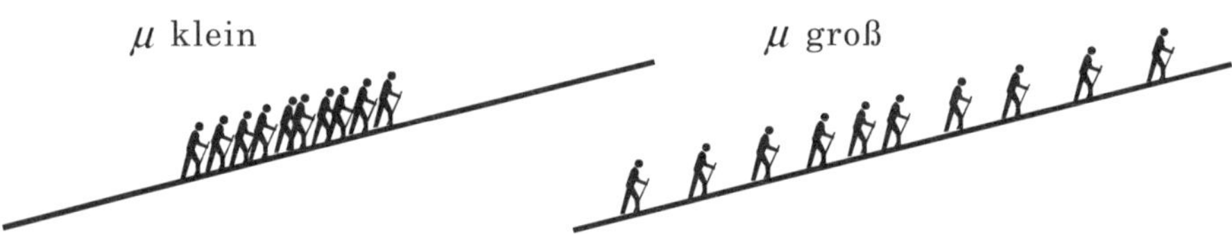

Bild 14-5: *Individuen-Dispersion einer (μ, 10)-Evolutionsstrategie.*

Die Kappa-Ka-Modifikation der Evolutionsstrategie

Gegeben seien die Vergrößerungsfaktoren κ (Kappa) und k. Der Exponent $\kappa > 1$ verstärkt die Mutationen der Strategievariablen (Mutationsstreuungsvektor σ). Und der Faktor $k > 1$ vergrößert die Mutationen der Objektvariablen (Vektor $\boldsymbol{x}$). „Groß variieren aber klein vererben" schreibt sich als Algorithmus wie folgt:

Variationsschritt:

$$\sigma_{N1}^{g} = \sigma_{E}^{g} \cdot (\boldsymbol{\xi}_1)^{\kappa}, \qquad \sigma_{N2}^{g} = \sigma_{E}^{g} \cdot (\boldsymbol{\xi}_2)^{\kappa}, \qquad \ldots \qquad \sigma_{N\lambda}^{g} = \sigma_{E}^{g} \cdot (\boldsymbol{\xi}_\lambda)^{\kappa},$$

$$\boldsymbol{x}_{N1}^{g} = \boldsymbol{x}_{E}^{g} + \sigma_{N1}^{g} \cdot k\boldsymbol{z}_1, \qquad \boldsymbol{x}_{N2}^{g} = \boldsymbol{x}_{E}^{g} + \sigma_{N2}^{g} \cdot k\boldsymbol{z}_2, \qquad \ldots \qquad \boldsymbol{x}_{N\lambda}^{g} = \boldsymbol{x}_{E}^{g} + \sigma_{N\lambda}^{g} \cdot k\boldsymbol{z}_\lambda.$$

Selektionsschritt:

$$\boldsymbol{x}_{E}^{g+1} = \boldsymbol{x}_{E}^{g} + \frac{1}{k}(\boldsymbol{x}_{NB}^{g} - \boldsymbol{x}_{E}^{g}),$$

$$\sigma_{E}^{g+1} = \sigma_{E}^{g} \cdot (\sigma_{NB}^{g} / \sigma_{E}^{g})^{1/\kappa},$$

Index B: Bester Nachkomme.

Das Schema verwirklicht zugleich eine Einzelschrittweiten-Anpassung, die ja grundsätzlich verrauscht ist. Da Schrittweiten immer multiplikativ mutiert werden (hier ist es der Mutationsstreuungsvektor σ), wird der κ-Faktor zum Verstärkungs-***Exponenten***. Es bedeute $(\boldsymbol{\xi})^{\kappa}$ einen (z. B. logarithmisch normalverteilten) Zufallsvektor mit den Komponenten $\{\xi_1^{\kappa}, \xi_2^{\kappa}, \cdots, \xi_n^{\kappa}\}$. Die k-Verstärkung bei der Objektvariablen-Mutation wirkt dagegen multiplikativ. Schließlich werden die exponentiell und multiplikativ verstärkten Mutationen bei der Vererbung in die nächste Generation wieder herausgenommen. Der Algorithmus ist zur Zeit Experimentierfeld der Berliner Evolutionsstrategen. Der potentielle Anwender muß an den Größen κ und k noch „herumspielen".

Eine Frage drängt sich auf: Ist eine Mutations-Verstärkung biologisch-genetisch belegbar? Der Heritabilitätsbegriff sagt aus, daß im biologischen Vererbungsgeschehen die phänotypische Variabilität stets größer ist als die genotypische. Das ist gewiß auch umweltbedingt. Es gibt aber noch das Phänomen der somatischen Mutationen Diese können im Verlauf der zahlreichen Zellverdoppelungen eine an sich geringe Mutationstendenz verstärkt ausprägen.

Zukunft der unscharfen Optimierung

Ich messe der Theorie der Evolutionsstrategie am verrauschten Qualitätsgebirge höchste Bedeutung zu. Man könnte z. B. daran denken, einen schwabbelnden Puddingberg kurzzeitig einzufrieren. Denn es ist doch egal, ob ich die Qualität eines Nachkommen erst messe, wenn er seine mutierte Position bereits eingenommen hat, oder ob ich das bereits vorher erledigt habe. Dabei darf eine bestimmte Gebirgsposition allerdings nur einmal besetzt werden. Tatsächlich sind Mehrfachbesetzungen eines Punktes mehr als unwahrscheinlich. Das eingefrorene Höckergebirge eröffnet eine neue Dimension der Komplexität einer Qualitätsfunktion. Biologen kritisieren häufig an der Theorie der Evolutionsstrategie, daß das Fitness-Gebirge zu simpel (sprich zu glatt) sei. Bei der zerknitterten Form des erstarrten verrauschten Gebirges kann gewiß nicht von einer einfachen Optimierungslandschaft gesprochen werden. Dennoch ist die Fortschrittsgeschwindigkeit $\tilde{\varphi}_{1,\lambda}$ berechenbar.

Aber das Modell muß richtig gestellt werden: Der mit normalverteilten Fehlern überlagerte und erstarrte Berg ist eher nebelig als zerknittert zu nennen. Der Nebel entsteht dadurch, daß neben einem Punkt unendlich viele höhere und tiefere Punkte liegen. Eine realistische, fein zerklüftete Gebirgsoberfläche ergäbe sich, wenn die normalverteilten Störungen lediglich an diskreten Punkten der Bergoberfläche erwürfelt und eingefroren werden würden. Die Zwischenräume müßten dann durch eine stetige Funktion überbrückt werden. So wurde der Knitterberg im ***Bild 14-1*** konstruiert. Doch solange die Evolutionsstrategie die Buckel nicht im kleinen besteigt, müssen die Zwischenräume ja nicht unbedingt ausgefüllt werden.

Zu Beginn dieses Kapitels habe ich behauptet, daß vorwiegend experimentelle Laborwelten verrauscht seien. Ich wiederhole, daß es im Algorithmus der Evolutionsstrategie einen Prozeß gibt, der auch dann extrem verrauscht ist, wenn in der störungsfreien Computerwelt gearbeitet wird. Gemeint ist die mutative Schrittweitenregelung: Eine Schrittweite, die an der Gebirgsform gemessen ideal wäre, kommt nicht zum Zuge, weil die Mutation der Objektvariablen des Nachkommen negativ war. Und ein Nachkomme mit offensichtlich falscher Mutationsschrittweite überlebt, weil seine Objektvariablen wiederum besonders günstig mutiert wurden. Die Objektvariablenoptimierung stört empfindlich die übergeordnete Schrittweitenoptimierung. Solange nur ***eine*** globale Schrittweite in das Evolutionsfenster eingepaßt werden muß, verkraftet die Evolutionsstrategie dieses Rauschen. Aber das höherdimensionale Problem, die Anpassung (Skalierung) von n individuellen Schrittweiten, funktioniert erfahrungsgemäß unbefriedigend. Ich gebe heute dem aufgeprägten Rauschen die Schuld, daß die individuelle mutative Schrittweitenregelung bisher versagte und setze auf die Schrittweiten-Mutations-Verstärkung (Kappa-Methode).

Die Ausweitung der Idee der Meta-Evolution fasziniert den Evolutionsstrategen. Höchstes Ziel ist die selbsttätige Variablentransformation, bei der sich das Optimierungsgebirge zur isotropen quadratischen Form rückbildet oder sich gar kartesische Koordinaten in Polarkoordinaten umformen. Meta-Evolution (auch Evolution zweiter Art genannt) arbeitet auf dem Zufallsprozeß der Objektvariablen-Evolution. Die Theorie der verrauschten ES-Optimierung bildet so die Grundlage für die Evolution zweiter Art

Eine verrauschte Optimierungswelt besonderer Art tut sich auf, wenn Objektqualitäten vom Menschen subjektiv bewertet werden. RICHARD DAWKINS selektiert seine *Biomorphe* im computerisierten Evolutionsspiel mit den Augen des Biologen. Er schreibt im „Der blinde Uhrmacher", dem überzeugendsten aller Plädoyers für den Darwinismus: *Voller Argwohn begann ich zu züchten, Generation auf Generation – und nahm von jedwedem Kind, das am meisten wie ein Insekt aussah. Mein ungläubiges Erstaunen wuchs in gleichem Maße wie die sich entwickelnde Ähnlichkeit.* Am Ende entsteht, zwar mit acht statt mit sechs Beinen, ein Quasi-Insekt. — Auch der Vogel, der Schmetterlinge verschmäht, wenn sie einem bitter schmeckenden Genossen ähneln, selektiert unscharf, menschlich gesprochen subjektiv (siehe Schmetterlings-Mimikry im Kapitel 18).

Eine Evolutionsstrategie, die auch in hochgradig verrauschten Welten zuverlässig funktioniert, wäre eine Glanzstück in der Optimierung. Die Lösung „unscharfer Probleme" würde möglich: Auf dem Computerbildschirm könnte das Gesicht einer gesuchten Person sukzessive evolutionsstrategisch an das Erinnerungsbild eines Menschen anpaßt werden. Oder es könnte, wie u. a. von MANFRED SCHMUTZ vorgeschlagen, in computergenerierten Welten (Virtual Reality) subjektiv-evolutionsstrategisch experimentiert werden. Die höchste Stufe dieser futuristischen Styling- und Design-Techniken wäre erreicht, wenn die Selektion der dem Mandanten gefälligsten Varianten automatisch über die Augenbewegung vollzogen werden könnte. So wäre es denkbar, daß – wie es die optimale störsichere ES fordert – die Hälfte der als gut befundenen Varianten in die folgende ES-Generation einfließt. In der physikalischen Welt könnten Parfüm-Kompositionen, Kaffeemischungen und Sprachgeneratoren evolutionsstrategisch weiterentwicklt werden. Bereits Ende der 70er Jahre konnten von der Firma SCHERING mit der mehrgliedrigen Evolutionsstrategie Rezepturen für eine Blauchromatierung entwickelt werden, wobei die galvanisierten Oberflächen nach der dort üblichen Praxis subjektiv bewertet wurden.

Abschließend möchte ich ein Experiment vorstellen, wie es im evolutionsstrategischen Praktikum des Fachgebiets *Bionik und Evolutionstechnik der TU Berlin* durchgeführt wird. Dem Studenten werden auf dem Computerbildschirm 9 Figuren angeboten (***Bild 14-6*** links). Es sind die Nachkommen einer (**1**, 9)-ES. Die Figuren sind konform zur Nummerntastatur angeordnet, so daß der Experimentator durch Drücken der entsprechenden Taste seine Idealfigur selektieren kann. Der Student hat die Schönheit eines Quadrats vor Augen. Er selektiert laufend die mehr einem Quadrat ähnelnden Figuren. Das ***Bild 14-6*** rechts zeigt die Stufen des subjektiv-evolutionsstrategischen Experimentierens.

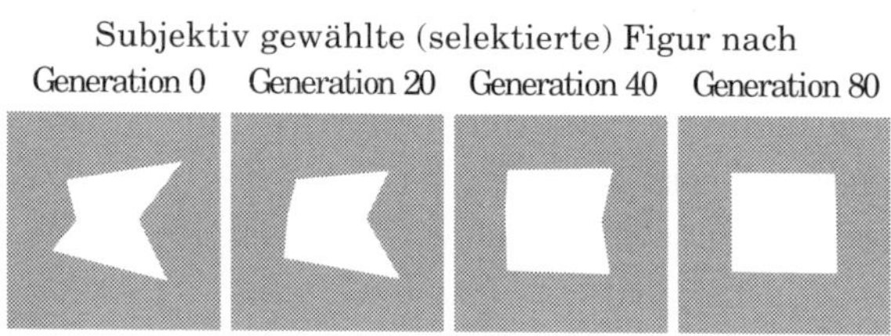

Bild 14-6: *Entwicklung eines Quadrats bei subjektiver Bewertung. Selektions-Ansicht (links) und Generationen-Folge (rechts).*

Die variable Figur wird durch die *x*-*y*-Koordinaten von 6 Eckpunkten beschrieben. Nach Erreichen des Quadrats wird dem Studenten eine neues ästhetisches Ziel gesetzt. Es soll subjektiv das Erinnerungsbild eines „Mercedes-Sterns" reproduziert werden. Hier der Versuchsablauf (***Bild 14-7***).

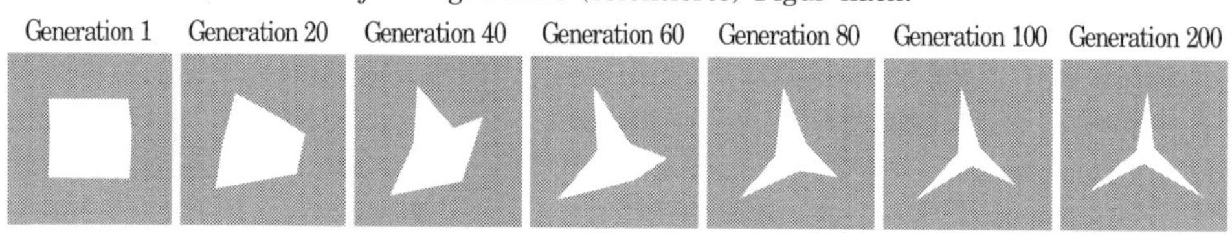

Bild 14-7: *Entwicklung eine „Mercedes-Sterns" bei subjektiver Bewertung.*

Aus einem Quadrat einen Stern zu entwickeln ist schwer. Nicht jeder Student schafft die Lösung. Wer erst damit anfängt, Details der Figur mit dem Lineal zu vermessen, steht auf verlorenem Posten. Richtig ist, die Figur ganzheitlich auf einen Blick zu bewerten. Analytisch denkende Studenten sind gegenüber gefühlsmäßig handelnden im Nachteil. Die Aufgabe stellt einen ausgefallenen psychologischen Test dar. Wer sich hier bewährt, könnte ein guter Pilot sein. Sein Blick klebt nicht an einem Instrument, sondern er beurteilt die Situation auf der Instrumentenkonsole im Cockpit als Ganzes.

Das Prinzip, groß zu variieren aber klein zu vererben, ist beim subjektiven Optimieren besonders einsichtig. Die Figuren müssen sich visuell voneinander unterscheiden. Durch das Akzeptieren einer Rückversetzung vom Ziel läßt sich mit einer virtuellen Variabilitätssteigerung arbeiten. Und die danach gedämpfte Vererbung führt dennoch näher an das Ziel heran. — Rauschen ist gewöhnlich ein von außen aufgeprägter Vorgang. Störungen sind in Zielnähe so groß wie in der Entfernung. Das gilt nicht unbedingt beim subjektiv-evolutionsstrategischen Experimentieren. Im ***Bild 14-7*** wird mit einem Quadrat begonnen. Daraus soll sich ein Stern entwickeln. Aber welche Mutation eines Quadrats sieht schon einem Stern ähnlich? In Zielferne ist die Selektion beinahe willkürlich (großes Rauschen). Erst bei Zielannäherung wird die subjektive Bewertung genauer. Eine Ungleichmäßigkeit der 120°-Winkel wird beispielsweise immer besser erkennbar. Eine Abnahme von σ_q mit Annäherung an das Ziel würde das Problem der vorzeitigen Stagnation entschärfen.

15

Mystik und Kabbalistik in der Optimierung

Natur, Vorbild für die Technik

Wir bewundern die Leistungen lebender Systeme. Ingenieure versuchen, diese Leistungen zu kopieren. Zudem gilt die Technik der Natur als beispielhaft sanft. Die Wissenschaft der Naturnachahmung, die **Bionik**, dürfte deshalb in Zukunft erheblich an Bedeutung gewinnen. Aber seriöses Denken und Scharlatanerie liegen auf dem Gebiet der Bionik eng beisammen. Naturnachahmungen, die auf platten Äußerlichkeiten beruhen, erheitern den ernsthaften Wissenschaftler. Wer die Form der Meeresschnecke *Nautilus* als Spiralgehäuse eines Ventilators anpreist, wer die Schuppen eines Schmetterlingsflügels mit Dachschindeln in Zusammenhang bringt, und wer die 4-Buchstabensprache der DNS als zukünftigen Computer-Code ansieht, der hat kein Gespür für relevante biologisch-technische Zusammenhänge.

Die Erfinder der amerikanischen Genetischen Algorithmen und die deutschen Evolutionsstrategen sind Bioniker. Beide wollen das High-Tech-Optimierungsverfahren der biologischen Evolution imitieren. Schnellere Anpassungsstrategien waren in der Entwicklungsgeschichte der Lebewesen stets von gewaltigem Vorteil und wurden selektiert, weshalb Evolutionsmechanismen eine allerbeste Optimierungsstrategie liefern sollten. Doch was nutzt die unverstandene High-Tech-Kopie? Angenommen, vor 200 Jahren hätte jemand den damaligen Wissenschaftlern einen PENTIUM-Rechner auf den Tisch gestellt. Die imitierende Verdrahtung von geschliffenen Quarzplättchen würde nichts bewirken. Der Neo-Bioniker weiß, daß Höchstleistungen der Natur ihm wenig nutzen, solange er nicht das Prinzip der biologischen Lösung durchschaut. Die platte Naturkopie ist es, die bei evolutionären Algorithmen manchmal an ein mittelalterliches Buchstaben- und Zahlen-Mirakel erinnert.

Mysterium „Zufall" in der Evolutionsstrategie

Wird über DARWINsche Evolution diskutiert, steht das Wort Zufall im Mittelpunkt. Die Tatsache, daß Mutationen zufällig erfolgen, wird für besonders wichtig gehalten. Wenn der Optimierer sich anschickt, die biologische Evolution zu imitieren, rückt der Zufall wiederum an erste Stelle. Ich erlaube mir zu hinterfragen: Warum eigentlich? Glaubt der Evolutionsstratege etwa an die mystische Kraft des Zufalls? – hoffentlich nicht!

Richtig ist: Die Nutzung eines Zufallsprozesses ist ein besonders rationelles Verfahren, um im hochdimensionalen Raum Testpunkte gleichmäßig um den Elter zu plazieren. Einen kugelsymmetrischen Punkte-Streu-Generator durch Überlegung zu finden, ist nicht einfach. Möglicherweise käme man auf die algorithmische Minimalformel: $z_{i+1} = a \cdot z_i + b$ modulo m. Das wäre der klassische Pseudozufallsgenerator. Wundern muß ich mich über Evolutionsstrategen, die auch bei der eindimensionalen Optimierung (mutative Schrittweitenregelung) auf den Zufall schwören. In diesem Fall ist Gleichmäßigkeit der Mutantenverteilung deterministisch viel einfacher zu erreichen; es sei denn, der Zufall läßt sich besonders kompakt programmieren.

Ich wiederhole: Der Neo-Bioniker kopiert die Natur nicht vordergründig. Ihm ist das Hintergrundverständnis wichtig. Hintergrund der Mutation ist für mich das symmetrische Variieren. Symmetrievariation kann auf verschiedene Weise erreicht werden. Verschlechtert sich die Symmetrie des zufälligen Variationsmechanismus, weil vielleicht zu wenig Variablen vorliegen, darf der Evolutionsstratege symmetrisieren, z. B. Variationen spiegeln. Wer mehr im Zufall sieht als Symmetrievariation mit minimalem algorithmischen Aufwand, ist für mich (Verzeihung) ein Mystiker. Das gilt auch für Leute, die nach der optimalen Verteilungsfunktion für Mutationen suchen. Der Mutationsoperator, Lieblingswort unter Anhängern der Evolutionsstrategie und Genetischen Algorithmen, ist mir deshalb auch suspekt. Der Biologe, der diese Wortschöpfung vernimmt, könnte an den richtig dosierten kosmischen Strahlungsschauer denken, der die gewünschte Mutation hervorbringt. Die Schöpfer des Wortes Mutationsoperator meinen sicherlich die Operation, die ***nach*** der mutativen Ursache der Symmetrievariation kommt. Die nachträgliche Verzerrung der Ursache durch ein „ontogenetisches Getriebe" würde ich lieber Transformation nennen. Das klingt zwar nach Klügelei: Mutationstransformator statt Mutationsoperator. Aber es sind verbale Mißverständnisse, die zur Mystifizierung der Mutation führen. Ein Buchtitel „Zufall Mensch" (Autor STEPHEN JAY GOULD) trägt gewiß nicht zur Entmystifizierung des Zufalls in der biologischen Evolution bei.

Die Kunst des richtigen Nachahmens

Die Mutation ist nicht der allein ausschlaggebende strategische Zug in der evolutionären Optimierung. Es gilt, weitere Evolutions-Mechanismen nachzubilden. Ich könnte mir vorstellen, daß man den Evolutionsstrategen vorwirft, dabei zu wenig naturgetreu zu handeln. Was hat das Abstraktum der THALES-Rekombination mit der Natur des Chromosomen-Überkreuzens gemeinsam? Ich wiederum halte den Freunden der Genetischen Algorithmen vor, daß sie zu sehr auf äußerliche Ähnlichkeiten setzen. Richtiges Nachahmen ist eine Kunst:

1 Ein Mann verbringt viele Stunden auf dem Beifahrersitz des Porsches seines rallyefahrenden Freundes. Beim ersten Power-Slide mit seinem eigenen vorderradgetriebenen Golf landet er prompt auf dem Acker.

2 Ein Ingenieur studiert die langbeinigen Wasserwanzen, die auf Tümpeln im Sommer quasi schlittschuhlaufen. Er baut das Insekt akkurat nach. Seine Wasserlaufmaschine – 10 Meter lang – geht sang und klanglos unter.

3 Ein Römer besucht im 8. Jahrhundert Indien. Von einem Rechenkünstler läßt er sich das Zusammenzählen von Zahlen im eben erfundenen indischen Positionssystem erklären: Die Ziffern rechtsbündig übereinander geschrieben, von rechts nach links Spalte für Spalte addiert und der Trick mit der „Eins im Sinn", der „Zwei im Sinn" usw. – Das ist wahrhaft sensationell. Nach Rom zurückgekehrt schreibt er ein Buch mit dem Titel *„Ars addendi"*. Hier ein Beispiel aus seinen textbegleitenden Rechnungen:

```
  X I X
+   V I
-------
= XVII I
```

Der Autor richtet sich streng nach den Rechenregeln des indischen Positionssystems und . . . rechnet 19 + 6 = 18 aus.

Beispiel 1 mag deplaziert erscheinen. Beispiel 2 sollte nachdenklich stimmen. Aber Beispiel 3 muß den Evolutionsnachahmer aufschrecken. Befindet er sich nicht eben in der Situation des reisenden Römers, diesmal zu Besuch im Land der Genetik? Was nutzt es, müßte er sich insgeheim sagen, die informationsverarbeitenden Regeln des genetischen Systems gewissenhaft in die Technik zu transferieren, wenn in beiden Welten verschieden „gezählt" wird; sprich: die Codes differieren? Ich kann mich nur wundern, wie sorglos die Freunde der evolutionären Optimierung mit diesem Dilemma umgehen. Informationsverarbeitende Mechanismen, wie sie im DNS-Strang zu beobachten sind, werden leichthin auf einen binären Zählcode (meist Positionscode) übertragen.

Die Imitation der Wirkung

Es stellt sich die Frage, wie es denn anders zu machen sei. Meine Antwort: Nicht auf den Code, sondern auf die Wirkung sehen! Es geht doch nicht darum, daß auf der Codierungsebene Biologie und Technik algorithmisch übereinstimmen. Wer von der Biologie als Vorbild für die Technik spricht, der meint doch wohl die Wirkung. Die Wirkungen sollen in Übereinstimmung gebracht werden. Und das kann bedeuten, daß dafür in der technischen Code-Welt ein anderer Algorithmus ablaufen muß als in der biologischen Code-Welt; genauso wie die Wirkung „Addition" im römischen Zahlencode einen anderen (maßlos komplizierten) Algorithmus erfordert als im indischen System. Ich möchte auf die THALES-Rekombination verweisen. Dieser Zug im Code der Kontinuums-Mathematik zeigt nicht die geringste Ähnlichkeit mit dem Crossing-over von Chromosomen. Aber übersetzt in die Ebene der reellen Parameter ist die Wirkung dieselbe wie beim genetischen Crossover. Und darauf – ich wiederhole – kommt es an. Das Prinzip, daß unterschiedliche informationsverarbeitende Algorithmen in Biologie und Technik die gleiche Wirkung erzielen können, sei im ***Bild 15-1*** nochmals grafisch hervorgehoben.

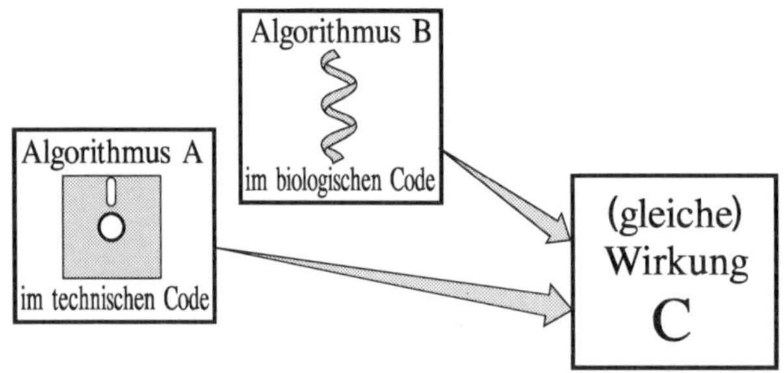

Bild 15-1:

Algorithmus A und Algorithmus B ergeben gleiche Wirkung C in der Realität.

Konzentration auf die Wirkung, das ist die Philosophie des Evolutionsstrategen. DAVID E. GOLDBERG bedauert in seinem Buch *Genetic Algorithms,* daß die Evolutionsstrategie ***nur*** mit „real parameters" arbeitet. Dazu sei bemerkt, daß Evolutionsstrategen keineswegs ihre Versuchsobjekte mutativ mit dem Hammer bearbeiten. Ich denke an den klassischen Versuch mit der Gelenkplatte; und unter reellen Parametern verstehe ich die uncodierten Entitäten der realen Welt. Nein, Evolutionsstrategen vollziehen ihre Züge auch in einer operativen Kunstwelt. Es gibt keinen Grund, daß sich dies ändern sollte, wenn sich der Optimierungsgegenstand in ein Computermodell übersetzen läßt. Aber Evolutionsstrategen führen ihre Operationen in der Codewelt so aus, daß sich phänotypische Reaktionen ergeben, wie sie der Biologe beobachtet. Sind Mutationen biologischer Merkmale normalverteilt, wird im Code so operiert, daß sich diese Wirkung ergibt. In der Literatur wird häufig vermerkt, daß die Evolutionsstrategie auf dem Phänotyp arbeite. Das ist richtig, wenn gemeint ist, daß die Evolutionsstrategie die Wirkung imitiert. Es ist falsch, wenn geglaubt wird, die Evolutionsstrategie operiere nicht mit der Zweiheit von Genotyp und Phänotyp (siehe Diskussion um die Evolutionsstrategie in Kapitel 16).

Zahlenspiele in Code-Welten

Die idealistischen Sichtweisen der beiden Optimierungs-Philosophien lassen sich auf den Punkt bringen: Evolutionsstrategien operieren in Codewelten, auf daß die Wirkungen den phänotypisch beobachteten entsprechen. Genetische Algorithmen operieren in Codewelten, auf daß die Operationen den genotypisch beobachteten gleichkommen. Daraus folgt: Bei Evolutionsstrategien werden andere Codes andere Spielzüge erfordern. Bei Genetischen Algorithmen werden andere Codes andere Wirkungen hervorbringen. Eine akkurat imitierte genetische Operation kann so alle denkbaren Wirkungen auslösen.

Letzteres erschreckt mich. Ich habe Evolutionsstrategen, die überall den Zufall bemühen, Mystiker genannt. So sei es mir gestattet, die Freunde der Genetischen Algorithmen, die von der Realität losgelöst auf den Code starren, Kabbalisten zu nennen. Die Kabbalisten des Mittelalters haben nach einem Code Namen und Begriffe in Zahlen umgewandelt. Die Zahlen wurden addiert, subtrahiert, multipliziert ... Ergaben sich auf diese Weise Besonderheiten (z. B. eine Zahl, die einem neuen Wort entsprach), so wurde dies als eine geheimnisvolle Offenbarung angesehen.

Weshalb nehmen wir heute diese Zahlenkünste so wenig ernst? Ich glaube, weil wir wisssen, daß es einzig von der gewählten Codierungsvorschrift abhängt, ob dabei etwas Vernünftiges herauskommt oder nicht. Ein verborgener Sinn des ursprünglichen Wortes offenbart sich dadurch nicht. Eine passende Buchstaben-Zahlenzuordnung kann durchaus die Gleichung

DONALD + GERALD = ROBERT

erfüllen. — Ich möchte die Denkweise der GA-Theoretiker nochmals an einem Gleichnis darstellen: Ein Patient soll operiert werden. Es gilt für die anwesenden Medizinstudenten, möglichst viel von der Operationstechnik des herbeigerufenen berühmten Chirurgen zu lernen. Fast alle schauen gebannt auf die Technik der operierenden Kapazität. Doch was machen die GA-Denker unter den Studenten? Sie starren einzig und allein auf den Instrumententisch und zählen die Skalpelle, Pinzetten, Klammern, Tupfer, ... Anders gesagt: Sie versuchen, aus der zeitlichen Veränderung des Musters der Operationswerkzeuge auf dem Operationstisch den Operationsablauf zu verstehen. Ein direkter Blick auf den Ort des Geschehens ist verpönt.

Was könnte der Vorteil sein, den Operationsablauf allein nach den verwendeten Operationsbestecken zu beurteilen. Worin liegt die vermeintliche Raffinesse, einen Optimierungsvorgang allein in der Bit-Ebene zu verfolgen? Der Student im Operationssaal könnte sagen: Der Ablauf einer Operation ist von Fall zu Fall verschieden. Der Blick auf den Instrumententisch läßt eher das allen Operationen Gemeinsame erkennen: Erst das Skalpell, dann der Tupfer... Jede Optimierung verläuft anders. Es wäre nicht ausgeschlossen, daß den beobachteten Bit-Mustern etwas Universelles anhaftet.

So weit würde meine Phantasie noch reichen. Sicherlich lassen sich Gesetzmäßigkeiten der Optimierung auch im komprimiert verpackten Weltbild eines Codes studieren; aber gewiß nicht in allen denkbaren Codes zugleich. Die GA-Theoretiker legen jedoch großen Wert auf ein frei wählbares Codierungs-Instrumentarium. Alle Arten der binären Codierung stehen zur Disposition. Aber auch ternäre, quaternäre, ... Codierungen sollen von der Theorie eingeschlossen werden. Eben hier setzt mein Kabbalistik-Vergleich ein. Ich bleibe dabei: Ein passender Code kann Wunder vollbringen. Ein verborgenes Prinzip der Optimierung offenbart sich in keinem Code-Muster. Der Chirurg, der mit einem unkonventionellen Operationsbesteck arbeitet, wird andersartige Werkzeugbilder auf dem Instrumententisch produzieren. Der auf das Operationsbesteck fixierte Medizinstudent kann seine bisherige Theorie über Operationen vergessen. Und Codezeichen sind Werkzeuge, nicht mehr und auch nicht weniger.

Das Schema-Theorem der Genetischen Algorithmen

Gleichnisse sind oberflächlich. Dringen wir deshalb tiefer in die Mathematik der Genetischen Algorithmen ein. Als fundamentales Gesetz werten die GA-Theoretiker das *Schema-Theorem*. Es trifft eine universelle Aussage über die von Genetischen Algorithmen erzeugten Bit-Muster (bzw. deren Analogon im ternären, quaternären ... System). Die Aussage lautet: Lokale Muster in einer Zeichenkette, egal wie sie aussehen, sind bevorzugte Angriffspunkte der Selektion. Ein lokales Zeichenmuster, das sich in einer über dem Populationsdurchschnitt bewerteten Zeichenkette befindet, wird sich in der Population exponentiell ausbreiten (siehe ***Bild 15-2***). Umgekehrt wird ein lokales Muster exponentiell aus der Population verschwinden, wenn es in einer Zeichenkette von unterdurchschnittlicher Qualität liegt. Die Aussage geht davon voraus, daß die Bits in den Zeichenketten durch ***Rekombination*** verändert werden. Das *Schema-Theorem* stellt fest, daß Crossing-over in einer Zeichenkette verteilte Muster mit größerer Wahrscheinlichkeit aufreißt als kompakte Blöcke.

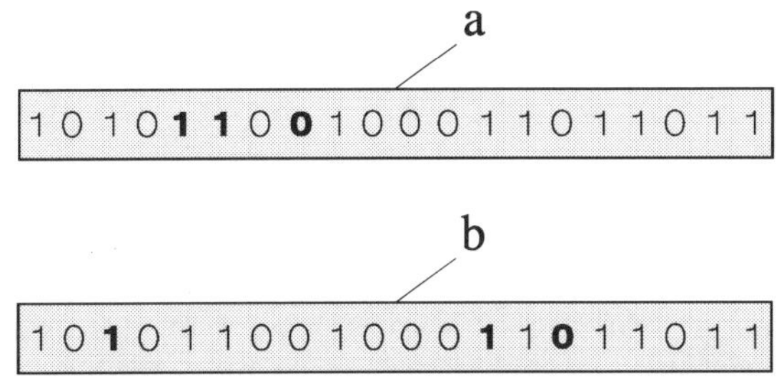

Bild 15-2:

Das Schema-Theorem –

*Das in **a** zusammenliegende 110-Muster reichert sich in der Population eher an als das gleiche Muster in **b**.*

Die GA-Theoretiker sind nun felsenfest davon überzeugt, daß diese blockhafte Musterselektion in der Ebene der Information optimierungskonform verläuft. Ich habe da meine Zweifel: Warum sollen Code und Optimierungsproblem, die – vermenschlicht ausgedrückt – doch nichts voneinander wissen, stets so kooperativ zusammenarbeiten? Wer in einem Bit-Muster (ich nenne es Werkzeugbild auf einem Instrumententisch) eine Offenbarung des Optimierungsproblems sieht, ist (Verzeihung) ein Kabbalist.

Das *Schema-Theorem* formuliert mathematisch eine unbestritten richtige Aussage. Das *Schema-Theorem* vermag jedoch nicht, Konvergenz eines Genetischen Algorithmus vorauszusagen oder gar zu erklären. Ganz im Gegenteil: Die Tatsache, daß die Information versucht, eigene Wege zu gehen, sollte nachdenklich stimmen. Es ist doch nicht auszuschließen, daß die in der Code-Welt bevorzugte Blockselektion einem einsichtigen Optimierungszug in der realen Welt gerade zuwiderläuft. Tatsächlich lassen sich Probleme konstruieren, die einen Genetischen Algorithmus täuschen (GA-deceptive-problems).

Positions-Code und Schema-Theorem

Dennoch, Genetische Algorithmen funktionieren, und das trotz meiner derben Kritik. Denken wir deshalb positiv. Wann könnte die Tatsache, daß Rekombination in einer Zeichenkette verteilte Muster aufreißt, aber Blockmuster zusammenhält, den Optimierungsablauf unterstützen? Meine Antwort lautet: Wenn der GA-Anwender die Einstellwerte von metrisch skalierten Variablen nach einem Positionscode (auch Stellenwertcode genannt) verschlüsselt. Für mich ist diese im Verlauf der Geschichte viermal, nämlich von den Babyloniern, den Chinesen, den Maya und den Indern entwickelte kompakte Zahlendarstellung eine der größten Erfindungen der Menschheit. Nachfolgend die Positionsformeln für eine Dezimal- und eine Dualzahl von gleichem Wert:

$$1994 = 1 \cdot 10^3 + 9 \cdot 10^2 + 9 \cdot 10^1 + 4 \cdot 10^0 \,,$$

$$11111001010 = 1 \cdot 2^{10} + 1 \cdot 2^9 + 1 \cdot 2^8 + 1 \cdot 2^7 + 1 \cdot 2^6 + 0 \cdot 2^5 + 0 \cdot 2^4 + 1 \cdot 2^3 + 0 \cdot 2^2 + 1 \cdot 2^1 + 0 \cdot 2^0 \,.$$

Weiter nach links können wir uns reservierte Stellen mit Nullen aufgefüllt denken. Angenommen, eine metrische Variable sei auf den Wert fünftausend eingestellt. Im Zuge der Optimierung muß dieser Variablenwert monoton auf fünfzig heruntergeschraubt werden. Selbstverständlich, man dreht bzw. schaltet an der dezimalen bzw. binären Zeichenkette zuerst linksaußen. Dort befinden sich die dezimalen Grobeinstellknöpfe bzw. die binären Grobeinstellschalter. Ist man in die Nähe des gewünschten Wertes gelangt, kommen die etwas feiner reagierenden Knöpfe bzw. Schalter an die Reihe. Diese liegen rechts neben den ersteren. Und so geht es weiter bis fein, feiner, am feinsten (rechtsaußen). Die monotone Verstellarbeit an einer positionscodierten Zeichenkette sei durch folgende Blockdarstellung bildhaft gemacht:

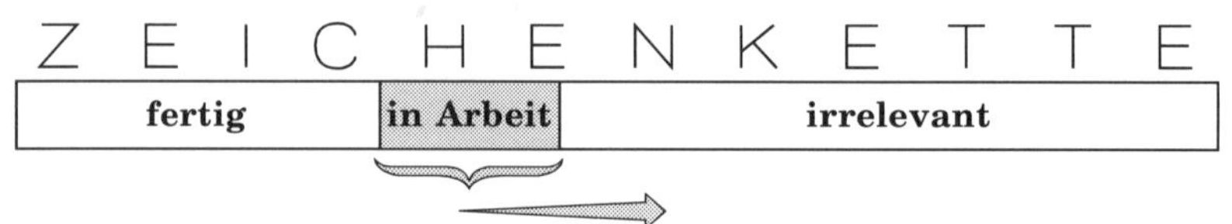

Die Blockstruktur der Informationsverarbeitung freut den GA-Theoretiker. Hier kommt sein *Schema-Theorem* zum Zuge. Sehen wir uns den Fertig-Block an: Dieser habe sich in der Population voll durchgesetzt. Lokale Falschmuster, die sich hier bilden, werden nach dem *Schema-Theorem* exponentiell ausgemerzt. Nun zum Arbeits-Block: Dieser läuft allmählich von links nach rechts über die Zeichenkette. Der Arbeits-Block sei als kurz gegenüber der gesamten Zeichenkette angenommen. Hier werden nach dem *Schema-Theorem* durch Rekombination (und Mutation) sich bildende qualitätsverbessernde Zeichenmuster exponentiell anwachsen, die dann in den Fertig-Block aufgenommen werden. Und was im Irrelevanz-Block geschieht, ist im Sinne des Wortes irrelevant.

Diese Interpretation glaubt im Mechanismus des GA eine Schrittweitensteuerung zu erkennen, die vorprogammiert ist von „am Beginn groß" zu „am Ende klein". Die Evolutionsstrategie paßt sich ins Evolutionsfenster ein; der Genetische Algorithmus „scannt" das Fensterdiagramm laufend durch. Aber man stelle sich eine Codierung vor, die die Zahl 1994 wie folgt stellenüberspringend vorwärts-rückwärts verschlüsselt:

$$10111011100 = 1{\cdot}2^{10}+0{\cdot}2^{0}+1{\cdot}2^{9}+1{\cdot}2^{1}+1{\cdot}2^{8}+0{\cdot}2^{2}+1{\cdot}2^{7}+1{\cdot}2^{3}+1{\cdot}2^{6}+0{\cdot}2^{4}+0{\cdot}2^{5}.$$

Das *Schema-Theorem* hilft nicht mehr bei der Grob-Fein-Einstellung. Ich würde mich nicht wundern, wenn schon einfache Aufgaben mit dem gefalteten Code zum „GA-deceptive-problem" werden.

Ich komme nochmals auf den monotonen Positionscode zurück. In meiner Konvergenz-Interpretation steckt noch einiges an Schönfärberei. Der Mechanismus der Grob-Fein-Einstellung weist grobe Unstetigkeiten auf. Es sind dies die Stellungen, die wir vom Kilometerzähler her kennen, wenn mehrere oder gar alle Ziffernrädchen zugleich sich zu drehen beginnen.

Code-Welten gleich Knitter-Welten

Wer etwas Ausgedehntes kompakt verpacken möchte, kommt oft nicht darum herum, das Packungsgut zu zerknittern. Mit Codierungen, die die Zustände der Welt kompakt verpacken sollen (zum Aufbewahren oder Verschicken – wozu sonst?) ist es ähnlich. Im Code spiegelt sich die Welt im zerknitterten Zustand wider. Hier ein Beispiel für eine starke Packungs-Knitterung im binären Positionscode. Gegeben sind drei Stäbe:

Stab 1 ist eintausendzweiundzwanzig Millimeter lang,
Stab 2 ist eintausenddreiundzwanzig Millimeter lang,
Stab 3 ist eintausendvierundzwanzig Millimeter lang.

Im binären Code stellen sich diese Längenangaben wie folgt dar:

Stab 1: 01111111110 Millimeter,
Stab 2: 01111111111 Millimeter,
Stab 3: 10000000000 Millimeter.

Drei reale Weltzustände, die näherungsweise als gleich einzustufen sind, stellen sich in der Code-Welt einmal als fast gleich und ein andermal als völlig verschieden dar. Angenommen, wir würden auf Stab 1 einen Millimeter drauflegen und auf Stab 2 ebenfalls: Zwei gleiche Handlungen an zwei praktisch gleichen realen Weltzuständen führen in der Code-Welt zu völlig verschiedenen Ergebnissen. Ich frage mich, wie eine Theorie der Optimierung mit dieser Code-Knitterung (Verletzung des Prinzips der starken Kausalität) fertig wird?

Es wurde die These von der separaten Grob-Fein-Einstellung im binären Positionscode entwickelt. Nun zeigt sich, daß die Theorie wegen der Code-Falten nur beschränkt gültig ist. Die behutsame Feineinstellung ist empfindlich gestört. Wie einfach wäre es, wenn man die Idee der nebeneinanderliegenden empfindlichkeitsvariablen Drehknöpfe, die nacheinander abgestimmt werden, in ein klassisch-mathematisches Kontinuums-Modell übersetzte. Im Skalencode ließe sich das Fensterdiagramm ebenso „durch-scannen".

Übrigens: Die Zerknitterung der realen Welt durch eine Codierung ist ein altes Ärgernis in der Informationstechnik. Es wurde versucht, die Faltigkeit zu minimieren. Bekannt ist im binären System der in den 40er Jahren erfundene und im US-Patent Nummer 2 632 058 veröffenlichte GRAY-Code. In diesem Code werden Nachbarzustände metrischer Welt-Parameter durch Ändern nur einer Bit-Stelle erreicht. Dadurch wird jedoch die monotone Stellenwert-Ordnung des Positionscodes abgebaut. Die Faltigkeits-Reduktion führt dennoch zu einer holprigeren Arbeitsweise des Stellenwert-Schiebeschalters.

Mysterium der Zielfindung

Jahrelang zerbreche ich mir den Kopf, ob es in der ableitungsfreien Optimierung noch eine andere universelle Suchlogik gibt als das Folgen von gradientengeführten Wegen in stückweise stark kausalen Welten.* Bisher ist nur eine vage Idee aufgetaucht: Nutzung der universalen Welteigenschaft namens „Symmetrie". Wenn Chaos seltene Ausnahmen im universellen, stark kausalen Weltverhalten beschreibt, dann bezeichnet Symmetriebrechung vielleicht die seltenen Ausnahmen im normalen symmetrischen Weltverhalten. So ließe sich vielleicht eine Strategie entwerfen, die im quasi unendlich großen Variablenraum nur Punkte anwählt, die gewisse Symmetrie-Eigenschaften besitzen. Unter Symmetrie meine ich nicht nur geometrische Invarianzeigenschaften, sondern die weitergefaßte Interpretation der Physiker.

Starke Kausalität, Symmetrie, ... – welches universelle Weltverhalten nutzen Genetische Algorithmen zur Zielfindung? Die GA-Experten scheinen über-

* Gradientenwege können selbstverständlich auch in Unterräumen bis zur Dimension 1 gefolgt werden (Idee der GAUß-SEIDEL-Strategie).

zeugt zu sein, ein Optimum mit einer völlig andersartigen Logik anzusteuern, als es bei konventionellen Suchstrategien der Fall ist. Es wird das Gleichnis der Null-Eins-Ideen konstruiert, die in binären Zeichenketten ausgetauscht werden, so wie Wissenschaftler ihre Erfahrungen auf einer Fachtagung austauschen. Ich kann mit der Metapher wenig anfangen. Die Zeichenkette, die eine Variable codiert, ist en bloc eine Idee. Und im Kapitel 11 wurde bereits erklärt: Intra-Variablen-Rekombination ergibt nicht mehr als eine unscharfe Ideen-Mittelung. Anders ist es, wenn bei einer Multi-Parameter-Codierung die Zeichenkette mehrere Ideen repräsentiert. Die Rekombination der Ideen als Ganzheit könnte man in der Tat einen Ideen-Austausch nennen. Mehr mathematisch gedacht würde ich dazu diskrete Mittelwertbildung sagen, die sich, wie wir aus Kapitel 11 wissen, im Hochvariablenraum wiederum kontinuisieren läßt. Lösen wir uns vom Ideen-Austausch-Denken. Die Theorie kann mit der Interpretation der Rekombination als Mittelwertbildung mit überlagertem Zufall mehr anfangen. Diese Mittelwertbildung, ob kontinuierlich oder diskret, ist strategisch gesehen nichts anderes als eine Zentrierung bzw. Ausrichtung der Optimum-Ansteuerung auf den Gradienten. Und die entwickelte These von der Arbeitsblock-Verschiebung in einer positionscodierten Zeichenkette zeigt Aspekte einer Schrittweitensteuerung, wie sie für eine Gradientenwegdiffusion erforderlich ist. Nichts weist demnach darauf hin, daß Genetische Algorithmen etwas anderes vollbringen, als unscharf stückweise einem gradientengeführten Weg zu folgen.

Der Einwand mag kommen, daß Genetische Algorithmen doch wohl mehr können, als nur einer Gradientenstraße zu folgen. Sie arbeiten eher global und bleiben nicht wie ein Gradienten-Folgeverfahren auf dem ersten Gipfel stehen. Wenn zum Beweis dieser Behauptung RICK L. RIOLO eine eindimensionale Optimierungsfunktion mit 32 äquidistanten Gipfeln konstruiert, und die Strecke vom Gipfel linksaußen bis zum Gipfel rechtsaußen gerade durch eine 16-Bit-Kette codiert, kann ich mich nur wundern. Das Problem wurde wohlweislich auf das Bitraster abgestimmt. Alle Gipfelspitzen besitzen gerade eine gleiche zusammenhängende 3-Bitfolge; das *Schema-Theorem* „freut sich".

Aber zurück zu der Tatsache, daß Gradientenfolgen bei vielen Optimierern nicht hoch im Kurs steht. Es gilt, zunächst etwas richtig zu stellen. Mit dem Wort Gradientenfolgen meine ich stets eine grobe Wegbeschreibung. Natürlich werden Genetische Algorithmen (und auch Evolutionsstrategien) dem Gradienten nicht mathematisch exakt, sondern nur stochastisch folgen. Dabei gilt: Je größer die Unschärfe, umso robuster die Strategie. Gräben und Wälle können übersprungen, Wege gewechselt werden. Dem ist allerdings auch hinzuzufügen, daß gilt: Je größer die Unschärfe, um so langsamer die Strategie.

Genetische Algorithmen arbeiten – so glaube ich – mit besonders großer Unschärfe beim Gradientenfolgen. Die von mir so genannten Code-Knitterungen sind mitverantwortlich dafür. Bisher gefolgte Gradientenwege werden laufend aufgegeben und neue aufgenommen. Das alternierende Spiel von Gradientenfolgen und Gradientenwechseln mag intelligent erscheinen. Doch der „Fluch der Dimensionen" läßt sich durch dieses stückchenweise Gradientenfolgen auch nicht überlisten. Man kann – behaupte ich einmal – Hunderte von Jahren so laufen und springen. Das schließlich erkundete Gebiet zählt einfach nicht im Hochvariablenraum. Zur Fähigkeit des GA-Gradientenkletterns möchte ich noch anmerken: Mir ist nicht bekannt, daß es Genetischen Algorithmen gelingt, das „harte Problem" des Gratwanderns (Testfunktion Parabelgrat) im Hochvariablenraum zu meistern.

Das vorliegende Kapitel entstand im Freiraum der Sahara. Entsprechend freien Lauf habe ich meinen spitzen Bemerkungen gelassen. Hier eine Zugabe: Mich verdrießt die heutige Einstellung „Simulieren statt Sinnieren", wie sie bei GA- und ES-Freunden in Mode ist. Ein Beispiel: Ein GA-Vortrag ist im evolutionsstrategischen Seminar angekündigt. Der Referent legt Folie nach Folie auf den Projektor. Seine Computersimulationen beweisen am Beispiel der *n*-dimensionalen SCHWEFEL-Funktion die Leistungsfähigkeit eines neuen Mutationsoperators. Ich frage nach der mathematisch-geometrischen Deutung der propagierten wirkungsvollen Strategie-Innovation. Die Antwort: „Können Sie in einen *n*-dimensionalen Raum hineinsehen"? Diese Einstellung wollte ich mit der Überschrift „Mysterium der Zielfindung" an den Pranger stellen.

Fortsetzung: GA versus ES

Es ist unbestritten: Ausgeklügelte Algorithmen können in Code-Welten, indem sie von deren Kompaktheit profitieren, äußerst schnell arbeiten. Doch ist das Land noch unerkundet, macht der Autofahrer, der Lenkrad, Gas und Bremse durch ein binäres Schaltwerk ersetzt, sich das Leben extrem schwer. Denn in der zerknitterten Binär-Welt wird die zielstrebige Bewegung im Neuland zur Schwerstarbeit. Das gilt auch für das Optimieren im Neuland. Und für jedes Problem erst den optimale Code zu entwickeln – das ist gewiß nicht der Sinn einer Optimierungsstrategie.

Die vorgetragenen Argumente stammen aus der Feder eines Evolutionsstrategen. Sein Denken wird durch metrisch skalierbare Variablen bestimmt. Tatsächlich besitzen die besonders schwierigen Optimierungsprobleme aber keine Maßskalen-Variablen. Die „harten Probleme" der Optimierung werden in zerknitterten (schwach kausalen) Welten geboren und nicht erst künstlich in diese hineinversetzt. Mit dem Blick auf diese Probleme möchte ich all meine Kritik an der Theorie der Genetischen Algorithmen zurücknehmen. Ein Null-Eins-Problem, das von Natur aus in dieser Form vorliegt, ist das klassische Exempel für die Anwendung eines Genetischen Algorithmus.

Diskrete Optimierungsprobleme, deren Variablen nur Schaltzustände ohne erkennbare Rangordnung besitzen, sind der Schrecken für die Evolutionsstrategie. Um im Sinne der Theorie optimieren zu können, muß der ES-Anwender erst eine Codierung finden, die das Optimierungsgefilde glättet. Gelingt dem Evolutionsstrategen dieses Kunststück nicht, sollte er passen. Genetische Algorithmen funktionieren in Knitter-Welten möglicherweise besser. Überzeugt wäre ich von der rationellen Optimierung mit Genetischen Algorithmen in schwach kausalen Welten allerdings erst, wenn die Theoretiker mir den mathematisch-geometrischen Trick aufzeigen könnten, nach dem ihr Verfahren mit dem „Fluch der Dimensionen" fertig wird.

Während Evolutionsstrategen und GA-Anhänger also überaus verschieden denken, wenn es um die Codierung der Variablen geht, ist ihr weiteres strategisches Vorgehen ausgesprochen ähnlich. Ihre Algorithmen besitzen eine Variationsseite und eine Selektionsseite. Auf der Variationsseite gilt: Die Rekombinationsoperation beider Verfahren kann absolut gleich sein, z. B. wenn es sich um ein natürliches Null-Eins-Problem handelt, bei dem sich die Frage der Umcodierung nicht stellt, und bei dem auch der Kontinuisierungsgedanke entfällt (siehe **ES '73**, Beispiel Schmetterlings-Mimikry). Auch bei der Mutation gibt es keinen prinzipiellen, sondern nur einen quantitativen Unterschied. Der Evolutionsstratege arbeitet bevorzugt mit großer Mutationsrate (es wird ***immer*** mutiert) und kleiner Populationsgröße, während der GA-Anwender die Mutationsrate verschwindend klein und die Population sehr groß wählt. Grundsätzlich lassen sich demnach GA und ES auf der Variationsseite ineinander überführen.*

Auf der Selektionsseite ist zu vermerken: Der Evolutionsstratege betreibt eine harte Selektion, indem er nur die μ besten von λ Individuen in einer Population Nachkommen erzeugen läßt (Aschenputtel-Prinzip). Der GA-Anwender macht es weicher. Er läßt alle Individuen einer Population Nachkommen erzeugen, jedoch die guten Individuen stochastisch mehr als die schlechten (fitnessproportionale Reproduktion). Somit ist selektionsseitig ein Unterschied zwi-

* Bedingung ist, daß der Evolutionsstratege mit der „kleinen Unart" Schluß macht, seine Start-Eltern alle auf einen Punkt zu setzen, was programmtechnisch besonders einfach ist. Bei verschwindend kleiner Mutationsrate müßte auch die Evolutionsstrategie ihr Versuchsmaterial aus der Verschiedenheit der Start-Eltern einer Population beziehen.

schen Genetischen Algorithmen und Evolutionsstrategien zu vermerken. Doch es ist fürwahr eine Nichtigkeit, verglichen mit der abweichenden Denkungsart amerikanischer und deutscher Evolutionsnachahmer: Ich wiederhole den Standpunkt des Evolutionstrategen: **Es kommt nicht darauf an, wie ein Chromosomen-Crossover aussieht, sondern was es bewirkt.** Und die Wirkung läßt sich durchweg als eine mehr oder weniger scharfe Mittelwertbildung der Variablen interpretieren – und damit Punkt.

16

Diskussion um die Evolutionsstrategie

Frage 1:

Die Fachliteratur bietet eine Fülle von Optimierungsstrategien an. Wie schneidet die Evolutionsstrategie im Vergeich zu diesen äußerst raffiniert ausgeklügelten Verfahren ab?

Die Evolutionsstrategie wurde vor 30 Jahren für das labortechnische Optimierungsexperiment entworfen. Auch heute kenne ich kein anderes Verfahren, mit dem man direkt im experimentellen Dialog (ohne mathematisches Modell) einen Tragflügel, einen Rohrkrümmer oder eine Strömungsdüse automatisch in die Optimalkonfiguration hineinsteuern kann. Für das Experimentieren in der „verrauschten" Laborwelt ist die Evolutionsstrategie prädestiniert. Aber Experimentieren im Labor ist nicht gerade beliebt. Eine Variation des Versuchsobjekts kann viele Tage Werkstattarbeit kosten. Wie einfach läßt sich dagegen eine Variable auf dem Computer ändern. Was leistet also die Evolutionsstrategie in der Welt der Computer?

Es gibt hervorragende Strategien für die Optimierung von Computermodellen. Die schnellsten Strategien nutzen gezielt Vorwissen über das Optimierungsobjekt. Betrachten wir einen Extremfall an Vorwissen: Es sei bekannt, daß ein zweidimensionaler Optimierungsberg stets die mathematische Form

$$Q = -(x-u)^2 - (y-v)^2$$

besitzt. Das Höhenlinienbild sind konzentrische Kreise um den Punkt des Optimums $x = u$, $y = v$. Die Koordinatenwerte u und v des Optimums gilt es zu ermitteln. Ein einfallsreicher Optimierungsstratege zeichnet sich auf einer durchsichtigen Folie ein Musterhöhenlinienbild (für $u = 0$, $v = 0$). Um in einer gerade vorliegenden Situation das Optimum zu finden, bestimmt er für zwei Variablen-Einstellungen x_1, y_1 und x_2, y_2 die zugehörigen Qualitäten Q_1 und Q_2. Er trägt die Werte an die entsprechenden x-y-Positionen in ein vorbereitetes Arbeitsblatt aus Millimeterpapier ein. Nun legt er sein transparentes Musterhöhenlinienbild so auf sein Arbeitsblatt, daß Q_1 auf der gleichwertigen Höhenlinie zu liegen kommt. Dann dreht er sein Musterhöhenliniendiagramm um Q_1, bis auch Q_2 die gleichwertige Höhenlinie trifft. Der Gipfelpunkt des aufgelegten Musterhöhenliniendiagramms wird auf das Millimeter-Arbeitsblatt übertragen. Die Koordinatenwerte des Optimums lassen sich ablesen. Wer es ausprobiert wird feststellen, daß es zwei passende Auflegemöglichkeiten des Musterhöhenliniendiagramms gibt. Durch eine weitere Messung muß geprüft werden, welche der beiden Lagen den wahren Extremwert liefert.

So geschickt planend wie in dem obigen Beispiel können Optimierungsstrategien arbeiten. Das sollte der Anwender wissen, bevor er zur strategischen Antithese, der Evolutionsstrategie greift, die auf keine anderen globalen Eigenschaften der Optimierungsfunktion setzt als auf das Prinzip der stückweise starken Kausalität. Das ist aber zugleich die Stärke der Evolutionsstrategien. Denn hochgradiges Nichtwissen ist ja gerade das, was ein Problem zum Problem macht. Nichtwissen kann auch bei sonst einfach strukturierten Problemen die Oberhand gewinnen, wenn die Zahl der Variablen sehr groß wird. Zusammengefaßt: Evolutionsstrategisches Arbeiten ist angesagt, wenn

- das Qualitätsgebirge zerklüftet bzw. verrauscht ist,
- die Zahl der Variablen sehr groß ist ($n > 20$),
- das Problem neu und der Optimierer unerfahren ist,
- ein problembezogenes Lösungsverfahren unbekannt ist.

Universalität ist das herausragende Merkmal der Evolutionsstrategien: Mit einer Evolutionsstrategie läßt sich ein **Strömungskörper im Windkanal** optimieren, wozu sonst das Fingerspitzengefühl eines Strömungsfachmanns benötigt wird. Mit einer Evolutionsstrategie läßt sich **RUBIKs Zauberwürfel** einstellen, wofür ich gern die Strategie von Professor KURT ENDL verwende. Mit einer Evolutionsstrategie kann man ein **magisches Quadrat** aufstellen, was nur in Sonderfällen mit speziellen mathematische Algorithmen möglich ist. Mit einer Evolutionsstrategie läßt sich das von JOHANN BERNOULLI ausgeschriebene **Brachystochrone-Problem** lösen, wofür LEONHARD EULER die mathematische Disziplin der Variationsrechnung geschaffen hat. Und mit einer Evolutionsstrategie kann man auch **neuronale Netze** belehren, wofür speziell das Back-Propagation-Verfahren entwickelt wurde.

Frage 2:

Evolutionsstrategien werden von Gesetzen der biologischen Evolution diktiert. Gehört nicht der hybriden Strategie die Zukunft, die biologisch-evolutionäre und mathematisch-geistvolle Optimierungszüge vereinigt?

Die These des Evolutionsstrategen könnte lauten: Genom und Gehirn stehen auf gleicher Evolutionshöhe. Was wir an der mentalen Informationsverarbeitung als nachahmenswerte Leistung so bewundern, das sollten wir der genetischen Informationsverarbeitung auch zubilligen. Ich bin der Meinung, daß die biologische Evolution z. B. auch gradientenstrategische Gen-Operationen erfunden hätte, wenn damit eine schnellere Höherentwicklung erreicht worden wäre. Daraus folgt: Die genetische Informationsverarbeitung ist für den Evolutionsstrategen ein evolutiv auf höchste Leistung entwickeltes Optimierungsverfahren, und zwar für den Fall eines multivariablen hochkomplexen Systems, das in einer verrauschten Welt optimiert werden soll.

Mir fällt es deshalb schwer, mich mit „unbiologischen Verbesserungen" der Evolutionsstrategie anzufreunden. Doch klar ist: Was zählt, ist Leistung und nicht „biologische Reinheit" eines Optimierungsverfahrens. Deshalb sollte meine persönliche Positionsbestimmung den Strategiekonstrukteur nicht davon abhalten, beschleunigende Optimierungsmechanismen zu erdenken. Besonders originell fand ich den Einfall eines Hörers meiner Vorlesungen (M. DIETRICH), eine negative Mutation nachträglich in eine positive umzumünzen, indem sie komplementär zu dieser gesetzt wird. Besteigt man auf diese Weise mit einer (**1**+1)-ES eine Ebene ($\Omega = 0$), ist das Ergebnis offensichtlich: Der Rückschritt wird durch das Spiegeln zum Fortschritt. Es ergibt sich die doppelte Fortschrittsgeschwindigkeit. Der Vorteil schwindet bei komplexen Optimierungsgebirgen (Ω groß). Hier führt nicht zwangsläufig die Spiegelung einer Minusmutation zur Plusmutation.

Der Strategiekonstrukteur, auch wenn er sich nicht streng am biologischen Vorbild orientiert, kann sehr wohl zur Verbesserung der Evolutionsstrategie beitragen. Denn nicht selten erweist es sich im nachhinein, daß eine geistreiche menschliche Erfindung bereits von der Natur vorweggenommen wurde. Es wäre denkbar, daß ein vom Menschen ausgeklügelter „Optimierungs-Schachzug" nachträglich auch im genetischen System entdeckt wird. Im übrigen halte ich es für legal, wenn in der Evolutionsstrategie der Zufall mehr determinisiert wird. Damit wird der biologischen Variations-Idee besser entsprochen, indem die bei großen biologischen Populationen gewährleisteten statistisch signifikanten Operationen nun auch bei kleineren Nachkommenzahlen gültig sind.

Frage 3:

Optimieren wie in der Natur: Das ist das Ziel der Evolutionsstrategien, und das ist auch die Intention der aus Amerika importierten Genetischen Algorithmen. Worin unterscheiden sich die beiden Entwicklungen?

Genetische Algorithmen, von JOHN HOLLAND entworfen und durch DAVID GOLDBERG bekannt gemacht, und Evolutionsstrategien wollen das gleiche, nämlich optimieren nach dem Vorbild der biologischen Evolution. Dabei werden die Nachahmungsschwerpunkte ungleich gesetzt: **Genetische Algorithmen imitieren die Ursache, Evolutionsstrategien die Wirkung**. Auf ein Beispiel bezogen: Den GA-Experten interessiert, wie ein Crossing-over im Vererbungsgeschehen aussieht, den Evolutionsstrategen, was es am Phänotyp bewirkt. Ferner ist kennzeichnend: Genetische Algorithmen rekombinieren primär, Evolutionsstrategien mutieren primär. Die Varianten der Genetischen Algorithmen werden aus großen variationsreichen Populationen gespeist. Mutation ist eher ein exotisches Ereignis. Evolutionsstrategien erzeugen demgegenüber ihre Varianten vor allem durch Mutation und funktionieren somit auch ohne Rekombination. Ein weiterer Unterschied betrifft den Konvergenz-Mechanismus. Evolutionsstrategien setzen hauptsächlich auf lokales Fortschreiten, woraus ein Gradientenklettern resultiert. Genetische Algorithmen suchen eher weitläufig nach dem Optimum. Da starke Kausalität das Leitprinzip der Evolutionsstrategie bildet, codiert der Evolutionsstratege seine Variablen derart, daß kleine Änderungen zu kleinen Wirkungen führen. Die Anhänger der Genetischen Algorithmen machen es gerade umgekehrt. Eine Kontinuumsvariable wird zerknittert binär codiert. Die genotypische Darstellung des Optimierungsobjekts durch Zeichenketten bildet die Grundlage der Genetischen Algorithmen. Je nachdem ob nun eine Variable in der Zeichenkette an ihrer führenden oder ihrer letzten Stelle vom Rekombinationsmechanismus getroffen wird, schwankt die Änderung zwischen extrem groß und sehr klein.

Mich erstaunt, daß genetische Algorithmen „trotzdem" konvergieren. Aus evolutionsstrategischer Sicht – der Freund Genetischer Algorithmen mag es anders sehen – kommt Konvergenz wie folgt zustande. Bei der rekombinativen Änderung der Zeichenkette werden mal führende Stellen, mal mittlere Stellen und mal letzte Stellen getroffen. Am Anfang einer Optimierung sind es die Variationen an den führenden Stellen, in der mittleren Phase die Änderungen an den mittleren Stellen und am Ende der Konvergenz die letzten Stellen, die getreu der Gradientendiffusion Fortschritt erbringen. Mit anderen Worten: Das Evolutionsfenster wird nur ab und zu getroffen. Das genügt meines Erachtens, daß sich der Genetische Algorithmus nicht in der Distanz-Volumen-Explosion verliert. Da die Evolutionsstrategie, zugegeben, kurzsichtig ist, kann der Genetische Algorithmus in der Praxis die Inkonsequenz, die ich in seiner Theorie sehe, durch weiträumigeres Suchen wieder wettmachen.

Frage 4:

Ist die Feststellung richtig: Genetische Algorithmen arbeiten auf dem Genotyp, Evolutionsstrategien dagegen auf dem Phänotyp?

Dies ist eine Behauptung, die auch durch häufiges Wiederholen nicht richtiger wird — würde der gekränkte Politiker sagen. Mein Kommentar: Ist je ein Evolutionsstratege gesichtet worden, der sein Tragflügelprofil im Windkanal mit dem Hammer mutiert? Zerteilt er gar Flügel, um die Stücke dann zu rekombinieren? Nein, der Evolutionsstratege mutiert und rekombiniert auf dem Protokollblatt. Dies sollte eigentlich genügen, um die Behauptung des Fragers ad absurdum zu führen.

Das Mißverständnis entsteht, weil wegen der stark kausalen Codierung phänotypische und genotypische Variation sich scheinbar so wenig voneinander abheben. Wer die Objekte •, ••, •••, •••• in der Reihenfolge durch die Zahlen 1, 2, 3, 4 codiert, übersieht schnell die Präsenz von zwei Welten. Zu gewohnt ist es, in einer Zahlengeraden die Maßskala zu sehen, die Weltobjekte nach wachsendem Ausbildungsgrad anordnet, und diese Maßskala der physikalischen Welt zuzuordnen. Wer aber die Objekte •, ••, •••, •••• in der Reihenfolge durch die Zahlen 3, 1, 4, 2 codiert, erregt Aufmerksamkeit, die noch steigt, wenn die Codierung binär erfolgt. Niemand zweifelt nun an der Verschiedenheit von informationeller Spielwelt und phänomenerzeugender Realwelt.

Ich sage es klipp und klar: Ohne die Zweiheit Genotyp (Ebene der Information) und Phänotyp (Ebene der Realisation) gäbe es keine Evolutionsstrategie. Die Idee der Meta-Evolution, die an Variablen der genotypischen Spielwelt agiert, wäre nichtig. — Wer vor dem Windkanal sitzt und auf dem Protokollblatt mutiert und rekombiniert, um die Werte dann auf das Strömungsmodell zu übertragen, würde die Eingangsfrage nie so stellen. Der Computer-Freund erleidet einen gewissen Realitätsverlust, wenn er Eigenheiten seiner künstlichen Welt nicht genügend hinterfragt. Denn auf dem Computer verwischt sich die Genotyp-Phänotyp-Trennung unter anderem deshalb, weil der Programmierer nicht mehr besonders aktiv werden muß, um Zahlen aus einem Speicher (Genotyp) den Variablen einer Funktion (Phänotyp) zuzuordnen.

Frage 5:

Evolutionsstrategien nutzen Gradienten als Leitschnur, um zum Optimum zu diffundieren. Wenn nun diese Leitschnur zu einem Nebenoptimum führt? Wie findet die Evolutionsstrategie das globale Optimum?

In einer zusammenhängenden Konvergenzfolge überhaupt nicht! Wer an einer globalen Optimierungsstrategie bastelt, unterschätzt die Verlorenheit der Berggipfel im immensen Raum vieler Variablen. Ich habe zahlreiche Streitgespräche zu diesem Thema gehabt. Hier mein Standpunkt: Die Bezeichnung „globale Optimierungsstrategie" würde ich nur einem Verfahren zubilligen, das unter steter Verbesserung zum höchsten Berggipfel gelangt. Ich orientiere mich dabei an der evolutiven Sichtweise. Natürlich kann man – was sich die biologische Evolution nicht leisten kann – auf einem Berg angelangt das Ergebnis speichern, dann irgendwo in einen Abgrund springen, dort wieder einen Gradientenweg aufnehmen, zum neuen Gipfel vorstoßen und so fort. Das sehe ich jedoch nicht mehr als eine zusammenhängende Strategie an. Aussichtlos ist es dagegen zu hoffen, von einem niedrigen Gebirgsgipfel in das gleichhohe Einzugsgebiet eines noch höheren Berges springen zu können. Wer dies von einer neuen Strategie behauptet, ist bei mir durch die Optimierungsprüfung gefallen. Es läßt sich nämlich mathematisch zeigen, daß das Volumen gleichmäßig konvexer Einzugsgebiete aller verbleibenden höheren Gipfel im Hochvariablenraum gegen Null strebt. — Allzu schnell wird bei der komplexen Optimierung Stagnation als Steckenbleiben in einem Nebenoptimum gedeutet. Eine verbesserte Strategie überwindet dann scheinbar dieses Nebenoptimum und wird als multimodales Optimierverfahren gepriesen.

Mißverständnisse enstehen, wenn die Autoren nicht dieselbe Eigenschaft meinen, die sie multimodal nennen. Ich verstehe gemeinhin unter einem multimodalen Optimierungsproblem, daß sich die Optima nicht nach einer Regel im Variablenraum anordnen. Wer eine echte multimodale Funktion erstellen möchte, könnte k Funktionsberge der Form $A_k \cdot \exp{-\boldsymbol{\Sigma}(x_i - z_{i,k})^2}$ superponieren, wobei $z_{i,k}$ Zufallszahlen sind. Ich lege Wert auf eine zufällige Position der Optima, da schon globale Optimierungsstrategien konstruiert worden sind, die nur deswegen funktionierten, weil sie unbeabsichtigt die regelmäßige Lage der Optima nutzten. Übrigens: Die Exponentialberge superponieren sich im Zentrum eines abgeschlossenen Bereichs zu größeren Höhen als am Rand, so daß auch diesmal die Optimumhöhen nicht ganz zufällig verteilt sind.

Liegt Ordnung der Gipfel vor, muß ich meine Behauptung von der Unmöglichkeit des Gipfel-Gipfel-Springens relativieren. Besonders wichtig ist eine

Ordnung, bei der Gipfel ähnlicher Höhe räumlich zusammenhängen. Von weitem würde man einen Berg der Berge sehen. Nun ist es wohl denkbar, daß sich eine höhere Evolutionsstrategie von Gipfel zu Gipfel hangelt. Die Evolutionsstrategen machen das mit einer geschachtelten Evolutionsstrategie.

Frage 6:

Zufallszahlen bilden den Treibstoff für den Optimierungsmotor der Evolutionsstrategie. Muß dieser Treibstoff „Zufall" möglichst rein sein? Kurz: Wäre echter Zufall dem programmierten Pseudozufall vorzuziehen?

Eine Spur Aberglaube steckt wohl in jedem Menschen, und der Zufall spielt dabei eine zentrale Rolle. Aber in der Evolutionsstrategie fällt dem Zufall gewiß keine magische Kraft zu. Vielmehr geht es darum, ein Verfahren zu finden, das Testpunkte so setzt, daß räumlich und zeitlich keine Richtung bevorzugt wird. Kugelsymmetrisch in beliebig vielen Dimensionen sind normalverteilte Zufallszahlen, und deshalb werden sie für die Evolutionsstrategie so gern verwendet.* Aber wenn jemand einen Algorithmus erdenkt, der Punkte erzeugt, deren zeitliche Folge und räumliche Dichte keine Bevorzugungen enthält, wäre auch dies ein geeigneter evolutionsstrategischer Mutationsmechanismus.

Einen ersten Schritt in Richtung Determinisierung des Mutationsmechanismus geht MICHAEL HERDY von den Berliner Evolutionsstrategen: Kern seines sehr schnellen Verfahrens bildet eine in den Computer eingespeiste Tabelle, deren Werte aus einer mathematischen GAUßverteilung berechnet wurden. Eine weitere Rechenvorschrift, nämlich der [0, 1)-Pseudozufallszahlengenerator, greift auf diese Tabelle zu. Wir folgern daraus: Aus der Bezeichnung „normalverteilte Zufallszahl" könnte man das Wort Zufall getrost herausstreichen. Ich möchte das Ergebnis eine „normalverteilte ***Zahl***" nennen.

Die oben dargestellte Sichtweise der biologischen Evolution findet sich auch bei HERBERT A. SIMON, wenn er schreibt: *Das Evolutionsschema benutzt zwei Prozesse: einen Generator und einen Test. Der Generator hat die Aufgabe, Vielfalt zu erzeugen, Formen, die zuvor nicht existiert haben; Aufgabe des Tests ist es, die neu generierten Formen auszulesen, so daß nur die der Umgebung gut angepaßten übrig bleiben. Der moderne biologische Darwinismus hat die genetische Mutation zum Generator und die natürliche Selektion zum Test.*

---

* Auch gleichverteilt in einem Würfel gestreute Zufallszahlen weisen im hochdimensionalen Raum Kugelsymmetrie auf. Der Grund: Die Zufallspunkte konzentrieren sich in den Würfelecken, und die 2^n Würfelecken decken eine Kugeloberfläche hinreichend fein ab.

Ich meine, es fördert das Verständnis des evolutionsstrategischen Optimierungsprozesses, wenn man in der Mutation nicht so sehr das einzelne Zufallsereignis sieht, sondern den räumlich- und zeitlich richtungsinvarianten Schrittsetzmechanismus herausstellt. Die biologische Evolution verwirklicht einen symmetrischen Schrittsetzmechanismus, indem sie einen natürlichen Zufallsprozeß nutzt. Der Evolutionsstratege erzeugt den gleichen Schrittsetzmechanismus durch einen mathematischen Algorithmus, den er Pseudozufallsgenerator nennt. Oder er konstruiert wie HERDY einen Algorithmus, der auch den Namen Pseudozufallsgenerator nicht mehr verdient. Der in Diskussionen über die Evolution so beschworene Zufall ist dann kein Thema mehr. *„Es gibt Regeln für das Glück; denn für den Klugen ist nicht alles Zufall"* (BALTHAZAR GRACIAN).

Unsere Losung lautet heute: **Entstochastisierung der Evolutionsstrategie**. In der biologischen Evolution sind es die großen Zahlen der Individuen, die Mutationen quasi zu repräsentativen Ereignissen machen. Für kleine Individuenzahlen muß man determinisierend nachhelfen, um Schrittweitenmutationen zu symmetrisieren. Durch Entstochastisierung läßt sich auch erreichen, daß Schrittweiten nicht in der Streubreite der Mutations-Realisationen verloren gehen, das heißt, wegen schlechter Objektvariablenmutationen aussterben und umgekehrt. — Wir fassen heute die stochastischen Regeln der biologischen Evolution für große Nachkommenzahlen (und Variablenzahlen) als asymptotisch gerechtfertigt auf. Doch bei wenigen Nachkommen (kein Anwender der Evolutionsstrategie arbeitet wie die Biologie z. B. mit 100 000 Individuen), wird der moderne ES-Algorithmus weitgehend entstochastisiert. Nur so bleibt das biologische Prinzip auch bei kleinen Individuenzahlen erhalten.

Frage 7:

Die Genetik schreitet voran. Aus neuen genetischen Erkenntnissen folgen neue evolutionsstrategische Regeln. Sind bei der evolutionsstrategischen Imitation genetischer Prinzipien noch Fortschritte zu erwarten?

Evolutionsstrategien kennzeichnen per definitionem eine ***Philosophie*** der Optimierung. Der Anfänger benutzt die einfache zweigliedrige Evolutionsstrategie, der Fortgeschrittene arbeitet mit einer „höheren" Populations-Strategie. Die These lautet: Mit höheren Nachahmungsstufen der biologischen Evolution läßt sich wirksamer optimieren.

Wer komplexe biologische Evolutionsfaktoren blind kopiert, wird selten Erfolg haben. Es gilt die strategische Idee zu erkennen, die hinter einem Evolutionsmechanismus steckt. Erst durch diese logische Einsicht läßt sich die Evolution wirksamer naturgetreu imitieren. Gehen wir von der Zweistufen-Interpretation der Evolution aus: Mutation und Selektion. Es ist methodisch vorteilhaft, diese beiden gleichgewichtigen strategischen Prozesse getrennt zu analysieren und zu kopieren.

Gewiß übervereinfacht ist die Selektion bei der zweigliedrigen Evolutionsstrategie. Der Wettkampf findet hier nur zwischen einem Elter und einem Nachkommen statt. Schon biologieähnlicher wird bei den mehrgliedrigen Evolutionsstrategien selektiert. Und dem biologischen Vorbild noch näher kommt die geschachtelte Selektion bei Populations-Evolutionsstrategien, wo sich egoistische und altruistische Selektion abwechseln. Ebenfalls einen Schritt in Richtung stärker biologieorientierter Selektion stellt die von JOACHIM BORN eingeführte Selektion unter genetischer Last dar. Fazit: In Hinblick auf eine naturnahe Selektion wurde in die Formulierung von Evolutionsstrategien bereits viel Entwicklungsarbeit gesteckt.

Wie steht es mit der Nachahmungshöhe der genetischen Variation in Evolutionsstrategien? Variablen werden additiv mit Hilfe normalverteilter Zufallszahlen verändert (Nachbildung der Punktmutation). Die Größe der Zufallsänderung bestimmt eine sogenannte Strategievariable (Nachahmung eines Mutator-Gens). Und Variablen werden gleichwahrscheinlich neu gemischt. (Imitation der freien Kombinierbarkeit von Genen). Zusammengefaßt: Die Nachbildung der genetischen Variation steht bestenfalls auf der Stufe von Bakterien. Die komplexen Variationsmechanismen im genetischen System höherer Organismen sind noch in keiner Evolutionsstrategie enthalten.

Die Information für ein biologisches Merkmal wird im genetischen System höherer Lebewesen nicht nur einmal niedergelegt. Doppelkodierung geschieht mit dem Übergang vom haploiden Chromosomensatz primitiver Lebensformen zum diploiden Chromosomensatz höherer Lebewesen. Resultat ist das Phänomen der rezessiven und dominanten Vererbung. Und stückchenweise Vielfachkodierung beobachten die Genetiker bei den repetitiven DNS-Sequenzen in Eukarionten. Erbsubstanz wird in kleinen Abschnitten viele Male gleich oder fast gleich wiederholt. Die Frage drängt sich auf: Liegt hier ein individuelles genetisches Gedächtnis vor, in welchem alte Nukleotidsequenzen gespeichert werden? Wer Optimierungsstrategien konstruiert, der wird zwangsläufig auf die Idee kommen, eine erfolgreiche Änderung fortzuschreiben. Extrapolieren nennt man dieses sinnvolle Vorgehen. Extrapolieren heißt aber, die alte erfolgreich gewesene Einstellung mit der neuen erfolgreichen Einstellung verbinden und längs dieser Verbindungslinie weiter voranschreiten. Repetitive DNS könnte sich als ein Vergangenheitsspeicher erweisen, in welchem vorangegangene Nukleotidsequenzen gemerkt und zu Extrapolationszwecken verarbeitet werden. Doch das ist vorerst reine Spekulation.

Es sei der Gedanke geäußert, daß Extrapolation auch über die Zwischenstufe der Interpolation möglich ist. Interpolation (Mittelwertbildung) ist eine gängige Regel im genetischen System. Weiße Nelken gekreuzt mit roten Nelken ergeben rosa Nelken. Die erste Rot-Mutation kommt in einem Meer weißer Nelken somit nicht zum Zuge. Es wird vorsichtig erst einmal Rosa ausprobiert. Sollte sich Rosa bewähren, ist Rot schon vorprogrammiert. Bildet Rosa erst einmal die ausgelesene Norm, wird unmittelbar auf noch stärkere Rosa-Ausbildung, nämlich Rot, extrapoliert.

Abschließend sei der Gedanke wiederholt, Variablen durch mutative Translokationen ihren Protokollblatt-Platz wechseln zu lassen. Funktionell zusammengehörende Variablen könnten so beisammmenrücken, wodurch ein Block-Crossing-over erst voll wirksam werden könnte.

Frage 8:

In seinem Werk „Über Wachstum und Form" preist D'ARCY THOMPSON die Harmonie der biologischen Variation. Was macht biologische Variationen gegenüber technischen Zufallsänderungen so harmonisch?

Die geheimnisvolle Harmonie ist Ausdruck eines evolutionierten Koordinatensystems, in welchem sich das Erscheinungsbild des Lebewesens im genetischen System darstellt. In der mathematischen Physik gilt bekanntlich: Wer die passende Koordinatentransformation findet, löst ein ursprünglich für hochkomplex gehaltenes Problem im Handumdrehen: Wer ein rotationssymmetrisches Problem in kartesischen Koordinaten beschreibt, wird sich schwertun.

Eine Koordinatentransformation stellt ein Getriebe dar, das die n Variablen zu genau n verschiedenen Übersetzungen verzahnt. Betrachten wir das Problem der Formbeschreibung einer optischen Sammellinse. Die Linse sei in der Art eines Polygons aus trapezförmigen Prismen zusammengefügt. Optimierer Nummer 1 beschreibt die Linsenform durch Angabe der Prismendicken an den Knickstellen. Optimierer Nummer 2 geht einen anderen Weg. Die Dicke im Linsenzentrum bleibt die erste Variable. Dann setzt er aber die drei beieinanderliegenden inneren Dicken additiv zur zweiten Variablen zusammen. In Fortsetzung des Verfahrens werden dann die fünf inneren Dicken zur dritten Variablen zusammengefaßt und so fort. Die letzte Variable schließt alle Dicken gleichfaktoriell additiv zusammen. Eine Änderung der letzten Variablen macht also die Linse über ihre gesamte Ausdehnung gleich dicker oder dünner. Das Ergebnis dieser Variablen-Manipulation, die im mathematischen Sinn eine Koordinatentransformation darstellt: Die Evolutionsstrategie führt um Zehnerpotenzen schneller zum Ziel.

In der Biologie sind solche Variablenzusammenfassungen innerhalb eines ontogenetischen Getriebes längst bekannt. Polyphänie heißt das Phänomen, daß ein Gen mehrere Merkmale steuert. Und wenn umgekehrt ein Merkmal von mehreren Genen beeinflußt wird, spricht der Biologe von Polygenie. Das sind die zwei Seiten, von denen aus sich eine Koordinatentransformation betrachten läßt. — Nun ist nicht immer die Problemeinsicht zu erwarten, wie sie bei der Sammellinse demonstriert wurde. Die biologische Evolution beweist aber, daß sie auch aus sich selbst heraus ein evolutionsschnelles Koordinatensystem entwickeln kann. Dazu muß in einer Evolution zweiter Art (Meta-Evolution) an Strategievariablen operiert werden, die die Objektvariablen miteinander problemgerecht verzahnen. Allerdings zeigt sich, daß die evolutionsstrategische Herausbildung eines angepaßten Koordinatensystems höchst diffizil ist. Der Grund: Die Strategievariablen-Evolution findet auf dem Störpegel der Objektvariablen-Evolution statt. ANDREAS OSTERMEIER, ANDREAS GAWELCZYK und NIKO HANSEN aus der Berliner ES-Gruppe versuchen, durch eine entstochastisierte Evolutionsstrategie den „Fluch der Störungen" zu entschärfen.

Eine Variablenverzahnung bilden auch korrelierte „Mutationen", wie sie von HANS-PAUL SCHWEFEL verwendet werden. Früher habe ich angenommen, daß Koordinatentransformation und Mutationskorrelation zwei Sichtweisen ein und desselben Problems sind. Doch die Überlegung zeigt: Ein durch Korrelation gebildetes Mutationsellipsoid ist lokal fortschrittsoptimal. Ein problemangepaßtes Koordinatensystem ist demgegenüber global evolutionsoptimal.

Frage 9:

Ein Optimierer möchte mit einer ($\mu/\rho, \lambda$)-gliedrigen Evolutionsstrategie arbeiten. Wie groß muß er die Elternzahl μ, die Mischungszahl ρ und die Nachkommenzahl λ wählen?

In der Tat ist die Freiheit der Wahl der Größen μ, ρ und λ in einer modernen mehrgliedrigen Evolutionsstrategie verwirrend. Zur Erinnerung: In der Natur heißt evolutiv schneller sein, eine Umweltanpassung in weniger Generationen zu schaffen. Der Aufwand an Nachkommen zählt nicht. Je mehr Nachkommen, desto größer ist die Chance, noch besser zu mutieren. Das sagt das Gefühl, und das ist das Ergebnis der Theorie. Ist also – z. B. auf einem Transputersystem – Parallelarbeit wie in der Natur möglich, darf λ sehr groß gewählt werden (theoretisch unendlich). Doch bei serieller Abarbeitung der Nachkommen ist φ durch λ zu dividieren, um ein gerechtes Fortschrittsmaß zu erhalten. Die Theorie ergibt nun maximal schnelles Fortschreiten, wenn $\mu = 1$ und $\lambda = 5$ ist. Um im Verbund mit der mutativen Schrittweitenregelung eine gleichmäße Konvergenz zu erreichen, empfehle ich λ auf 10 zu erhöhen.

Was geschieht, wenn $\mu = 2$ gesetzt wird? In jedem Fall ist der Fortschritt geringer. Es kostet Aufwand, den zweitbesten Nachkommen hinter sich herschleppen zu müssen. Weshalb wird dann überhaupt in Evolutionsstrategien mit mehr als einem Elter ($\mu > 1$) gearbeitet? Die Antwort ist: Um die Robustheit der Evolutionsstrategie zu erhöhen. Die oben dargelegten theoretischen Aussagen gelten nämlich nur für sanfte glatte Gebirgsformen. Ist das Optimierungsgefilde rauher, gibt es gar Störungen bei der Qualitätsermittlung, bewähren sich Mehr-Eltern-Evolutionsstrategien. Bei seriellem Abarbeiten der Nachkommen darf λ wiederum nicht zu groß gewählt werden. Die Tabelle gibt für die Elternzahlen $\mu = 1$ bis 10 die optimalen λ-Werte für serielles Arbeiten an. Die dritte Zeile enthält den Faktor, um den die (μ, λ)-ES langsamer ist als eine (**1**, 5)-ES, wohlgemerkt in einem sanften, glatten Gebirge (Quadrik-Theorie):

μ	1	2	3	4	5	6	7	8	9	10
λ_{opt}	5	8	11	13	16	19	22	25	27	30
Faktor	1	0,69	0,52	0,42	0,35	0,31	0,27	0,24	0,22	0,20

Bleibt die Frage zu beantworten: Wie groß ist die Mischungszahl ρ zu wählen? Eine Strategie, die mit mehr als einem Elter arbeitet, sollte möglichst den Vorteil der Variablenmischung einbeziehen. Maximale Mischung ergibt sich für $\rho = \mu$. Ich nenne dieses Verfahren Multirekombination. In der Biologie ist die Zweier-Rekombination gängig. Multirekombination gibt es allenfalls bei Viren. Für die Evolutionsstrategie ist sie das bessere Verfahren.

Der Anwender muß beim Studieren der obigen Tabelle schließen, daß für Quadrik-Gebirge (unverrauscht) Evolutionsstrategien mit $\mu > 1$ nicht empfehlenswert sind. Das stimmt, solange nicht rekombiniert wird. Mit Multirekombination erhöht sich laut Quadrik-Theorie die Fortschrittsgeschwindigkeit um das μ-fache. Dies bedeutet, für $\mu = 10$ ergibt sich der Faktor 2 gegenüber der (**1**, 5)-ES. Es sei jedoch nicht das Ergebnis der Computersimulationen verschwiegen: Die theoretisch vorhergesagte Ver-my-fachung der Fortschrittsgeschwindigkeit stimmt nur für den Fall einer unrealistisch hohen Variablenzahl.

Frage 10:

Die Erbinformation in der DNS ist quantenhaft organisiert. Evolution fließt nicht im Kontinuum, sondern springt im Gitter. Folgt daraus, daß Evolutionsstrategien prädestiniert sind für die diskrete Optimierung?

„Die Natur kann zu allem, was sie machen will, nur in einer Folge gelangen. Sie macht keine Sprünge" — So könnte das zentrale Dogma der Evolutionsstrategie lauten. Doch es ist JOHANN WOLFGANG VON GOETHE und nicht ein Evolutionsstratege, der dies schreibt.

Optimieren im Diskontinuum ist schwer, manchmal sogar unmöglich. Die Konvergenztheorie der Evolutionsstrategie baut auf das Kontinuum. Schwarzweiß strukturierte Welten sind der Evolutionsstrategie Feind. Das heißt nicht, daß Evolutionsstrategien bei der disketen Optimierung jäh versagen. Solange sich Diskontinuität als löchriges Kontinuum darstellt, werden Evolutionsstrategien weiterfunktionieren, z. B. bei der Entwicklung eines magischen Quadrats. Aber es sei festgehalten: Evolutionsstrategien sind für die diskrete Optimierung nicht besonders empfehlenswert.

Einst gab es zwei Schulen unter den Genetikern: Die Mendelianer und die Biometriker. Die Mendelianer meinten, daß sämtliche für die Evolution bedeutsamen Erbunterschiede qualitativ und diskontinuierlich seien. Die Biometriker behaupteten, daß erbliche Variation grundsätzlich quantitativ und kontinuierlich sei. Wie so oft im Wissenschaftsdisput: Beide Gruppen hatten recht. Es ist eine molekulargenetische Tatsache: Erbinformation wird gequantelt codiert. Ohne diesen Kunstgriff könnte die Menge an Information, die den Phänotyp eines Lebewesens bestimmt, nicht ökonomisch gespeichert und für die Fortpflanzung hinreichend exakt kopiert werden. Da Mutationen in der Ebene der gequantelten Information angreifen, sind sie diskontinuierlich. Bei der Übersetzung der veränderten Information in ein Merkmal kann die Diskontinuität nicht verschwinden. Der Mendelianer hat also recht. Aber es scheint so zu sein, daß die Evolution sich viel Mühe gegeben hat, die Diskontinuität durch eine sogenannte polygene Merkmalsausbildung zu „verschmieren". Die Biometriker liegen somit auch nicht falsch, wenn sie mit einer quasi kontinuierlichen Merkmalsvariation rechnen.

Meine These lautet: Die Evolution hat gelernt, daß sie besonders effektiv im Kontinuum arbeiten kann. Sprunghafte Variation von Erbmerkmalen wird daher eher vermieden und ist keinesfalls die Norm, wie ihre Betonung in Genetik-Schulbüchern vortäuscht. Bezeichnenderweise zeigt sich Diskontinuität immer dort, wo ihre Auswirkung praktisch neutral ist.

Ich möchte den Kontinuums-Charakter von Evolutionsstrategien noch verschärfen: Diskrete Rekombination, wie sie sich in den MENDELschen Regeln widerspiegelt, hat in der Kontinuumstheorie der Evolutionsstrategie nichts zu suchen. Warum sollte man, wie es bei der diskreten Rekombination geschieht, im Kontinuum bevorzugt in der Diagonalen eines Achsensystems variieren? Die Kontinuums-Form der Rekombination ist die THALES-Rekombination, und diese verteilt Nachkommen gleichmäßig auf einer Kugelschale um den Eltern-Schwerpunkt. Nur wenn in einem Gitterraum die analoge Mittelwert-Variation nicht möglich ist, weil es keine kugelkontinuierlichen Punkte gibt, ist die diskrete (dominante) MENDELsche Rekombination die Ersatzoperation. Generell bin ich der Meinung: Wer diskrete Optimierungsprobleme lösen muß, der sollte nicht die Strategie diskretisieren, sondern das Problem kontinuisieren.

Wenn ich so entschieden für die Problemlösung im Kontinuum plädiere, so mit Rückendeckung der Idee der Neuronalen Netze und der Fuzzy Logik. Neuronale Netze sind in meinen Augen Kontinuums-Rechner. Und Fuzzy Logik wird von ihrem Erfinder LOTFI ZADEH „Logik der Grauwerte" genannt. „Digital denken" galt lange als zukunftsweisend. Doch zur Zeit findet eine Umorientierung statt, die eine Polarisierung der Weltansichten zu Folge hat: Auf der einen Seite stehen weiter die Diskontinuumsdenker. Beispielhaft für ihre Ansätze sind: Chaos-Theorie, KI-Forschung und Genetische Algorithmen. Auf der anderen Seite vergrößert sich die Schar der Kontinuums-Strategen: Sie propagieren Neuronale Netze, Fuzzy Logik, und Evolutionsstrategien. Beide Denkmodelle haben ihren Platz im Weltgeschehen. Das Diskontinuum gilt als die ideale Speicherwelt, und das Kontinuum steht für die bestmögliche Problemlösewelt. Für unangemessen halte ich den Anspruch, die ganze Welt nur als Kontinuum bzw. nur als Diskontinuum zu interpretieren.

Frage 11:

Evolutionsstrategisch arbeiten heißt nach einer Qualität selektieren. Reale Probleme sind so einfach nicht. Viele Qualitäten bestimmen die Güte des Objekts. Wie läßt sich nach mehreren Kriterien zugleich optimieren?

Wer mehrere Wünsche zugleich erfüllt sehen möchte, muß Kompromisse schließen. Ein Aerodynamiker, der den Auftrieb eines Tragflügelprofils maximal und den Widerstand minimal machen möchte, merkt alsbald: Immer wenn der Auftrieb hoch ist, wird auch viel Widerstand erzeugt. Und ist der Widerstand verheißungsvoll klein, hapert es am Auftrieb. Auftrieb und Widerstand verhalten sich nicht kooperativ. Es gehört zum Wesen der Optimierung, zwischen gegenläufigen Effekten eine definierte Ausgewogenheit zu erzielen. Der Aerodynamiker muß z. B. seine beiden Wünsche zu der Formel vereinigen: Auftrieb/Widerstand $\Rightarrow$ Minimum. Physikalisch handelt es sich um den Gleitwinkel eines Flugzeugs, der minimal werden soll, was einleuchtend ist.

Gern werden Kombinationswünsche additiv zusammengesetzt: $Q = \sum k_i Q_i$. Wer sich über die Aufteilung der Gewichtsfaktoren k_i noch im unklaren ist, kann das Konzept der Polyoptimierung aufgreifen (siehe MANFRED PESCHEL). Die Idee besteht darin, für eine Vielfalt differierender Aufteilungen der Gewichte k_i auf Q_i die Qualität Q zu optimieren. Eine andere Interpretation des Ziels der Polyoptimierung lautet: Es werden alle Lösungen betrachtet, bei denen noch die Verbesserung eines Wunsches auf Kosten der übrigen Wünsche möglich ist. Doch aufgeschoben ist nicht aufgehoben. Aus der Kompromißmenge Q (auch PARETO-optimale Menge genannt) muß am Ende der Spezialist die Lösung heraussuchen, wozu die k_i-Gewichtung nun feststehen muß.

Es gibt Evolutionsstrategen, die sich dadurch um die eindeutige Verknüpfung zweier Qualitäten Q_1 und Q_2 herumzumogeln versuchen, indem sie mit einer geschachtelten Evolutionsstrategie arbeiten und auf der Individuenebene nach Q_1 und auf der Populationsebene nach Q_2 selektieren. Hier ist klarzustellen: Es ist die Selektionsstärke auf der Individuen- und auf der Populationsebene, die jetzt die Gewichtung bestimmt. Eine [**10**, 11(**1**, 10)]-ES mit schwacher Selektion auf der Populationsebene und starker Selektion auf der Individuenebene legt das Hauptgewicht der Optimierung auf Q_1. Umgekehrt wird eine [**1**, 10(**10**, 11)]-ES mit starker Selektion auf Populationsebene und schwacher Selektion auf Individuenebene die Qualität Q_2 besonders hoch gewichten.

An der Definition einer eindeutigen Qualitätsfunktion führt kein Weg vorbei. Es gibt einen guten Grund, weshalb in jeder Entwicklungsphase feststehen muß, welche von zwei Objektvariablen-Einstellungen die bessere ist: Das Optimum könnte ja schon so nahe sein, daß es sich um den letzten Schritt handelt. Aus dieser Erkenntnis folgt aber auch, daß strenggenommen nur in der Nähe des Optimums die Qualitätsdefinition den Entwicklungswunsch eindeutig widerspiegeln muß. Fern ab vom Ziel ist jede ***Ziel***-Funktion erlaubt, sofern sie schnell zum Optimum hinführt. Beispielsweise sind als Zielfunktionen alle Polynome erlaubt, die vom Betrag des Zielabstands abhängen. Denn mathematisch gesehen sind in Zielnähe ja alle polynomen Zielabstandsfunktionen gleich, nämlich eine lineare Funktion des Zielabstands. Tatsächlich gibt es Situationen, bei denen es vorteilhaft ist, nicht die übliche Summe der Fehlerquadrate, sondern die Summe der Fehlerbiquadrate zu minimieren.

Frage 12:

Theorie und Praxis der Evolutionsstrategie scheinen vollendet. Oder gibt es noch grundlegende theoretische Defizite auf diesem Wissensgebiet?

Die Evolutionsstrategie wird von mir als Universal-Problemlösungsverfahren gepriesen. Doch schamvoll muß ich hinzufügen: Die Evolutionsstrategie, angesetzt auf das nächst höhere Problem, kann auch kläglich versagen. Was läßt sich tun? — Die Front der Forscher teilt sich. Die Einen basteln unentwegt an der Strategie herum. Es werden Mutationsoperatoren, Inzuchtbarrieren, genetische Lasten, Populationswellen, Selektionsschwellen, ... konstruiert und in zahllosen Computersimulationen erprobt. Wer beharrlich am Algorithmus herumwerkelt, wird diesen auch verbessern. Aber das kostet Aufwand und dieser muß in den Optimierungs-Bewertungsmaßstab φ = Fortschritt/Aufwand eingearbeitet werden. Ich relativiere φ gern, indem ich die Intelligenzarbeit des Forschers mit einbeziehe:

$$\varphi_{\text{intel}} = \frac{\text{Fortschritt}}{\text{Zahl der Funktionsaufrufe} \times \text{MM} \times \text{IQ}} \,.$$

Mit MM werden die Monate gezählt, die die Wissenschaftlerin oder der Wissenschaftler an dem Problem arbeiten. Bewußt überspitzt habe ich noch den Intelligenzquotienten hinzugefügt. Damit möchte ich deutlich machen: Mit naturanaloger Optimierung hat es wenig zu tun, wenn jemand nach monatelangem Herumpröbeln eine Strategie verbessert und am Ende sagt: „es geht". Schlimm wäre, wenn der intelligente Strategiebastler das nicht schaffte. Aber der gerecht beurteilte Wert der Strategie sinkt eher als das er steigt. Hinzu kommt: Der Pröbeler, der sich „experimenteller Mathematiker" nennt, entwickelt bestenfalls eine problembezogene Optimierungsstrategie.

Der Analytiker schüttelt deshalb den Kopf über den Strategiebastler. Er fragt: ***Warum*** hat die Strategie versagt? *„Und zu einer vernüftigen Frage gelangt man nur mit Hilfe einer vernünftigen Theorie"* sagt MAX PLANCK. Der Analytiker stellt deshalb die Funktionslogik, das heißt die Theorie der Evolutionsstrategie in den Vordergrund. Abschließend seien die aus meiner Sicht zentralen, noch offenen Fragen in der Theorie der Evolutionsstrategie dargelegt:

- **Generelle Fortschrittstheorie der Evolutionsstrategie:** Eine Fortschrittsformel, die auf lokales Quadrik-Verhalten der Qualitätsfunktion setzt, kann nur Anfang einer allgemeinen nichtlinearen Theorie der Evolutionsstrategie sein. Tatsache ist, daß die Evolutionsstrategie Grate schneller aufwärts driften kann als die lokale Theorie angibt. Die Entwicklung einer generellen Fortschrittsformel wäre der folgerichtige Schritt zu einer höheren nichtlinearen Theorie der Evolutionsstrategie.

- **Höhere Evolutionsstrategien im Rauschen:** Eine explizite $\tilde{\varphi}$-Formel, aus der erkenntlich würde, welche μ-ρ-λ-Kombination Qualitätsrauschen bestmöglich abfängt, wäre ein theoretischer Meilenstein. Die $\tilde{\varphi}$-Formel würde Experimentieren mit unscharfer Bewertung von der Vagheit der Empirie lösen.
- **Konvergenz geschachtelter Evolutionsstrategien:** Die hierarchische Schachtelung von Optimierungsprozessen ist ein Mittel, um nicht zusammenpassende Variablen-Welten auseinanderzuhalten. Empirisches Arbeiten mit geschachtelten Evolutionsstrategien befriedigt den Analytiker nicht. Am Anfang der Theorie stände die Berechnung der Fortschrittsbeiwerte geschachtelter ES-Algorithmen. Dann könnte er sich vornehmen, eine Modellfunktion zu konstruieren, die das Nebeneinander globaler und lokaler, strategischer und objektorientierter, kontinuierlicher und diskreter ... Welten abstrahiert. Krönung wären Fortschrittsformeln für diese Zwei-Welten-Modelle.
- **Theorie der Meta-Evolution:** Es gilt, für die Strategievariablen-Evolution eine Theorie zu entwerfen, wie sie für die Objektvariablen-Evolution bereits existiert. Meta-Fortschrittsformeln würden explizit offenbaren, wie schnell sich Einzelschrittweiten, Koordinatenrichtungen, Crossing-over-Abstände, Eltern- und Nachkommenzahlen an das Fortschrittsmaximum anpassen können. Da Meta-Evolution auf dem Störpegel der Objektvariablen-Mutationen arbeitet, bildet die ES-Rauschtheorie Grundlage einer ES-Theorie zweiter Art. Hinzu kommt die Theorie geschachtelter Evolutionsstrategien, da Meta-Evolution häufig nur auf höherer Strategieebene funktioniert.
- **Entstochastisierung der Evolutionsstrategie:** Das Gesetz der großen Zahlen, das sich in der Menge der biologischen Individuen erfüllt, muß in ES-Kleinpopulationen künstlich aufrechterhalten werden. Zu diesem Zweck wird die Evolutionsstrategie determinisiert. Für eine Entstochastisierungs-Theorie schwebt mir vor, mit dem Determinisierungs-Extrem zu beginnen: Alle denkbaren Plus-Minus-Objektvariationen gepaart mit Verdoppelung und Halbierung der Schrittweiten werden systematisch auf eine immense Zahl von Nachkommen aufgeteilt. Von diesem irrealen Zustand ausgehend sollte dann formelmäßig verfolgt werden können, wie sich die Fortschrittsgeschwindigkeit ändert, wenn aufwendige Systematik durch Stochastik ersetzt wird. Dies könnte die Logik der Evolutionsstrategie noch einsichtiger machen.

Fortschrittsbeiwerte tabelliert

Bedeutung des linearen Fortschreitens

Die wohl erste Frage des Theoretikers lautet: Wie groß ist die Fortschrittsgeschwindigkeit φ der Evolutionsstrategie auf einer ansteigenden Ebene (bzw. auf einer ansteigenden Linie)?

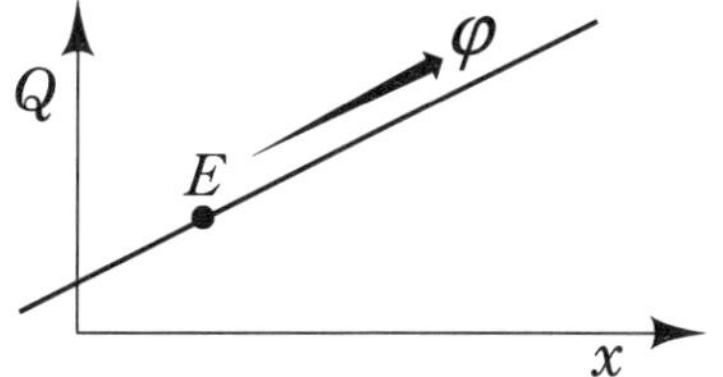

Die Antwort lautet:

$$\varphi_{\text{linear}} = c \cdot \sigma .$$

Im Beiwert c „versteckt" sich der gewählte Mutations-Selektions-Mechanismus. Für die $(1, \lambda)$-gliedrige Evolutionsstrategie ist der Fortschrittsbeiwert durch das uneigentliche Integral

$$c_{1,\lambda} = \frac{\sqrt{2}}{\sqrt{\pi}} \frac{\lambda}{2^{\lambda-1}} \int_{-\infty}^{\infty} z\, e^{-z^2} [1 + \operatorname{erf}(z)]^{\lambda-1} dz$$

gegeben. Die Theorie des Quadrik-Gebirges zeigt, daß im nichtlinearen Fall der Fortschrittsbeiwert $c_{1,\lambda}$ die Rolle einer strategiespezifischen Beschreibunggröße beibehält. Das $c_{1,\lambda}$-Integral ist bis $\lambda = 5$ exakt lösbar. Es gibt statistische Tabellen für die sogenannte Spannweite R_λ normalverteilter Zufallszahlen (siehe z. B. D. B. OWEN). Dabei gilt $c_{1,\lambda} = ½R_\lambda$. FRANK HOFMANN hat mit Hilfe einer GAUß-HERMITE-Integration mit 400 Stützstellen die nachfolgenden 12stelligen Werte bis $\lambda = 1000$ ermittelt. Die Genauigkeit war erwünscht, um $c_{1,\lambda}$ in einer Rekursionsformel (s. Kapitel 11) verwenden zu können.

λ	$c_{1.\lambda}$	λ	$c_{1.\lambda}$	λ	$c_{1.\lambda}$	λ	$c_{1.\lambda}$
1	0,000000000000	**2**	0,564189583548	**3**	0,846284375322	**4**	1,029375373004
5	1,162964473641	**6**	1,267206360611	**7**	1,352178375607	**8**	1,423600306045
9	1,485013162209	**10**	1,538752730835	**11**	1,586436351908	**12**	1,629227639872
13	1,667990177049	**14**	1,703381554100	**15**	1,735913444941	**16**	1,765991393055
17	1,793941980883	**18**	1,820031878969	**19**	1,844481511604	**20**	1,867475059798
21	1,889167914921	**22**	1,909692321681	**23**	1,929161711643	**24**	1,947674074226
25	1,965314609754	**26**	1,982157839761	**27**	1,998269302007	**28**	2,013706924123
29	2,028522146048	**30**	2,042760844172	**31**	2,056464097638	**32**	2,069668827929
33	2,082408335970	**34**	2,094712755768	**35**	2,106609439604	**36**	2,118123286756
37	2,129277025373	**38**	2,140091455235	**39**	2,150585657729	**40**	2,160777178175
41	2,170682184753	**42**	2,180315607519	**43**	2,189691260421	**44**	2,198821948742
45	2,207719563998	**46**	2,216395168001	**47**	2,224859067529	**48**	2,233120880846
49	2,241189597079	**50**	2,249073629390	**51**	2,256780862665	**52**	2,.264318696410
53	2,271694083397	**54**	2,278913564570	**55**	2,285983300623	**56**	2,292909100630
57	2,299696448042	**58**	2,306350524348	**59**	2,312876230628	**60**	2,319278207239
61	2,325560851805	**62**	2,331728335694	**63**	2,337784619132	**64**	2,343733465079
65	2,349578451994	**66**	2,355322985583	**67**	2,360970309643	**68**	2,366523516067
69	2,371985554089	**70**	2,377359238849	**71**	2,382647259325	**72**	2,387852185684
73	2,392976476122	**74**	2,398022483209	**75**	2,402992459799	**76**	2,407888564537
77	2,412712866987	**78**	2,417467352426	**79**	2,422153926312	**80**	2,426774418471
81	2,431330587008	**82**	2,435824121973	**83**	2,440256648795	**84**	2,444629731508
85	2,448944875772	**86**	2,453203531720	**87**	2,457407096626	**88**	2,461556917421
89	2,465654293063	**90**	2,469700476763	**91**	2,473696678094	**92**	2,477644064972
93	2,481543765530	**94**	2,485396869889	**95**	2,489204431832	**96**	2,492967470383
97	2,496686971312	**98**	2,500363888546	**99**	2,503999145519	**100**	2,507593636442
101	2,511148227515	**102**	2,514663758076	**103**	2,518141041684	**104**	2,521580867161
105	2,524983999572	**106**	2,528351181164	**107**	2,531683132253	**108**	2,534980552074
109	2,538244119589	**110**	2,541474494254	**111**	2,544672316754	**112**	2,547838209702
113	2,550972778307	**114**	2,554076611011	**115**	2,557150280093	**116**	2,560194342259
117	2,563209339189	**118**	2,566195798071	**119**	2,569154232111	**120**	2,572085141013
121	2,574989011453	**122**	2,577866317516	**123**	2,580717521127	**124**	2,583543072458
125	2,586343410321	**126**	2,589118962543	**127**	2,591870146328	**128**	2,594597368599
129	2,597301026336	**130**	2,599981506888	**131**	2,602639188284	**132**	2,605274439525
133	2,607887620868	**134**	2,610479084096	**135**	2,613049172780	**136**	2,615598222532
137	2,618126561245	**138**	2,620634509327	**139**	2,623122379923	**140**	2,625590479136
141	2,628039106227	**142**	2,630468553823	**143**	2,632879108107	**144**	2,635271049003
145	2,637644650357	**146**	2,640000180110	**147**	2,642337900468	**148**	2,644658068055
149	2,646960934080	**150**	2,649246744477	**151**	2,651515740056	**152**	2,653768156643
153	2,656004225213	**154**	2,658224172023	**155**	2,660428218737	**156**	2,662616582550
157	2,664789476306	**158**	2,666947108611	**159**	2,669089683945	**160**	2,671217402770
161	2,673330461632	**162**	2,675429053263	**163**	2,677513366676	**164**	2,679583587263
165	2,681639896881	**166**	2,683682473946	**167**	2,685711493515	**168**	2,687727127370
169	2,689729544099	**170**	2,691718909173	**171**	2,693695385021	**172**	2,695659131109
173	2,697610304003	**174**	2.699549057443	**175**	2,701475542411	**176**	2,703389907192
177	2,705292297440	**178**	2,707182856241	**179**	2,709061724167	**180**	2,710929039341
181	2,712784937487	**182**	2,714629551988	**183**	2,716463013940	**184**	2,718285452200
185	2,720096993439	**186**	2,721897762191	**187**	2,723687880899	**188**	2,725467469959
189	2,727236647772	**190**	2,728995530781	**191**	2,730744233514	**192**	2,732482868631
193	2,734211546957	**194**	2,735930377525	**195**	2,737639467616	**196**	2,739338922790
197	2,741028846928	**198**	2,742709342265	**199**	2,744380509425	**200**	2,746042447452

λ	$c_{1,\lambda}$	λ	$c_{1,\lambda}$	λ	$c_{1,\lambda}$	λ	$c_{1,\lambda}$
201	2,747695253845	**202**	2,749339024591	**203**	2,750973854192	**204**	2,752599835698
205	2,754217060734	**206**	2,755825619533	**207**	2,757425600959	**208**	2,759017092538
209	2,760600180481	**210**	2,762174949714	**211**	2,763741483899	**212**	2,765299865463
213	2,766850175618	**214**	2,768392494389	**215**	2,769926900631	**216**	2,771453472058
217	2,772972285259	**218**	2,774483415725	**219**	2,775986937862	**220**	2,777482925021
221	2,778971449511	**222**	2,780452582619	**223**	2,781926394633	**224**	2,783392954856
225	2,784852331626	**226**	2,786304592336	**227**	2,787749803447	**228**	2,789188030506
229	2,790619338166	**230**	2,792043790196	**231**	2,793461449505	**232**	2,794872378149
233	2,796276637351	**234**	2,797674287515	**235**	2,799065388240	**236**	2,800449998333
237	2,801828175827	**238**	2,803199977987	**239**	2,804565461332	**240**	2,805924681641
241	2,807277693971	**242**	2,808624552663	**243**	2,809965311361	**244**	2,811300023021
245	2,812628739919	**246**	2,813951513670	**247**	2,815268395231	**248**	2,816579434920
249	2,817884682419	**250**	2,819184186790	**251**	2,820477996482	**252**	2,821766159344
253	2,823048722632	**254**	2,824325733020	**255**	2,825597236609	**256**	2,826863278937
257	2,828123904988	**258**	2,829379159200	**259**	2,830629085473	**260**	2,831873727180
261	2,833113127175	**262**	2,834347327800	**263**	2,835576370891	**264**	2,836800297791
265	2,838019149353	**266**	2,839232965953	**267**	2,840441787490	**268**	2,841645653400
269	2,842844602659	**270**	2,844038673791	**271**	2,845227904879	**272**	2,846412333565
273	2,847591997059	**274**	2,848766932150	**275**	2,849937175206	**276**	2,851102762183
277	2,852263728633	**278**	2,853420109706	**279**	2,854571940159	**280**	2,855719254362
281	2,856862086301	**282**	2,858000469586	**283**	2,859134437455	**284**	2,860264022782
285	2,861389258079	**286**	2,862510175502	**287**	2,863626806859	**288**	2,864739183610
289	2,865847336878	**290**	2,866951297448	**291**	2,868051095775	**292**	2,869146761990
293	2,870238325898	**294**	2,871325816993	**295**	2,872409264453	**296**	2,873488697148
297	2,874564143646	**298**	2,875635632214	**299**	2,876703190824	**300**	2,877766847157
301	2,878826628607	**302**	2,879882562283	**303**	2,880934675017	**304**	2,881982993362
305	2,883027543603	**306**	2,884068351754	**307**	2,885105443564	**308**	2,886138844522
309	2,887168579860	**310**	2,888194674555	**311**	2,889217153331	**312**	2,890236040669
313	2,891251360802	**314**	2,892263137724	**315**	2,893271395189	**316**	2,894276156719
317	2,895277445603	**318**	2,896275284900	**319**	2,897269697446	**320**	2,898260705851
321	2,899248332508	**322**	2,900232599592	**323**	2,901213529061	**324**	2,902191142666
325	2,903165461946	**326**	2,904136508234	**327**	2,905104302661	**328**	2,906068866153
329	2,907030219443	**330**	2,907988383063	**331**	2,908943377355	**332**	2,909895222466
333	2,910843938358	**334**	2,911789544804	**335**	2,912732061393	**336**	2,913671507533
337	2,914607902451	**338**	2,915541265198	**339**	2,916471614649	**340**	2,917398969504
341	2,918323348295	**342**	2,919244769383	**343**	2,920163250961	**344**	2,921078811060
345	2,921991467544	**346**	2,922901238120	**347**	2,923808140333	**348**	2,924712191571
349	2,925613409068	**350**	2,926511809902	**351**	2,927407411002	**352**	2,928300229144
353	2,929190280958	**354**	2,930077582928	**355**	2,930962151389	**356**	2,931844002538
357	2,932723152427	**358**	2,933599616970	**359**	2,934473411941	**360**	2,935344552979
361	2,936213055588	**362**	2,937078935135	**363**	2,937942206860	**364**	2,938802885869
365	2,939660987140	**366**	2,940516525523	**367**	2,941369515742	**368**	2,942219972397
369	2,943067909962	**370**	2,943913342793	**371**	2,944756285122	**372**	2,945596751063
373	2,946434754612	**374**	2,947270309648	**375**	2,948103429934	**376**	2,948934129121
377	2,949762420745	**378**	2,950588318232	**379**	2,951411834894	**380**	2,952232983939
381	2,953051778463	**382**	2,953868231457	**383**	2,954682355805	**384**	2,955494164287
385	2,956303669581	**386**	2,957110884259	**387**	2,957915820795	**388**	2,958718491561
389	2,959518908831	**390**	2,960317084781	**391**	2,961113031488	**392**	2,961906760935
393	2,962698285009	**394**	2,963487615503	**395**	2,964274764118	**396**	2,965059742461
397	2,965842562049	**398**	2,966623234309	**399**	2,967401770579	**400**	2,968178182107

λ	$c_{1.\lambda}$	λ	$c_{1.\lambda}$	λ	$c_{1.\lambda}$	λ	$c_{1.\lambda}$
401	2,968952480056	**402**	2,969724675499	**403**	2,970494779428	**404**	2,971262802746
405	2,972028756275	**406**	2,972792650751	**407**	2,973554496831	**408**	2,974314305089
409	2,975072086019	**410**	2,975827850033	**411**	2,976581607468	**412**	2,977333368580
413	2,978083143548	**414**	2,978830942474	**415**	2,979576775387	**416**	2,980320652237
417	2,981062582902	**418**	2,981802577186	**419**	2,982540644820	**420**	2,983276795462
421	2,984011038700	**422**	2,984743384050	**423**	2,985473840958	**424**	2,986202418802
425	2,986929126890	**426**	2,987653974462	**427**	2,988376970691	**428**	2,989098124682
429	2,989817445476	**430**	2,990534942047	**431**	2,991250623305	**432**	2,991964498095
433	2,992676575198	**434**	2,993386863334	**435**	2,994095371158	**436**	2,994802107265
437	2,995507080188	**438**	2,996210298400	**439**	2,996911770313	**440**	2,997611504279
441	2,998309508593	**442**	2,999005791490	**443**	2,999700361148	**444**	3,000393225686
445	3,001084393168	**446**	3,001773871601	**447**	3,002461668937	**448**	3,003147793070
449	3,003832251844	**450**	3,004515053043	**451**	3,005196204403	**452**	3,005875713602
453	3,006553588267	**454**	3,007229835975	**455**	3,007904464246	**456**	3,008577480554
457	3,009248892319	**458**	3,009918706912	**459**	3,010586931651	**460**	3,011253573810
461	3,011918640608	**462**	3,012582139219	**463**	3,013244076768	**464**	3,013904460331
465	3,014563296939	**466**	3,015220593574	**467**	3,015876357171	**468**	3,016530594622
469	3,017183312770	**470**	3,017834518413	**471**	3,018484218307	**472**	3,019132419160
473	3,019779127638	**474**	3,020424350362	**475**	3,021068093911	**476**	3,021710364818
477	3,022351169578	**478**	3,022990514640	**479**	3,023628406411	**480**	3,024264851260
481	3,024899855512	**482**	3,025533425450	**483**	3,026165567320	**484**	3,026796287326
485	3,027425591631	**486**	3,028053486360	**487**	3,028679977600	**488**	3,029305071396
489	3,029928773758	**490**	3,030551090654	**491**	3,031172028019	**492**	3,031791591746
493	3,032409787694	**494**	3,033026621682	**495**	3,033642099495	**496**	3,034256226881
497	3,034869009551	**498**	3,035480453183	**499**	3,036090563416	**500**	3,036699345857
501	3,037306806075	**502**	3,037912949608	**503**	3,038517781958	**504**	3,039121308593
505	3,039723534947	**506**	3,040324466421	**507**	3,040924108383	**508**	3,041522466168
509	3,042119545079	**510**	3,042715350386	**511**	3,043309887326	**512**	3,043903161106
513	3,044495176900	**514**	3,045085939852	**515**	3,045675455074	**516**	3,046263727647
517	3,046850762623	**518**	3,047436565020	**519**	3,048021139831	**520**	3,048604492015
521	3,049186626504	**522**	3,049767548199	**523**	3,050347261972	**524**	3,050925772667
525	3,051503085098	**526**	3,052079204053	**527**	3,052654134289	**528**	3,053227880536
529	3,053800447496	**530**	3,054371839844	**531**	3,054942062227	**532**	3,055511119266
533	3,056079015553	**534**	3,056645755655	**535**	3,057211344112	**536**	3,057775785437
537	3,058339084118	**538**	3,058901244615	**539**	3,059462271366	**540**	3,060022168779
541	3,060580941240	**542**	3,061138593109	**543**	3,061695128719	**544**	3,062250552382
545	3,062804868381	**546**	3,063358080979	**547**	3,063910194412	**548**	3,064461212892
549	3,065011140608	**550**	3,065559981726	**551**	3,066107740387	**552**	3,066654420709
553	3,067200026788	**554**	3,067744562695	**555**	3,068288032480	**556**	3,068830440170
557	3,069371789768	**558**	3,069912085258	**559**	3,070451330598	**560**	3,070989529726
561	3,071526686558	**562**	3,072062804989	**563**	3,072597888891	**564**	3,073131942117
565	3,073664968495	**566**	3,074196971835	**567**	3,074727955926	**568**	3,075257924536
569	3,075786881410	**570**	3,076314830277	**571**	3,076841774842	**572**	3,077367718791
573	3,077892665790	**574**	3,078416619486	**575**	3,078939583506	**576**	3,079461561456
577	3,079982556924	**578**	3,080502573479	**579**	3,081021614669	**580**	3,081539684024
581	3,082056785057	**582**	3,082572921259	**583**	3,083088096104	**584**	3,083602313048
585	3,084115575528	**586**	3,084627886963	**587**	3,085139250752	**588**	3,085649670280
589	3,086159148910	**590**	3,086667689991	**591**	3,087175296851	**592**	3,087681972803
593	3,088187721141	**594**	3,088692545144	**595**	3,089196448070	**596**	3,089699433165
597	3,090201503653	**598**	3,090702662746	**599**	3,091202913635	**600**	3,091702259499

λ	$c_{1.\lambda}$	λ	$c_{1.\lambda}$	λ	$c_{1.\lambda}$	λ	$c_{1.\lambda}$
601	3,092200703495	**602**	3,092698248770	**603**	3,093194898449	**604**	3,093690655645
605	3,094185523453	**606**	3,094679504953	**607**	3,095172603209	**608**	3,095664821269
609	3,096156162166	**610**	3,096646628916	**611**	3,097136224522	**612**	3,097624951971
613	3,098112814234	**614**	3,098599814267	**615**	3,099085955013	**616**	3,099571239397
617	3,100055670332	**618**	3,100539250716	**619**	3,101021983430	**620**	3,101503871344
621	3,101984917311	**622**	3,102465124171	**623**	3,102944494750	**624**	3,103423031859
625	3,103900738296	**626**	3,104377616844	**627**	3,104853670274	**628**	3,105328901341
629	3,105803312789	**630**	3,106276907346	**631**	3,106749687727	**632**	3,107221656636
633	3,107692816760	**634**	3,108163170777	**635**	3,108632721348	**636**	3,109101471124
637	3,109569422741	**638**	3,110036578823	**639**	3,110502941981	**640**	3,110968514815
641	3,111433299909	**642**	3,111897299838	**643**	3,112360517163	**644**	3,112822954431
645	3,113284614180	**646**	3,113745498934	**647**	3,114205611205	**648**	3,114664953493
649	3,115123528285	**650**	3,115581338059	**651**	3,116038385279	**652**	3,116494672396
653	3,116950201853	**654**	3,117404976079	**655**	3,117858997491	**656**	3,118312268496
657	3,118764791489	**658**	3,119216568854	**659**	3,119667602963	**660**	3,120117896177
661	3,120567450848	**662**	3,121016269314	**663**	3,121464353903	**664**	3,121911706933
665	3,122358330710	**666**	3,122804227531	**667**	3,123249399680	**668**	3,123693849432
669	3,124137579051	**670**	3,124580590790	**671**	3,125022886892	**672**	3,125464469591
673	3,125905341108	**674**	3,126345503656	**675**	3,126784959436	**676**	3,127223710640
677	3,127661759450	**678**	3,128099108039	**679**	3,128535758567	**680**	3,128971713188
681	3,129406974042	**682**	3,129841543263	**683**	3,130275422973	**684**	3,130708615285
685	3,131141122303	**686**	3,131572946121	**687**	3,132004088824	**688**	3,132434552486
689	3,132864339174	**690**	3,133293450943	**691**	3,133721889842	**692**	3,134149657908
693	3,134576757170	**694**	3,135003189649	**695**	3,135428957354	**696**	3,135854062288
697	3,136278506444	**698**	3,136702291806	**699**	3,137125420349	**700**	3,137547894040
701	3,137969714837	**702**	3,138390884688	**703**	3,138811405535	**704**	3,139231279309
705	3,139650507933	**706**	3,140069093324	**707**	3,140487037387	**708**	3,140904342022
709	3,141321009117	**710**	3,141737040554	**711**	3,142152438208	**712**	3,142567203942
713	3,142981339616	**714**	3,143394847077	**715**	3,143807728167	**716**	3,144219984719
717	3,144631618558	**718**	3,145042631501	**719**	3,145453025358	**720**	3,145862801931
721	3,146271963013	**722**	3,146680510391	**723**	3,147088445844	**724**	3,147495771141
725	3,147902488046	**726**	3,148308598316	**727**	3,148714103699	**728**	3,149119005934
729	3,149523306757	**730**	3,149927007892	**731**	3,150330111059	**732**	3,150732617969
733	3,151134530326	**734**	3,151535849827	**735**	3,151936578162	**736**	3,152336717014
737	3,152736268058	**738**	3,153135232963	**739**	3,153533613391	**740**	3,153931410996
741	3,154328627426	**742**	3,154725264321	**743**	3,155121323315	**744**	3,155516806037
745	3,155911714105	**746**	3,156306049134	**747**	3,156699812730	**748**	3,157093006494
749	3,157485632019	**750**	3,157877690893	**751**	3,158269184695	**752**	3,158660115000
753	3,159050483375	**754**	3,159440291381	**755**	3,159829540573	**756**	3,160218232499
757	3,160606368700	**758**	3,160993950713	**759**	3,161380980067	**760**	3,161767458284
761	3,162153386881	**762**	3,162538767370	**763**	3,162923601254	**764**	3,163307890033
765	3,163691635197	**766**	3,164074838234	**767**	3,164457500624	**768**	3,164839623841
769	3,165221209354	**770**	3,165602258624	**771**	3,165982773109	**772**	3,166362754259
773	3,166742203518	**774**	3,167121122327	**775**	3,167499512118	**776**	3,167877374319
777	3,168254710352	**778**	3,168631521632	**779**	3,169007809571	**780**	3,169383575574
781	3,169758821040	**782**	3,170133547362	**783**	3,170507755929	**784**	3,170881448124
785	3,171254625325	**786**	3,171627288902	**787**	3,171999440223	**788**	3,172371080649
789	3,172742211535	**790**	3,173112834232	**791**	3,173482950085	**792**	3,173852560434
793	3,174221666614	**794**	3,174590269954	**795**	3,174958371779	**796**	3,175325973406
797	3,175693076151	**798**	3,176059681323	**799**	3,176425790224	**800**	3,176791404154

λ	$c_{1,\lambda}$	λ	$c_{1,\lambda}$	λ	$c_{1,\lambda}$	λ	$c_{1,\lambda}$
801	3,177156524407	**802**	3,177521152270	**803**	3,177885289029	**804**	3,178248935961
805	3,178612094340	**806**	3,178974765436	**807**	3,179336950512	**808**	3,179698650827
809	3,180059867636	**810**	3,180420602189	**811**	3,180780855730	**812**	3,181140629500
813	3,181499924733	**814**	3,181858742660	**815**	3,182217084507	**816**	3,182574951496
817	3,182932344843	**818**	3,183289265759	**819**	3,183645715454	**820**	3,184001695128
821	3,184357205981	**822**	3,184712249206	**823**	3,185066825993	**824**	3,185420937527
825	3,185774584987	**826**	3,186127769550	**827**	3,186480492388	**828**	3,186832754667
829	3,187184557550	**830**	3,187535902195	**831**	3,187886789758	**832**	3,188237221387
833	3,188587198228	**834**	3,188936721422	**835**	3,189285792106	**836**	3,189634411414
837	3,189982580474	**838**	3,190330300409	**839**	3,190677572341	**840**	3,191024397386
841	3,191370776655	**842**	3,191716711257	**843**	3,192062202296	**844**	3,192407250870
845	3,192751858077	**846**	3,193096025007	**847**	3,193439752749	**848**	3,193783042386
849	3,194125894998	**850**	3,194468311661	**851**	3,194810293447	**852**	3,195151841424
853	3,195492956656	**854**	3,195833640204	**855**	3,196173893124	**856**	3,196513716468
857	3,196853111286	**858**	3,197192078623	**859**	3,197530619519	**860**	3,197868735012
861	3,198206426137	**862**	3,198543693922	**863**	3,198880539396	**864**	3,199216963579
865	3,199552967492	**866**	3,199888552149	**867**	3,200223718563	**868**	3,200558467741
869	3,200892800688	**870**	3,201226718405	**871**	3,201560221890	**872**	3,201893312135
873	3,202225990132	**874**	3,202558256868	**875**	3,202890113325	**876**	3,203221560484
877	3,203552599320	**878**	3,203883230807	**879**	3,204213455915	**880**	3,204543275609
881	3,204872690851	**882**	3,205201702602	**883**	3,205530311817	**884**	3,205858519449
885	3,206186326447	**886**	3,206513733757	**887**	3,206840742322	**888**	3,207167353080
889	3,207493566968	**890**	3,207819384919	**891**	3,208144807862	**892**	3,208469836723
893	3,208794472426	**894**	3,209118715891	**895**	3,209442568034	**896**	3,209766029768
897	3,210089102005	**898**	3,210411785651	**899**	3,210734081611	**900**	3,211055990785
901	3,211377514071	**902**	3,211698652365	**903**	3,212019406558	**904**	3,212339777538
905	3,212659766191	**906**	3,212979373401	**907**	3,213298600045	**908**	3,213617447002
909	3,213935915145	**910**	3,214254005343	**911**	3,214571718466	**912**	3,214889055378
913	3,215206016940	**914**	3,215522604011	**915**	3,215838817447	**916**	3,216154658102
917	3,216470126826	**918**	3,216785224465	**919**	3,217099951864	**920**	3,217414309866
921	3,217728299308	**922**	3,218041921026	**923**	3,218355175855	**924**	3,218668064623
925	3,218980588159	**926**	3,219292747288	**927**	3,219604542831	**928**	3,219915975608
929	3,220227046436	**930**	3,220537756127	**931**	3,220848105494	**932**	3,221158095345
933	3,221467726486	**934**	3,221776999719	**935**	3,222085915845	**936**	3,222394475662
937	3,222702679965	**938**	3,223010529546	**939**	3,223318025196	**940**	3,223625167702
941	3,223931957848	**942**	3,224238396416	**943**	3,224544484186	**944**	3,224850221936
945	3,225155610439	**946**	3,225460650467	**947**	3,225765342790	**948**	3,226069688175
949	3,226373687385	**950**	3,226677341183	**951**	3,226980650329	**952**	3,227283615579
953	3,227586237687	**954**	3,227888517406	**955**	3,228190455485	**956**	3,228492052671
957	3,228793309710	**958**	3,229094227342	**959**	3,229394806309	**960**	3,229695047348
961	3,229994951193	**962**	3,230294518578	**963**	3,230593750233	**964**	3,230892646887
965	3,231191209264	**966**	3,231489438088	**967**	3,231787334081	**968**	3,232084897961
969	3,232382130445	**970**	3,232679032246	**971**	3,232975604077	**972**	3,233271846648
973	3,233567760665	**974**	3,233863346835	**975**	3,234158605859	**976**	3,234453538438
977	3,234748145272	**978**	3,235042427056	**979**	3,235336384484	**980**	3,235630018248
981	3,235923329037	**982**	3,236216317540	**983**	3,236508984442	**984**	3,236801330425
985	3,237093356170	**986**	3,237385062358	**987**	3,237676449663	**988**	3,237967518761
989	3,238258270325	**990**	3,238548705025	**991**	3,238838823528	**992**	3,239128626502
993	3,239418114610	**994**	3,239707288515	**995**	3,239996148876	**996**	3,240284696352
997	3,240572931598	**998**	3,240860855268	**999**	3,241148468014	**1000**	3,241435770486

Die Fortschrittsgleichung einer höheren (μ, λ)-gliedrigen Evolutionsstrategie längs einer ansteigenden Linie läßt sich ebenfalls in die Form

$$\varphi_{\mu,\lambda} = c_{\mu,\lambda} \cdot \sigma$$

bringen. Eingestanden: Die σ-Proportionalität des Fortschritts ist trivial und bei jeder Form einer evolutionsstrategischen Linienbesteigung zu erwarten. Was letztlich zählt, ist die zentrale Rolle, die dem Proportionalitätsfaktor in der Theorie des Kugelmodells und des Quadrik-Gebirges zukommt. Bisher ist es noch nicht gelungen, $c_{\mu,\lambda}$ analytisch zu bestimmen. Es blieb nur die Möglichkeit, in einer Computersimulation hinreichend lange eine Linie evolutionsstrategisch aufwärts zu steigen und den zurückgelegten Weg zu messen. Die nachfolgende Tabelle wurde bereits in den 70er Jahren auf einer PDP-10 in hunderten von CPU-Stunden erstellt.

$c_{\mu,\lambda}$

μ / λ	**1**	**2**	**3**	**4**	**5**	**6**	**7**	**8**	**9**	**10**	**12**	**14**	**16**	**18**	**20**
1	0,00														
2	0,56	0,00													
3	0,85	0,50	0,00												
4	1,03	0.75	0,44	0,00											
5	1,16	0,91	0,67	0,40	0,00										
6	1,27	1,03	0,83	0,61	0,37	0,00									
7	1,35	1,13	0,94	0,76	0,57	0,35	0,00								
8	1,42	1,22	1,04	0,87	0,71	0,54	0,33	0,00							
9	1,49	1,29	1,12	0,96	0,82	0,67	0,50	0,31	0,00						
10	1,54	1,35	1,19	1,04	0,90	0,77	0,63	0,47	0,30	0,00					
12	1,63	1,45	1,30	1,17	1,04	0,93	0,81	0,69	0,57	0,43	0,00				
14	1,70	1,53	1,39	1,26	1,15	1,05	0,95	0,84	0,74	0,64	0,40	0,00			
16	1,77	1,60	1,45	1,34	1,23	1,14	1,05	0,95	0,86	0,78	0,59	0,37	0,00		
18	1,82	1,66	1,53	1,41	1,31	1,22	1,13	1,04	0,96	0,89	0,72	0,55	0,35	0,00	
20	1,87	1,71	1,58	1,47	1,37	1,29	1,20	1,13	1,05	0,98	0,83	0,68	0,52	0,33	0,00
30	2,04	1,90	1,78	1,69	1,60	1,53	1,45	1,39	1,33	1,27	1,16	1,06	0,95	0,86	0,76
50	2,25	2,12	2,01	1,93	1,85	1,79	1,73	1,68	1,62	1,57	1,49	1,41	1,33	1,26	1,19
100	2,51	2,39	2,30	2,22	2,16	2,10	2,05	2,00	1,96	1,92	1,85	1,79	1,73	1,67	1,62
200	2,75	2,64	2,55	2,49	2,43	2,38	2,34	2,29	2,26	2,22	2,16	2,11	2,06	2,01	1,97
300	2,88	2,78	2,69	2,63	2,58	2,53	2,49	2,45	2,41	2,38	2,32	2,27	2,23	2,19	2,15
500	3,04	2,94	2,86	2,80	2,75	2,71	2,67	2,63	2,60	2,57	2,52	2,47	2,43	2,39	2,36
1000	3,24	3,15	3,08	3.03	2,98	2,93	2,90	2,86	2,84	2,81	2,76	2,72	2,68	2,65	2,61

Es stellt sich die Frage nach dem Sinn der Fortschrittsbeiwerte noch höherer Evolutionsstrategien. Formal lassen sich über die Definitionen

$$c_{\mu/\rho,\,\lambda} = \frac{\varphi_{\mu/\rho,\,\lambda\,\text{(linear)}}}{\sigma} \qquad \text{und} \qquad c_{\overline{\mu/\rho},\,\lambda} = \frac{\varphi_{\overline{\mu/\rho},\,\lambda\,\text{(linear)}}}{\sigma}$$

auch die Beiwerte rekombinativer Evolutionsstrategien (zumindest experimentell) bestimmen. Doch in der Theorie des zentralen Fortschrittgesetzes sind diese Beiwerte zur Zeit noch ohne Bedeutung. Eine Sonderstellung nimmt der Fortschrittsbeiwert der $(\overline{\mu/\mu},\,\lambda)$-Evolutionsstrategie mit intermediärer Multi-Rekombination ein. Im Kapitel 11 wird gezeigt, daß sich die diskrete und intermediäre Multi-Rekombinations-ES bei Kenntnis des $c_{\overline{\mu/\mu},\,\lambda}$-Fortschrittsbeiwerts in das zentrale Fortschrittsgesetz einfügt. MICHAEL HERDY ist es gelungen, einen Integralausdruck für $c_{\overline{\mu/\mu},\,\lambda}$ abzuleiten. Von ihm stammt auch die nachfolgende Tabelle:

$$c_{\overline{\mu/\mu},\,\lambda}$$

μ / λ	**1**	**2**	**3**	**4**	**5**	**6**	**7**	**8**	**9**	**10**	**12**	**14**	**16**	**18**	**20**
1	0,00														
2	0,56	0,00													
3	0,85	0,42	0,00												
4	1,03	0.66	0,34	0,00											
5	1,16	0,83	0,55	0,29	0,00										
6	1,27	0,95	0,70	0,48	0,25	0,00									
7	1,35	1,06	0,82	0,62	0,42	0,23	0,00								
8	1,42	1,14	0,92	0,73	0,55	0,38	0,20	0,00							
9	1,49	1,21	1,00	0,82	0,65	0,50	0,35	0,19	0,00						
10	1,54	1,27	1,07	0,89	0,74	0,60	0,46	0,32	0,17	0,00					
12	1,63	1,37	1,18	1,02	0,88	0,75	0,63	0,51	0,39	0,27	0,00				
14	1,70	1,46	1,27	1,12	0,99	0,87	0,76	0,65	0,55	0,45	0,24	0,00			
16	1,77	1,53	1,35	1,20	1,08	0,96	0,86	0,76	0,67	0,58	0,40	0,22	0,00		
18	1,82	1,59	1,41	1,27	1,15	1,04	0,94	0,85	0,76	0,68	0,52	0,36	0,20	0,00	
20	1,87	1,64	1,47	1,33	1,21	1,11	1,02	0,93	0,85	0,77	0,62	0,48	0,33	0,18	0,00
30	2,04	1,83	1,67	1,55	1,45	1,35	1,27	1,20	1,13	1,06	0,94	0,83	0,73	0,63	0,53
50	2,25	2,05	1,91	1,80	1,71	1,62	1,55	1,49	1,43	1,37	1,27	1,18	1,10	1,02	0,95
100	2,51	2,33	2,20	2,10	2,02	1,95	1,88	1,83	1,78	1,73	1,65	1,57	1,50	1,44	1,39

18

Historie: Evolutionsstrategie '73

Plädoyer für die Reproduktion der 73er-Schrift

Ein Text aus dem Jahr 1973? „Passé" mag der Leser denken. — Doch ich sage es freiheraus: Vor 20 Jahren war vieles schon gedacht, was die Theorie der Evolutionsstrategie betrifft. Statt die Anfangsgründe abzuschreiben, biete ich die **ES '73** in der Originalversion an. Es gibt zudem ein Thema, das in den vorangegangenen Kapiteln ausgespart blieb: Es ist die zweigliedrige Evolutionsstrategie. Das Schema der (**1**+1)-ES stellt die maximale Abstraktion des DARWINschen Denkmodells dar. Aber der Biologe moniert zurecht: Wo findet sich in der Natur der Fall, daß ein Elter nur einen Nachkommen erzeugt, und sich beide dann im Selektions-Zweikampf messen? Um so erstaunlicher ist es, daß die Theorie der (**1**+1)-ES die wesentlichen Ergebnisse vorwegnimmt, die als Höhepunkte der Theorie der mehrgliedrigen Evolutionsstrategien gelten. Ich verweise auf das Evolutionsfenster, das bereits aus der Theorie der zweigliedrigen Evolutionsstrategie vorhergesagt wurde. Didaktisch ist es sogar angezeigt, Vorlesungen zur Evolutionsstrategie mit der (**1**+1)-gliedrigen Evolutionsstrategie zu beginnen. So verfahre ich seit Jahren.

Zurück zu den Anfängen 1964: Nachdem die Begeisterung mit „DARWIN im Windkanal" verklungen war, begann das mühsame Geschäft mit der Theorie. Nach dem Motto: *„Einfachheit ist der Mut zum Wesentlichen"* * wurde die Theorie der zweigliedrigen Evolutionsstrategie entwickelt. Die notwendige Einpassung der Mutationsschrittweite in das Evolutionsfenster besorgt hier ein „Dämon", der „von oben" die erfolgreichen Nachkommen zählt und nach der 1/5-Regel die „mutationsinduzierende kosmische Strahlung" justiert. Eben deshalb habe ich

* Nach dem Mathematiker und Wirtschaftswissenschaftler HELMAR NAHR (1931-1990).

diese Strategie nie recht gemocht. Sie ist unbiologisch und erscheint als eine „aufgewärmte" Monte-Carlo-Methode unter zugkräftigem neuen Namen. Aber was die Kürze der (**1**+1)-ES mit 1/5-Erfolgsregel betrifft: Sie ist nicht zu unterbieten. Weitere Marksteine in der 73er-Schrift sind aus meiner Sicht:

- Computersimulationen zur Evolution des genetischen Codes (S. 301).
- Simulation der Schmetterlings-Mimikry nach dem Muster eines GA (S. 327).
- Theorie des Korridormodells als Alternative zum Kugelmodell (S. 348).
- Idee der lernenden Population zur mutativen Schrittweitenregelung (S. 376).

Das Buch sollte eine ergänzte Neuauflage der 73er-Schrift werden. Nunmehr zum Kapitel 18 degradiert, bleibt die **ES '73** das Einmaleins der Theorie der Evolutionsstrategie.

ES '73

Experimente mit der Evolutionsstrategie

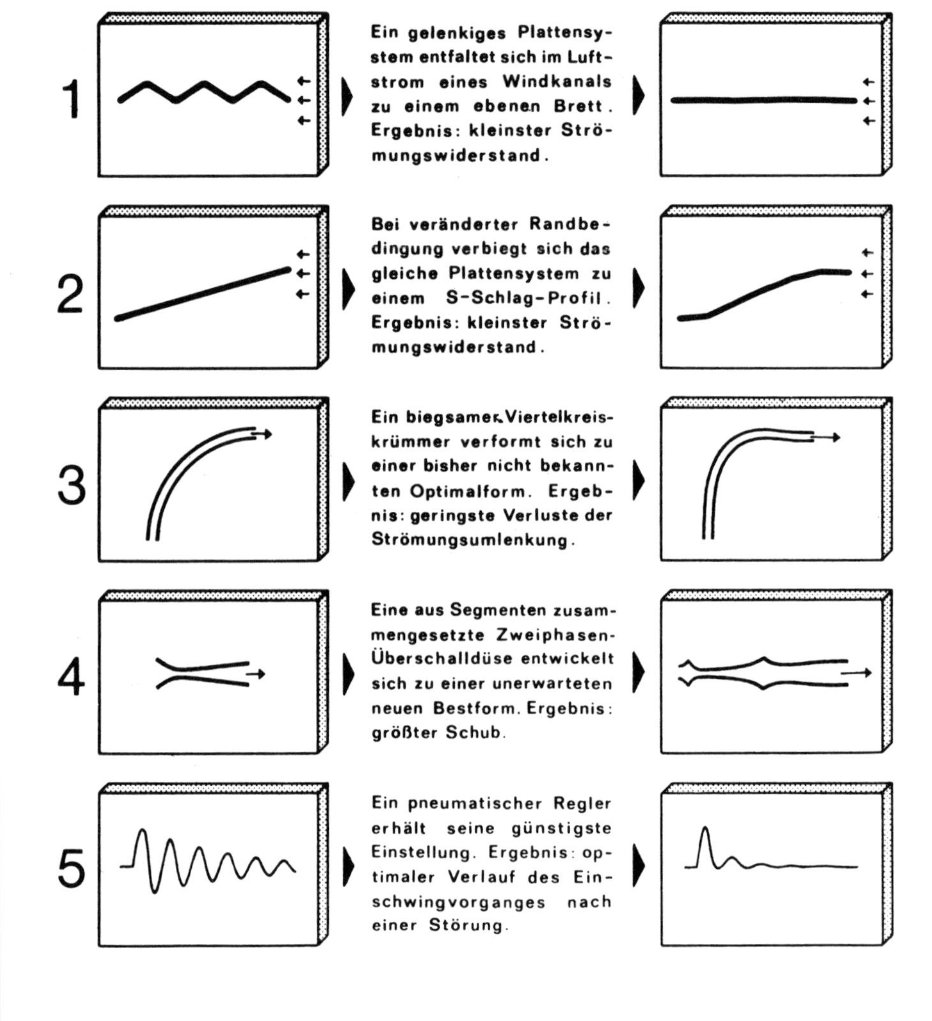

Ingo Rechenberg
Evolutionsstrategie
Optimierung technischer Systeme nach Prinzipien der biologischen Evolution

mit einem Nachwort von
Manfred Eigen

problemata
frommann-holzboog 15

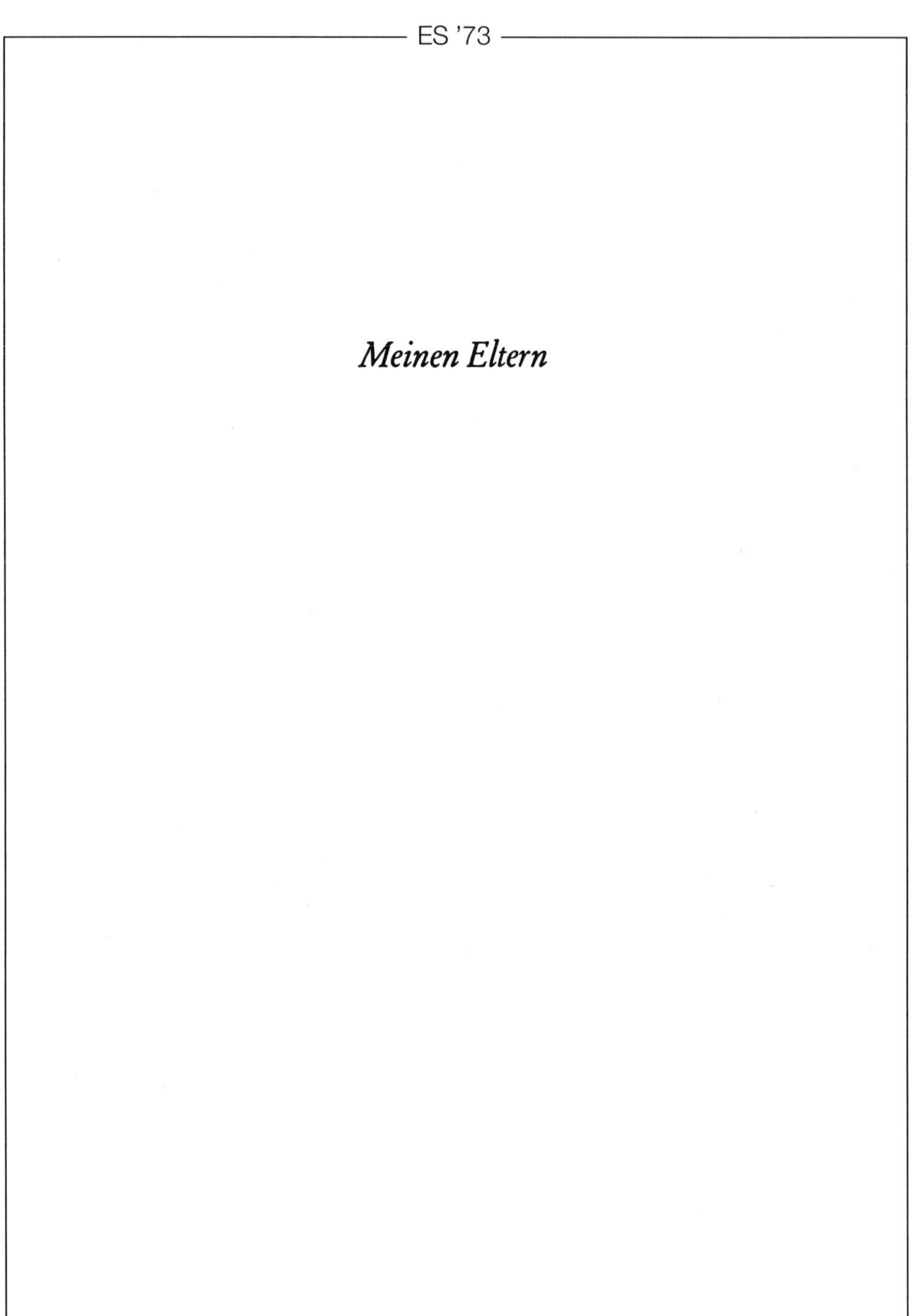

Meinen Eltern

Ingo Rechenberg, Dr.-Ing., Professor für das Fachgebiet Bionik und Evolutionstechnik am Institut für Meß- und Regelungstechnik (Fachbereich Verfahrenstechnik) der Technischen Universität Berlin.

Es wird die Hypothese aufgestellt, daß die biologische Evolutionsmethode eine optimale Strategie zur Anpassung der Lebewesen an ihre Umwelt darstellt. Deshalb sollte es sich lohnen, Prinzipien der biologischen Evolution auch zur Optimierung technischer Systeme heranzuziehen.

Laboratoriums-Experimente zeigen, daß sich bereits das einfache biologische Prinzip von Mutation und Selektion mit Erfolg zur Entwicklung strömungsgünstiger Körperformen anwenden läßt. Kopiert man die Vererbungsregeln genauer, so läßt sich die Wirksamkeit der Evolutionsstrategie noch erheblich steigern.

Anschließend wird eine Theorie vorgestellt, die auf der Annahme aufbaut, daß die Qualität eines technischen Systems und die Tauglichkeit eines Lebewesens austauschbare Begriffe darstellen. Das Ergebnis ist eine Formel für die Konvergenzgeschwindigkeit der Evolutionsstrategie. Diese Formel wird dann benutzt, um die Evolutionszeit zum Erreichen des heutigen Entwicklungsstandes höherer Lebewesen mathematisch abzuschätzen.

The biological method of evolution is postulated to be an optimal strategy to adapt organisms to their environment. Therefore it may be promising to optimize engineering systems applying principles of biological evolution.

Laboratory experiments demonstrate that the simple biological mechanism of mutation and selection can be used successfully to evolve optimal systems in the field of fluid dynamics. A better imitation of the hereditary rules of higher organisms considerably improves the effectiveness of the evolutionary strategy.

Finally a theory is developed, which is based upon the assumption, that the quality of an engineering system can be compared with the fitness of a living organism. It results in a formula for the rate of convergence of the evolutionary strategy. This formula is then used to calculate the time of evolution required for the transition from the first living cell to present-day species.

6

Inhaltsverzeichnis

Teil C:

Zur Theorie der Evolutionsstrategie

Schluß:

Vorwort

Mathematisch-technische Optimierung und biologische Evolution besitzen in den Augen vieler geradezu polaren Charakter: Auf der einen Seite das determinierte ökonomische Vorgehen des Ingenieurs, auf der anderen das verschwenderische Zufallsspiel der Natur. In der vorliegenden Untersuchung möchte ich zeigen, daß im Gegensatz zu dieser Auffassung die Evolution eine Strategie benutzt, die einem scharfsinnigen mathematischen Optimierungsverfahren ebenbürtig ist.

Mit der Evolutionsstrategie wurde zum erstenmal 1964 bei Professor *Wille* am *Hermann-Föttinger*-Institut der TU Berlin experimentiert. Im Rahmen eines Forschungsvorhabens wurde seinerzeit versucht, einen Stromlinienkörper zu finden, der über einen großen Bereich seiner Oberfläche verschwindend kleine Wandreibung aufweist. Als sich die Form des Körpers nicht auf mathematischem Wege finden ließ, entstand der Plan, zur Lösung der Aufgabe den Rechner „Natur", nämlich das System selbst zu verwenden. Ein flexibler Strömungskörper sollte im Windkanal sukzessive verstellt werden, bis die Lösung gefunden war. Um mögliche Verstell-Strategien auszuprobieren, wurde der Test mit der verwinkelbaren Gelenkplatte ausgedacht (s. Kapitel 4). Als besonders geeignet erwies sich bei den Experimenten eine Strategie, die das biologische Evolutionsprinzip in sehr vereinfachter Form nachzuahmen versuchte. Rückblickend muß allerdings gesagt werden, daß die damals entwickelte Zufallsstrategie durchaus nicht in allen Punkten neu war. Neuartig war dann aber der nächste Schritt. Es wurde – in Anlehnung an die natürliche Population – mit einem Gruppenschema experimentiert. Zwar ergab dieses Verfahren damals noch keinen ersichtlichen Vorteil. Der Wert der Gruppe wurde erst später erkannt (s. Kapitel 11 und 18). Aber die Idee, Prinzipien der biologischen Evolution zur Optimierung technischer Systeme heranzuziehen, erschien von nun an so faszinierend, daß das Problem des reibungsarmen Strömungskörpers mehr und mehr in den Hintergrund rückte.

Die Weiterentwicklung der Evolutionsstrategie erfolgte am Institut für Meß- und Regelungstechnik der TU Berlin. Dem Direktor des Instituts, Herrn Professor Dr.-Ing. habil. *Th. Gast,* gilt an erster Stelle mein Dank. Ohne seinen unermüdlichen Einsatz hätte das Vorhaben nicht weitergeführt werden können. Ferner bin ich Herrn Professor Dr. phil. habil. *J.-G. Helmcke* für die Durchsicht des biologischen Teils der Arbeit sowie für zahlreiche Verbesserungsvorschläge zu großem Dank verpflichtet. Hervorheben möchte ich auch die Förderung des Vorhabens durch die *Deutsche Forschungsgemeinschaft.* Ihr sei dafür ebenfalls ausdrücklich gedankt. Schließlich hat der Enthusiasmus, mit dem meine beiden Freunde, Herr Dipl.-Ing. *Peter Bienert* und Herr Dipl.-Ing. *Hans-Paul Schwefel,* am selben Vorhaben arbeiten, wesentlich zum Gelingen der Arbeit beigetragen.

Berlin, im Sommer 1973 *Ingo Rechenberg*

10

Einleitung

1. Biologie, Technik und Evolution

Seit je haben Ingenieure versucht, Strukturen der belebten Natur nachzuahmen. Seit 1960 gibt es einen eigenständigen Wissenschaftszweig, die Bionik, die es sich zur Aufgabe gemacht hat, technische Probleme durch Nachahmung biologischer Vorbilder zu lösen [1, 2, 3, 4, 5]. Anlaß für diese Arbeiten ist keineswegs Schwärmerei für die Vollkommenheit der Natur. Die Forschungen auf dem Gebiet der Bionik beruhen vielmehr auf einer grundlegenden Erkenntnis: Die heutigen Lebewesen sind das Ergebnis einer über drei Milliarden Jahre andauernden Evolution. Während dieser Zeitspanne hat die natürliche Auslese alles Unangepaßte eliminiert. Das Ergebnis dieses Langzeitexperiments, für das der riesige Versuchsraum der Erdoberfläche zur Verfügung stand, sind optimal an die jeweilige Umwelt angepaßte Lebensformen. Somit erscheint es vernünftig, die im Verlauf der Evolution gesammelten Experimentiererfahrungen, wie sie in jeder biologischen Struktur heute enthalten sind, technisch auszuwerten.

Forschungsthemen der Bionik sind:

die widerstandsvermindernde Elastizität der Delphinhaut,
die Turbulenzdämpfung des Schleimes von Fischen,
die Stofftrennungs-Eigenschaften biologischer Membranen,
die Baustatik von Diatomeen-Schalen,
die biologischen Methoden der Energieumwandlung,
die datenverarbeitende Funktion des Neurons,

die Mustererkennung in neuralen Netzwerken,
die Sinnesorgane von Lebewesen als Modelle für technische Meßgeräte,
die Organisationsformen komplexer biologischer Regelungssysteme,
die Zuverlässigkeit biologischer Systeme u. a.

Eigenartig ist, daß die Experimentiermethode, die derartige Lebensleistungen hervorgebracht hat, kaum für nachahmenswert gehalten wird. Es herrscht die Meinung vor, daß die Evolution in erster Linie durch die zur Verfügung stehenden langen Zeiträume und weniger durch eine besonders raffinierte Arbeitsweise die erstaunlichen Umweltanpassungen zuwege gebracht hat. Ich möchte aber behaupten, daß die Experimentiermethode der Evolution gleichfalls einer Evolution unterliegt. Es ist nämlich nicht nur die momentane Lebensleistung eines Individuums für das Überleben der Art wichtig; nach mehreren Generationen wird auch die bessere Vererbungs-Strategie, die eine schnellere Umweltanpassung zustandebringt, ausgelesen und weiterentwickelt.

Hierzu ein Beispiel: Es ist anzunehmen, daß sich die ersten primitiven Lebewesen lediglich durch einfache Teilung vermehrt haben. Dabei werden mitunter Erbanlagen fehlerhaft dupliziert worden sein. Es entstanden Mutanten, in der Regel weitaus mehr untaugliche als taugliche. Angenommen, in einer solchen sich ungeschlechtlich vermehrenden Population entstanden pro Generation M Mutationen mit positivem Selektionswert. Dann mußten sich die wenigen positiven Mutationen erst in der gesamten Population durchgesetzt haben, ehe die Wahrscheinlichkeit bestand, daß wieder M Individuen in einer Generation auftraten, die zur ersten positiven Mutation noch eine zweite positive hinzubekamen usw. Sicher würden sich positive Mutationen schneller im Erbgut der Lebewesen ansammeln, wenn zwischen den Erbträgern einer Population Erbanlagen ausgetauscht werden könnten. Tatsächlich hat sich im Laufe der Evolution frühzeitig mit der sexuellen Fortpflanzung eine solche Vererbungs-Strategie herausgebildet. Die Evolutionsgeschwindigkeit hat sich erhöht.

Wir wollen diesen Gedankengang verallgemeinern. Wenn für die Nachkommen eines Lebewesens beschleunigte Höherentwicklung einen Selektionsvorteil bedeutet, dann sollte die Evolution während ihres drei Milliarden Jahre andauernden Wirkens sich selbst eine Arbeitsweise gegeben haben, die schnellstes Fortschreiten zustandebringt.

Im Verlauf der Evolution entstanden:

die genetische Kontrolle der Mutabilität,
die sexuelle Fortpflanzung,
das Crossing-over der Chromosomen,
die dominante und rezessive Vererbung u. a.

Wir müssen annehmen, daß diese Mechanismen den Zweck haben, ein Lebewesen möglichst schnell an die jeweilige Umwelt anzupassen. Auf diese Erkenntnis stützt sich die in dieser Arbeit vertretene Hypothese, daß eine genaue Nachahmung der biologischen Evolutionsmethode eine ausgezeichnete Strategie zur Optimierung technischer Systeme ergeben sollte.

Der Leitgedanke, daß die biologische Evolution technisch nachahmenswerte Mechanismen geschaffen hat – ihre eigene Arbeitsweise miteingeschlossen – klingt überzeugend. Dennoch lehnen viele Wissenschaftler und Ingenieure eine Nachahmung der Natur ab. Es wird darauf verwiesen, daß gerade die äußerst genauen Naturkopien in der Technik vergangener Zeiten sich häufig als groteske Fehlschritte erwiesen haben.

Nun ist es auch falsch zu glauben, ein natürliches Vorbild müsse möglichst genau kopiert werden, um höchste Vollkommenheit in der technischen Ebene zu erreichen. Ein technischer Mechanismus, der ein biologisches Vorbild nachahmt, könnte nur dann ebenfalls optimal sein, wenn beide Male die gleiche Funktion unter den gleichen Randbedingungen erfüllt werden soll. Gleiche Randbedingungen sind aber kaum zu erwarten, da biologische und technische Strukturen aus völlig verschiedenen Materialien aufgebaut sind. Ferner wird der Ingenieur gewöhnlich nur an bestimmten biologischen Teilfunktionen interessiert sein und diese allein kopieren. Im Verlauf der Evolution wurde jedoch die Gesamtfunktion des Organismus optimiert, wobei es wahrscheinlich ist, daß zwischen einzelnen Teilfunktionen Kompromisse gebildet wurden.

Deshalb kann die Bionik nur nahe an eine technische Optimallösung heranführen. Das biologische Vorbild bestimmt einen Anfangspunkt, von dem aus eine Weiterentwicklung unter den speziellen technischen Bedingungen einsetzen kann. Das gilt auch für die Nachahmung der biologischen Evolution. Es muß nicht unbedingt am besten sein, jeden Evolutionsfaktor genauestens zu kopieren. Das Verstehen des jeweiligen biologischen Vorganges kann ebenso wertvoll sein, wenn es darauf gelingt, ein idealisiertes Schema zu entwerfen, das die gleiche Wirkung hervorbringt.

A

Vereinfachte technische Nachahmung des biologischen Evolutionsvorganges

17

2. Das Mutations-Selektions-Prinzip

Bei dem Vorhaben, Prinzipien der biologischen Evolution zur Leistungssteigerung technischer Systeme anzuwenden, ergibt sich eine grundsätzliche Schwierigkeit. Die verbale Beschreibung des Evolutionsgeschehens durch den Biologen [6, 7, 8, 9] reicht nicht aus, um diesen Vorgang unmittelbar technisch-mathematisch nachzuvollziehen. Der biologische Prozeß muß zuvor in ein Programm technisch realisierbarer Befehle übersetzt werden.

Nun ist für den Biologen jeder Faktor gleichermaßen wichtig, der zu einer Höherentwicklung der Lebewesen führt. Die moderne synthetische Theorie der Evolution kennt deshalb äußerst viele Faktoren. Für eine künstliche Evolution möchte man jedoch nur die wirksamsten Naturprinzipien nachahmen, damit der Algorithmus noch einfach zu handhaben ist. Um zu entscheiden, welche Evolutionsfaktoren wichtig sind und welche nicht, sollten wir schrittweise vorgehen und als erstes die überzeugendsten biologischen Faktoren in ein technisches Handlungsschema übersetzen.

Bei maximaler Abstraktion läßt sich die biologische Evolution als ein zweistufiger Prozeß auffassen: Die Erzeugung zufälliger Variationen und die Aussonderung der unvorteilhaften Varianten durch die natürliche Auslese. Diese beiden elementaren Kräfte der Evolution können wir ohne Schwierigkeit auch zur Optimierung technischer Systeme anwenden, wenn wir folgende Parallelen ziehen.

1. Wir vergleichen die Gesamtheit der Erbanlagen eines Lebewesens, den Genotyp, mit den Konstruktionsunterlagen für ein technisches Gebilde. Die „Schalterstellungen" der Gene in den Chromosomen eines Organismus entsprechen den Maßangaben auf der Konstruktionszeichnung des technischen Objekts.
2. Wir vergleichen das sichtbare Erscheinungsbild eines Lebewesens, den Phänotyp, mit dem betriebsfertigen technischen Objekt.
3. Wir vergleichen die Vitalität eines Lebewesens in einer bestimmten Umwelt mit der Qualität eines technischen Objekts unter den vorgegebenen Randbedingungen.

Die Gene im Erbgut eines Lebewesens können durch Mutationen verschiedene Schalterstellungen annehmen, wodurch sich das Erscheinungsbild und damit auch die Lebensleistung der Nachkommen ändern. So sind z. B. unterschiedliche Blütenfarben einer Zierblumenart das Ergebnis verschiedener Schaltstellungen der Gene. Aber auch die Daten einer technischen Konstruktionsanweisung können variabel sein. Im Flugzeugbau wird beispielsweise die Form eines Tragflügelprofils durch Angabe der Koordinaten für den Profilrand in einem (x, y)-System festgelegt. Bis heute sind in den verschiedenen aerodynamischen Versuchsanstalten Tausende von Profilen entworfen und vermessen worden. Die Koordinatenwerte dieser Profilsammlung lassen sich demnach mit den verschiedenen Gen-Schaltstellungen in den Chromosomen von Lebewesen vergleichen.

Die Vitalität eines Lebewesens setzt sich offensichtlich aus zahllosen Einzelleistungen zusammen. Die Natur als Umwelt bildet gewissermaßen Mittelwerte aus allen Eigenschaften und entscheidet vom gesamten Befund her. Aber auch die Qualität eines Tragflügelprofils setzt sich aus vielen Größen zusammen. Ein Flügelprofil muß z. B. für den Reiseschnellflug genauso gut geeignet sein wie für den Landeanflug. Es soll eine geringe Druckpunktwanderung aufweisen, kleine Übergeschwindigkeiten auf der Profilkontur besitzen usw.

20

Vorerst wollen wir aber derart komplizierte Bewertungskriterien ausschließen. Wir wollen annehmen, daß die Qualität einer Profilform allein durch ihren aerodynamischen Auftrieb bestimmt wird. Wie würde die Nachahmung des biologischen Mutations-Selektions-Prinzips aussehen, wenn wir für dieses Beispiel eine Profilform größten Auftriebes entwickeln wollten?

Offensichtlich können wir von folgenden Parallelen ausgehen:

Gen-Schaltstellungen = Profilkoordinaten,
Phänotyp = Windkanalmodell,
Umwelt = Strömung,
Vitalität = Auftrieb.

Vorgegeben seien die Koordinatenwerte von μ Profilformen. Sie sollen das genetische Material einer biologischen Population symbolisieren. Zur Nachahmung der identischen Selbstverdoppelung des genetischen Materials wollen wir die Koordinatentabellen auf einzelnen Karten anordnen, so daß sie sich getrennt kopieren lassen.

Als erstes werden die tabellierten μ Profilformen realisiert; es werden z. B. maßstabsgerechte Modelle aus Holz angefertigt. Im Windkanal messen wir den Strömungsauftrieb jeder Form und notieren die Ergebnisse auf den betreffenden Profildatenkarten. Danach wird von den μ Karten eine zufällig herausgegriffen und kopiert. Zur Nachahmung von Genmutationen werden dann auf dieser Kopie einige Koordinatenwerte durch einen Zufallsprozeß abgeändert. Die Beträge dieser Abänderungen sollen – der natürlichen genetischen Variationskurve entsprechend – eine binomiale Häufigkeitsverteilung besitzen. Nun fertigen wir nach den abgeänderten Koordinatenwerten wieder ein Modell an, ermitteln dessen Auftrieb im Windkanal und notieren das Meßergebnis auf der kopierten Karte. Nach diesem Schritt hat sich unsere Profilsammlung um eine Form vermehrt.

Zuvor hatten wir die μ Profil-Ausgangsformen mit den lebenden Individuen einer Population verglichen. In einer Population, die einen bestimmten Lebensraum besetzt, sorgt die natürliche Auslese dafür, daß die Zahl der Individuen eine obere Grenze nicht überschreitet. Bei dieser Selbstregulierung werden die an die Umwelt besser angepaßten Organismen eher überleben und so ihren Vorteil an die Nachkommen weitergeben. Es kommt zu einer Höherentwicklung der biologischen Art. Dabei ist zu beachten, daß dieser Prozeß nur mit statistischer Genauigkeit arbeitet. Nicht immer gewinnt der Beste, nicht immer wird eine Population die gleiche Zahl von Individuen aufweisen, sondern nur im Mittel.

Bei der Übertragung der biologischen Evolutionsmethode in die technische Ebene sollen jedoch eindeutige Entscheidungen gelten. Wir setzen deshalb fest:

1. Die Zahl der Glieder einer Gruppe soll konstant bleiben.
2. Die Auslese soll stets das schlechteste Glied treffen.

Kommt also – wie oben geschildert – zu unseren μ Profildatenkarten eine neue hinzu, so muß von den $\mu + 1$ Karten diejenige weggenommen werden, die den niedrigsten Auftriebsvermerk trägt. Nur für den Fall, daß dies gleichzeitig für mehrere Karten zutrifft, wollen wir den Zufall darüber entscheiden lassen, welche Karte aussortiert wird. Es bleiben μ Karten übrig und das Spiel kann von vorn beginnen.

Wir wollen das soeben beschriebene Schema eine $(\mu + 1)$-gliedrige Wettkampfsituation nennen. Setzen wir $\mu = 1$, so ergibt sich eine zweigliedrige Wettkampfsituation: Am Objekt wird eine Variation erzeugt, die beibehalten wird, wenn sich die Qualität verbessert, die zurückgenommen wird, wenn sich die Qualität verschlechtert. Dieses Schema läßt sich besonders einfach durchführen. Es wurde deshalb bei den im Kapitel 4 beschriebenen Experimenten zuerst angewendet.

3. Variabilität der Versuchsobjekte

Es stellt sich nun die Frage, ob das im vorangegangenen Kapitel entwickelte Denkschema zur Nachahmung der natürlichen Evolution nicht zu aufwendig ist, wenn man es praktisch ausführt. Es erscheint unökonomisch, von einem technischen Objekt (z. B. einem Tragflügelmodell) laufend neue Varianten herzustellen und die fertigen Produkte nach dem Feststellen ihrer Qualität wieder wegzuwerfen. Denn jedes unserer Windkanalmodelle wird überflüssig, sobald es vermessen und der Auftriebswert auf der zugehörigen Datenkarte vermerkt worden ist.

Es gibt nur eine Situation, in der sich der Bau von Meßmodellen erübrigt; wenn sich nämlich die Qualität des technischen Objekts mathematisch vorausbestimmen läßt. In diesem Fall könnte das Evolutionsschema vollständig in der mathematischen Ebene abgewickelt werden.

Tatsache ist jedoch, daß sich viele technisch bedeutsame Optimierungsaufgaben nicht mathematisch erfassen lassen. Es gibt dann keinen anderen Weg, als die Qualität des Objekts im Experiment festzustellen. Wir müssen uns deshalb überlegen, wie sich mit einem Minimum an Zeit und Material die vielen erforderlichen Objektvarianten erzeugen lassen.

Wir beschränken uns zunächst auf das Gebiet der Strömungstechnik. Hier handelt es sich vornehmlich darum, innerhalb eines Strömungsfeldes einzelne Elemente so anzuordnen bzw. Körperkonturen so auszubilden, daß der erstrebte Optimalzustand erreicht wird. Die erforderliche räumlich-geometrische Variabilität der Versuchsobjekte ließe sich z. B wie folgt erreichen:

1. MECHANISCHE VERSTELLUNG: Räumlich angeordnete Elemente können mittels mechanischer Vorschubeinrichtungen in ihrer Lage verändert werden. Oder mehrere schmale Flächenstreifen, die gelenkig miteinander verbunden sind, ergeben eine in ihrer Form verstellbare Oberfläche (siehe Experiment mit der Gelenkplatte).
2. ELASTISCHE VERFORMUNG: Häufig ist es möglich, eine variable Körperkontur aus einem hochelastischen Material aufzubauen. Eine

dünne Stahlhaut ergibt eine flexible Profilkontur. Ein Kunststoffmaterial liefert eine biegsame Rohrleitung (siehe Experiment mit dem Rohrkrümmer). Oder einzeln aufblasbare Gummikammern bilden zusammen einen veränderlichen Rotationskörper.

3. SEGMENTWEISE KOMBINATION: Eine Körperkontur kann aus vielen ähnlich geformten Segmenten zusammengesetzt werden. Zum Beispiel läßt sich durch Hintereinanderreihen von Scheiben mit passend abgestuften konischen Bohrungen eine rotationssymmetrische Düsenform erzeugen. Die Form eines derart zusammengesetzten Körpers kann dann durch Auswechseln einzelner Segmente verändert werden, wobei natürlich genügend viele verschiedene Segmente vorrätig sein müssen.
4. ELEKTROLYTISCHES WACHSTUM: Bei diesem vorerst hypothetischen Verfahren wird daran gedacht, Körperformen durch elektrolytisches Auf- und Abtragen eines Metalls an elektrisch leitenden Oberflächen aufzubauen. Dabei läßt sich die Formbildung möglicherweise durch räumlich veränderbare Magnetfelder steuern. Elektrolytisches Wachsen dürfte besonders gut zur Erzeugung fein aufgegliederter Oberflächenstrukturen geeignet sein.

Gemeinsames Kennzeichen der aufgeführten Verfahren ist die Umkehrbarkeit der Formänderung. Es ist jedoch möglich, auch mit nicht umkehrbaren Formgebungsverfahren variable Versuchsobjekte zu erzeugen, wenn nämlich die Herstellungsvorrichtungen für das betreffende Objekt variabel ausgeführt werden. Man könnte z. B. daran denken, durch Gießen, Strangpressen oder spanende Bearbeitung eines wachsähnlichen Materials neue abgewandelte Objekte zu fertigen, die wieder eingeschmolzen werden, wenn der Meßvorgang beendet ist.

Bisher wurden nur Überlegungen zur Flexibilität geometrischer Formen angestellt. In der Strömungstechnik sind geometrische Abmessungen zweifellos die maßgebenden Parameter. Für andere Fachgebiete werden andere Parameter charakteristisch sein. Die Varianten des Versuchsobjekts werden teils schwieriger, teils einfacher zu verwirklichen sein. Besonders einfach läßt sich z. B. ein variables Versuchsobjekt im Bereich der Elektrotechnik realisieren. Die wesentlichen Parameter in einer elektrischen Schaltung, die Widerstände, Kapazitäten und Induktivitäten, sind in verstellbarer Ausführung handelsüblich.

4. Optimierungsversuche mit dem Mutations-Selektions-Verfahren

Das Versuchsschema der zweigliedrigen Wettkampfsituation wurde erstmals in der Strömungstechnik bei der Entwicklung optimaler Körperformen angewendet. Die Versuche ergaben in mehreren Fällen Optimallösungen, die bisher nicht bekannt waren.

Um die Wirksamkeit des Verfahrens kennenzulernen, wurde zunächst ein sehr einfaches Experimentierobjekt geschaffen. Sechs rechteckige Flächenstreifen wurden an ihren Längskanten gelenkig miteinander ver-

Bild 1. Versuchsobjekt – Gelenkplatte

bunden. Die Gelenke konnten einzeln verstellt und nach jeweils 2^0 Winkeländerung eingerastet werden. Jedes Gelenk besaß 51 Einraststufen. Die Faltplatte mit ihren fünf Gelenken konnte demnach $51^5 = 345\,025\,251$ verschiedene Formen annehmen. Es entstand so ein variabler Widerstandskörper (Bild 1).

Die Zufallszahlen zur Variation der Gelenkplattenform wurden nach dem Vorbild des *Galton*schen Nagelbretts erzeugt. Angenommen, fünf Kugeln mit den Aufschriften φ_1 bis φ_5 passieren die im Bild 2 dargestellte Nagelpyramide. Jedesmal wenn eine Kugel gegen einen Nagel stößt, wird sie mit gleicher Wahrscheinlichkeit nach rechts oder links abgelenkt. Schließlich landen die Kugeln in Auffangkästen, welche die Zahlen von −5 bis +5 tragen. Die Kugeln repräsentieren die fünf Gelenke der Platte; die Kästchenaufschriften geben die Winkeländerungen an. Fällt also die erste Kugel mit der Aufschrift φ_1 in das Kästchen mit der Aufschrift +2, so heißt das, der Gelenkwinkel φ_1 soll um zwei Rasteinheiten in positiver Drehrichtung verstellt werden. Entsprechend können wir ablesen, um welche Beträge die übrigen vier Winkel verändert werden sollen. Dabei werden kleine Veränderungen (+1, -1) bedeutend häufiger auftreten als große (+5, -5). Das *Galton*brett erzeugt binomialverteilte Zufallszahlen, so wie sie zur Nachahmung der genetischen Variabilität auch angestrebt werden.

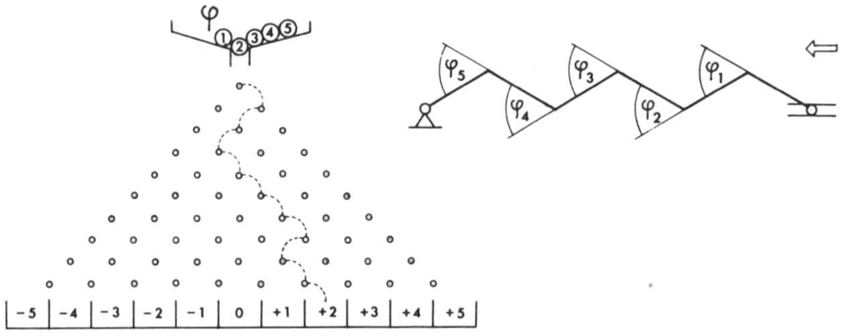

Bild 2. Das Galtonbrett zur Erzeugung der Zufallsverstellungen

26

Es ist jedoch schwierig, ein mechanisch fehlerfrei arbeitendes *Galton*-brett herzustellen. Die Funktion der im Bild 2 dargestellten zehnreihigen Nagelpyramide läßt sich aber wie folgt simulieren: Es wird mit 10 Scheibchen gewürfelt, die auf der einen Seite mit (+) und auf der anderen mit (-) gekennzeichnet sind. Zeigen dann bei einem Wurf 7 Scheibchen die Plus-Seite und 3 die Minus-Seite, so soll das bedeuten, daß eine Kugel beim Durchfallen der Nagelreihen siebenmal nach rechts und dreimal nach links abgelenkt wird. Es ergibt sich die Zufallszahl (+7 -3) / 2 = +2.

Bei der ersten Optimierungsaufgabe wurde die Gelenkplatte so in den Windkanal eingebaut, daß sich Anfangs- und Endkante der Platte auf einer Linie parallel zum Luftstrom befanden. Dann wurde die Platte zu einer Zickzack-Form mit hohem Strömungswiderstand zusammengefaltet. Daraus sollte die Form mit dem geringsten Strömungswiderstand entwickelt werden. Der Widerstand konnte durch Integration der Nachlaufdelle hinter dem Körper mit einem *Pitot*rohr-Rechen gemessen werden.

Natürlich kennt man die Lösung dieses „Problems" bereits im voraus. Den geringsten Widerstand besitzt eine ebene, parallel angeströmte Fläche. Das Experiment wurde durchgeführt, um zu prüfen, ob bei Anwendung der Evolutionsmethode diese Optimalform auch wirklich gefunden wird, und wenn ja, wieviele Schritte dafür benötigt werden. In der Tabelle 1

Tabelle 1. Optimierungsergebnisse für die parallel angeströmte Gelenkplatte

		φ_1	φ_2	φ_3	φ_4	φ_5
I	Anfang Optimum	-30^0 0^0	-40^0 $+4^0$	$+40^0$ 0^0	-30^0 $+6^0$	$+40^0$ -6^0
II	Anfang Optimum	-30^0 -2^0	-40^0 -2^0	$+40^0$ $+4^0$	-30^0 0^0	$+40^0$ $+2^0$
III	Anfang Optimum	-40^0 0^0	$+40^0$ -1^0	-40^0 $+2^0$	$+40^0$ $+2^0$	-40^0 $+6^0$

sind die Daten von drei Experimenten zusammengestellt. Die ebene Form der Platte wird durchschnittlich nach 200 Schritten erreicht. Bei den Endformen fällt auf, daß nicht alle Gelenkwinkel genau den Wert Null angenommen haben. Das liegt daran, daß Widerstandsunterschiede zwischen einer leicht gewellten und der völlig ebenen Platte mit dem *Pitot*rohr-Rechen meßtechnisch nicht mehr festgestellt werden konnten. Es handelt sich um ein sehr flaches Optimum.

Das Bild 3 zeigt den zeitlichen Ablauf des Experiments I. Der Strömungswiderstand ist hier über der Zahl der Mutationen aufgetragen. Unter dem Diagramm wird nach jeweils zehn Mutationen die letzte Bestform der Platte gezeigt. Dieses Experiment ist insofern bemerkenswert,

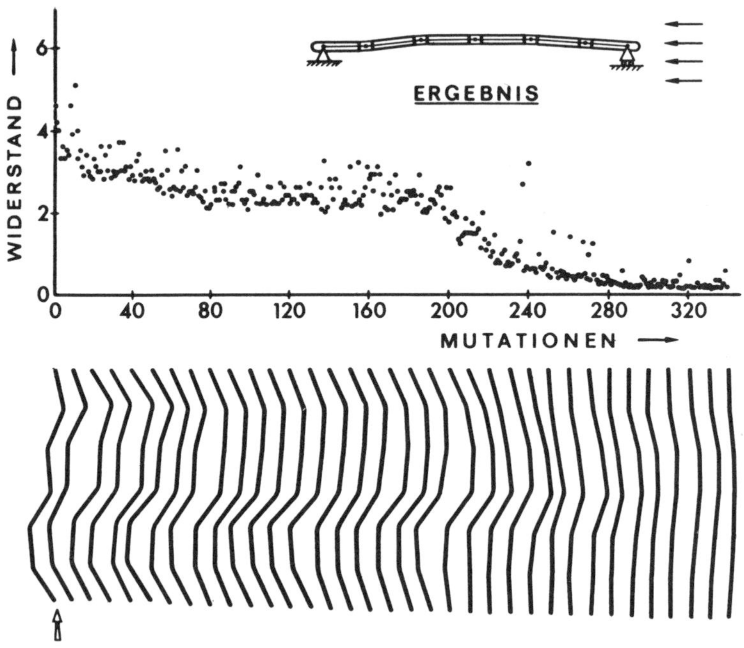

Bild 3. Verlauf der Optimierung der parallel angeströmten Gelenkplatte

als zwischen der Mutation 80 und 180 keine nennenswerte Verminderung des Widerstands auftritt. Die Gelenkplatte besitzt in diesem Stadium eine charakteristische S-Form. Es konnte später experimentell festgestellt werden, daß die fünfparametrige Widerstandsfunktion für diese Form ein lokales Minimum aufweist. Durch einen der seltenen großen Mutationsschritte konnte dieses Zwischenminimum aber schließlich doch von dem Evolutionsverfahren überwunden werden.

Die gleiche Gelenkplatte konnte dann zur Lösung einer zweiten Optimierungsaufgabe verwendet werden. Es wurde lediglich eine Randbedingung geändert. Der vordere Lagerungspunkt der Platte wurde gegenüber dem hinteren um ein viertel der Plattentiefe angehoben. Als Ausgangsform wurde diesmal die ausgestreckte Form der Gelenkplatte gewählt. Die gegen den Luftstrom um 14^0 angestellte ebene Fläche besitzt aber einen hohen Widerstand, da die Strömung auf der Oberseite abreißt. Es wurden zwei Optimierungsversuche mit der Evolutionsmethode durchgeführt. Die Ergebnisse sind in der Tabelle 2 zusammengestellt. Den zeitlichen Ablauf des Experiments I zeigt das Bild 4. Als Form geringsten Strömungswiderstandes ergibt sich eine S-förmige Wölbung der Platte. Es ist gegenwärtig nicht möglich, diese Optimalform zu berechnen. Allerdings dürfte diese Aufgabenstellung für die Praxis auch wenig Bedeutung haben.

Für die Praxis interessanter ist die dritte Optimierungsaufgabe. Es wurde die Form einer rechtwinkligen Rohrumlenkung mit kleinstem

Tabelle 2. Optimierungsergebnisse für die schräg angeströmte Gelenkplatte

		φ_1	φ_2	φ_3	φ_4	φ_5
I	Anfang Optimum	0^0 $+16^0$	0^0 $+6^0$	0^0 $+2^0$	0^0 0^0	0^0 -18^0
II	Anfang Optimum	0^0 $+16^0$	0^0 $+4^0$	0^0 $+2^0$	0^0 0^0	0^0 -18^0

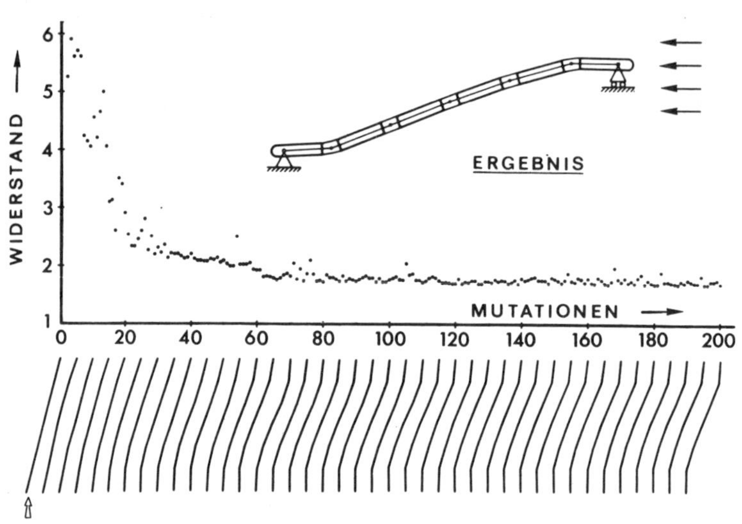

Bild 4. Verlauf der Optimierung der schräg angeströmten Gelenkplatte

Umlenkverlust gesucht. Das Bild 5 zeigt den zur Lösung dieses Problems verwendeten Versuchsaufbau: Ein flexibler Kunststoffschlauch wird zunächst in der Anlaufstrecke der Strömung in einem geraden Rohr geführt, dann in der Umlenkstrecke durch sechs verschiebbare Stangen gegalten und schließlich in der nachfolgenden Beruhigungsstrecke wieder in einem geraden Rohr geführt. Die Positionen der sechs verschiebbaren Stangen sind die sechs Parameter des Systems. Die gesamte Rohrstrecke ist doppelt ausgeführt worden. Beide Rohrleitungen werden von demselben Druckkessel gespeist. Am Ende der Beruhigungsstrecke befindet sich in der Mitte beider Rohre je ein *Pitot*rohr. Der Gesamtdruck am *Pitot*rohr ist ein Maß für den Strömungsdurchsatz durch das betreffende Rohr.

Zu Beginn des Versuchs wurden beide Krümmer in eine Viertelkreisform gebracht. Während nun ein Krümmer nach dem Evolutionsalgorithmus laufend variiert wurde, blieb der zweite Krümmer als Bezugssystem unverändert. Die Druckdifferenz zwischen den beiden *Pitot*roh-

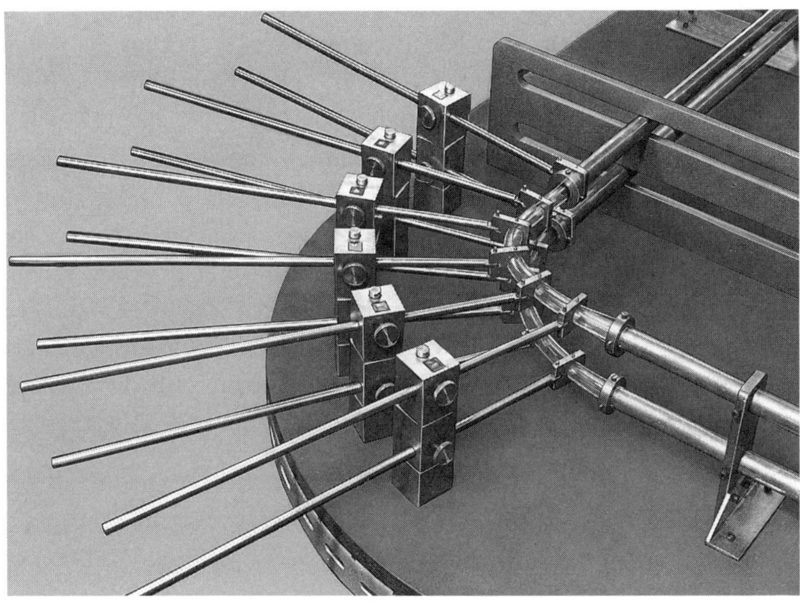

Bild 5. Versuchsaufbau – flexible Rohrumlenkung

ren zeigte jede Verbesserung oder Verschlechterung des variierten Krümmers an. Es wurden zwei Optimierungsversuche durchgeführt. In der Tabelle 3 sind die Krümmerformen in Polarkoordinaten (R,φ) angegeben. Das Bild 6 zeigt den zeitlichen Ablauf und das Bild 7 Anfangs- und Optimalform für das Experiment I.

Tabelle 3. Optimierungsergebnisse für den 90°-Rohrkrümmer

Anfang	φ [o] R [mm]	15,0 160	30,0 160	45,0 160	60,0 160	75,0 160	90,0 160
I Optimum	φ [o] R [mm]	14,5 165	28,5 172	42,0 176	56,0 170	69,0 150	85,0 138
II Optimum	φ [o] R [mm]	14,5 165	28,5 172	42,0 176	56,0 170	69,0 152	85,0 142

Die Lösung wäre einem Strömungstechniker vorher nicht bekannt gewesen. Während beim Viertelkreiskrümmer die Umlenkung mit einem plötzlichen Krümmungssprung beginnt, ist beim Optimalkrümmer eine von der Geraden an stetig zunehmende Krümmung vorhanden (Klothoide). Am Auslauf des Krümmers tritt deutlich eine kleine Krümmungsumkehr auf, deren Bedeutung noch nicht klar ist.

Es ist allgemein üblich, den Widerstand eines Krümmers in einen unvermeidbaren Reibungsanteil des geradlinig ausgestreckt gedachten Krümmers und in einen zusätzlichen Umlenkverlust durch Sekundärströmungen aufzuteilen. Beim Optimalkrümmer ist der Umlenkverlust gegenüber der Viertelkreisform um 10% kleiner geworden. Nimmt man die Reibung mit hinzu, so besitzt der Optimalkrümmer einen um etwa 2% geringeren

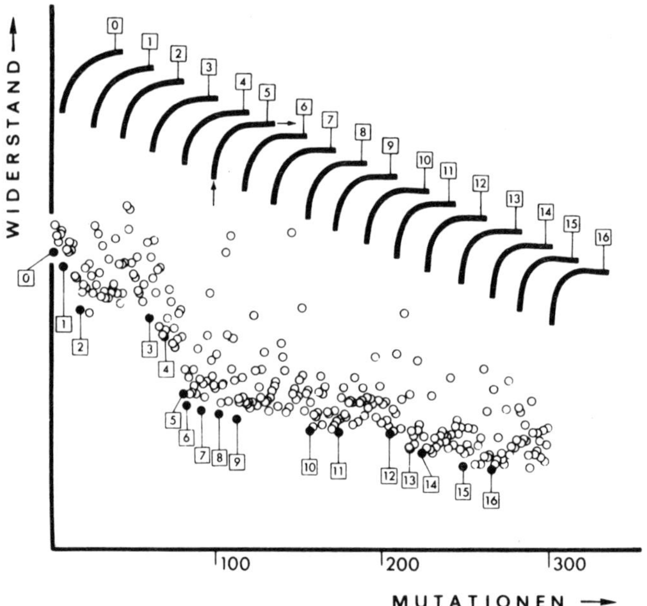

Bild 6. Verlauf der Optimierung des Rohrkrümmers

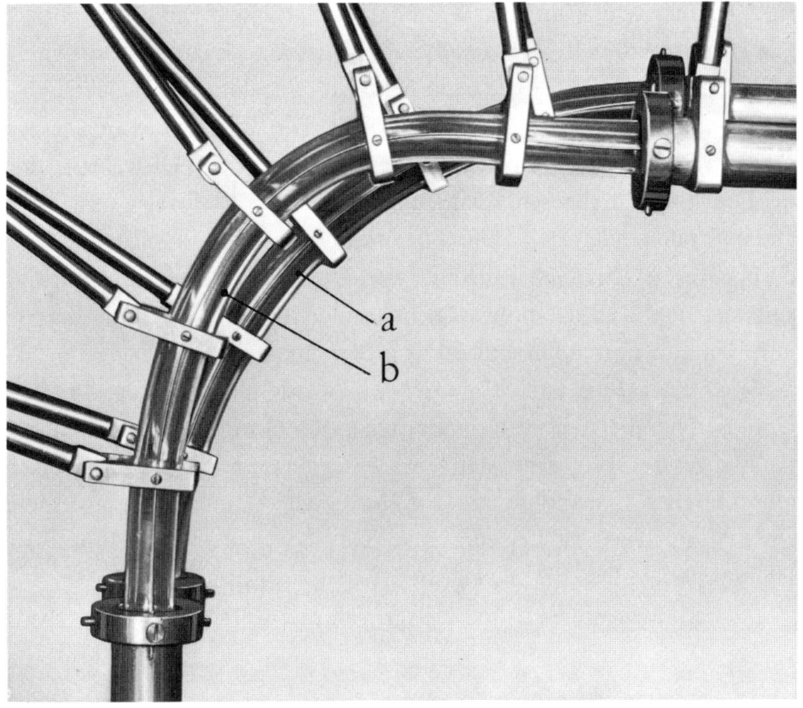

Bild 7. Anfangsform a und Optimalform b des Krümmers

Widerstand als die Viertelkreisform. Weil die Bogenlänge L des Krümmers sehr groß ist gegenüber dem Rohrdurchmesser D (L/D = 31,4), wird der Formgebungsgewinn von den Reibungsverlusten verdeckt. Das läßt vermuten, daß bei einem kleineren Verhältnis L/D, wie es in der Praxis üblich ist, eine Optimierung lohnender wäre.

H. P. Schwefel [10, 11] hat in einem weiteren Versuch eine Zweiphasen-Überschalldüse mit dem Mutations-Selektions-Verfahren optimiert. Diese Düse stellt ein wichtiges Teilstück für ein von der AEG projektiertes Kleinkraftwerk für Raumfahrzeuge dar, das nach dem magnetohydrodynamischen Prinzip arbeitet [12]: In einem Kernreaktor wird flüssiges Kalium erhitzt und die Wärmeenergie anschließend in Strömungsenergie umgewandelt. Der Metallstrahl kreuzt danach ein elektromagnetisches Feld. Es entsteht – wie beim Asynchrongenerator – ein elektrischer Strom, der sich induktiv auskoppeln läßt. Die Beschleunigung des erhitzten Kaliums erfolgt in einer konvergent-divergenten Düse, in welcher der Druck soweit abgesenkt wird, bis die Flüssigkeit teilweise verdampft. Der expandierende Dampf bildet dann das Treibmittel für die verbleibende Flüssigkeit. Das Nebeneinander von Flüssigkeit und Dampf führt zu äußerst komplexen Strömungsvorgängen innerhalb der Düse. Eine Berechnung der günstigsten Düsenform ist gegenwärtig nicht möglich.

Nach einer Idee von *H. P. Schwefel* wurde für eine experimentelle Optimierung die rotationssymmetrische Düsenform aus Segmenten zusammengesetzt. Insgesamt standen 330 Segmente mit passend abgestuften konischen Innenbohrungen zur Verfügung. Damit lassen sich mehr als 10^{60} verschiedene Düsenformen ohne Sprünge in der Kontur zusammenstellen. Das Bild 8 zeigt den Versuchsaufbau.

Mit den Segmenten wurde als Ausgangsform eine rechnerisch ausgelegte

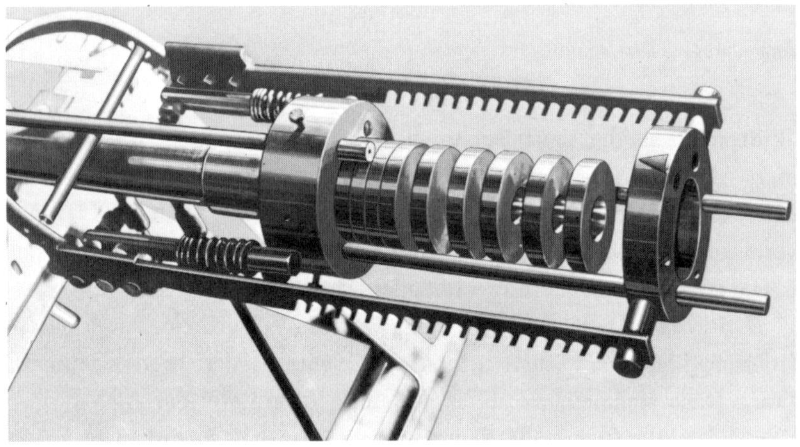

Bild 8. Versuchsaufbau – segmentierte Düse

34

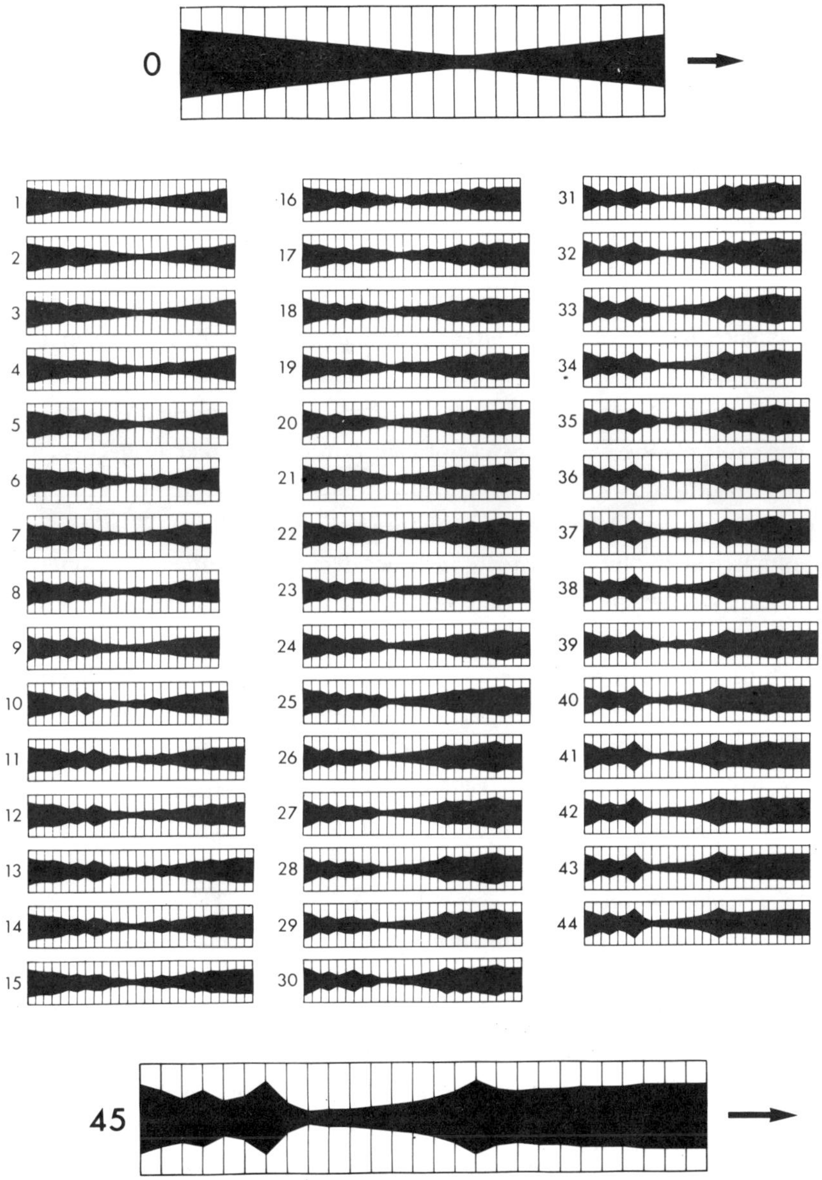

Bild 9. Entwicklung einer Zweiphasen-Überschalldüse von der Anfangsform 0 zur Optimalform 45

*Laval*düse mit einem besonders langen konvergenten Einlauf aufgebaut (Form 0 im Bild 9). Gesucht wurde diejenige Düsenform, bei der eine Wasser-Wasserdampf-Zweiphasenströmung als Modellmedium den maximalen spezifischen Impuls liefert.

Die Variation der Düse erfolgte in zweifacher Art. Erstens wurden an zufällig gewählten Stellen die Durchmesser der Düse abgewandelt. Um keine Durchmesser-Sprünge in der Düsenkontur entstehen zu lassen, wurden bei einer Durchmesservariation stets zwei nebeneinanderliegende Segmente ausgewechselt. Zweitens konnte aber auch die Zahl der Segmente verändert werden, indem an einer erwürfelten Stelle ein neues Segment zwischengesetzt oder ein vorhandenes Segment herausgenommen wurde. Dabei auftretende Durchmesser-Sprünge wurden auch hier ausgeglichen. Das Hinzufügen bzw. Wegnehmen von Segmenten ähnelt der Gen-Duplikation bzw. Gen-Deletion in der Natur (siehe Kapitel 8.2). Wie bei der biologischen Evolution wurden auch bei dem Optimierungsexperiment die Zahl der Segmente seltener variiert als die Durchmesser der Düse.

Das Bild 9 zeigt den zeitlichen Ablauf der Düsenoptimierung nach der Evolutionsstrategie mit erweitertem Mutationsmechanismus. In diesem Bild sind sämtliche erfolgreichen Zwischenformen der Düse dargestellt. Das Ergebnis des Experiments ist eine völlig unerwartete Düsenbestform mit ausgeprägten Kammern im konvergenten und divergenten Düsenteil (Form 45 im Bild 9). Der Wirkungsgrad der konischen Ausgangsform betrug 55%. Die nach der Evolutionsstrategie entwickelte Optimalform besitzt einen Wirkungsgrad von nahezu 80%. In der Tabelle 4 sind die geometrischen Daten der Anfangsform und der Optimalform der Düse zusammengestellt.

Es soll nicht unerwähnt bleiben, daß ausschließlich für das Experiment mit der Zweiphasen-Überschalldüse ein heizölgefeuerter *Babcock*-Dampfkessel im Kraftwerk der TU Berlin mit einer Dampfleistung von 5 Tonnen pro Stunde in Betrieb gesetzt werden mußte. Der Versuch war aus diesem Grunde recht kostspielig, so daß hier ein zweites Optimierungsexperiment leider nicht durchgeführt werden konnte.

Tabelle 4. Optimierungsergebnis für die Zweiphasen-Überschalldüse

L	0	1	2	3	4	5	6	7	8	9	10	11	12	13	14	15	16	17	18	19	20	21	22	23	24	25	26	27
D_{Anf}	32	30	28	26	24	22	20	18	16	14	12	10	8	6	6	8	10	12	14	16	18	20	22	24				
D_{Opt}	32	26	18	26	16	20	34	14	6	8	8	10	12	14	18	24	34	26	24	26	26	28	28	28	30	30	30	30

L [cm] = Längenkoordinate in Strömungsrichtung
D_{Anf} [mm] = Durchmesser der Anfangsform
D_{Opt} [mm] = Durchmesser der Optimalform

Während bei den vorangegangenen Experimenten stets strömungsgünstigste Körperformen gesucht wurden, handelt es sich beim nächsten Versuch um eine Aufgabe aus dem Gebiet der Regelungstechnik. Für einen Regelungstechniker ist der Verlauf der Regelgröße nach einer Störung wichtig. Das Überschwingen der Regelgröße sowie die Zeit zum Ausregeln der Störung sind unerwünschte Begleiterscheinungen des Regelvorganges. Um den Regelvorgang optimal zu gestalten, muß der Regler an die jeweilige Strecke erst angepaßt werden. Der universelle PID-Regler besitzt dafür drei Parameter. Es können

die Verstärkung V,
die Nachstellzeit T_N
und die Vorhaltzeit T_V

eingestellt werden. Bei einfachen linearen Regelsystemen lassen sich die optimalen Parameter berechnen [13]. Um einen PID-Regler im Betrieb optimal einzustellen, gibt es Einstellregeln (z. B. nach *Ziegler* und *Nichols*). Doch weichen die Ergebnisse zuweilen erheblich vom wirklichen Optimum ab ([14], S. 34–37).

In einer pneumatischen Regelanlage sollte ein PID-Kreuzbalgregler mit Hilfe des Mutations-Selektions-Verfahrens optimal eingestellt werden. Die Regelstrecke bestand aus fünf hintereinandergeschalteten Drossel-Speicher-Einheiten (Zeitkonstante jeder Einheit: T_S = 3s). Das Bild 10 zeigt das Schema des Versuchsaufbaus.

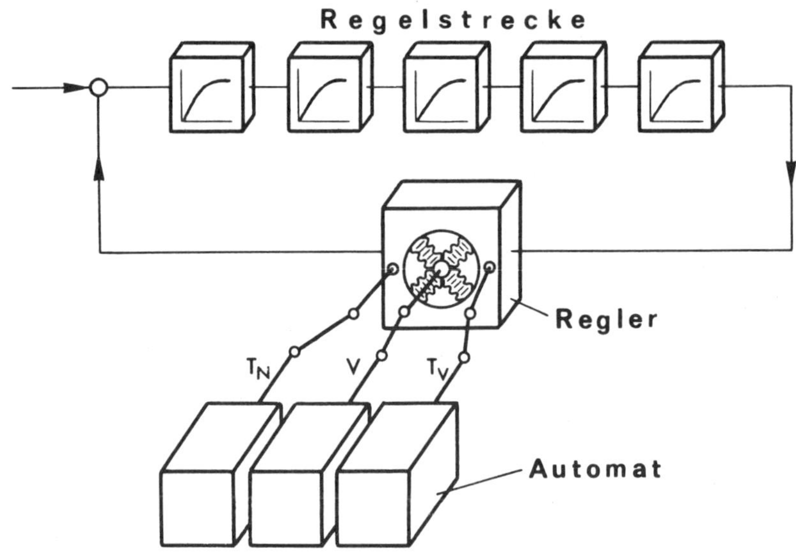

Bild 10. Versuchsschema – automatische Regleroptimierung

Während bei den vorangegangenen Experimenten stets ein Experimentator das Versuchsobjekt nach den Regeln der Evolutionsstrategie verstellen mußte, konnte die Optimierung des Reglers mit Hilfe eines von *P. Bienert* entwickelten Automaten erfolgen [15, 16]. Die im Automaten erzeugten Verstellbefehle (Mutationen) wurden dabei über Gelenkwellen auf die Justierschrauben des Reglers übertragen. Zur Bewertung der Regelgüte nach einer impulsförmigen Störung am Eingang der Strecke wurde das Integral über den Absolutwert der Regelabweichung gebildet, d. h. das Optimierungskriterium lautet:

$$\int_0^T |x_w| \, dt \rightarrow \text{Minimum} \qquad (T = 100 \text{ s})$$

Die Integralbildung wurde nach Umformung des Drucksignals in eine elektrische Spannung auf einem Analogrechner vorgenommen.

38

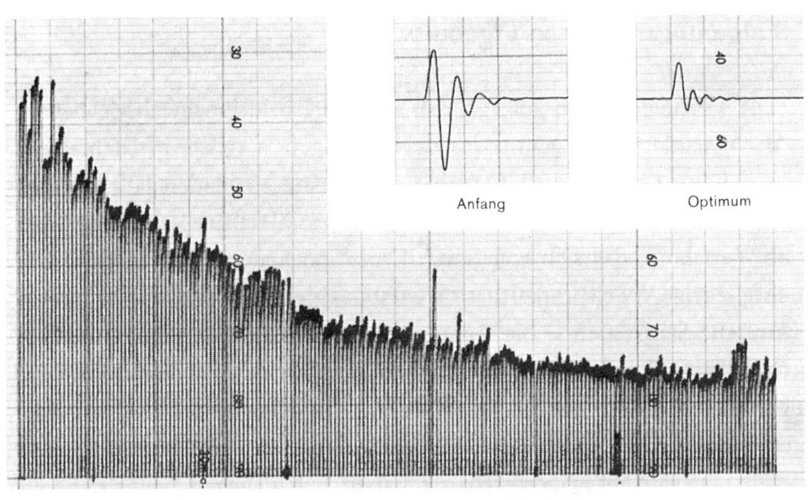

Bild 11. Automatische Optimierung eines pneumatischen PID-Reglers

Die selbsttätige Optimierung des direkt an einem Prozeß angeschlossenen Reglers mit Hilfe der Evolutionsstrategie wird durch folgenden Umstand erschwert: Es könnten Parameterwerte eingestellt werden, bei denen die Stabilitätsgrenze des Regelkreises überschritten wird. In diesem Fall muß verhindert werden, daß sich der Kreis unzulässig aufschwingt. Deshalb schaltet der Automat die Reglerparameter sofort zur letzten Besteinstellung zurück, sobald die Integration der Regelfläche einen Wert ergibt, der den bisherigen Minimalwert übersteigt. Das Bild 11 zeigt den zeitlichen Ablauf einer solchen automatischen Regleroptimierung sowie den Verlauf der Regelschwingung am Anfang und am Ende des Versuchs.

Der Automat läßt sich zur Lösung zahlreicher Optimierungsaufgaben heranziehen, vorausgesetzt, das Versuchsobjekt ist so hergerichtet, daß es über Drehknöpfe verstellt werden kann. Durch die Aufgliederung des Automaten in einzelne kettenförmig aneinandergereihte Bausteine wird erreicht, daß sich die Größe des Automaten genau nach der Zahl der zu verstellenden Parameter richten kann.

5. Folgerungen aus den Ergebnissen

Die Versuche haben gezeigt, daß sich die Evolutionsmethode bereits in der vereinfachten Version des zweigliedrigen Wettkampfschemas erfolgreich zur Optimierung technischer Systeme anwenden läßt. Genaugenommen ist die zwei- bzw. mehrgliedrige Wettkampfsituation aber kein Verfahren, das sich erst durch Evolution herausgebildet hat*). Die mehrgliedrige Wettkampfsituation entstand gleichsam von selbst, als sich chemische Strukturen – die Anfangsformen des Lebens – durch identische Selbstverdoppelung progressiv vermehren konnten. Denn bei diesem molekularen Kopierungsprozeß werden auch gelegentlich Fehler aufgetreten sein. Diese fehlerhaften Molekülkopien wurden eliminiert, wenn sie an Lebensleistung verloren; sie haben sich dagegen bevorzugt vermehrt – unter Beibehaltung des Fehlers – wenn die Lebensleistung anstieg.

Wenn aber das Mutations-Selektions-Prinzip nicht durch Evolution entstanden ist, dürfen wir dann die Nachahmung dieses Prinzips noch zur Arbeitsweise der Bionik rechnen? Ich möchte diese Frage bejahen. Es sollte uns nämlich gleichgültig sein, mit welchen Anfangswerten die Evolution startete. Uns interessiert einzig das Resultat der Entwicklung; und wenn das Urverfahren von Mutation und Selektion im Verlauf der Evolution nicht durch ein anderes Verfahren abgelöst wurde, so ist es schon deshalb einer Nachahmung wert.

Es gehört aber gewiß zur Arbeitsweise der Bionik, wenn wir z. B. als nächstes versuchen, Regeln des Crossing-over der Chromosomen in das einfache Mutations-Selektions-Verfahren einzufügen. Hier handelt es sich um einen Mechanismus, der kaum in den ersten lebensfähigen Molekülstrukturen vorhanden gewesen sein dürfte. Crossing-over der Chromosomen ist durch Evolution entstanden, und falls unsere Hypothese von der evolu-

*) Nach neuesten Untersuchungen (Simulation der Evolution des genetischen Codes auf einem Computer - siehe Kapitel 7.1) muß diese Auffassung revidiert werden. Der durch Evolution entstandene Code erzeugt - einer Binomialverteilung ähnlich - häufiger kleine Mutationsschritte als große. Die Verwendung binomialverteilter Zufallschritte bei der Evolutionsstrategie bedeutet also, daß auch hier ein Ergebnis der biologischen Evolution kopiert wird.

tiven Höherentwicklung des Evolutionsprinzips stimmt, müßte sich der Wirkungsgrad der Evolutionsstrategie durch diesen Mechanismus verbessern. Wir wollen uns deshalb für den Teil B dieser Untersuchung die Aufgabe stellen, das biologische Evolutionsverfahren möglichst genau zu kopieren.

B

Höhere Nachahmungsstufen der biologischen Evolution

43

6. Modelldarstellung eines Entwicklungsvorganges in Biologie und Technik

Wir fragen jetzt: Wie müßte ein Ingenieur vorgehen, um z. B. auch ein Chromosomen-Crossing-over, eine Chromosomen-Inversion und eine dominante bzw. rezessive Vererbung technisch nachzubilden? Wir wollen ein Modell entwerfen, das geeignet ist, einen biologischen Evolutionsvorgang und einen technischen Entwicklungsprozeß in gleicher Weise zu beschreiben. Parallelbetrachtungen an diesem Modell werden uns dann helfen, die einzelnen Evolutionsmechanismen ingenieurstechnisch zu deuten.

6.1 Der technische Variablenraum

Betrachten wir als erstes die Tätigkeit eines Ingenieurs bei der Lösung einer Entwicklungsaufgabe. Sein Problem stellt sich etwa wie folgt dar: Für eine Maschine oder einen technischen Prozeß liegt eine Grundkonzeption vor. Die erste technische Realisierung dieser Idee weist Mängel auf. Der Ingenieur möchte die Konstruktion verbessern. Dazu muß er seinen Entwurf abändern. Aber auch die zweite Ausführung wird bei ihrer Erprobung noch nicht alle Erwartungen erfüllen. Der Ingenieur wird weitere Umkonstruktionen vornehmen müssen. Er wird eine dritte, vierte, fünfte, ... Ausführung untersuchen.

Welche Größen verändert der Ingenieur dabei? Prinzipiell würde schon ein Umbau einzelner Moleküle das Objekt abwandeln. Doch wird ein Ingenieur, der eine Maschine baut, nicht in diesen Dimensionen ändern. Eine Maschine setzt sich in seinem Denken nicht aus einzelnen Molekülen zusammen, sondern sie besteht aus einzelnen Bauelementen: aus Stäben, Platten, Rohren, Spulen, Magneten usw. Der Ingenieur sieht seine Aufgabe darin, das Zusammenspiel dieser Elemente aufeinander abzustimmen, so daß die Gesamtwirksamkeit des Systems in einem gewünschten Sinne optimal wird. Um das zu erreichen, ändert er an den Grundelementen jeweils nur einige charakteristische Merkmale, wobei die Funktionsidee der einzelnen Elemente erhalten bleibt. Es werden geometrische Abmessungen, physikalische Zustandsgrößen, Stoffeigenschaften und ähnliches abgewandelt. Variable Kenngrößen dieser Art werden als Parameter bezeichnet. Der Einstellzustand eines Parameters läßt sich gewöhnlich messen, z. B. die Länge eines Hebels in Metern, ein Gasdruck in Atmosphären, eine elektromagnetische Schwingung in Hertz usw.

Die Parameteränderungen können aber allein noch zu keinem Fortschritt führen. Der Ingenieur benötigt einen Maßstab, an dem er ablesen kann, ob er mit einer Parameteränderung dem Ziel nähergekommen ist oder nicht. Hat er z. B. den Auftrag, einen widerstandsarmen Strömungskörper zu entwickeln, so kann er den gemessenen Widerstand jeder untersuchten Form unmittelbar als Qualitätsmaß verwenden. Schwieriger ist es schon, ein Qualitätsmaß für das folgende Beispiel zu finden: Es soll eine Pumpe entwickelt werden, die vorwärts und rückwärts betrieben für große wie für kleine Fördermengen einen maximalen Wirkungsgrad besitzt. Hier müßte der Ingenieur nach jeder Konstruktionsänderung alle geforderten Betriebszustände der Pumpe nacheinander einstellen, die Wirkungsgrade messen und daraus einen Gesamtwirkungsgrad berechnen.

Wir stellen also fest: Jede Entwicklungsstufe eines technischen Objekts ist gekennzeichnet durch bestimmte Einstellwerte seiner Parameter und die daraus resultierende, vom Bewertungsschema abhängige Qualität. Wir wollen den Zusammenhang zwischen Parametereinstellung und Objektqualität geometrisch darstellen. Besitzt das Objekt nur einen Parameter, dann kann man ein Diagramm herstellen. Die Parameterskala ergibt die Abszisse, die Qualität die Ordinate. Der Zusammenhang zwischen beiden

Größen wird durch eine Kurve beschrieben. – Jetzt soll das Objekt zwei Parameter besitzen. Die beiden Parameterskalen bilden diesmal die Achsen eines kartesischen Koordinatensystems. Senkrecht zur Koordinatenebene werde die zu jeder Stellkombination der beiden Parameter gehörende Qualität aufgetragen. Es entsteht eine „Hügellandschaft". – Wir gehen zu drei Parametern über. Drei Parameterskalen müssen zu einem räumlichen Koordinatensystem zusammengefügt werden. Wollten wir so verfahren wie bisher, dann müßten wir die zu jedem Raumpunkt gehörende Qualität als Strecke in die vierte Dimension auftragen. Da das nicht möglich ist, wollen wir uns vorstellen, daß eine Wolke mit veränderlicher Dichte den Raum ausfüllt. Eine hohe Dichte bedeute eine hohe Qualität, eine geringe Dichte eine geringe Qualität. – Dieses Modell läßt sich formal auf n Dimensionen erweitern. Wir wollen in diesem Fall von einem n-dimensionalen Qualitätsdichtefeld in einem n-dimensionalen Parameterraum sprechen.

Die Entwicklungstätigkeit eines Ingenieurs wird sich in diesem abstrakten Raum als ein Punktmuster widerspiegeln. Jeder Punkt kennzeichnet eine bestimmte Entwicklungsstufe. Eine erfolgreiche Entwicklung ist daran zu erkennen, daß die Punktfolge gegen den Raumpunkt mit maximaler Qualitätsdichte konvergiert.

Das Bild 12 veranschaulicht diesen Vorgang in drei Dimensionen. Die drei Raumrichtungen werden in diesem Beispiel durch eine Temperaturskala, eine Druckskala und eine Längenskala gebildet. Die Punkte stellen die verschiedenen Parametereinstellungen dar, die während der Entwicklung am Objekt erprobt wurden. Befolgt man beim Setzen dieser Punkte gewisse Regeln (siehe Kapitel 8), so konvergiert die Folge 1, 2, 3, . . . gegen den mit einem Fähnchen gekennzeichneten Raumpunkt mit maximaler Qualitätsdichte.

Läßt sich etwas Allgemeingültiges über das Qualitätsdichtefeld im Parameterraum aussagen? Die genaue Verteilung der Dichtewerte ist freilich unbekannt; sonst brauchte man das Optimum nicht erst zu suchen. Wir wissen aber, daß auf den Achsen des Parameterraumes die Zustände

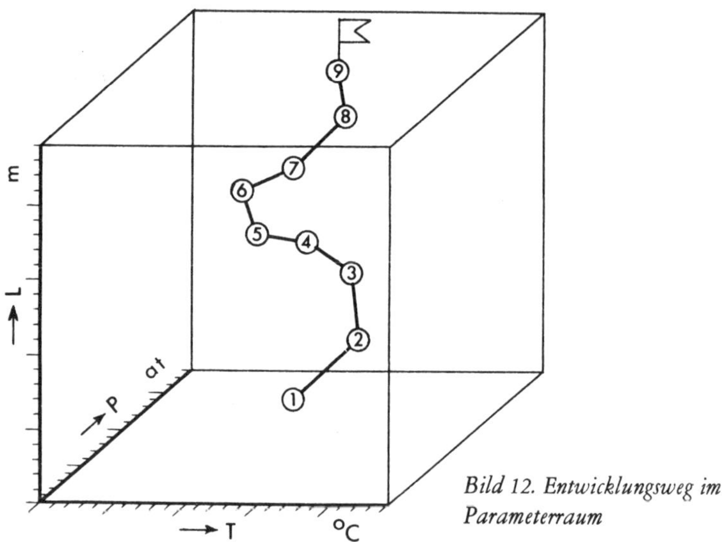

Bild 12. Entwicklungsweg im Parameterraum

der Variablen nach wachsendem Ausbildungsgrad aneinandergereiht sind (Eigenschaft einer technischen Maßskala). Kleine Wege im Parameterraum bedeuten daher kleine Veränderungen am technischen Objekt, und kleine Veränderungen am technischen Objekt haben erfahrungsgemäß eine geringere Wirkung zur Folge als große. Es läßt sich deshalb eine gewisse lokale Ordnung der Qualitätswerte im Parameterraum vorhersagen. Innerhalb kleiner Raumbereiche wird sich die Qualitätsdichte nur beschränkt ändern.

Von dieser Tatsache macht jeder Ingenieur Gebrauch, wenn er Meßwerte in einem Diagramm aufträgt. Er legt die Meßpunkte nicht unendlich dicht, was auch unmöglich wäre, sondern er nimmt vernünftigerweise an, daß sich der Bereich zwischen zwei benachbarten Punkten durch eine glatte Kurve interpolieren läßt.

Wir betonen diese allgemein bekannte Tatsache deshalb, weil es entscheidend von der Glattheit der Qualitätsdichteverteilung im Parameterraum abhängt, ob die Evolutionsstrategie innerhalb einer vernünftigen Zeitspanne konvergiert oder nicht. Zu diesem Ergebnis werden wir im theoretischen Teil dieser Untersuchung kommen.

Es ergibt sich nun die Frage: Läßt sich auch im biologischen Bereich ein Variablenraum konstruieren, in dem – analog zum Qualitätsdichtefeld im Parameterraum – ein hinreichend glattes Tauglichkeitsdichtefeld vorhanden ist? Falls das gelingt, müßte die stammesgeschichtliche Entwicklung eines Lebewesens auch in diesem Raummodell ein konvergierendes Punktmuster bilden. Wir müssen dann nur noch herausfinden, nach welchen Regeln im biologischen Variablenraum die Punkte neu gesetzt bzw. gestrichen werden, um den gleichen Vorgang im technischen Parameterraum nachzuvollziehen.

6.2 Der biologische Variablenraum

Zunächst wollen wir folgendes festhalten: Der technische Parameter ist kein a priori vorhandenes Materiegebilde am technischen Objekt, sondern er ist eine Denkeinheit des Ingenieurs. Diese Denk- bzw. Informationseinheit bestimmt über einen Code, den wir eine Maßskala nennen, den Zustand eines Materiebereiches am technischen Objekt. Folglich müssen wir das biologische Analogon zum technischen Parameter im Bereich der genetischen Informationsstrukturen suchen.

Der Organisationsplan eines Lebewesens ist in seinen Chromosomen enthalten. Die Erbinformation wird dort in langgestreckten Molekülen aus Desoxyribonukleinsäure (DNS) linear niedergeschrieben, wobei vier Molekülarten, die Nukleotidbasen Adenin (A), Thymin (T), Guanin (G) und Cytosin (C) als Buchstaben fungieren [17, 18, 19]. Nach dem *Watson-Crick*-Modell bilden zwei Polynukleotidstränge eine Doppelspirale, wobei sich aus räumlichen Gründen stets die Basen A–T sowie G–C gegenüberstehen. Die Doppelstruktur ist für die identische Selbstverdoppelung des DNS-Moleküls notwendig. Die genetische Information wird dagegen nur an einem Spiralenstrang abgelesen.

Seit der Entdeckung des genetischen Codes weiß man, daß jeweils drei aufeinanderfolgende Nukleotidbasen im DNS-Strang ein Codewort für eine bestimmte Aminosäure bilden (Bild 14). So bedeutet z. B. das Triplett CCG die Aminosäure Glycin, das Triplett GCA die Aminosäure Arginin usw. Die Information wird realisiert, indem von einem Teil des DNS-Stranges eine transportable Kopie aus sogenannter Boten-RNS angefertigt wird. Die Boten-RNS wandert dann aus dem Zellkern ins Zellplasma. Dort wird die Sprache der Nukleotidbasen in die Sprache der Aminosäuren übersetzt. Die Aminosäuren werden in der Reihenfolge, in der sie im DNS-Strang codiert sind, zu einer Kette zusammengefügt. Anfang und Ende dieser Kette werden ebenfalls durch Codeworte bestimmt. Man bezeichnet den Abschnitt des DNS-Stranges, der die Information für eine solche Polypeptidkette enthält, als Gen. Ein Gen setzt sich durchschnittlich aus 1000 Nukleotidbasen zusammen.

Die Polypeptidkette bildet die Grundstruktur der Proteine. Die Kette bleibt nicht als ein einzelner ausgestreckter Faden bestehen. In der Regel faltet sie sich aufgrund molekularer Wechselwirkungen zwischen den einzelnen Aminosäuren räumlich zusammen [20, 21, 22]. Es bilden sich Makromoleküle mit speziell geformten Vertiefungen in der Oberfläche, in die andere Moleküle passend eingelagert und energetisch so abgewandelt werden, daß sie chemisch beschleunigt reagieren (Enzymwirkung). - Oder es entstehen Makromoleküle mit bestimmten elektrostatischen Ladungsmustern auf der Oberfläche. Proteinmoleküle mit komplementären Ladungsmustern lagern sich bausteinförmig zu größeren Strukturen zusammen (Membranen). – Schließlich können sich auch mehrere Polypeptidketten ohne vorherige Faltung zu einer dicken Faser zusammenlegen (Stütz- und Bindegewebe).

Zusammenfassend läßt sich sagen: In den Genen ist die Information für spezifisch geformte Makromoleküle verschlüsselt. Die Reihenfolge der Aminosäuren in den von der Boten-RNS synthetisierten Polypeptidkette bestimmt eindeutig Form und Eigenschaften des Proteinmoleküls. Am Ende eines komplizierten Netzwerkes von Genwirkungen werden schließlich alle morphologischen, physiologischen und psychischen Eigenschaften eines Lebewesens ausgebildet.

Betrachten wir nun alle möglichen Abänderungen der genetischen Information. Die kleinste Variation besteht offensichtlich darin, daß an einer Stelle des DNS-Stranges eine Nukleotidbase herausgenommen, neu eingefügt oder gegen eine andere Base ausgetauscht wird. Da die Nukleotidbasen-Schrift eines Gens von einem Startzeichen an fortlaufend in Dreiergruppen abgelesen wird, führt das Hinzufügen oder Wegnehmen einer Base, sofern es nicht am Gen-Ende erfolgt, zu einer völlig sinnentstellten Nachricht. Wir wollen diese Art der Variation deshalb nicht weiter betrachten, da sie vermutlich für die Evolution von untergeordneter Bedeutung ist. (Die Frage, wie sich die DNS-Menge der Lebewesen im Verlauf ihrer Geschichte dann überhaupt vergrößern konnte, ist wohl so zu beantworten, daß sich einzelne Gene verdoppelt und eigenständig weiterentwickelt haben [23]).

Wir wollen annehmen, es befänden sich n Nukleotidbasen im abgelesenen Strang einer DNS-Doppelspirale. Die Erbinformation werde nur durch Auswechseln der Basenarten abgeändert. Dann bildet jede Nukleotidstelle dieses Stranges einen genotypischen Freiheitsgrad mit den vier Einstellstufen G, A, T, C. Wir wollen die Freiheitsgrade wieder durch Achsen eines rechtwinkligen Koordinatensystems darstellen. Die Nukleotidstellen des DNS-Stranges werden – von einer Anfangsstelle beginnend – von 1 bis n durchnumeriert und entsprechend gekennzeichneten Koordinatenachsen zugeordnet. Auf jeder Achse markieren wir in gleichbleibenden Abständen die vier Basenarten, z. B. in der Reihenfolge G, A, T, C. Dadurch, daß jede Achse nur vier Schaltpunkte besitzt, entsteht ein Raum mit diskreten Zustandspunkten. Da eine willkürliche Begrenzung des Raumes nicht sinnvoll erscheint, wollen wir uns die Nukleotidbasen-Markierungen auf den Achsen periodisch fortgesetzt denken. Wir betrachten aber nur eine Periode. Jeder Gitterpunkt innerhalb dieser Periode beschreibt eine mögliche Kombination von n Nukleotidbasen. Beim Menschen, der nach neuesten Schätzungen $3 \cdot 10^9$ Nukleotidbasen im einfachen Chromosomensatz besitzt, würde dieser abstrakte Raum aus $4^{3\,000\,000\,000}$ (vier hoch drei Milliarden) Gitterpunkten bestehen.

Stellen wir uns in Gedanken vor, die genetische Information jedes Gitterpunktes würde realisiert. Voraussichtlich wird zu den meisten Punkten überhaupt kein lebensfähiges Endprodukt gehören. Betrachten wir die Menge der Basenkombinationen, die einen lebensfähigen Organismus ergibt. Auch diese Organismen werden unter den gegebenen Umweltbedingungen sehr unterschiedliche Überlebens-Chancen aufweisen.

Vorangehend hatten wir den technischen Variablenraum, den Parameterraum, mit einer Qualitätsdichte ausgefüllt, welche die Bewertung des Ingenieurs widergab. Wir wollen jetzt annehmen, daß sich der biologische Variablenraum, der Nukleotidraum, entsprechend Punkt für Punkt mit einer Tauglichkeitsdichte belegen läßt, die den Überlebenswert der dazugehörigen Lebensformen in einer unveränderlich vorgegebenen Umwelt richtig widerspiegelt. Basenkombinationen, aus denen sich keine lebensfähigen Organismen entwickeln können, sollen in unserem Modell die Tauglichkeitsdichte Null erhalten.

Ähnlich wie ein technischer Entwicklungsprozeß im Parameterraum ein räumlich konvergierendes Punktmuster ergab, so wird auch ein biologischer Evolutionsvorgang im Nukleotidraum eine Punktfolge bilden, die zum Zustand maximaler Tauglichkeitsdichte strebt. Das Bild 13 veranschaulicht diesen Vorgang für drei Dimensionen. Die Nukleotidbasen-Kombination mit maximaler Tauglichkeit sei wieder durch ein Fähnchen gekennzeichnet. Beim Betrachten dieses Bildes dürfen wir jedoch nicht vergessen, daß der Variablenraum für ein höheres Lebewesen nicht drei, sondern über eine Milliarde Dimensionen aufweist.

Wir müssen nun auf einen Unterschied aufmerksam machen, der zwischen dem Parameterraum und dem Nukleotidraum besteht. Der Parameterraum besitzt viele (bei kontinuierlicher Verstellbarkeit der Parameter theoretisch sogar unendlich viele) Schaltstellungen auf einer Achse. Daraus folgt: Man kann alle Parameter eines technischen Objekts abändern und dabei dennoch nur eine kleine Strecke im Parameterraum zurücklegen. Die Komponenten des Gesamtschrittes – das sind die einzelnen Parameteranderungen – lassen sich ja beliebig klein machen.

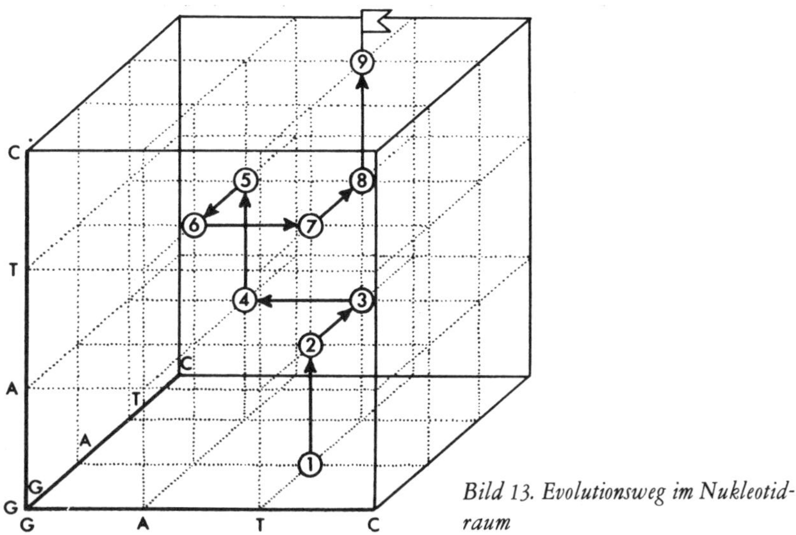

Bild 13. Evolutionsweg im Nukleotidraum

Im Nukleotidraum gibt es aber nur vier Schaltstellungen auf jeder Achse. Das hat zur Folge, daß ein kleiner Schritt im Nukleotidraum, der sich zugleich aus vielen Komponenten zusammensetzt, nicht möglich ist; denn die Komponenten eines solchen Schrittes lassen sich nicht beliebig klein machen. Um eine kleine Strecke im Nukleotidraum zurückzulegen, gibt es nur die Möglichkeit, weniger Nukleotidbasen abzuändern.

Erinnern wir uns: Das Modell des Parameterraumes erhielt seine Bedeutung dadurch, weil sich voraussagen ließ, daß die Qualitätswerte in diesem Raum eine gewisse Ordnung erfahren. Innerhalb einer kleinen kugelförmigen Umgebung im Parameterraum ändert sich die Qualitätsdichte nur beschränkt. Gelten nun für die Tauglichkeitswerte im Nukleotidraum ähnliche Ordnungsbeziehungen? Oder sind die Tauglichkeitswerte hinsichtlich ihrer Größe wahllos im Nukleotidraum durcheinandergewürfelt?

Tatsächlich existiert ein sehr einfacher Zusammenhang zwischen der Entfernung zweier Punkte im Nukleotidraum und der zugehörigen Tauglichkeitsänderung. Um das zu erkennen, wollen wir von der Wirklichkeit etwas abgehen und statt vier nur drei Nukleotidbasen als genetische Schriftzeichen verwenden. Es sei angenommen, daß sich das Ergebnis dieser Betrachtung bei Hinzunahme einer vierten Base nicht wesentlich ändert.

Das Vorhandensein von nur drei Nukleotidzeichen bedeutet, daß die Achsen des Nukleotidraumes nur drei Schaltpunkte aufweisen. Bei drei verschiedenen Schaltpunkten auf der Achse hat jeder Punkt die beiden anderen unmittelbar zum Nachbarn, vorausgesetzt, daß sich die Punktmarkierungen periodisch wiederholen. Wir wollen annehmen, die Punkte besäßen die Abstände 1 voneinander. Unser Raummodell besitzt dann folgende topographische Eigenschaften. Ein beliebig herausgegriffener Punkt besitzt:

im Abstand $\sqrt{1}$: $2^1 \frac{n!}{1!(n-1)!}$ Nachbarpunkte,

im Abstand $\sqrt{2}$: $2^2 \frac{n!}{2!(n-2)!}$ Nachbarpunkte,

im Abstand $\sqrt{3}$: $2^3 \frac{n!}{3!(n-3)!}$ Nachbarpunkte

usw. Dabei werden die Punkte mit dem Abstand 1 durch Austausch einer Nukleotidbase, die Punkte mit dem Abstand $\sqrt{2}$ durch Austausch von zwei Nukleotidbasen, die Punkte mit dem Abstand $\sqrt{3}$ durch Austausch von drei Nukleotidbasen usw. erreicht.

Betrachten wir die Wirkung eines Basenaustausches. Es ergibt sich die Folge: Austausch einer Nukleotidbase → Abänderung eines Codewortes → Einbau einer anderen Aminosäure in die Polypeptidkette → Änderung der Faltung des Proteinmoleküls → Abwandlung der Eigenschaften des Proteinmoleküls → Tauglichkeitsänderung des Lebewesens. Damit ist klar, daß der Austausch vieler Nukleotidbasen im Mittel zu einer größeren Tauglichkeitsänderung führen wird als der Austausch nur einer Base. Wir können deshalb für die Tauglichkeitsdichteverteilung im Nukleotidraum kleine Änderungen bei kleinen Raumdistanzen und große Änderungen bei großen Raumdistanzen postulieren.

Die Größe der Faltungsänderung eines Proteinmoleküls hängt aber nicht nur davon ab, wieviele Aminosäuren ausgetauscht werden. Ebenso wichtig für die zu erwartende Faltungsänderung ist, welche Aminosäure gegen welche ausgetauscht wird. Besitzt die ausgetauschte Aminosäure ähnliche chemische Eigenschaften wie die ursprüngliche, so wird sich die Faltung des Proteinmoleküls vermutlich nur geringfügig ändern. Umgekehrt erwartet man eine große Faltungsänderung, wenn die neue Aminosäure gegenüber der vorher vorhandenen chemisch sehr verschieden ist.

Wir überlegen uns jetzt folgendes: Ein Nukleotidbasen-Triplett kann durch Auswechseln einer einzelnen Base neun verschiedene Abwandlungen erfahren. Es hängt vom Aufbau des genetischen Codes ab, welche Aminosäuren zu diesen neun einander ähnlichen Codeworten gehören. Angenommen, ähnliche Codeworte würden in Aminosäuren ähnlichen chemischen Aufbaus übersetzt; dann würde die Tauglichkeitsfunktion im Nukleotidraum abermals geglättet, d. h. die Tauglichkeitsänderungen in den Achsrichtungen des Nukleotidraumes wären im Mittel am kleinsten.

Es ist faszinierend, daß der genetische Code tatsächlich diese Eigenschaft besitzt. Die zwischen den Aminosäure-Seitenketten wirksamen molekularen Faltungskräfte lassen sich grob wie folgt einteilen [22, 24, 25, 26]:

a) Anziehung durch *van der Waals*-Kräfte,
b) Anziehung zwischen Molekül-Dipolen (H-Brücken),
c) Anziehung zwischen ionisierten Atomgruppen.

Wir fassen die Aminosäuren *) gleicher Bindungseigenschaft zu Gruppen zusammen (Tabelle 5) und bestimmen deren Codeworte (Bild 14). Wir notieren die möglichen Abwandlungen dieser Codeworte, die sich durch Austausch einer Nukleotidbase ergeben. Dann ermitteln wir – für jede Gruppe getrennt – die zu den Codewort-Abwandlungen gehörenden Aminosäuren. Von diesen Aminosäuren wird ein bestimmter Prozentsatz wieder in die gleiche Bindungsgruppe fallen, von der wir ausgegangen sind. Wir vergleichen diesen Prozentsatz mit dem Erwartungswert, der sich

*) Die Aminosäuren sind durch die international gebräuchlichen Abkürzungen gekennzeichnet.

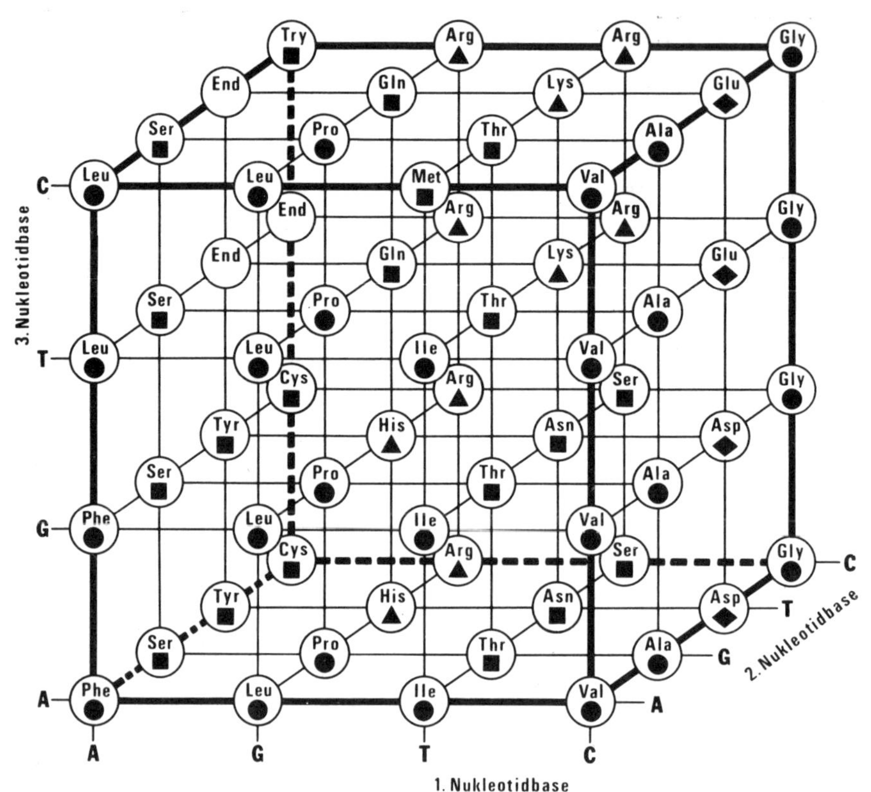

Bild 14. Gruppierung ähnlicher Aminosäuren im genetischen Code

formal dadurch ergibt, daß wir die gleiche Betrachtung für alle denkbaren Codes durchführen und daraus den Mittelwert bilden. Die Tabelle 5 zeigt das Ergebnis dieser Rechnung.

Für den genetischen Code gilt demnach die Regel: Das Abändern einer Nukleotidbase in einem Codewort ergibt bedeutend häufiger als erwartet gerade ein solches Codewort, dessen zugeordnete Aminosäure der gleichen Bindungsgruppe angehört wie die zum Ausgangswort gehörige. Mit anderen Worten: Ähnliche Codeworte codieren vorzugsweise ähnliche Aminosäuren. Auf diese Tatsache haben bereits mehrere Autoren aufmerksam gemacht

Tabelle 5. Aminosäure-Übergänge bei Abwandlung einer Base im Codewort

Gruppen der Aminosäuren	Gruppen-Zeichen	Gemeinsame Eigenschaft	Übergänge in gleiche Gruppe	
			gen. Code	erwartet
Ala Val Leu Ile Phe Pro Gly	●	*van der Waals*	65,8%	41,3%
Cys Ser Thr Gln Asn Tyr Try Met	■	Dipole	45,6%	30,2%
Lys Arg His	▲	+ Ionen	33,3%	14,3%
Glu Asp	◆	- Ionen	33,3%	4,8%

[19, 22, 27, 28]. Uns interessiert die Wirkung: Durch den besonderen Aufbau des genetischen Codes werden Schwankungen der Tauglichkeitswerte im Nukleotidraum vermindert. Die Vermutung liegt nahe, daß eine geglättete Tauglichkeitsfunktion für die Evolution der Organismen von Vorteil war.

7. Zwischenbetrachtung zur Konvergenz des Mutations-Selektions-Prinzips

7.1 Der optimale Code

Das nachfolgend beschriebene Experiment, das den Einsatz eines Rechenautomaten erfordert, zeigt, wie wichtig die Struktur eines Codes ist, damit sich ein evolutionsfähiges System ergibt. Um die Grundidee dieses Versuchs zu verdeutlichen, führen wir zunächst ein Gedankenexperiment durch. Das Versuchsobjekt sei eine Gelenkplatte, wie wir sie im Kapitel 4 kennengelernt haben. Wir ändern die Versuchsapparatur so ab, daß jedes Gelenk statt 51 nur 20 Einraststufen erhält (20 Aminosäuren = 20 Winkelstellungen).

Wir codieren diese 20 Winkelstellungen durch dreistellige Worte eines quaternären Zahlensystems, d. h. wir schreiben z. B.:

1. Wort 111 = 14°,
2. Wort 112 = 2°,
3. Wort 113 = 10°,

.
.
.

64. Wort 444 = 17°.

Durch welches Codewort (bzw. Codeworte) ein bestimmter Winkel verschlüsselt wird, bestimme der Zufall. Jetzt führen wir mit der Gelenkplatte das Mutations-Auslese-Spiel durch, wobei diesmal nicht unter Verwendung normalverteilter Zufallszahlen direkt die Winkelgrade, sondern einzelne Zeichen der zugehörigen Codeworte abgewandelt werden. Eine Codewort-Änderung ergibt dann erst über die Code-Tabelle die am Objekt vorzunehmende Winkeländerung. Wir messen die Zahl der Mutationsschritte, die benötigt wird, um die optimale Gelenkplattenform zu finden. Nun können wir das Optimierungsexperiment mit einer abgeänderten Code-Tabelle wiederholen. Es interessiert dabei die Frage, ob es einen Code gibt, der schneller als ein Zufallscode zum Optimum führt.

Nun dauert ein manuell durchgeführtes Optimierungsexperiment mit der Gelenkplatte etwa 5 Stunden. Um einen zuverlässigen Mittelwert für die Konvergenzgeschwindigkeit eines Codes zu erhalten, muß das Experiment oftmals wiederholt werden. Danach erst kann ein zweiter, dritter, . . . Code ausprobiert werden. Das bedeutet aber, daß sich dieses Experiment wegen des zu großen Zeitaufwandes so nicht durchführen läßt. Die Suche nach dem optimalen Code muß deshalb auf einem Rechenautomaten durchgeführt werden. Dazu müßten wir das Widerstandsgesetz $W(\varphi_1, \varphi_2, \cdots, \varphi_5)$ als Formel zur Verfügung haben. Dieses Gesetz ist aber nicht bekannt. Könnten wir dann vielleicht eine andere Funktion wählen? Ich möchte diese Frage bejahen. Um die Konvergenzgeschwindigkeit eines Codes zu testen, sollte es genügen, eine Funktion zu wählen, die das Verhalten eines optimierbaren technischen Objekts wiederspiegelt. Das sind Funktionen, die im Parameterraum einen hinreichend glatten Verlauf aufweisen und mindestens einen Extremwert besitzen. Eine einfache Funktion, die diese Bedingung erfüllt, ist

$$F = (a_1 - x_1)^2 + (a_2 - x_2)^2 + \cdots + (a_n - x_n)^2 \qquad \begin{array}{l} a_1 = \{1, \ldots, 20\} \\ \vdots \\ a_n = \{1, \ldots, 20\}. \end{array}$$

Ich habe diese Funktion für das erste Experiment, das übrigens auch für einen schnellen Rechenautomaten äußerst langwierig ist, ausgewählt. Damit lautet die Aufgabe: Es soll für zufällige Werte a_1 bis a_n das Minimum der Funktion F durch Mutation und Auslese aufgesucht werden. Welcher Code löst diese Aufgabe mit den wenigsten Mutationsschritten?

Die schnellste Minimierung von F ergab der im Bild 15 dargestellte Code. Charakteristisch für diesen Optimalcode sind die Mäander, die sich beim Durchlaufen der Zahlen in der Reihenfolge 1 bis 20 ergeben. Der folgende Vergleich zeigt, wie überlegen dieser Mäandercode dem Zufallscode an Konvergenzgeschwindigkeit ist. Nach 100000 Mutationen ergibt sich mit $n = 1000$ für den Funktionswert $\bar{F}$ (gemittelt über 100 Versuche)

bei einem Zufallscode $\bar{F} = 940$
und beim Mäandercode $\bar{F} = 2{,}0$.

Die Mäanderform für einen optimalen Code wurde wie folgt erhalten: Es wurde von einem Zufallscode ausgegangen; die Zahlen 1 bis 20 sind also zu Beginn der Optimierung gleichwahrscheinlich über die Kreuzungspunkte des Würfelgitters im Bild 15 verteilt. Nun wird die Funktion F durch Mutation und Auslese minimiert. Der Code bleibt dabei unverändert. Wir merken uns den Funktionswert nach 100000 Mutationen. Dann werden die Konstanten a_1 bis a_n abgeändert, so daß das Minimum der Funktion an eine andere Stelle rückt. Würde man das Minimum nicht verschieben, so könnte es sein, daß sich derjenige Code als optimal herausbildet, der

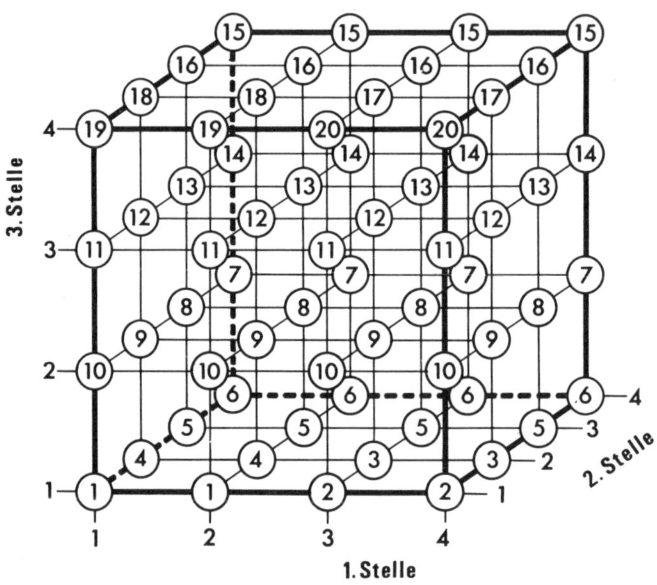

Bild 15. Der Mäandercode

für die Parameterwerte an dieser Stelle möglichst viele Codeworte bereithält. Mit neuen Anfangswerten der Variablen x_1 bis x_n (bzw. genauer mit deren Codeworten) wird nun F ein zweites Mal minimiert. Nach 100 Wiederholungen erhalten wir den Mittelwert $\bar{F}$. Jetzt wird in dem Würfelgitter eine Zahl zufällig abgeändert und $\bar{\bar{F}}$ für diesen neuen Code ermittelt. Derjenige Code, der den kleineren Wert von $\bar{F}$ aufweist, überlebt und wird weiter verwendet.

Dieses Mutations-Selektions-Spiel am Code führte aber nicht unmittelbar zu der idealen Mäanderform. Der Optimierungsprozeß blieb vorher stecken. Man konnte lediglich in Teilbereichen des Würfelgitters eine Mäanderbildung erkennen. Die ideale Mäanderform des Optimalcodes entstand durch eine gedankliche Extrapolation dieser Optimierungsergebnisse. Ein besserer Code konnte bisher nicht gefunden werden.

60

7.2 Tauglichkeitsdichtefeld und Phylogenie

Eine naturwissenschaftliche Theorie beruht auf Beobachtungen, die mit Hilfe der mathematischen Logik miteinander in einen widerspruchsfreien Zusammenhang gebracht werden. Die stammesgeschichtliche Entwicklung der Lebewesen ist durch Beobachtungstatsachen (fossile Funde, vergleichende Anatomie, chemische Paläogenetik u. a.) hinreichend belegt. Noch fehlt aber eine befriedigende mathematische Theorie, mit der sich beweisen läßt, daß die bekannten Evolutionsfaktoren ausreichen, um ein komplexes Organ – wie z. B. das Wirbeltierauge – in der verfügbaren erdgeschichtlichen Zeitspanne hervorzubringen. Die Tatsache, daß es dafür noch kein nachprüfbares mathematisches Modell gibt, hat zur Folge, daß immer wieder Zweifel geäußert werden, ob die bekannten Evolutionsfaktoren überhaupt ausreichen, die Phylogenie verständlich zu machen. Es werden folgende Einwände erhoben [29, 30].

1. Das DNS-Molekül besitzt nahezu unendlich viele Kombinationsmöglichkeiten für die vier Nukleotidbasen. Nur ein infinitesimaler Bruchteil davon kann im Laufe der Erdgeschichte einmal realisiert worden sein. Die Wahrscheinlichkeit, darunter eine zufällige Neukombination der Basen zu finden, die ein besser an die Umwelt angepaßtes Lebewesen ergibt, ist praktisch gleich Null.
2. Für eine erfolgversprechende Abwandlung des Bauplanes eines Lebewesens müssen unter Umständen mehrere Merkmalsänderungen harmonisch zusammenwirken. Es ist dann sehr unwahrscheinlich, daß durch Zufall die passenden Mutationen gerade zusammen in einem DNS-Molekül auftreten.

Diese beiden Vorstellungen setzen eine bestimmte Form des Tauglichkeitsdichtefeldes im Nukleotidraum voraus. Die erste Vorstellung geht davon aus, daß die Tauglichkeitswerte keinerlei Ordnung im Nukleotidraum aufweisen. Um zur Stelle maximaler Tauglichkeitsdichte zu gelangen, müßten dann tatsächlich sämtliche Punkte im Nukleotidraum durchmustert werden. – Die zweite Vorstellung nimmt an, daß die Tauglichkeitsdichte im Nukleotidraum zwar eine Ordnung aufweist, die jedoch durch lokale Dichteschwankungen stark gestört ist. Das bedeutet, daß normalerweise nur ein größerer Sprung im Nukleotidraum (Abänderung mehrerer Nukleotidbasen) zu einem Punkt höherer Tauglichkeitsdichte führen kann. Demgegenüber wurde im vorangegangenen Kapitel die Vorstellung entwickelt:

> Das Tauglichkeitsdichtefeld im Nukleotidraum ist annähernd glatt. Es gibt einen kontinuierlich ansteigenden Pfad vom kleinen über den mittleren zum großen Tauglichkeitswert. Um einen solchen linienhaften Pfad zu durchschreiten, genügt die Verwirklichung eines infinitesimalen Bruchteils aller möglichen Schaltkombinationen des DNS-Moleküls.

Das Modell des Tauglichkeitsdichtefeldes im Nukleotidraum könnte einen Ansatz für eine mathematisch begründete Theorie der Evolution ergeben. Das Problem, welche Geschwindigkeit die biologische Evolution erreichen kann, führt dann zu der Frage: Wie geordnet sind die Tauglichkeitsdichtewerte im Nukleotidraum? Die vorangegangenen Betrachtungen haben gezeigt, daß es durchaus möglich ist, qualitative Aussagen über den Ordnungszustand des Tauglichkeitsdichtefeldes zu machen. Für eine zukünftige Theorie müßte versucht werden, ein quantitatives Maß für den Ordnungsgrad der Tauglichkeitswerte im Nukleotidraum anzugeben. Damit würde es möglich, an einer mathematischen Modellfunktion mit einem ähnlichen Ordnungsgrad der Funktionswerte im Variablenraum die Geschwindigkeit einer evolutiven Entwicklung zu berechnen.

Zusammengefaßt: Grundgedanke dieser Theorie ist, bereits mit einer Teilkenntnis der Eigenschaft einer Tauglichkeitsfunktion eine Aussage über die Evolutionsfähigkeit eines biologischen Systems zu machen. Natürlich würde eine exakte mathematische Fassung der Tauglichkeitsfunktion, könnte sie gefunden werden, dieser Aussage einen höheren Grad an Zuverlässigkeit verleihen. Für Makromoleküle im Übergangsfeld zwischen belebter und unbelebter Materie konnten erstmals *M. Eigen* [31] den Tauglichkeitswert (dort Wertfunktion genannt) physikalisch objektivieren und quantitativ formulieren. Solange es aber nicht gelingt, auch für ein höher entwickeltes Lebewesen eine Tauglichkeitsfunktion anzugeben, ist es möglicherweise bereits ein Fortschritt, sich nur auf das Glattheitspostulat zu stützen. Von allen denkbaren Tauglichkeitsfunktionen ist dann nur noch ein Bruchteil auch erlaubt. Diese Bereichsabgrenzung könnte man sich vielleicht zunutze machen, um auch die Geschwindigkeit der Evolution innerhalb eines verkleinerten Unsicherheitsbereiches anzugeben. (siehe Kapitel 19 und 20).

8. Strategien der technischen und biologischen Entwicklung

Wir haben einen Entwicklungsvorgang in Technik und Biologie als eine Punktfolge gedeutet, die in einem multidimensionalen Raum zur Stelle maximaler Qualitäts- bzw. Tauglichkeitsdichte konvergiert. Wir konnten dann zeigen, daß sowohl die Qualitätswerte als auch die Tauglichkeitswerte in diesem abstrakten Raummodell eine gewisse vorhersagbare Ordnung aufweisen. Schließlich haben wir – unter Vorwegnahme des mathematischen Beweises – behauptet, daß erst diese Ordnung eine Konvergenz der Entwicklung gewährleistet.

Es ist nun an der Reihe zu fragen, wie die Punkte nacheinander in den Parameter- bzw. Nukleotidraum gesetzt werden müssen, damit die prophezeite konvergente Punktfolge auch wirklich zustandekommt. Dabei interessiert uns in erster Linie die biologische Methode, die wir technisch nachahmen wollen. Zuvor wollen wir jedoch sehen, welche anderen Wege es gibt, um eine technische Entwicklungsaufgabe zu lösen. Dabei werden sich gewisse Analogien bei der technischen und biologischen Optimum-Ansteuerung ergeben.

8.1. Die technische Methode der Optimierung

Es gilt als wissenschaftliches Idealbild, eine optimale technische Konstruktion vollständig in der mathematischen Ebene vorauszubestimmen. Dafür muß aber ein mathematisches Modell des realen Geschehens vorhanden sein, d. h. es muß eine Gesetzmäßigkeit gefunden werden, die es erlaubt, zu jeder Objektkonfiguration die Qualität vorauszuberechnen. Wenn überhaupt, dann läßt sich ein solches Modell gewöhnlich nur durch eine radikale Vereinfachung der Wirklichkeit aufstellen. Die Folge ist, daß das Qualitätsdichtefeld in der mathematischen Darstellung dem wirklichen Feld nur noch in groben Zügen entspricht. Die Optimierungsrechnung am mathematischen Modell wird damit eine Lösung liefern, die technisch realisiert bei weitem noch nicht die Bestlösung darstellt. Um einen Schritt weiterzukommen, muß man für eine neue Rechnung die Ähnlichkeit zwischen dem mathematisch formulierten und dem wirklich vorhandenen Qualitätsdichtefeld verbessern. Nicht immer wird sich das durch vertiefte theoretische Überlegungen erreichen lassen. Häufig müssen erst besondere Experimente erdacht und an idealisierten Teilgebilden des Forschungsobjekts durchgeführt werden. Gelingt es schließlich, das mathematische Modell zu vervollkommnen, so wird eine erneut durchgeführte Optimierungsrechnung einen Punkt liefern, der näher am wirklichen Optimum liegt. Durch eine wiederholt bessere Anpassung des mathematischen Qualitätsdichtefeldes an das wirkliche Feld wird das rechnerische Optimum immer weiter an das tatsächliche Optimum heranrücken. Wir erhalten eine konvergente Punktfolge im Parameterraum.

Dieses Verfahren setzt jedoch voraus, daß sich das Optimum der mathematischen Qualitätsdichtefunktionen nach den bekannten Methoden der Differentialrechnung bestimmen läßt. Häufig werden jedoch die Gleichungen, die zur Ermittlung des Optimums gelöst werden müssen, derart kompliziert, daß dieser analytische Weg ausscheidet. Die Lage des Mathematikers ist dann gleich der des Ingenieurs, der auf das Experiment angewiesen ist, um ein technisches System optimal zu gestalten. Während

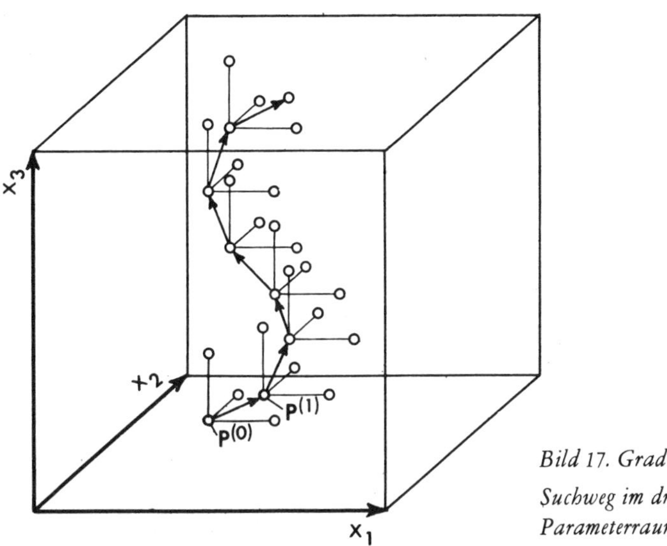

Bild 17. Gradientenstrategie Suchweg im dreidimensionalen Parameterraum

Startpunkt für die zweite Suchphase, bei der wir nur x_2 ändern. Haben wir auch in dieser Richtung das relative Optimum von Q gefunden, kommt die dritte Variable x_3 an die Reihe, dann wieder die erste usw.

Die Gradientenstrategie*) geht von der Vorstellung aus, daß man schnell zum Maximum einer Funktion gelangen müßte, wenn es gelänge, stets der Richtung des steilsten Anstieges der Funktion zu folgen. Da jedoch die Gradientenbahn im allgemeinen gekrümmt ist, muß die optimale Erfolgsrichtung von Schritt zu Schritt neu ermittelt werden. Als Beispiel betrachten wir wieder eine dreidimensionale Funktion $Q(x_1, x_2, x_3)$. Um für diese Funktion im Punkt $P^{(0)}$ die Gradientenrichtung zu berechnen, müssen bekanntlich die partiellen Ableitungen $\partial Q/\partial x_1$, $\partial Q/\partial x_2$, $\partial Q/\partial x_3$ an dieser Stelle gebildet werden. Zur numerischen Bestimmung der Gradientenrichtung benutzen wir anstelle der Differentialquotienten die entsprechenden Differenzenquotienten. Wir bestimmen diese, indem wir uns – ausgehend von $P^{(0)}$ – nacheinander in die drei Koordinatenrichtungen

*) Es handelt sich hier um eine für die experimentelle Suchoptimierung geeignete Version, die ohne Vorliegen der 1. Ableitungen in algebraischer Form arbeitet.

nun der Ingenieur sich mehr intuitiv an die Optimallösung herantastet, verfügt der Mathematiker in der gleichen Situation über Methoden, nach denen er sich zielstrebig Schritt für Schritt an das Maximum oder Minimum einer mathematischen Funktion heranarbeiten kann. Prinzipiell könnte aber auch der Ingenieur mit diesen numerischen Suchverfahren planvoll experimentieren. Nachfolgend wollen wir die Wirkungsweise einiger dieser Optimierungsstrategien näher beschreiben.

Das begrifflich wohl einfachste Verfahren ist die achsenparallele Suche, auch bekannt als *Gauß-Seidel*-Strategie. Das mehrdimensionale Problem wird durch aufeinanderfolgende eindimensionale Optimierungsabschnitte gelöst. Um den Suchvorgang im Parameterraum sichtbar zu machen, betrachten wir den dreidimensionalen Fall $Q = Q(x_1, x_2, x_3)$. Wir ändern in der ersten Suchphase nur x_1 (Bild 16). Der erste Testschritt entscheidet darüber, ob wir in die richtige Richtung gezielt haben (Erfolg), oder ob wir in die entgegengesetzte Richtung umschalten müssen (Mißerfolg). Wir schreiten dann solange in Richtung des Erfolges fort, bis ein Umschlag zum Mißerfolg eintritt. Die Stelle des relativen Optimums bildet den

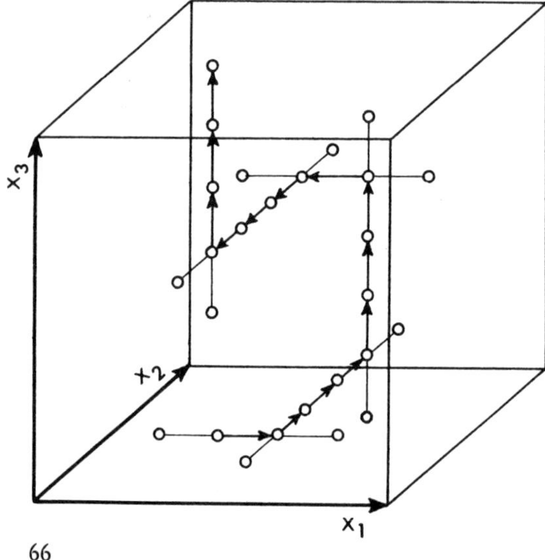

Bild 16. Gauß-Seidel-Strategie Suchweg im dreidimensionalen Parameterraum

66

des Parameterraumes um kleine Prüfschritte Δx_1, Δx_2, Δx_3 bewegen und die zugehörigen Qualitätsänderungen ΔQ_1, ΔQ_2, ΔQ_3 messen (Bild 17).

Wollen wir dann einen Arbeitsschritt der Länge s in Richtung des Gradienten ausführen, so müssen wir vom Punkt $P^{(0)}$ mit den Koordinaten $x_1^{(0)}, x_2^{(0)}, x_3^{(0)}$ zum Punkt $P^{(1)}$ mit den Koordinaten

$$x_1^{(1)} = x_1^{(0)} + s \frac{\Delta Q_1}{\sqrt{\Delta Q_1^2 + \Delta Q_2^2 + \Delta Q_3^2}}$$

$$x_2^{(1)} = x_2^{(0)} + s \frac{\Delta Q_2}{\sqrt{\Delta Q_1^2 + \Delta Q_2^2 + \Delta Q_3^2}}$$

$$x_3^{(1)} = x_3^{(0)} + s \frac{\Delta Q_3}{\sqrt{\Delta Q_1^2 + \Delta Q_2^2 + \Delta Q_3^2}}$$

fortschreiten. Grundbedingung für das Verfahren ist, daß die Prüf- und Arbeitsschritte genügend klein gewählt werden, damit sich die Funktion Q innerhalb des Variationsbereiches noch annähernd linear verhält.

Eine dritte Optimierungsstrategie – wir wollen sie hier als extrapolierende Gradientenstrategie bezeichnen – benutzt abwechselnd Regeln der Gradienten- und Gauß-Seidel-Strategie. Wir erläutern das Verfahren wieder für den Fall $Q(x_1, x_2, x_3)$. Ausgehend vom Punkt $P^{(0)}$ bestimmen wir nach der Gradientenmethode mit Hilfe von drei Prüfschritten und den angegebenen Rechenoperationen den Punkt $P^{(1)}$ (Bild 18). Statt nun aber die gleiche Prozedur im Punkt $P^{(1)}$ zu wiederholen, schreiten wir bei der extrapolierenden Gradientenstrategie solange mit der Schrittweise s in der anfangs gefundenen optimalen Erfolgsrichtung weiter, bis ein Umschlag zum Mißerfolg eintritt. An der Stelle des relativen Optimums wird dann erneut nach den Regeln der Gradientenstrategie die optimale Erfolgsrichtung ermittelt. In dieser Richtung schreiten wir abermals bis zum relativen Optimum fort usw.

Eine Optimierungsstrategie, die eine gewisse Ähnlichkeit mit dem Wirkungsschema der genetischen Rekombination aufweist (siehe Seite 76),

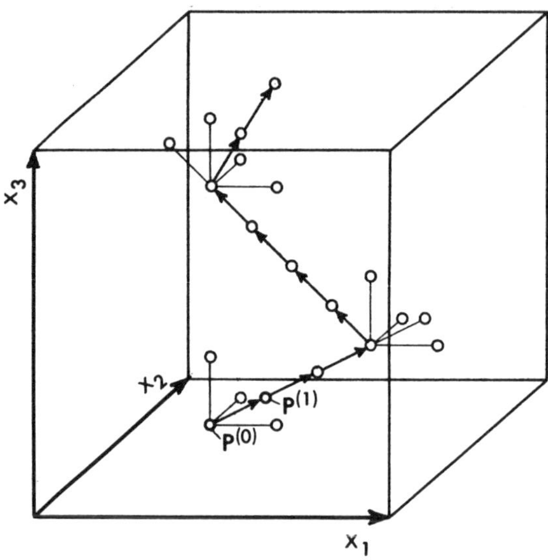

Bild 18. Extrapolierende Gradientenstrategie

Suchweg im dreidimensionalen Parameterraum

ist die Simplex-Strategie*). Zu Beginn der Suche werden n+1 Punkte im Parameterraum so festgelegt, daß sie die Ecken eines regulären Simplex bilden. Im dreidimensionalen Fall (siehe Bild 19) sind das die vier Ecken 1, 2, 3, 4 eines regelmäßigen Tetraeders. Wir bestimmen an diesen vier Punkten jeweils den Qualitätswert. Daraufhin streichen wir den Eckpunkt mit der schlechtesten Qualität (Ecke 1). Übrig bleibt das Dreieck 2, 3, 4. Wir verwenden dieses zum Aufbau eines neuen Tetraeders, indem wir den noch fehlenden vierten Eckpunkt der gestrichenen Ecke gegenüber anordnen (Ecke 5). Nun wird die Qualität an diesem Punkt bestimmt und das Verfahren wiederholt. Es ist möglich, daß einmal die neue Tetraederecke die schlechteste Qualität aufweist. Das Verfahren würde oszillieren. Um fortzufahren geht man dann zur vorhergehenden Tetraederkonstruktion zurück und streicht dort nicht den schlechtesten, sondern den zweitschlechtesten Eckpunkt.

Mit den beschriebenen vier Verfahren sollten die wichtigsten Grundoperationen von Optimierungsstrategien herausgestellt werden. Diese

*) Diese Methode ist nicht zu verwechseln mit dem Simplex-Verfahren in der linearen Programmierung.

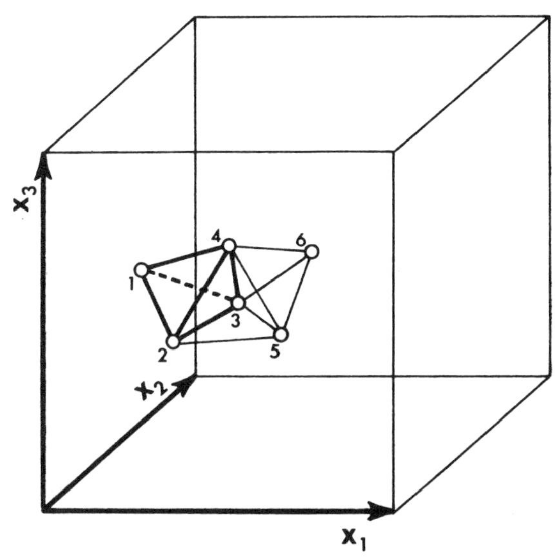

Bild 19. Simplex-Strategie
Suchweg im dreidimensionalen Parameterraum

Grundoperationen können in vielfältiger Weise erweitert und verfeinert werden. Eine ausführliche Sammlung der verschiedensten Optimierungsstrategien enthalten z. B. die Bücher [32, 33, 34, 35, 36, 37].

Abschließend betrachten wir den Fall, daß ein Optimierungsproblem zu komplex ist, um es mathematisch zu beschreiben, und daß auch der Ingenieur nicht versucht, die Optimallösung experimentell mit Hilfe einer Suchstrategie zu finden. Verfügt der Ingenieur über keinerlei Informationen, nach denen er das Objektverhalten nach einer Parameteränderung abschätzen kann, dann wird er, falls er mit dem Bestehenden nicht zufrieden ist, irgendeine Änderung herbeiführen. Diese Änderung wird er bei einem Erfolg beibehalten bzw. bei einem Mißerfolg wieder rückgängig machen. Das entspräche etwa dem Prinzip der Mutation und Auslese in der Natur. Betrachten wir ferner den Fall, daß in mehreren Laboratorien an der gleichen Entwicklungsaufgabe gearbeitet wird. Dann kommt es gelegentlich vor, daß Konstruktionsdetails, die an der einen Stelle erarbeitet worden sind, von einer anderen Stelle übernommen werden. Das könnte man wieder vergleichen mit dem wechselseitigen Austausch väterlicher und mütterlicher Erbanlagen bei der Chromosomenneuordnung während der Reduktionsteilung. In beiden Fällen benutzt der Ingenieur in ersten Ansätzen bereits Regeln der biologischen Evolution, deren Arbeitsweise wir jetzt behandeln werden.

8.2 Die biologische Methode der Optimierung

Wenn wir die Evolution der Lebewesen betrachten, dann handelt es sich – vom technischen Standpunkt aus gesehen – zuweilen um eine millionenfache Parallelentwicklung, je nachdem, wieviele Individuen zu einer Population zusammengeschlossen sind. Eine Population von Individuen bildet sich in unserem Modell des Nukleotidraumes als ein zusammenhängender Punkthaufen ab. Die verschiedenen in der Natur wirksamen Evolutionsmechanismen stellen dann bestimmte Regeln dar, nach denen Punkte neu gesetzt und andere gestrichen werden.

Die moderne synthetische Theorie der Evolution kennt folgende grundlegende Mechanismen [9]:

1. Genmutation,
2. Chromosomenmutation*),
3. Rekombination,
4. Selektion,
5. Isolation.

Die Faktoren eins bis drei sorgen dafür, daß neue Punkte in den Nukleotidraum gesetzt werden. Die Selektion eliminiert laufend Punkte, und zwar dort am häufigsten, wo der Punkthaufen im Nukleotidraum Bereiche geringer Tauglichkeitsdichte überdeckt. Auf diese Weise verschiebt sich der Punkthaufen allmählich in Richtung ansteigender Tauglichkeitsdichte.

*) Die Genommutation, eine Abart der Chromosomenmutation, bei der die Zahl der Chromosomen verändert wird, wollen wir aus diesen Betrachtungen ausschließen. Sie besitzt zwar für die Evolution der Pflanzen eine gewisse Bedeutung, nicht jedoch für die Evolution im ganzen.

Nun ist der Fall denkbar, daß von einer Stelle aus im Nukleotidraum die Tauglichkeitsdichte in mehreren Richtungen ansteigt. Die „Erfolgskanäle" mögen in verschiedene Anpassungsoptima einmünden. Dann sorgen die verschiedenen Isolationsmechanismen (Herausbildung von Fortpflanzungsbarrieren) dafür, daß sich die Punktwolke im Nukleotidraum aufspaltet, so daß die Aufwärtsentwicklung getrennt weiterlaufen kann.

Beschäftigen wir uns jetzt eingehender mit der Genmutation, Chromosomenmutation und Rekombination [38, 39, 40, 41]. Versuchen wir, die Wirkung dieser Mechanismen im Nukleotidraum geometrisch zu deuten.

Genmutationen werden durch kurzwellige Strahlen und bestimmte Chemikalien hervorgerufen. Im Fall der „Punktmutation" wird an einer Stelle des DNS-Fadens eine Nukleotidbase gegen eine andere ausgetauscht, wodurch sich der Sinn eines Codewortes ändert. Im Nukleotidraum, in dem sich jeder Genotyp als ein Punkt abbildet, entsteht ein neuer Punkt, der gegenüber dem ursprünglichen in einer Koordinatenrichtung verschoben ist (Bild 20). Die Chance, daß ein Gen mutiert, ist normalerweise sehr gering (10^{-5} bis 10^{-8} pro Verdoppelung).

Bei einer Chromosomenmutation ist der Eingriff in die Erbstruktur weitaus gröber als bei der Genmutation. So kann es geschehen, daß sich

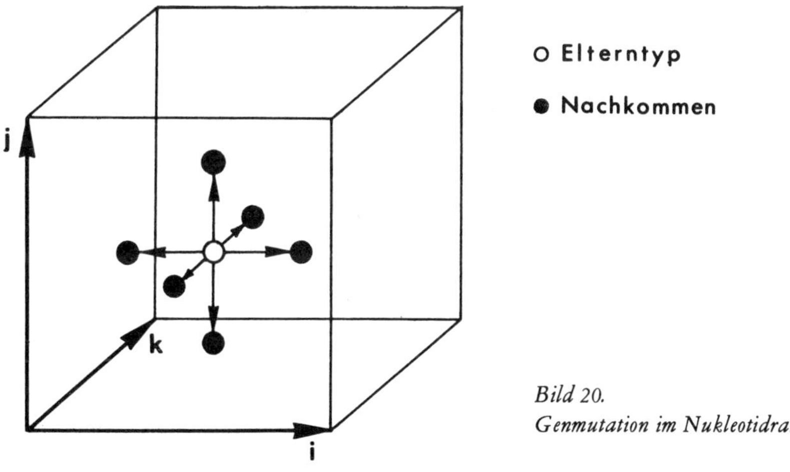

Bild 20.
Genmutation im Nukleotidraum

ein Chromosomenabschnitt verdoppelt (Duplikation), oder daß ein Stück aus einem Chromosom herausbricht und verlorengeht (Deletion). Ein herausgebrochenes Chromosomenstück kann sich ferner an ein anderes Chromosom anheften (Translokation), oder es kann um 180^0 gedreht wieder in die Bruchstelle eingefügt werden (Inversion).

Duplikationen von Chromosomenstücken sind für das Evolutionsgeschehen bedeutsam, da sich aus den verdoppelten Genen durch Mutationen allmählich Gene mit neuen Funktionen entwickeln können. Deletionen von Chromosomenstücken sind dagegen für die betroffenen Individuen meistens schädlich. Um Duplikationen bzw. Deletionen im Nukleotidraum darzustellen, müßten wir die Zahl der Raumachsen ändern, je nachdem wieviele Nukleotidstellen hinzukommen bzw. wegfallen. Da das Nukleotidraummodell dadurch sehr kompliziert würde, muß auf eine geometrische Deutung dieser Mechanismen verzichtet werden.

Untersuchen wir nunmehr die Translokation bzw. Inversion eines Chromosomenstückes. Wie wirkt es sich auf die genetische Information aus, wenn man aus dem DNS-Faden ein Stück der Nukleotidkette heraustrennt und dieses dann am Fadenende oder um 180^0 gedreht am gleichen Ort wieder einbaut? Offensichtlich ändert sich dadurch in einem längeren Fadenbereich die ursprüngliche Zuordnung zwischen der Nummer der Nukleotidstelle (Zählbeginn = Fadenanfang) und der dort vorhandenen Basenart. Im Nukleotidraum wird also eine große Distanz zurückgelegt, und wir erwarten dementsprechend große erbliche Veränderungen am Lebewesen. Es gibt aber in der Natur Beispiele von Translokationen und Inversionen, bei denen sich das Erscheinungsbild des Lebewesens gar nicht oder nur geringfügig ändert. Das läßt sich nur damit erklären, daß die Information im Chromosom in autonome Einheiten untergliedert ist (das sind die Gene), und daß ein Bruch des Chromosoms bevorzugt zwischen diesen Einheiten auftritt.

Ein Beispiel aus dem technischen Bereich möge dies veranschaulichen: Ein Ingenieur habe auf einem Protokollblatt die Einstellung von drei Parametern seines Versuchsobjekts in der Reihenfolge $d_1 = 8$ cm, $d_2 = 4$ cm,

d_3 = 14 cm notiert. Offensichtlich ändert sich die Information nicht, wenn die Reihenfolge der Notierungen abgewandelt wird.

Da eine Genumlagerung im Nukleotidraum einen Schritt ergibt, der sich über viele Dimensionen erstreckt, läßt sich dieses Ereignis nicht mehr anschaulich geometrisch darstellen. Wir müssen das Geschehen vereinfachen, indem wir den Informationsgehalt eines Gens auf ein Minimum reduzieren. Wir konstruieren deshalb ein Modellgen, das nur aus zwei Binärzeichen (Zustände 0 und 1) besteht. Die erste Binärstelle möge dem Gen seine Individualität verleihen, so daß es ohne Funktionseinbuße im Chromosom umgelagert werden kann. Die zweite Binärstelle soll das zum Gen gehörige Merkmal kontrollieren. Das technische Analogon zu dieser Vorstellung wäre die Kennzeichnung eines Parameters in der Form d_1 = 8 cm. Auch hier bleibt die Information, die hinter der Bezeichnung d_1 steckt, unverändert. Als veränderlich wird nur die hinter dem Gleichheitszeichen stehende Information angesehen.

Wir betrachten jetzt zwei Modellgene mit den Codeworten 11 und 00. Durch Aneinanderreihen der Gene erhalten wir ein einfaches Chromosom mit der Zeichenfolge 1100. Die Umlagerung beider Gene ergibt ein Chromosom mit der Zeichenfolge 0011. Um die beiden Chromosomenzustände als Punkte in einem binären Nachrichtenraum darzustellen, müßten wir einen vierdimensionalen Würfel konstruieren. Jeder weiß, wie man mittels einer Projektion einen dreidimensionalen Würfel in zwei Dimensionen darstellt. In analoger Weise läßt sich von einem vierdimensionalen Würfel eine dreidimensionale Projektion herstellen. Es entsteht ein Gebilde von zwei ineinander verschachtelten Würfeln. Wenn wir diesen Doppelwürfel nochmals auf eine Ebene projizieren, erhalten wir das Bild 21. An diesem ebenen Abbild des vierdimensionalen Würfels stellt sich unsere hypothetische Genumlagerung als ein Schritt vom Punkt A zum Punkt A' dar. Beim Fehlen eines Positionseffektes enthalten beide Punkte die gleiche Information. Denselben Informationsgehalt besitzen ferner die Punkte B und B', C und C', D und D'. Diese Punkte werden besetzt, wenn wir die zweite Binärstelle unserer Modellgene abändern, wobei die Punkte B, C, D

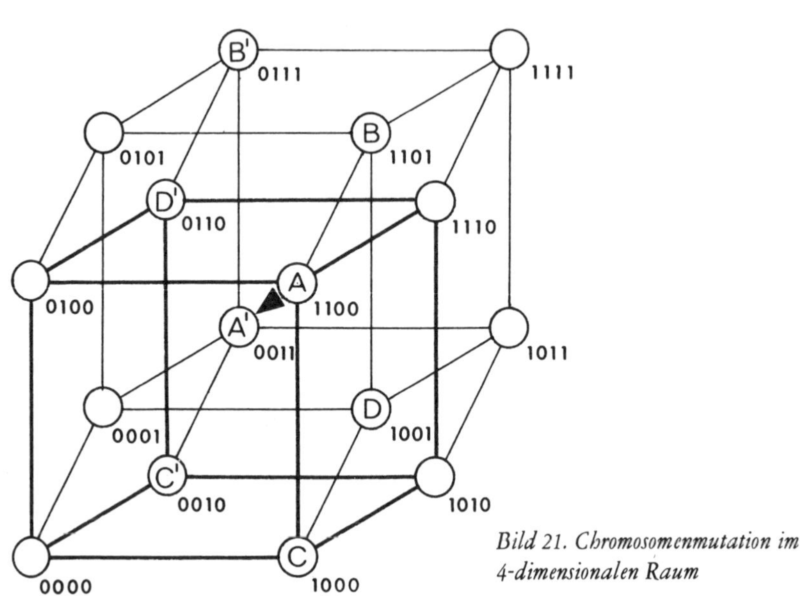

Bild 21. Chromosomenmutation im 4-dimensionalen Raum

aus dem ursprünglichen und die Punkte B', C', D' aus dem umgruppierten Chromosomenzustand hervorgehen.

Wenn nun im Punkt A und dessen Umgebung die gleiche genetische Information verschlüsselt ist wie im Punkt A' und dessen Umgebung, was ändert sich dann überhaupt bei unserer hypothetischen Genumlagerung? Das Bild 21 gibt die Antwort: Um die Punkte gleichen Informationsgehaltes zu erreichen, müssen wir bei A andere Richtungen einschlagen als bei A'. Diese Tatsache wird sich in Verbindung mit der nachfolgend beschriebenen Rekombination als sehr bedeutsam erweisen.

Der Prozeß der Rekombination sorgt dafür, daß das Erbgut der Individuen einer Population ständig neu gemischt wird. Die Grundlage hierfür bildet das System der sexuellen Vererbung. Ein Sexualsystem arbeitet, bei Einzellern wie bei höheren Lebewesen, in zwei Schritten. Im ersten wird das Erbgut zweier Individuen zusammengeführt, im zweiten wird das doppelte Erbgut wieder auf die normale Menge reduziert.

Bei der Reduktionsteilung werden mütterliche und väterliche Chromosomen jedoch nicht wieder genau zurücksortiert, sondern zufällig zu einem neuen Satz zusammengestellt (interchromosomale Rekombination). Außerdem sorgt das Phänomen des Crossing-over dafür, daß auch zwischen homologen elterlichen Chromosomen Stücke ausgetauscht werden. Crossing-over findet statt, wenn sich während der Reduktionsteilung die von der Mutter und dem Vater stammenden homologen Chromosomen dicht zusammenlegen. In den gepaarten Chromosomen treten gelegentlich Brüche auf, die dann „über Kreuz" wieder zusammenheilen (intrachromosomale Rekombination).

Wir wollen nun zeigen, wie sich der Vorgang der Rekombination im Nukleotidraum abbildet. Dabei sei angenommen, daß sich die DNS-Ketten der Eltern eines Nachkommens an drei Stellen wie folgt voneinander unterscheiden:

Nukleotidstelle im DNS-Strang	i	j	k
Basen im mütterlichen Strang	A	A	A
Basen im väterlichen Strang	T	T	T

Es genügt also, die Nukleotidachsen i, j und k zu zeichnen, um die genetische Verschiedenheit der Eltern sowie deren Nachkommen im Nukleotidraum sichtbar zu machen.

Als erstes betrachten wir das Beispiel, daß die Nukleotidstellen j und k zusammen im Chromosom A liegen, und daß sich die Stelle i allein im Chromosom B befindet. Was geschieht bei der Neugruppierung der Chromosomen als Ganzes? Bei einer Zufallsaufteilung der vier elterlichen Chromosomen werden vier Typen von Nachkommen gleich häufig auftreten. Davon entsprechen zwei den Eltern, die beiden anderen sind Rekombinationen (Bild 22).

Als nächstes denken wir uns die Nukleotidstellen i, j und k alle im selben Chromosom gelegen. Wie wirkt es sich aus, wenn jetzt durch Crossing-over Stücke zwischen den elterlichen Chromosomen ausge-

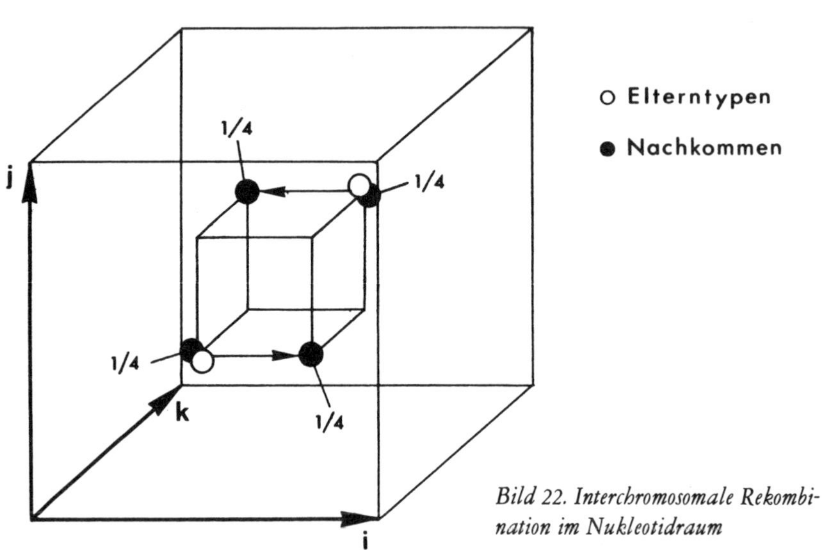

Bild 22. Interchromosomale Rekombination im Nukleotidraum

tauscht werden? Es können sich sechs verschiedene Rekombinationen bilden, wobei weit voneinander entfernt liegende Nukleotidstellen häufiger rekombinieren als dicht beieinander liegende. Crossing-over läßt sich in erster Näherung als ein Zufallsereignis deuten, das an jeder Nukleotidstelle der DNS-Kette mit gleicher Wahrscheinlichkeit auftritt. Wir können diesen Vorgang mit einem einfachen Spielwürfel nachahmen. Wir würfeln der Reihe nach an jeder Nukleotidstelle und führen immer dann ein Crossing-over durch, wenn z. B. eine Sechs fällt.

Das Bild 23 zeigt, wie häufig die einzelnen Rekombinanten bei einem solchen Würfelspiel auftreten würden. Dabei wurde vorausgesetzt, daß die Nukleotidstellen i, j und k unmittelbar aufeinander folgen. Für den allgemeinen Fall, daß zwischen den markierten Orten noch weitere Nukleotidstellen liegen, lassen sich die Rekombinationswahrscheinlichkeiten nach der *Poisson*-Formel berechnen [38].

Wir stellen also fest: Durch den Mechanismus der Rekombination werden neue Punkte in den Nukleotidraum gesetzt, indem die Koordina-

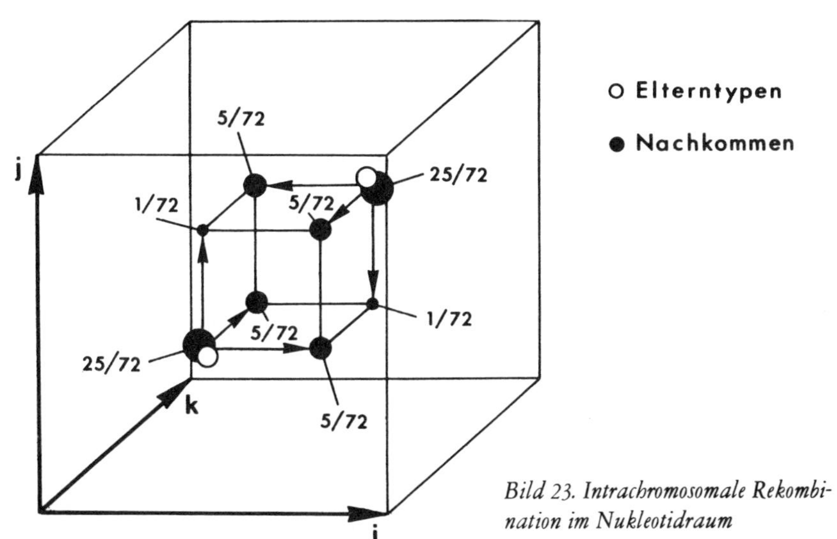

Bild 23. Intrachromosomale Rekombination im Nukleotidraum

ten zweier bereits vorhandener Punkte gemischt werden. Dabei wird eine besondere Mischmethode verwendet, so daß bestimmte Koordinatenkombinationen häufiger auftreten als andere. Das bedeutet, daß eine Gruppe sich sexuell fortpflanzender Individuen im Nukleotidraum einen Punkthaufen bildet, der bestrebt ist, sich in bestimmte Richtungen des Raumes bevorzugt auszubreiten.

Wie wir wissen, kann sich der Punkthaufen aber nur in Richtung eines Tauglichkeitsanstieges im Nukleotidraum bewegen; denn die natürliche Auslese verhindert jede andere Bewegung. Das heißt aber, daß eine gerichtete Variation nur dann günstig sein kann, wenn sie gerade dorthin zielt, wo die meisten Erfolge auftreten. Ein solches Vorgehen, das einer „genetischen Voraussicht" gleichkommt, könnte durch geeignete Chromosomenmutationen entstehen. Denn wie wir gesehen haben, existieren im Nukleotidraum zahlreiche inselförmige Gebiete, in denen das gleiche Tauglichkeitsfeld unter verschiedenen räumlichen Orientierungen auftritt. Durch Chromosomenmutationen kann aber ein genetisches System von

77

einer Insel zu einer anderen springen. Wird einmal eine Insel erreicht, in der die Erfolgsrichtungen besonders gut mit den Vorzugsrichtungen der Rekombination übereinstimmen, dann wird dieser Zustand beibehalten, bis sich beim Fortschreiten der Evolution die Erfolgsrichtungen eventuell wieder ändern.

9. Programm der erweiterten Evolutionsstrategie

Vorangehend haben wir die wesentlichen Mechanismen der natürlichen Evolution kennengelernt. Jetzt muß das biologische Geschehen in ein Programm technisch realisierbarer Befehle übersetzt werden. Die einzelnen Programmschritte lassen sich dabei vorteilhaft an Hand eines Kartenspiels erläutern.

Um mit den Spielregeln des Kartenschemas vertraut zu werden, beginnen wir mit der vereinfachten Evolutionsstrategie (s. Kapitel 2). Als Versuchsobjekt sei eine verstellbare Gelenkplatte vorgegeben, deren Auftrieb zu einem Maximum gesteigert werden soll. Wir betrachten den $(\nu + 1)$-ten Versuchsschritt (Bild 24):

Auf der Karte K_ν seien die momentanen Parametereinstellungen (Gelenkwinkel) sowie die Qualität des Versuchsobjekts (Strömungsauftrieb) notiert. Von der Karte K_ν wird eine Kopie hergestellt. Auf der Kopie werden die Winkelnotierungen durch einen Zufallsprozeß (z. B. Würfeln) um kleine Beträge abgeändert. Die veränderten Winkelwerte werden dann an der Gelenkplatte eingestellt. Es folgt die Messung des Auftriebes der Platte. Nachdem dieser Meßwert ebenfalls auf der Kartenkopie vermerkt wurde, wird diese zur Karte K_ν hinzugelegt. Abschließend wird die Karte mit dem schlechtesten Auftriebsvermerk aussortiert und der Zyklus beginnt von vorn.

Wir benutzen jetzt das gleiche Kartenschema, um das Programm für eine höhere Nachahmungsstufe der Evolution aufzustellen. Diesmal gehen wir von μ Karten aus, auf denen die Winkel- und Auftriebswerte der

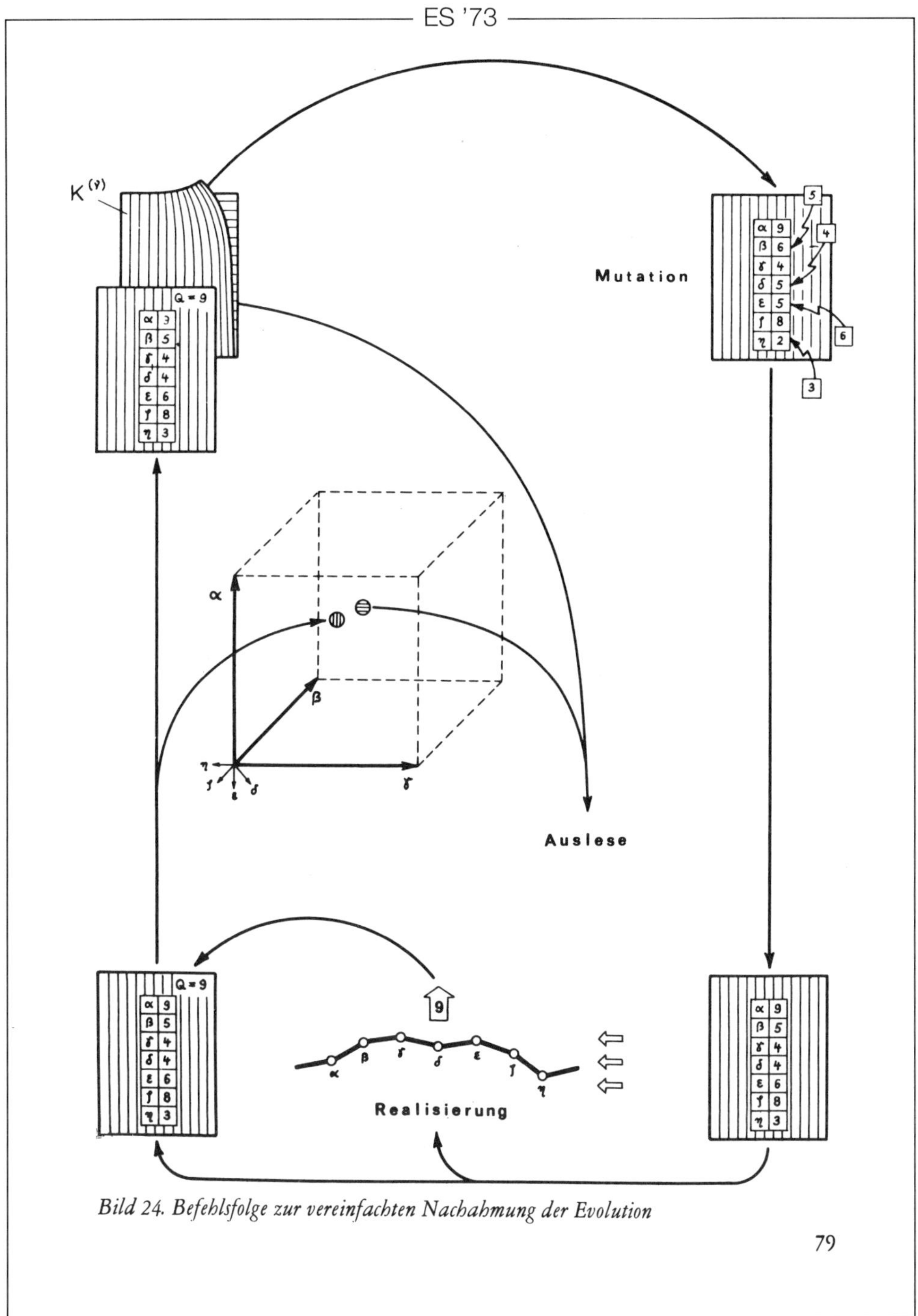

Bild 24. Befehlsfolge zur vereinfachten Nachahmung der Evolution

letzten μ erfolgreichen Gelenkplatteneinstellungen notiert sein sollen. Dieser Kartenstapel möge das genetische Material einer Population von μ Individuen verkörpern (Bild 25).

Zur Durchführung des $(\nu + 1)$-ten Versuchsschrittes werden aus dem Kartenstapel zufällig zwei Karten herausgegriffen und kopiert. Die Originale kommen darauf in den Stapel zurück. Dann werden auf den Kopien wieder einige Winkelwerte durch einen Zufallsprozeß abgeändert; es werden gleichsam Genmutationen erzeugt. Es folgt die Nachbildung einer Chromosomenmutation, wobei wir uns auf die Inversion beschränken. Auf einer Kartenkopie wird die lineare Anordnung der Winkelnotierungen (Parameterspalte) an zwei Stellen zufällig aufgetrennt und der dazwischenliegende Bereich umgedreht. Damit ändert sich die Reihenfolge der Winkelnotierungen. Als nächstes wird der Vorgang des Crossing-over simuliert. Dazu werden die Parameterspalten beider Kartenkopien nebeneinander angeordnet und an erwürfelten Stellen zeilenförmig aufgetrennt. Wenn man danach die Spalten von oben nach unten durchläuft, so sollen an den Trennstellen die Spalten jedesmal ihre Seiten wechseln. Nicht erlaubt sei ein Trennschnitt, der durch eine normale und eine invertierte Parameterspalte läuft. Es würden daraus Spalten entstehen, die einige Parameternotierungen doppelt und andere überhaupt nicht enthalten. In der Natur werden derartige Zustände ebenfalls bereits in den Keimzellen eliminiert.

Nachdem die Parameterwerte auf unseren Kartenkopien verändert, umgestellt und neukombiniert worden sind, entscheidet das Los, welche der beiden Parameterspalten auf eine neue Karte übertragen werden soll. Darauf wird die Gelenkplatte nach den Anweisungen dieser Karte neu eingestellt. Es wird der Auftrieb der neuen Plattenform gemessen und als Qualitätswert in die neue Karte eingetragen. Anschließend wird die neue Karte in den Kartenstapel eingefügt.

Alle Karten dieses Stapels, die einen höheren Qualitätsvermerk aufweisen als die neu hinzugekommene, erhalten jetzt eine um eins erhöhte Kennziffer. Dadurch wird eine Kennziffer frei, die der neuen Karte zuge-

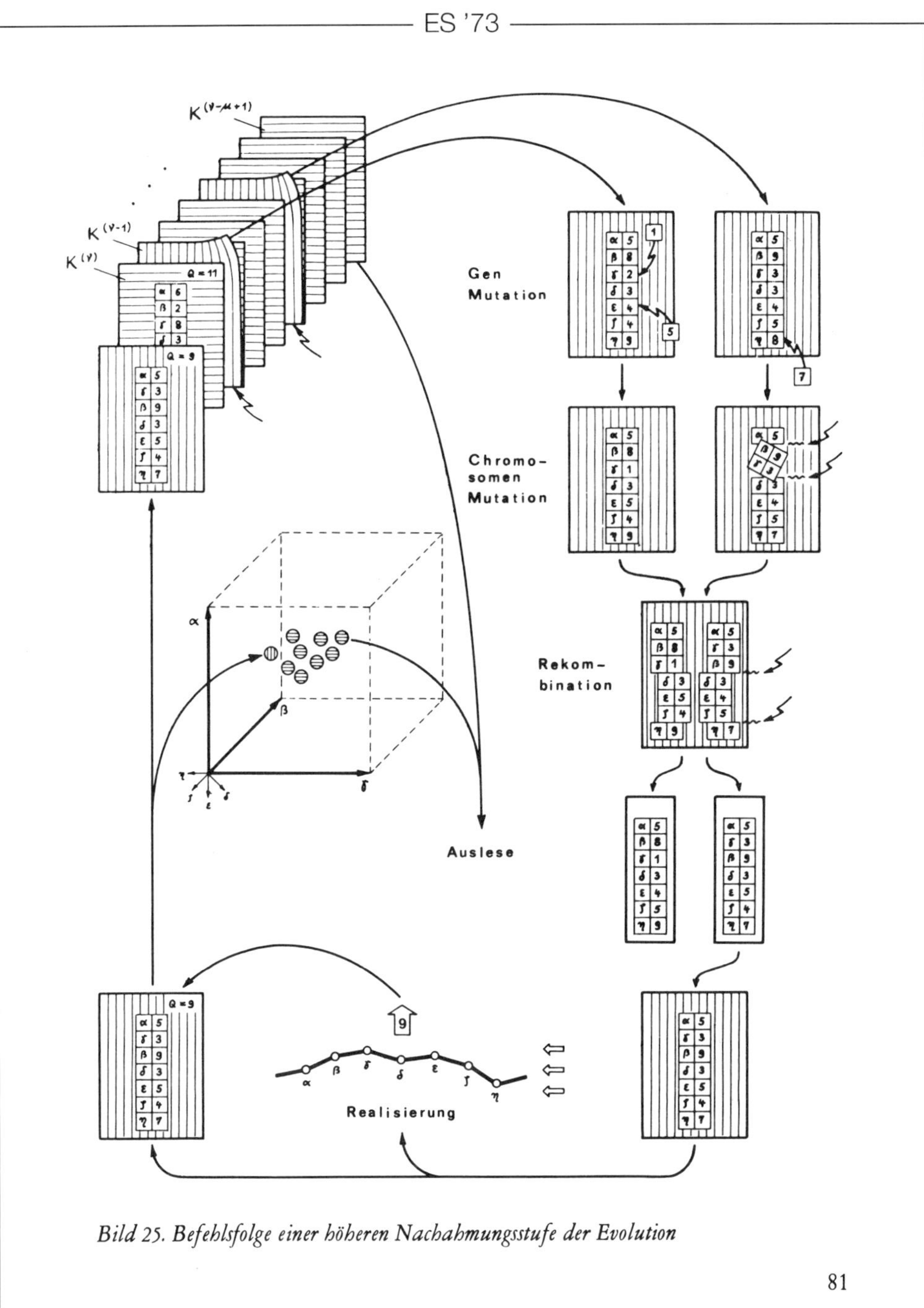

Bild 25. Befehlsfolge einer höheren Nachahmungsstufe der Evolution

81

ordnet wird. Zum Schluß wird von den $\mu + 1$ Karten diejenige aussortiert, die den niedrigsten Qualitätswert aufweist und der Zyklus beginnt von vorn.

Mit dem soeben aufgestellten Schema wurde der Erbgang niederer Organismen nachgeahmt (haploider Erbgang). Höhere Lebewesen besitzen jedoch einen Erbgang, bei dem die elterlichen Chromosomen nicht vor, sondern erst nach der Realisierung des Lebewesens rückgeordnet werden (diploider Erbgang). Da dieses Verfahren auf einer höheren Evolutionsstufe steht, ist zu vermuten, daß es Vorteile aufweist.

Der Vorteil des diploiden Schemas läßt sich möglicherweise wie folgt erklären: Der Textinhalt sämtlicher von der Mutter und dem Vater stammenden homologen Gene wird in die zugehörige Aminosäuresequenz übersetzt. Besitzen zwei homologe Gene die gleiche Information, ist das zugehörige Merkmal eindeutig bestimmt. Ist jedoch eines der beiden Gene mutiert, so gibt es zwei Möglichkeiten:

a) Es werden beide Genprodukte (Proteinmoleküle) für die Ausbildung des Merkmals verwendet. Es entsteht ein gemitteltes Merkmal (intermediäre Vererbung).
b) Es wird nur eines der beiden Proteinmoleküle verwertet, da nur dieses das passende Oberflächenmuster aufweist, um mit anderen Proteinmolekülen in Wechselwirkung zu treten (dominante und rezessive Vererbung).

Es ist denkbar, daß dieses Verfahren auch im technisch-mathematischen Bereich vorteilhaft ist. Betrachten wir folgendes Beispiel: Gesucht sei das Maximum der Funktion

$$Q\,(x_1, x_2, \ldots, x_n)$$

unter den Nebenbedingungen

$$a_1 \leqq x_1 \leqq b_1\,, \ldots, a_i \leqq x_i \leqq b_i\,, \ldots, a_n \leqq x_n \leqq b_n.$$

Für eine erfolgreiche Mutation ist also notwendig, daß Q ansteigt und dabei keine der Nebenbedingungen verletzt wird. Sind die Grenzen

(a_i, b_i) eng gesteckt, so dürfte eine erfolgreiche Mutation unter diesen Umständen äußerst selten auftreten. Besser wäre dann folgendes Verfahren: Nach einer Variation der Parameterwerte werden zuerst die Nebenbedingungen durchgeprüft. Ist eine Nebenbedingung nicht erfüllt, dann wird nicht die gesamte Variation sogleich für erfolglos erklärt, sondern es wird lediglich der unzulässige Parameterwert gegen den ursprünglichen Wert ausgewechselt. Über Erfolg oder Mißerfolg einer Variation entscheidet dann weiterhin nur das Vorzeichen der Qualitätsänderung. Man erhält eine wirksame Methode, um die Zahl der erfolglosen Variationen zu verringern.

Diese Handlungsweise entspräche – rückübersetzt in den biologischen Bereich – einem diploiden Erbgang mit folgenden hypothetischen Eigenschaften: Es mutieren immer nur die Gene eines Elters. Ein mutiertes Gen ist gegenüber dem homologen nicht mutierten Gen dominant, wenn das abgeänderte Genprodukt noch zu einem koordinierten Zusammenwirken mit den anderen Genprodukten fähig ist; andernfalls ist das mutierte Gen rezessiv. In diesem Schema fehlt dann der intermediäre Zustand. Das hier entworfene technisch-mathematische Simulationsmodell für einen diploiden Erbgang kann deshalb noch nicht als vollständig angesehen werden.

10. Erster Testversuch mit der erweiterten Evolutionsstrategie

Es interessiert nun, ob für einen gegebenen Fall die erweiterte Evolutionsstrategie wirklich schneller zur Optimallösung konvergiert als das einfache zweigliedrige Wettkampfschema. Um das zu prüfen, wurde folgendes Testproblem entworfen:

Vorgegeben sind zwei 81-stellige Binärfolgen

I_o = 00000000000000000000000000000000000000000000000000000
0000000000000000000000000000,

S = 111000000111000100111000000111001100111001100111000000
011100110011100000011111111.

Die Folge S bildet eine Soll-Folge, die von der Anfangs-Ist-Folge durch Abändern und Umkombinieren ihrer Stellenwerte erreicht werden soll. Die Entfernung einer abgeänderten Ist-Folge I_ν ($\nu = 1, 2, 3, \cdots$) von der Soll-Folge-S wird durch die *Hamming*-Distanz ausgedrückt [42]. Die *Hamming*-Distanz sagt aus, an wievielen Stellen sich zwei Zeichenfolgen voneinander unterscheiden. Daraus folgt, daß die Wurzel aus der *Hamming*-Distanz den euklidischen Abstand zwischen der Ist- und Soll-Folge im 81-dimensionalen Coderaum angibt.

Zu Beginn des Versuchs betrug die *Hamming*-Distanz zwischen der Ist- und Soll-Folge 40. Eine Mutation wurde eingeführt, indem aus der Ist-Folge eine Stelle zufällig ausgewählt und die dort stehende Dualziffer durch ihren komplementären Wert ersetzt wurde, d. h. eine 0 wurde in eine 1 und eine 1 in eine 0 umgewandelt.

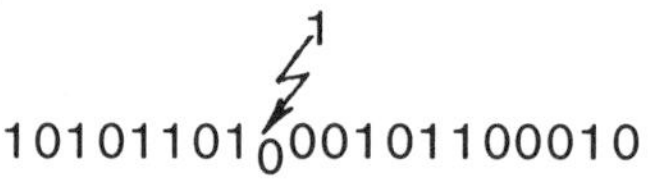

1

10101101$_0$00101100010

Rekombinationen wurden wie folgt erzeugt: Die Zeilen zweier Ist-Folgen wurden untereinander geschrieben. Es wurde festgesetzt, daß (fortschreitend von links nach rechts) an jeder Stelle mit der Wahrscheinlichkeit w = 1/2 ein Zeilenwechsel auftreten konnte.

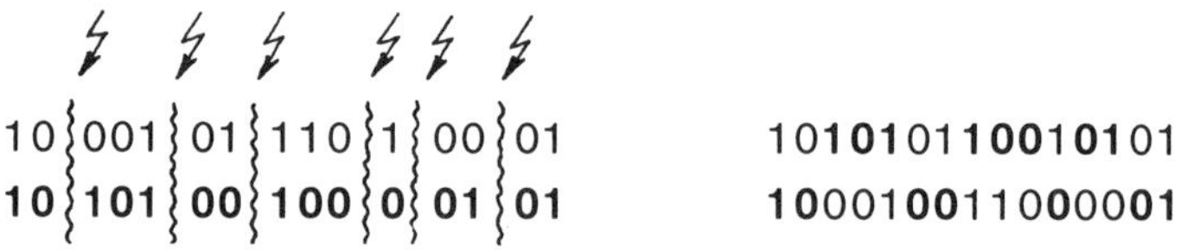

10 | 001 | 01 | 110 | 1 | 00 | 01   10**101**01**100**1**01**01
10 | 101 | 00 | 100 | 0 | 01 | 01   **10**001**00**110**0**00**01**

Das Optimierungskriterium lautete:

Hamming-Distanz (I_ν, S) ⟶ Minimum.

84

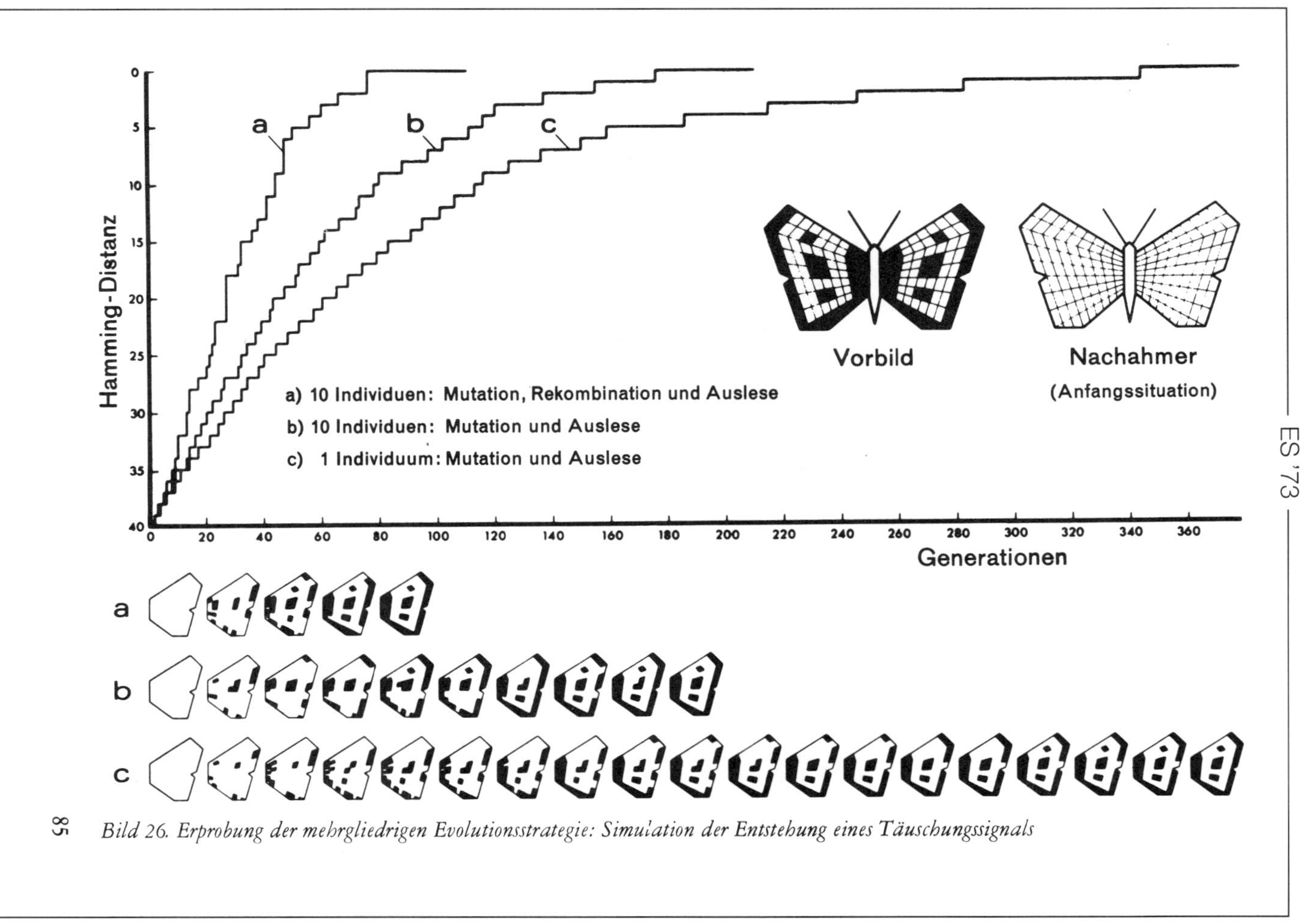

Bild 26. Erprobung der mehrgliedrigen Evolutionsstrategie: Simulation der Entstehung eines Täuschungssignals

85

Es wurden folgende Fälle durchgespielt:

a) Das einfache zweigliedrige Evolutionsschema ($\mu = 1$). Die Soll-Folge wurde im Mittel nach 345 Schritten erreicht.
b) Das einfache mehrgliedrige Evolutionsschema ($\mu = 10$). Die Soll-Folge wurde nach 175 Generationen erreicht.
c) Das erweiterte mehrgliedrige Evolutionsschema ($\mu = 10$) mit Rekombination. Die Soll-Folge wurde nach 75 Generationen erreicht.

Dieses abstrakt erscheinende Testbeispiel läßt sich mit einem Vorgang in der Natur in Zusammenhang bringen: Wir denken uns den Flügel eines Schmetterlings in 9×9 = 81 Quadrate aufgeteilt, so daß sich ein Schwarz-Weiß-Muster des Schmetterlings durch eine Folge von Binärzeichen beschreiben läßt. Die vorgegebene Soll-Folge S könnte das Muster eines ungenießbaren und deshalb von Vögeln gemiedenen Schmetterlings beschreiben. Eine andere Schmetterlingsart mit dem Anfangsmuster I_O ahmt im Verlauf der Evolution das Schutzmuster nach [43]. Das Bild 26 zeigt diese als Mimikry bekannte evolutive Signalanpassung.

Abschließend sei noch auf eine Besonderheit des Versuchsablaufs hingewiesen. Bei dem erweiterten Evolutionsschema wurde eine abgeänderte Binärfolge immer erst dann in die Population eingegliedert, nachdem bereits 10 weitere Varianten der Folge erzeugt worden waren. Denn normalerweise dauert es auch in der Natur eine gewisse Zeit, bis aus der genetischen Information ein fertiges Lebewesen entstanden ist. Genauso kann bei einem technischen Optimierungsversuch von dem Moment an, da die Information für eine Objektänderung vorliegt, eine lange Wartezeit auftreten, bis das Objekt realisiert und bewertet worden ist. Eine Optimierungsstrategie, welche die Wartezeit zur Herstellung weiterer Versuchsobjekte ausnutzt, um das Optimum schneller zu finden, wird deshalb auch für die Technik bedeutsam sein.

11. Mehrgliedrige Evolution zur technischen Optimierung

Unser Versuch, die Entstehung der Schmetterlings-Mimikry nachzuahmen, hat gezeigt, daß es in der Geschichte der Lebewesen sehr wahrscheinlich eine Evolution der Evolution gegeben hat; denn je genauer wir in diesem Experiment die biologische Evolutionsmethode nachahmen, desto schneller konvergiert sie offensichtlich. Wesentlich für die genauere Nachahmung ist, daß eine Population verwendet wird. Ist es aber nicht gerade äußerst verschwenderisch, wenn in der Natur an Millionen von Individuen zugleich experimentiert wird? Kann die Evolutionsmethode unter diesen Umständen noch als optimal bezeichnet werden? Der scheinbare Widerspruch erklärt sich damit, daß die Güte einer Optimierungsstrategie in der Natur anders bewertet wird als in der Technik.

In der Natur zählt allein die Zeit, innerhalb der eine bestimmte Anpassung erreicht wird. Eine biologische Art, die sich in 10 Generationen an eine neue Umweltbedingung anpaßt, ist der verwandten Art, die dafür 20 Generationen benötigt, überlegen. Solange genügend Lebensraum vorhanden ist, spielt es keine Rolle, wieviele Individuen dabei eine Generation besitzt. Deshalb wurden auf der Abszisse im Bild 26 nicht Schrittzahlen, sondern Generationen aufgetragen.

Für die technische Optimierung gelten andere Maßstäbe. Als Optimierungsaufwand zählt hier das Produkt Zeit mal Kosten für die Versuchsdurchführung. Würde man – statt an einem – an zehn technischen Objekten zugleich experimentieren, so wäre das eben zehnmal so aufwendig.

Es gibt aber durchaus Optimierungsprobleme, bei denen das Gruppenexperiment sinnvoll sein könnte. Es sei z. B. die Aufgabe gestellt, die Form eines Kunststoffteils mit maximaler Festigkeit zu finden. Wir konstruieren zur Herstellung dieses Teils eine variable Gußform. Damit möge sich – unter Verwendung von Gießharz – jede Stunde ein verändertes Kunststoffteil fertigen lassen. Wir wollen annehmen, daß der Kunststoff danach noch 24 Stunden durchhärten muß, bevor die Festigkeit des Versuchsteils gemessen werden darf. In der Zwischenzeit könnte man jedoch weiter an der Lösung der Optimierungsaufgabe arbeiten, wenn ein mehrgliedriges Evolutionsschema benutzt werden würde. Nimmt man das Mimikry-Experiment zum Maßstab, so würde bei einem elfgliedrigen Experimentierschema mit Rekombination die Optimierungszeit auf etwa 1/5 reduziert. Ähnliche Versuchsbedingungen ergeben sich, wenn ein Ingenieur mit Hilfe der Evolutionsstrategie ein Konstruktionsteil maximaler Dauerfestigkeit entwickeln möchte, oder wenn ein Industrieunternehmen versuchen würde, ein Produkt mittels der Evolutionsstrategie optimal dem Markt anzupassen. Beide Male wäre das mehrgliedrige Evolutionsschema geeignet, die Wartezeit bis zur Beendigung des Dauerfestigkeitsversuchs bzw. bis zur Feststellung des Verkaufserfolgs für weitere Experimente zu nutzen.

Echte Parallelarbeit mit einer Gruppe wird aller Voraussicht nach bald auf modernen Digitalrechnern möglich. Neuste Entwicklungen auf diesem Gebiet gehen nämlich dahin, daß von der sequentiellen Informationsverarbeitung innerhalb eines Rechners zu einem Parallelbetrieb vieler autonomer Rechnereinheiten übergegangen wird. Denn wegen der endlichen Geschwindigkeit, mit der sich ein Signal in einem elektrischen Leiter fortpflanzt, kann die Rechengeschwindigkeit bei serieller Informationsverarbeitung heute kaum noch gesteigert werden. Voraussetzung für den sinnvollen Einsatz des neuen Rechnertyps sind dann Algorithmen, mit denen paralleles Arbeiten möglich ist [44].

Darüber hinaus ist die mehrgliedrige Evolutionsmethode dem zweigliedrigen Wettkampfschema deshalb überlegen, weil sie sich zu einer Strategie weiterentwickeln läßt, die sich während der Optimierung stets von selbst so einstellt, daß schnellstes Fortschreiten erreicht wird. Wir wollen in diesem Fall von einer „lernenden Population" sprechen, deren Wirksamkeit wir im Kapitel 18 noch kennenlernen werden.

C

Zur Theorie der Evolutionsstrategie

89

12. Aufgabe der Theorie

Überlegen wir uns, welche Fragen von einer Theorie beantwortet werden sollten. Es wäre gewiß wertvoll, wenn sich auch mathematisch zeigen ließe, um welchen Betrag eine Evolutionsstrategie, die Crossing-over, Chromosomenmutationen und diploide Vererbung kopiert, schneller konvergiert als das einfache Mutations-Selektions-Verfahren. Doch ist es bisher noch nicht gelungen, die erweiterte Evolutionsstrategie mathematisch zu begründen. Die vorgetragene Theorie behandelt nur die vereinfachte Evolutionsstrategie in der Form des zweigliedrigen Wettkampfschemas. Dabei stehen drei Fragen im Vordergrund, die bei Diskussionen über die Wirksamkeit des Mutations-Selektions-Verfahrens besonders häufig gestellt werden.

1. Frage: Damit das Mutations-Selektions-Verfahren konvergiert, muß die Qualitätsfunktion $Q(x_1, x_2, \cdot\cdot\cdot, x_n)$ möglicherweise bestimmte Kriterien erfüllen. Was geschieht zum Beispiel, wenn die Qualitätsfunktion Nebenmaxima besitzt?

2. Frage: Vorgegeben sei ein hinreichend flexibel gestaltetes Versuchsobjekt. Alle Parameter lassen sich kontinuierlich verstellen. Wie groß müssen dann im Mittel die zufälligen Parameteränderungen sein (z. B. in Prozent des gesamten Verstellbereiches), damit das Mutations-Selektions-Verfahren gut konvergiert?

3. Frage: Es ist das Kennzeichen nahezu aller in der mathematischen und regelungstechnischen Literatur beschriebenen Optimierungs-

strategien, mit einer ausgeklügelten Schrittfolge zum Funktionsoptimum zu gelangen. Sind diese determinierten Verfahren nicht doch der Zufallsmethode weit überlegen?

Wir wollen versuchen, in den nachfolgenden theoretischen Überlegungen diese drei Kernfragen zu beantworten.

13. Konvergenz des Mutations-Selektions-Verfahrens

Vorgegeben sei eine n-dimensionale Qualitätsfunktion

$$Q(x_1, x_2, \cdots x_n) .$$

Für $x_1 = x_1^*$, $x_2 = x_2^*$, $\cdots$, $x_n = x_n^*$ möge die Funktion ein absolutes Maximum besitzen. Die Suche nach diesem Maximum soll an der Stelle $x_1 = x_1^{(0)}$, $x_2 = x_2^{(0)}$, $\cdots$, $x_n = x_n^{(0)}$ beginnen. Wir wollen die Mutationspunkte in der Reihenfolge, wie sie erzeugt werden, mit 1, 2, 3, $\cdots$ durchnumerieren. Aus dieser Folge werden durch den Selektionsmechanismus laufend Punkte eliminiert. Um diesen Vorgang kenntlich zu machen, konstruieren wir eine zweite Punktfolge 1', 2', 3', $\cdots$, die nur die jeweiligen Bestwerte durchläuft. Ein neuer Mutationspunkt bekommt nur dann die nächst höhere Strich-Nummer, wenn er eine Qualitätsverbesserung ergibt; anderenfalls soll der Punkt, von dem die Mutation ausging, die nächst höhere Strich-Nummer erhalten. Sind demnach von einem Punkt aus mehrere erfolglose Mutationen zu verzeichnen, dann wird dieser Punkt mehrere aufeinanderfolgende Strich-Nummern tragen; der Optimierungsprozeß wird sich an dieser Stelle länger aufhalten. Wir wollen die Stellen 1', 2', 3', $\cdots$ deshalb als Aufenthaltspunkte bezeichnen.

Wir kennzeichnen jetzt den ν-ten Mutationspunkt $(x_1^{(\nu)}, x_2^{(\nu)}, \cdots, x_n^{(\nu)})$ durch die Abkürzung $\mathbf{x}^{(\nu)}$ und entsprechend den ν-ten Aufenthaltspunkt $(x_1'^{(\nu)}, x_2'^{(\nu)}, \cdots, x_n'^{(\nu)})$ durch die Abkürzung $\mathbf{x}'^{(\nu)}$. Dann läßt sich der Mutations-Selektions-Algorithmus für den $(\nu + 1)$-ten Schritt wie folgt schreiben:

Mutationskriterium

(1a) $\mathbf{x}^{(\nu+1)} = \mathbf{x}'^{(\nu)} + \mathbf{z}^{(\nu)}$

Selektionskriterium

(1b)
$$\mathbf{x}'^{(\nu+1)} = \mathbf{x}^{(\nu+1)} \quad \text{für} \quad Q(\mathbf{x}^{(\nu+1)}) \geqq Q(\mathbf{x}'^{(\nu)})$$
$$\mathbf{x}'^{(\nu+1)} = \mathbf{x}'^{(\nu)} \quad \text{für} \quad Q(\mathbf{x}^{(\nu+1)}) < Q(\mathbf{x}'^{(\nu)}) \ .$$

Die Größe $\mathbf{z}^{(\nu)}$ stellt einen Zufallsvektor dar, dessen Komponenten $z_1^{(\nu)}, z_2^{(\nu)}, \cdot \cdot \cdot, z_n^{(\nu)}$ durch einen Zufallsprozeß (z. B. Würfeln) realisiert werden müssen. Der Zufallsvektor soll eine normalverteilte Wahrscheinlichkeitsdichte im n- dimensionalen Raum annehmen:

(2) $$w(\mathbf{z}) = \left(\frac{1}{\sqrt{2\pi}\,\sigma}\right)^n e^{-\frac{1}{2\sigma^2}\mathbf{z}^2} \ .$$

Hierbei wird gleiche Wahrscheinlichkeitsdichte durch Schalen von Hyperkugeln beschrieben, die sich konzentrisch um den jeweiligen Aufenthaltspunkt $\mathbf{x}'$ anordnen. In radialer Richtung nimmt die Dichte in der Form der bekannten *Gauß*schen Glockenkurve ab, wobei die Streuung σ das Maß dieser Abnahme bestimmt.

Auf Grund des Selektionskriteriums (1b) bilden die zu den Punkten $\mathbf{x}'^{(1)}, \mathbf{x}'^{(2)}, \cdot \cdot \cdot, \mathbf{x}'^{(\nu)}, \cdot \cdot \cdot$ gehörenden Qualitätswerte eine monoton nicht fallende Zahlenfolge:

(3) $$Q(\mathbf{x}'^{(1)}) \leqq Q(\mathbf{x}'^{(2)}) \leqq \cdots \leqq Q(\mathbf{x}'^{(\nu)}) \leqq \cdots \ .$$

Bei einem physikalisch sinnvollen Optimierungsproblem kann man voraussetzen, daß die Folge nach oben beschränkt ist. Nun konvergiert aber nach einem bekannten mathematischen Satz eine beschränkte und monoton nicht fallende Zahlenfolge gegen ihre obere Grenze [45, 46]. Besitzt also die Qualität Q an der Stelle $\mathbf{x}^*$ eindeutig ihren größten Wert, d. h. gilt für alle $\mathbf{x}' \neq \mathbf{x}^*$ die Ungleichung $Q(\mathbf{x}') < Q(\mathbf{x}^*)$, dann strebt die Zahlenfolge (3) mit wachsender Zahl ν gegen $Q(\mathbf{x}^*)$.

Es muß noch hinzugefügt werden, daß es ausgeschlossen ist, daß in der Folge (3) von irgendeiner Stelle an etwa nur noch die Gleichheitszeichen gelten, wenn der Grenzwert noch nicht erreicht ist. Solange nämlich innerhalb des physikalisch stets begrenzten Parameterraumes noch endlich große Gebiete mit einer höheren Qualität existieren, solange bleibt auch die Wahrscheinlichkeit endlich groß, daß eine Mutation dieses Gebiet trifft.

Mathematisch ergibt sich für die Erfolgswahrscheinlichkeit der Ausdruck

$$(4) \qquad W_e(\mathbf{x}') = \overbrace{\int_G \cdots \int}^{n} w(\mathbf{x}-\mathbf{x}')\,d\mathbf{x} = \left(\frac{1}{\sqrt{2\pi}\,\sigma}\right)^n \overbrace{\int_G \cdots \int}^{n} e^{-\frac{1}{2\sigma^2}(\mathbf{x}-\mathbf{x}')^2}\,d\mathbf{x} \quad .$$

Dabei ist über das Erfolgsgebiet G zu integrieren, das alle Punkte $\mathbf{x}$ enthält, für welche die Ungleichung $Q(\mathbf{x}) > Q(\mathbf{x}')$ gilt.

Die Tatsache, daß der Mutations-Selektions-Algorithmus (1a, 1b) mit Sicherheit eine Folge von Punkten $\mathbf{x}'^{(1)}$, $\mathbf{x}'^{(2)}$, $\mathbf{x}'^{(3)}$, · · · erzeugt, die im mathematischen Sinn zur Stelle maximaler Qualität konvergiert, ist dennoch nur von theoretischem Interesse. Es kann nämlich immer noch geschehen, daß an manchen Stellen die Gleichheitszeichen in der Folge (3) das Übergewicht bekommen, indem vielleicht erst nach mehreren Millionen Gleichheitszeichen wieder eine Qualitätsverbesserung auftritt. Damit also das Mutations-Selektions-Verfahren an einer Stelle $\mathbf{x}' \neq \mathbf{x}^*$ nicht praktisch einmal steckenbleibt, muß die Bedingung $W_e(\mathbf{x}') > 0$ in die schärfere Bedingung $W_e(\mathbf{x}') \geqq \delta$ abgeändert werden, wobei δ $(0 < \delta < 1)$ eine vorgegebene, nicht zu kleine Zahl darstellt.

Falls sich also von einer Qualitätsfunktion voraussagen läßt, daß sie für alle $\mathbf{x}' \neq \mathbf{x}^*$ die Integralbedingung

$$(5) \qquad W_e(\mathbf{x}') = \left(\frac{1}{\sqrt{2\pi}\,\sigma}\right)^n \overbrace{\int_G \cdots \int}^{n} e^{-\frac{1}{2\sigma^2}(\mathbf{x}-\mathbf{x}')^2}\,d\mathbf{x} \geqq \delta$$

erfüllt, so wäre dies eine Gewähr, daß das Mutations-Selektions-Verfahren in einem gewünschten Grade auch beständig konvergiert.

Wir wollen nun danach fragen, welche anschaulich deutbaren Eigenschaften die Qualitätsfunktion besitzen muß, damit die Bedingung (5) erfüllt ist. Dazu betrachten wir ein Umgebungsgebiet $U_\varrho(\mathbf{x}')$ des Punktes $\mathbf{x}'$, das durch die Bedingung

$$(6) \qquad (\mathbf{x}-\mathbf{x}')^2 < \varrho^2 \,, \qquad\qquad (\varrho > 0)$$

begrenzt sei. Ein solches sphärisches Umgebungsgebiet enthält einen bestimmten Anteil $G_\varrho(\mathbf{x}')$ als Erfolgsgebiet. Allgemein wird sich dieser Anteil ändern, wenn wir den Radius ϱ des Umgebungsgebietes ändern. Es wird für das Verhältnis $G_\varrho(\mathbf{x}')/U_\varrho(\mathbf{x}')$ einen Maximalwert geben. Angenommen, wir kennen dieses maximale Verhältnis oder können es hinreichend genau abschätzen; dann läßt sich aus dieser geringen Information bereits eine obere und eine untere Grenze für die Erfolgswahrscheinlichkeit $W_e(\mathbf{x}')$ angeben. Es gilt die Ungleichung

$$(7) \qquad \frac{1}{\sqrt{\pi n}} \left[\frac{G_\varrho(\mathbf{x}')}{U_\varrho(\mathbf{x}')}\right]_{max} < W_e(\mathbf{x}') < \left[\frac{G_\varrho(\mathbf{x}')}{U_\varrho(\mathbf{x}')}\right]_{max} \,.$$

Die obere Grenze ergibt sich aus folgender Überlegung: Vorgegeben sei eine beliebige sphärische Testumgebung U_ϱ. Wir nehmen zunächst an, jeder Raumbezirk innerhalb dieser Testumgebung werde mit der gleichen Wahrscheinlichkeit von einem Mutationsschritt getroffen, während außerhalb von U_ϱ keine Mutationsschritte hingelangen. Dann ergibt sich – unabhängig von der geometrischen Verteilung des Erfolgsgebietes G_ϱ in U_ϱ – für die Erfolgswahrscheinlichkeit der Wert $W_e = G_\varrho/U_\varrho$. Jetzt wählen wir die Umgebung U_ϱ so, daß das Verhältnis G_ϱ/U_ϱ seinen maximalen Wert annimmt. Dann wird auch die Erfolgswahrscheinlichkeit ihren größten Wert besitzen.

Nun sind die Mutationsschritte aber nicht gleichverteilt, sondern sie ordnen sich nach einer *Gauß*schen Glockenkurve an. Die Streuung σ möge jedoch so klein gewählt sein, daß nur ein sehr geringer Prozentsatz der Zufallschritte aus U_ϱ herausfällt. Die Treffer werden sich also im Zentrum von U_ϱ anhäufen. Hier könnten sich nur dann mehr Erfolge ergeben als bei der Gleichverteilung, wenn das Erfolgsgebiet das Volumen von U_ϱ innen dichter ausfüllen würde als am Rande. Das hieße aber, daß bei einer Verkleinerung von U_ϱ das Verhältnis G_ϱ/U_ϱ noch anwächst, was jedoch ausgeschlossen ist, da die betrachtete Umgebung bereits das größte Verhältnis G_ϱ/U_ϱ besitzen soll. Damit ist aber die obere Grenze der Ungleichung (7) bewiesen.

Um die untere Grenze zu bestimmen, konstruieren wir wieder eine sphärische Testumgebung U_ϱ und messen das darin befindliche Erfolgsgebiet G_ϱ. Wir wollen zunächst annehmen, daß außerhalb dieser Umgebung keine weiteren Erfolgsgebiete auftreten. Dann läßt sich zwar die tatsächliche Erfolgswahrscheinlichkeit noch immer nicht berechnen, da die Verteilung der Erfolgsgebiete innerhalb der Umgebung U_ϱ unbekannt ist. Doch läßt sich jetzt ihr kleinstmöglicher Wert angeben. Die kleinste Erfolgswahrscheinlichkeit tritt nämlich dann auf, wenn sich das Erfolgsgebiet G_ϱ im größtmöglichen Abstand vom Zentrum der Umgebungskugel U_ϱ befindet. Das ist aber eine Kugelschale mit dem äußeren Radius ϱ und dem durch G_ϱ bestimmten inneren Radius ϱ_i. Wenn wir nun wieder berücksichtigen, daß außerhalb der Testumgebung auch noch Erfolgsgebiete auftreten können, dann ergibt sich nach (5) für die Erfolgswahrscheinlichkeit die Ungleichung

$$(8) \qquad W_e(\mathbf{x}') \geq \left(\frac{1}{\sqrt{2\pi}\,\sigma}\right)^n \left[\underbrace{\int \cdots \int}_{(\mathbf{x}-\mathbf{x}')^2 \leq \varrho^2}^{n} e^{-\frac{1}{2\sigma^2}(\mathbf{x}-\mathbf{x}')^2} d\mathbf{x} - \underbrace{\int \cdots \int}_{(\mathbf{x}-\mathbf{x}')^2 \leq \varrho_i^2}^{n} e^{-\frac{1}{2\sigma^2}(\mathbf{x}-\mathbf{x}')^2} d\mathbf{x} \right] .$$

Führt man n-dimensionale Kugelkoordinaten ein, so lassen sich die n-fachen Integrale in einfache Integrale überführen (siehe [46], Bd. III, S. 397):

$$W_e(\mathbf{x}') \geqq \frac{2^{1-\frac{n}{2}}}{\sigma^n \Gamma(\frac{n}{2})} \left[\int_0^{\varrho} r^{(n-1)} e^{-\frac{1}{2\sigma^2} r^2} dr - \int_0^{\varrho_i} r^{(n-1)} e^{-\frac{1}{2\sigma^2} r^2} dr \right] ,$$

(9)

$$W_e(\mathbf{x}') \geqq \frac{2^{1-\frac{n}{2}}}{\sigma^n \Gamma(\frac{n}{2})} \int_{\varrho_i}^{\varrho} r^{(n-1)} e^{-\frac{1}{2\sigma^2} r^2} dr .$$

Der Mittelwertsatz der Integralrechnung liefert mit $\varrho > \xi > \varrho_i$

(10) $$W_e(\mathbf{x}') \geqq \frac{2^{1-\frac{n}{2}}}{\sigma^n \Gamma(\frac{n}{2})} e^{-\frac{\xi^2}{2\sigma^2}} \int_{\varrho_i}^{\varrho} r^{(n-1)} dr = \frac{2^{-\frac{n}{2}}}{\frac{n}{2}\Gamma(\frac{n}{2})} \frac{\varrho^n - \varrho_i^n}{\sigma^n} e^{-\frac{\xi^2}{2\sigma^2}} .$$

Setzen wir $\xi = \varrho$, dann gilt auf jeden Fall das Größer-Zeichen:

(11) $$W_e(\mathbf{x}') > \frac{2^{-\frac{n}{2}}}{\frac{n}{2}\Gamma(\frac{n}{2})} \frac{\varrho^n - \varrho_i^n}{\sigma^n} e^{-\frac{\varrho^2}{2\sigma^2}} .$$

Wie man erkennt, hängt diese untere Grenze für die Erfolgswahrscheinlichkeit noch von der Streuung σ der Mutationsschritte ab. Gesucht wird aber nur nach einem Kriterium für die Qualitätsfunktion, das erfüllt sein muß, damit die Erfolgswahrscheinlichkeit an einer Stelle $\mathbf{x}'$ einen vorgegebenen Wert nicht unterschreitet. Wir müssen deshalb die Streuung σ aus der Gleichung (11) eliminieren. Dazu denken wir uns die Streuung derart eingestellt, daß die rechte Seite von (11) ihren maximalen Wert annimmt. Das Nullsetzen der ersten Ableitung liefert dafür den Wert $\sigma = \varrho / \sqrt{n}$. Das ergibt eingesetzt in (11)

(12) $$W_e(\mathbf{x}') > \frac{(\frac{n}{2})^{\frac{n}{2}-1} e^{-\frac{n}{2}}}{\Gamma(\frac{n}{2})} \frac{\varrho^n - \varrho_i^n}{\varrho^n} = \frac{(\frac{n}{2})^{\frac{n}{2}-1} e^{-\frac{n}{2}}}{\Gamma(\frac{n}{2})} \frac{G_\varrho}{U_\varrho} \approx \frac{1}{\sqrt{\pi n}} \frac{G_\varrho}{U_\varrho} .$$

Dabei folgt der letzte Ausdruck aus einer asymptotischen Entwicklung der Gammafunktion

(13) $\Gamma(z) \approx \sqrt{2\pi}\, z^{z-\frac{1}{2}}\, e^{-z} \qquad (z \gg 1)$,

was für eine Abschätzung der unteren Grenze von W_e ($\mathbf{x}'$) genügend genau ist. Für das Verhältnis G_ϱ / U_ϱ ist dann wieder der größte Wert zu verwenden. Damit ist aber auch die linke Seite der Ungleichung (7) bewiesen.

Die Ungleichung (7) können wir nun benutzen, um ein notwendiges und ein hinreichendes Kriterium dafür zu definieren, daß von einem kritischen Punkt aus das Mutations-Selektions-Verfahren mit einer bestimmten Mindestwahrscheinlichkeit weiterführt. Solche kritischen Punkte sind in erster Linie Nebenmaxima der Qualitätsfunktion.

Notwendiges Kriterium:

Damit an einem kritischen Punkt $\mathbf{x}' \neq \mathbf{x}^*$ das Mutations-Selektions-Verfahren mit einer Wahrscheinlichkeit $W_e \geqq \delta$ weiterkonvergiert, ist notwendig, daß sich um diesen Punkt eine sphärische Umgebung U_ϱ mit einem darin eingeschlossenen Erfolgsgebiet G_ϱ konstruieren läßt, so daß gilt

(14) $\frac{G_\varrho}{U_\varrho} > \delta \, , \qquad (0 < \delta < 1)$.

Hinreichendes Kriterium:

Damit an einem kritischen Punkt $\mathbf{x}' \neq \mathbf{x}^*$ das Mutations-Selektions-Verfahren mit einer Wahrscheinlichkeit $W_e \geqq \delta$ weiterkonvergiert, ist hinreichend, daß sich um diesen Punkt eine sphärische Umgebung U_ϱ mit einem darin eingeschlossenen Erfolgsgebiet G_ϱ konstruieren läßt, so daß gilt

(15) $\frac{G_\varrho}{U_\varrho} > \sqrt{\pi n}\, \delta \, , \qquad (0 < \delta < 1)$.

Wie man erkennt, liegen notwendiges und hinreichendes Kriterium verhältnismäßig weit auseinander. Im Zwischenbereich könnte das Mutations-Selektions-Verfahren mit der geforderten Mindestwahrscheinlichkeit wei-

98

terkonvergieren, es muß aber nicht. Diese Unschärfe entsteht dadurch, daß wir einzig die anschaulichen Begriffe des sphärischen Umgebungsgebietes und des darin eingeschlossenen Erfolgsgebietes benutzt haben. Es mag durchaus möglich sein, ein genaueres Kriterium herzuleiten, indem man versucht, das Integral (5) exakter auszuwerten. Dazu wäre allerdings eine umfassendere Information über die Lage der Erfolgsgebiete im Variablenraum erforderlich. Doch gehört es gerade zum Wesen eines Optimierungsproblems, daß diese Information nicht vorhanden ist.

Ein Kriterium, das über die Konvergenz des Mutations-Selektions-Verfahrens entscheiden soll, kann also nur dazu dienen, uns eine ungefähre Vorstellung von den zulässigen und unzulässigen Formen eines „Qualitätsgebirges" zu vermitteln. Gerade dafür sind die abgeleiteten Beziehungen (14) und (15) gut geeignet, da bereits eine relativ vage Vorstellung von der Topologie der Erfolgsgebiete ausreicht, um sie anwenden zu können.

Wir können jetzt die besonderen Eigenschaften des genetischen Codes (siehe Kapitel 6.2) besser verstehen. Durch das räumliche Zusammenrücken von Tauglichkeitswerten ungefähr gleicher Größe wird nämlich das Erfolgsgebiet G_ϱ in einer kleinen Umgebung U_ϱ vergrößert, wodurch sich die Erfolgswahrscheinlichkeit erhöht.

Die Kriterien (14) und (15) zeigen aber auch, daß die häufig gestellte Frage, ob das Mutations-Selektions-Verfahren auch bei mehreren Zwischenmaxima der Qualitätsfunktion das Hauptmaximum finden würde, nicht unmittelbar mit ja oder nein beantwortet werden kann. Ein Zwischenmaximum wird sich immer störend auf die Konvergenz des Verfahrens bemerkbar machen. Eine solche Stelle besitzt stets ein mehr oder minder großes Umgebungsgebiet, das nur Punkte mit einer Qualitätsverschlechterung enthält. Man muß die sphärische Testumgebung U_ϱ an einem lokalen Maximum größer wählen als an anderen Stellen der Qualitätsfunktion, ehe die Aussicht besteht, wieder ein Erfolgsgebiet G_ϱ einzuschließen. Um das hinreichende Kriterium (15) zu erfüllen, muß aber bei großem U_ϱ auch G_ϱ groß werden, was eine scharfe Bedingung darstellt.

Trotzdem kann man sich durchaus Funktionen vorstellen, die viele Zwischenmaxima besitzen und diese Bedingung sicher erfüllen. Das wäre z. B. der Fall, wenn sich die Zwischenmaxima einer Funktion der Größe nach geordnet so im Variablenraum verteilen würden, daß die entstehenden Lücken verhältnismäßig klein bleiben. Hier würde das Mutations-Selektions-Verfahren – im Gegensatz zu vielen anderen Optimierungsstrategien – noch immer völlig zufriedenstellend konvergieren.

14. Fortschrittsgeschwindigkeit des Mutations-Selektions-Verfahrens

Es war das Ziel des vorangegangenen Kapitels, das Konvergenzverhalten des Mutations-Selektions-Verfahrens abzuschätzen. Dabei wurde gefordert, daß an keiner Stelle der Qualitätsfunktion im Mittel mehr als $1/\delta$ Mutationsschritte aufgebracht werden müssen, um eine Qualitätsverbesserung zu erreichen.

Wir wollen nun versuchen, nach diesen qualitativen Überlegungen zu quantitativen Aussagen über die Konvergenz des Mutations-Selektions-Verfahrens zu gelangen. Gesucht sei ein Maß für die Konvergenzgeschwindigkeit des Verfahrens. Es mag zunächst auf der Hand liegen, direkt nach der mittleren Schrittzahl zu fragen, die benötigt wird, um das Maximum einer Qualitätsfunktion zu erreichen. Diese Schrittzahl hängt dann ab von:

a) der Eigenart der Qualitätsfunktion,
b) der Lage des Startpunktes und
c) dem gewünschten Grad der Zielannäherung.

Um zu einer sinnvollen Fragestellung zu kommen, ist es notwendig, diese Fülle von Möglichkeiten einzuschränken. Wir wollen die plausible Annahme machen, daß die Geschwindigkeit des Fortschreitens an einer bestimmten Stelle des Parameterraumes in erster Linie durch die Form des Qualitätsgebirges im Umgebungsbereich der häufigsten Schrittweiten bestimmt wird. Wie die Qualitätsfunktion weiter entfernt vom gerade durchlaufenen Gebiet beschaffen ist, dürfte auf die lokale Fortschrittsphase wenig Einfluß haben. Es liegt somit nahe, nach einem Fortschrittsmaß des Mutations-Selektions-Verfahrens innerhalb eines Bereiches des Parameterraumes zu suchen. Wir wollen danach fragen, wieviele Mutationen im Mittel erforderlich sind, um einen geeignet abgegrenzten Raumbereich zu durchqueren. Wir definieren

$$\varphi = \frac{\text{Zielannäherung im Raumbereich R}}{\text{Zahl der benötigten Mutationsschritte}}$$

und nennen φ die Fortschrittsgeschwindigkeit des Mutations-Selektions-Verfahrens im Bereich R des Parameterraumes.

Diese Festlegung hat den Vorteil, daß man zur Berechnung der Fortschrittsgeschwindigkeit φ in einem Bereich R des Parameterraumes nur noch den Verlauf der Qualitätsfunktion in diesem Bereich kennen muß. Möglicherweise läßt sich aber die Qualitätsfunktion innerhalb solcher Bereiche durch einfache mathematische Funktionen annähern. Die Zergliederung eines komplexen Vorganges in idealisierte Teilvorgänge ist ja eine häufig angewandte wissenschaftliche Verfahrensweise.

Wir denken uns also für die im folgenden entworfene Theorie eine gegebene Qualitätsfunktion aus einfachen Modellfunktionen zusammengesetzt. Betrachten wir als Beispiel eine dreiparametrige Qualitätsfunktion $Q(x_1, x_2, x_3)$. Das Bild 27 zeigt in einer perspektivischen Darstellung die Flächen gleicher Qualität einer solchen Funktion.

Die übereinandergeschichteten Schalen grenzen Erfolgs- und Mißerfolgsgebiete voneinander ab. Ihre geometrische Form und Lage ist ausschlaggebend für das Konvergenzverhalten der Evolutionsstrategie, die sich allein auf Erfolgs-Mißerfolgs-Entscheidungen gründet. Folgerichtig ist es deshalb, auch die Modellfunktionen nach der Geometrie der Erfolgs-Mißerfolgs-Grenzen zu klassifizieren. Beim Entwurf solcher Modelle wird man dann zunächst mit einfachen geometrischen Grundformen beginnen. Mögliche einfache Modellfunktionen zeigt das Bild 28. Für den Fall von drei Parametern werde die Berandung der Erfolgsgebiete z. B.

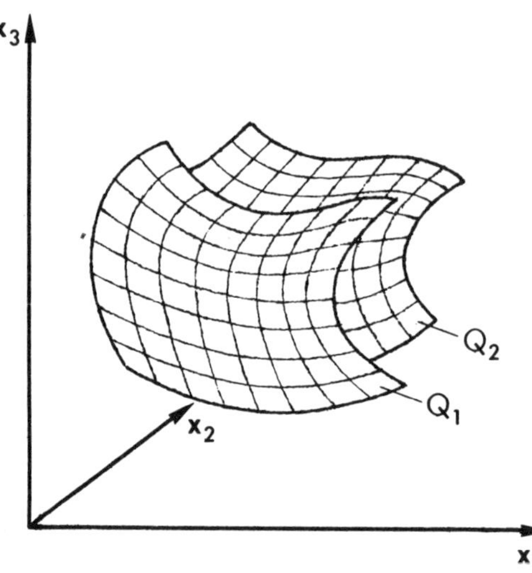

Bild 27. 3-dimensionale Funktion – Flächen gleicher Qualität –

durch Quader (a), Kugeln (b), Ellipsoide (c), Rechteckzylinder (d), Kegel (e) oder Paraboloide (f) bestimmt. Sämtliche Modelle lassen sich formal auch auf n Dimensionen erweitern.

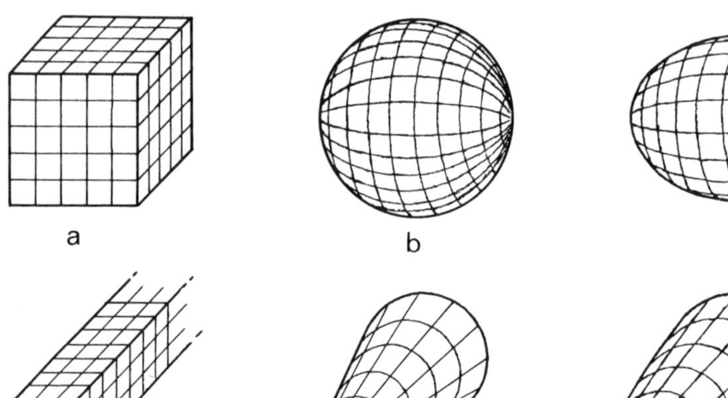

Bild 28. Modelle für Qualitätsfunktionen

Stellen wir uns vor, wir hätten für zahlreiche Modellfunktionen die Fortschrittsgeschwindigkeit φ errechnet und die Ergebnisse in einem Katalog gesammelt. Nun möchten wir für eine vorgegebene Qualitätsfunktion wissen, wie schnell das Mutations-Selektions-Verfahren an einzelnen Stellen konvergiert. Dann müssen wir in dem Katalog nach derjenigen Modellfunktion suchen, die sich in dem interessierenden Bereich an die gegebene Qualitätsfunktion am besten anpaßt. Die zugehörige Fortschrittsgeschwindigkeit gibt dann Aufschluß über das lokale Konvergenzverhalten des Evolutionsverfahrens.

Es soll hier bereits angedeutet werden, daß wir uns später für den Betrag der Fortschrittsgeschwindigkeit nicht einmal so sehr interessieren werden. Viel wichtiger wird es sein, diejenige Streuweite der Mutationsschritte kennenzulernen, bei der die Fortschrittsgeschwindigkeit im gerade betrachteten Bereich ihren größtmöglichen Wert annimmt. Für die Praxis möchte man ferner wissen, welche Erfolgswahrscheinlichkeit zu dieser optimalen Mutationsstreuweite gehört. Wir werden deshalb verlangen, daß unser hypothetischer Katalog auch diese Größen enthält.

Somit wäre es an der Reihe, eine größere Anzahl von Modellfunktionen durchzurechnen. Bisher ist es allerdings nur für zwei verschiedene Modelle gelungen, die Werte der Fortschrittsgeschwindigkeit, optimalen Schrittweite und optimalen Erfolgswahrscheinlichkeit zu bestimmen. Dabei handelt es sich um das im Bild 28 skizzierte Modell b mit konzentrisch angeordneten Kugeln als Erfolgsgebiete und um das ebenfalls dort skizzierte Modell d mit axial verschobenen quadratischen Säulen als Erfolgsgebiete. Wir wollen im folgenden das Modell b als „Kugelmodell" und das Modell d als „Korridormodell" bezeichnen. Diese Benennungen sollen zugleich auch für die n-dimensionalen Erweiterungen beider Modelle gelten.

Es mag fragwürdig erscheinen, wenn man die Vielfalt möglicher Qualitätsfunktionen vorerst nur durch zwei verschiedene Modellfunktionen widerspiegeln möchte. Doch betrachten wir die Approximationseigenschaften beider Modelle etwas genauer: Das Kugelmodell scheint besonders geeignet, das Verhalten einer beliebigen Qualitätsfunktion in der Nähe des Maximums nachzubilden. Umgekehrt zeigt das Korridormodell ein Verhalten, wie man es in Bereichen einer Qualitätsfunktion weit ab vom Maximum erwarten kann. Somit erscheint der Gedanke durchaus nicht abwegig, die Eigenschaften einer Qualitätsfunktion in erster Näherung durch diese beiden Modellfunktionen zu simulieren. Schließlich wird die Durchrechnung des Kugelmodells und des Korridormodells zu Ergebnissen führen, die sich gar nicht so sehr voneinander unterscheiden. Das ist erstaunlich, wenn man bedenkt, daß diese beiden Modelle gleichsam an den Enden einer Skala möglicher Eigenschaften stehen. Wenn sich aber die Konvergenzgrößen des Mutations-Selektions-Verfahrens in diesen beiden Extremfällen wenig voneinander unterscheiden, so besagt das, daß die Form der Qualitätsfunktion für den Evolutionsprozeß nicht so ausschlaggebend ist, wie man es eigentlich vermuten möchte. Diese Tatsache spricht für die Möglichkeit, das Verhalten einer beliebigen Qualitätsfunktion in erster Näherung bereichsweise durch das Kugelmodell oder das Korridormodell zu approximieren.

14.1 Das Korridormodell

Wir wollen die Variablen $x_1, x_2, \cdots, x_n$ einer Qualitätsfunktion als Koordinatenachsen eines n-dimensionalen euklidischen Raumes auffassen. Ein Punkt P' in diesem Raum beschreibt die augenblickliche Variableneinstellung. Geht man von dieser festgehaltenen Stelle probeweise zu anderen Punkten P über, so wird sich die Qualität teils verbessern, teils verschlechtern. Beim Korridormodell konzentriert sich die Menge der besseren Zustandspunkte in einem Schlauch. Dreidimensional verbildlicht hat dieser Korridor die Form einer unendlich langen quadratischen Säule. Für n Dimensionen muß man sich dieses Bild formal erweitert denken.

Veranschaulichen wir uns die Qualität Q $(x_1, x_2, \cdots, x_n)$ wieder als eine im Variablenraum verteilte Dichte. Dann ist nur das Innere des Korridors mit Qualitätsdichte erfüllt, während der Außenraum überall dichtefrei bleibt. Innerhalb des Korridors verteilt sich die Dichte wie folgt: Sie wächst in einer Richtung der Korridorachse monoton an; sie ändert sich dagegen nicht in einer Querschnittsebene des Korridors (Bild 29).

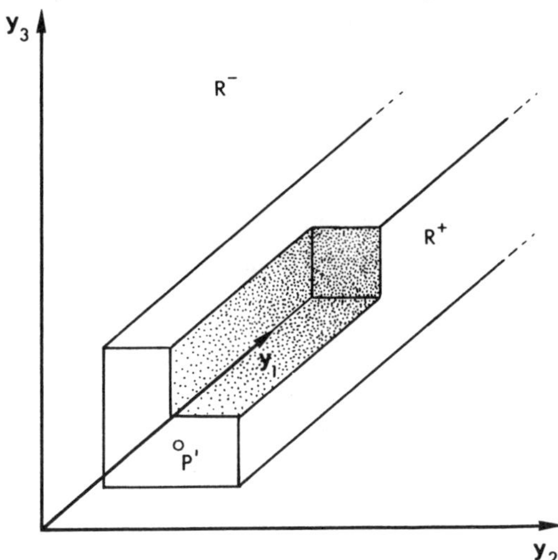

Bild 29. Qualitätsdichteverteilung beim Korridormodell

Wir führen ein neues Koordinatensystem $y_1, y_2, \cdots, y_n$ ein. Die y_1-Achse sei Mittelachse des Korridors. Es sei b die halbe Breite der Seitenwände und F(z) eine monoton ansteigende Funktion. Damit läßt sich die Qualitätsfunktion wie folgt mathematisch darstellen:

$$Q(y_1, y_2, \cdots, y_n) = F(y_1) \quad \text{für} \quad \begin{array}{c} -b < y_2 < b \\ \vdots \\ -b < y_n < b \end{array} \tag{16}$$

$$Q(y_1, y_2, \cdots, y_n) = -\infty \quad \text{sonst.}$$

105

Es sei P' ein Punkt innerhalb des Korridors, von dem aus normalverteilte Zufallssprünge in den umliegenden Raum ausgeführt werden. Für jedes Raumelement besteht eine bestimmte Trefferwahrscheinlichkeit. Nun betrachten wir statt eines getroffenen Raumelementes einen Punkt P. Für diesen Punkt läßt sich eine Trefferwahrscheinlichkeitsdichte w_t angeben:

$$(17) \qquad w_t(P' \to P) = \left(\frac{1}{\sqrt{2\pi}\,\sigma}\right)^n e^{-\frac{1}{2\sigma^2}\left[(y_1 - y_1')^2 + (y_2 - y_2')^2 + \cdots + (y_n - y_n')^2\right]} \quad .$$

Die Zufallsschritte streuen gleichmäßig in alle Richtungen des Raumes. Aber nur in einem Teil des Raumes werden sie auf eine höhere Qualitätsdichte treffen als am Ausgangspunkt. Der säulenförmige Erfolgsraum des Korridormodells, der an der Stelle P' beginnt und sich auf der Seite ansteigender Qualität bis ins unendliche erstreckt, soll mit R^+ bezeichnet werden. Den übrigbleibenden Raumteil wollen wir entsprechend mit R^- kennzeichnen.

Die Regeln des vereinfachten Evolutionsschemas besagen, daß nach einem Zufallssprung $P' \to P$ der Punkt P' nur dann endgültig in die neue Lage P übergeht, wenn P im Raumbereich R^+ liegt. Diesen Sachverhalt wollen wir durch die Übergangswahrscheinlichkeit ausdrücken. Die Übergangswahrscheinlichkeit $w_ü$ ist gleich der Trefferwahrscheinlichkeit im Raumbereich R^+, sie ist dagegen gleich Null im Raumbereich R^-:

$$(18) \qquad \begin{aligned} w_ü(P' \to P) &= w_t(P' \to P) \qquad && \text{für} \qquad P \in R^+ \ , \\ w_ü(P' \to P) &= 0 && \text{für} \qquad P \in R^- \ . \end{aligned}$$

Aus dieser Unsymmetrie der Übergangswahrscheinlichkeit ergibt sich ein positiver Erwartungswert der Zufallsschritte in Richtung der y_1-Achse. Der Erwartungswert kennzeichnet den mittleren Weggewinn, den man vom Punkt P' aus im Durchschnitt erhoffen darf. Die Größe dieser lokalen Fortschrittserwartung läßt sich bestimmen, indem man vom festgehaltenen Ausgangspunkt P' alle möglichen Zufallssprünge mit der vorgeschriebenen Häufigkeit durchführt, die Gewinnwerte der Erfolgsschritte einzeln aufsummiert und das Ergebnis durch die Gesamtzahl der Schritte dividiert.

Dieser Vorgang bedeutet in die Sprache der Mathematik übersetzt: Man multipliziere an jeder Stelle des Raumes die Übergangswahrscheinlichkeitsdichte nach Gleichung (18) mit dem dazugehörigen Gewinn. Als Gewinn zähle die Koordinatendifferenz $y_1 - y'_1$ eines Zufallsschrittes. Dann sind diese Produkte aus Wahrscheinlichkeitsdichte und Gewinn über den gesamten Raum R zu integrieren. Das Ergebnis ist schließlich durch das über den gleichen Raum erstreckte Integral der Trefferwahrscheinlichkeitsdichte zu dividieren. Dieses letzte Integral ist jedoch definitionsgemäß gleich Eins, da es sich dabei um das sichere Ereignis handelt, daß irgendein Punkt im Raum durch einen Zufallsschritt getroffen wird. Damit erhält man für die Fortschrittserwartung φ' an der Stelle P'

$$(19) \qquad \varphi' = \overbrace{\int \cdots \int_R}^{n} (y_1 - y'_1)\, w_{ü}(P' \rightarrow P)\, dy_1 \cdots dy_n \; .$$

Beachtet man die Gleichungen (18), so ergibt sich

$$(20) \qquad \varphi' = \overbrace{\int \cdots \int_{R^+}}^{n} (y_1 - y'_1)\, w_t(P' \rightarrow P)\, dy_1 \cdots dy_n \; .$$

Die Integration ist längs des Korridors von der Stelle P' bis ins Unendliche und quer dazu für alle übrigen Koordinatenrichtungen von -b bis +b zu erstrecken. Wenn man dann den Ausdruck (17) für die Trefferwahrscheinlichkeitsdichte in dieses Integral einsetzt, so ergibt sich

$$(21) \qquad \varphi' = \frac{1}{\sqrt{2\pi}\,\sigma} \int_{y_1 = y'_1}^{\infty} (y_1 - y'_1)\, e^{-\frac{1}{2\sigma^2}(y_1 - y'_1)^2} dy_1 \left(\frac{1}{\sqrt{2\pi}\,\sigma}\right)^{n-1} \int_{y_2=-b}^{b} \cdots \int_{y_n=-b}^{b} e^{-\frac{1}{2\sigma^2}\left[(y_2-y'_2)^2 + \cdots + (y_n - y'_n)^2\right]} dy_2 \cdots dy_n \, .$$

107

Die Lösung dieses Integrals lautet:

$$(22) \quad \varphi' = \frac{\sigma}{\sqrt{2\pi}} \left\{ \frac{1}{2} \left[\Phi\left(\frac{b-y_2'}{\sqrt{2}\,\sigma}\right) + \Phi\left(\frac{b+y_2'}{\sqrt{2}\,\sigma}\right) \right] \cdots \frac{1}{2} \left[\Phi\left(\frac{b-y_n'}{\sqrt{2}\,\sigma}\right) + \Phi\left(\frac{b+y_n'}{\sqrt{2}\,\sigma}\right) \right] \right\} .$$

Dabei ist Φ das *Gauß*sche Fehlerintegral

$$(23) \quad \Phi(u) = \frac{2}{\sqrt{\pi}} \int_0^u e^{-z^2} dz .$$

Wie die Gleichung (22) zeigt, ist die Größe der Fortschrittserwartung φ' von der Lage des Punktes P' im Korridor abhängig. Die Fortschrittserwartung nimmt im Korridorzentrum den größten und in den Korridorecken den kleinsten Wert an. Wenn nun durch das Mutations-Auslese-Spiel der Aufenthaltspunkt den Korridor aufwärts wandert, dann wird er laufend andere Lagen im Korridorquerschnitt einnehmen. Führt man den Prozeß lange genug durch, so ergibt sich schließlich eine bestimmte durchschnittliche Aufenthaltshäufigkeit an jeder Stelle des Korridorquerschnitts.

Die Berechnung der Fortschrittsgeschwindigkeit

$$\varphi = \frac{\text{zurückgelegter Weg im Korridor}}{\text{Zahl der benötigten Mutationsschritte}}$$

begründet sich auf folgenden Gedankengang: Es wird ein Korridorelement betrachtet, das die Form einer dünnen, parallel zur Korridorachse laufenden Röhre hat. Das Mutations-Auslese-Spiel werde für längere Zeit durchgeführt. Von der Gesamtzahl der Aufenthaltspunkte, die den Weg des Punktes P' im Korridorraum markieren, wird ein bestimmter Anteil in das betrachtete Korridorelement fallen. Wir betrachten nur diese Punkte. Die Mutationen, die von diesen Punkten ausgehen, werden offenbar einzeln unterschiedliche Gewinne erzielen; doch im Mittel wird sich der zu dieser Querschnittsstelle des Korridors gehörende Erwartungswert nach Gleichung (22) einstellen. Um den insgesamt zurückgelegten Weg im Korridor zu bestimmen, teilen wir den gesamten Korridorraum in derartige röhrenförmige Elemente auf. Dann müssen wir die zu jeder Querschnittsstelle gehörende Fortschrittserwartung mit der Zahl der Aufenthaltspunkte in der betreffenden Röhre multiplizieren und die Ergebnisse zusammenaddieren.

Die Lage der Aufenthaltspunkte im Korridor bestimmt der Zufall. In der Sprache der Wahrscheinlichkeitsrechnung gehört zu jeder Querschnittsröhre eine bestimmte Aufenthaltswahrscheinlichkeit. Wir betrachten jetzt eine unendlich dünne Querschnittslinie Q' mit den Koordinaten $y'_2, y'_3, \cdots, y'_n$. Es sei w'_a die Aufenthaltswahrscheinlichkeitsdichte für die Korridorlängslinie. Wir multiplizieren an jeder Stelle des Korridorquerschnitts die Fortschrittserwartung φ' mit der Aufenthaltswahrscheinlichkeitsdichte w'_a. Integriert man diese Produkte über den Korridorquerschnitt, ergibt sich die Fortschrittsgeschwindigkeit φ:

$$\varphi = \int_{y'_2=-b}^{b} \cdots \int_{y'_n=-b}^{b} \varphi' \, w'_a \, dy'_2 \cdots dy'_n \quad . \tag{24}$$

Zur Berechnung der Aufenthaltswahrscheinlichkeitsdichte w'_a zerspalten wir den Zufallsprozeß nach Gleichung (17) in zwei Teile:

$$w_t(P' \to P) = \underbrace{\frac{1}{\sqrt{2\pi}\,\sigma}\, e^{-\frac{1}{2\sigma^2}(y_1-y'_1)^2}}_{w_t(y' \to y)} \; \underbrace{\left(\frac{1}{\sqrt{2\pi}\,\sigma}\right)^{n-1} e^{-\frac{1}{2\sigma^2}\left[(y_2-y'_2)^2+\cdots+(y_n-y'_n)^2\right]}}_{w_t(Q' \to Q)} \quad . \tag{25}$$

Der erste Teil stellt die Komponente des Zufallsschrittes in Längsrichtung des Korridors dar. Nun ändert sich aber die Korridorgeometrie in dieser Richtung nicht. Deshalb kann diese Schrittkomponente bei der Berechnung der Aufenthaltswahrscheinlichkeit gestrichen werden. Wir betrachten nur den Übergang von einer Querschnittsstelle zu einer anderen. Wir führen also in Gedanken in ein und demselben Korridorquerschnitt normalverteilte Zufallssprünge w(Q'→Q) durch. Im n-dimensionalen Fall ist dieser Querschnitt ein (n−1)-dimensionaler Würfel mit der Kantenlänge 2 b.

Nunmehr lautet das Problem: Gegeben ist ein würfelförmig abgegrenzter Raum. Man springt innerhalb dieses Raumes mit normalverteilter Übergangswahrscheinlichkeit von Punkt zu Punkt. Sprünge, die aus den Raum herausführen, werden zum Ausgangspunkt zurückgelenkt. Gesucht ist die Aufenthaltshäufigkeit an jeder Stelle des Raumes, wenn man den Prozeß lange durchführt.

Wir wollen ohne Ableitung sofort die Lösung des Problems angeben. Überraschend besitzt jeder Punkt innerhalb des Raumes die gleiche Aufenthaltswahrscheinlichkeit. Beim (n−1)-dimensionalen Würfel ergibt sich für die Dichte der Aufenthaltswahrscheinlichkeit

$$(26) \qquad w_a' = 1/(2b)^{n-1} \; .$$

Setzen wir nun die Ausdrücke für φ' nach Gleichung (22) und für w'_a nach Gleichung (26) in das Integral (24) ein, so folgt

$$(27) \qquad \varphi = \frac{\sigma}{\sqrt{2\pi}\,(4b)^{n-1}} \left\{ \int_{y_2'=-b}^{b} \left[\Phi\left(\frac{b-y_2'}{\sqrt{2}\,\sigma}\right) + \Phi\left(\frac{b+y_2'}{\sqrt{2}\,\sigma}\right) \right] dy_2' \cdots \int_{y_n'=-b}^{b} \left[\Phi\left(\frac{b-y_n'}{\sqrt{2}\,\sigma}\right) + \Phi\left(\frac{b+y_n'}{\sqrt{2}\,\sigma}\right) \right] dy_n' \right\} .$$

Die Integrale lassen sich elementar auswerten. Die Lösung lautet:

$$(28) \qquad \varphi = \frac{\sigma}{\sqrt{2\pi}} \left[\Phi\left(\sqrt{2}\,\frac{b}{\sigma}\right) - \frac{1}{\sqrt{2\pi}}\,\frac{\sigma}{b} \left(1 - e^{-2\frac{b^2}{\sigma^2}}\right) \right]^{n-1} .$$

Es wird sich zeigen, daß wir diese Formel hauptsächlich für kleine Werte σ/b brauchen. Für diesen Fall gilt die Näherung

$$(29) \qquad \varphi = \frac{\sigma}{\sqrt{2\pi}} \left(1 - \frac{1}{\sqrt{2\pi}}\,\frac{\sigma}{b}\right)^{n-1} , \qquad (\sigma/b \ll 1) \; .$$

Dabei wurde die asymptotische Darstellung des Fehlerintegrals benutzt

$$\Phi(u) \approx 1 - \frac{1}{\sqrt{\pi}} \frac{e^{-u^2}}{u} , \qquad (u >> 1) . \tag{30}$$

Ein wichtiges Konvergenzmaß ist neben der Fortschrittsgeschwindigkeit die Erfolgswahrscheinlichkeit

$$W_e = \frac{\text{erfolgreiche Mutationsschritte}}{\text{Gesamtzahl der Mutationsschritte}} .$$

Von den ausgeführten Zufallsschritten wird nämlich nur ein Teil zum Fortschritt beitragen, während die übrigen Schritte „aussterben". Bei der Anwendung des Evolutionsverfahrens spielt die Erfolgswahrscheinlichkeit eine wichtige Rolle. Läßt sich diese rechnerische Größe doch direkt mit der im Experiment beobachteten Erfolgshäufigkeit der Mutationen vergleichen.

Die Erfolgswahrscheinlichkeit an einer Stelle P' erhält man aus der Integration der Übergangswahrscheinlichkeitsdichte über den gesamten Raum R:

$$W_e' = \overbrace{\int \cdots \int_R}^{n} w_ü (P' \rightarrow P) \, dy_1 \cdots dy_n . \tag{31}$$

Man kann sich die Gleichung (31) auch aus der Gleichung (19) für die lokale Fortschrittsgeschwindigkeit entstanden denken, indem man dort die Fortschrittsbewertung fortläßt. Dann unterscheiden sich auch die übrigen Rechenschritte, die zur Bestimmung der mittleren Erfolgswahrscheinlichkeit jetzt durchgeführt werden müßten, von den Gleichungen (20) bis (27) nur darin, daß dieses Bewertungsglied fehlt. Wir wollen die analogen Rechenstufen überspringen und sogleich das Ergebnis mitteilen. Es ergibt sich für die mittlere Erfolgswahrscheinlichkeit

$$W_e = \frac{1}{2} \left[\Phi\left(\sqrt{2} \, \frac{b}{6}\right) - \frac{1}{\sqrt{2\pi}} \, \frac{6}{b} \left(1 - e^{-2\frac{b^2}{6^2}}\right) \right]^{n-1} . \tag{32}$$

Für kleine Werte σ/b gilt die Näherung

(33) $$W_e = \frac{1}{2}\left(1 - \frac{1}{\sqrt{2\pi}}\,\frac{\sigma}{b}\right)^{n-1} , \qquad (\sigma/b \ll 1) .$$

Überlegen wir uns jetzt, wie man das Korridormodell noch besser an die Wirklichkeit anpassen könnte. Bisher wurde eine statische Qualitätsfunktion vorausgesetzt. Jeder Punkt im Parameterraum besaß eindeutig eine bestimmte Qualität Q. Diese Vorstellung stimmt nur, wenn man in der mathematischen Ebene operiert und den Qualitätswert aus einer Rechenvorschrift gewinnt. Soll dagegen das Optimum eines technischen Systems in der experimentellen Ebene gefunden werden, dann muß die Qualität gemessen werden. Dabei sind Störungen unvermeidlich. Die Qualitätsfunktion ist bildlich gesprochen nicht mehr starr, sondern sie verhält sich eher wie ein „wabbelnder Pudding". Die gemessene Qualität $\tilde{Q}$ weicht um den Betrag δ vom wahren Wert Q ab:

(34) $$\tilde{Q} = Q + \delta .$$

Die Größe des Fehlers δ ist natürlich für jede Messung verschieden. Schließt man systematische Fehler aus, dann kann man annehmen, daß sich die Fehlergröße nach einer *Gauß*schen Dichtefunktion verteilt (kleine Fehler treten häufiger auf als große). Die Stärke des Störrauschens soll durch die Streuung σ_R ausgedrückt werden:

(35) $$w(\delta) = \frac{1}{\sqrt{2\pi}\,\sigma_R}\, e^{-\frac{1}{2\sigma_R^2}\delta^2} .$$

Wir betrachten jetzt fehlerhafte Meßwerte der Qualität an den beiden Stellen P' und P. Wir bilden die Differenz

(36) $$\begin{aligned} \tilde{Q}(P) - \tilde{Q}(P') &= Q(P) - Q(P') + \delta(P) - \delta(P') , \\ \Delta\tilde{Q} &= \Delta Q + \varepsilon . \end{aligned}$$

Der Gesamtfehler ε setzt sich aus den voneinander unabhängigen Zufallsgrößen δ (P) und δ (P') zusammen. Man kann annehmen, daß beide Größen dem gleichen Fehlergesetz (35) gehorchen. Dann läßt sich für den Gesamtfehler das Verteilungsgesetz

$$(37) \qquad w(\varepsilon) = \frac{1}{\sqrt{\pi}\, 2\sigma_R}\, e^{-\frac{1}{4\sigma_R^2}\varepsilon^2}$$

ableiten.

Das Vorzeichen der Qualitätsdifferenz (36) entscheidet über Erfolg oder Mißerfolg einer Mutation. Während im ungestörten Fall positives und negatives Vorzeichen eindeutig den Raumbereichen R^+ und R^- zugeordnet sind, können unter dem Einfluß von Störungen in beiden Räumen Plus- und Minusmutationen auftreten. Eine positive Qualitätsdifferenz wird nach (36) dann auftreten, wenn $\varepsilon > -\Delta Q$ ist. Dafür besteht die Wahrscheinlichkeit

$$(38) \qquad W(\varepsilon > -\Delta Q) = \int_{\varepsilon=-\Delta Q}^{\infty} w(\varepsilon)\, d\varepsilon = \frac{1}{2}\left[1 + \Phi\left(\frac{\Delta Q}{2\sigma_R}\right)\right] .$$

Die Wahrscheinlichkeit, daß der Aufenthaltspunkt P' in die mutierte Lage P übergeht, setzt sich zusammen aus der Wahrscheinlichkeit, daß der Punkt P getroffen wird und der Wahrscheinlichkeit, daß an dieser Stelle eine positive Qualitätsdifferenz gemessen wird. In die Sprache der Wahrscheinlichkeitsrechnung übersetzt folgt daraus für die Übergangswahrscheinlichkeitsdichte unter dem Einfluß von Störungen

$$(39) \qquad \tilde{w}_{ü}(P' \rightarrow P) = w_t(P' \rightarrow P)\; W(\varepsilon > -\Delta Q) \; .$$

Analog zur Gleichung (19) erhalten wir für die örtliche Fortschrittserwartung unter dem Einfluß von Störungen

$$(40) \qquad \tilde{\varphi}' = \overbrace{\int \cdots \int_R}^{n} (y_1 - y_1')\, \tilde{w}_{ü}(P' \rightarrow P)\, dy_1 \cdots dy_n \; .$$

Der Integrand ist außerhalb des Korridors gleich Null. Man sieht das sofort, wenn man in (38) $\Delta Q = -\infty$ einsetzt. Jedoch verschwindet der Integrand nicht - wie im störungslosen Fall - in der unteren Korridorhälfte, sondern wir müssen diesmal über den gesamten Korridorraum integrieren. In der Gleichung (21) tritt an die Stelle des Integrals

$$(41) \quad \frac{1}{\sqrt{2\pi}\,\sigma} \int_{y_1=y_1'}^{\infty} (y_1 - y_1')\, e^{-\frac{1}{2\sigma^2}(y_1-y_1')^2}\, dy_1 = \frac{\sigma}{\sqrt{2\pi}}$$

jetzt der Ausdruck

$$(42) \quad \frac{1}{2\sqrt{2\pi}\,\sigma} \int_{y_1=-\infty}^{\infty} (y_1 - y_1')\, e^{-\frac{1}{2\sigma^2}(y_1-y_1')^2} \left[1 + \Phi\left(\frac{(y_1-y_1')}{2\sigma_R}\right)\right] dy_1 = \frac{\frac{\sigma}{\sqrt{2}\,\sigma_R}}{\sqrt{1+\frac{\sigma^2}{2\sigma_R^2}}} \frac{\sigma}{\sqrt{2\pi}} .$$

wobei wir – um integrieren zu können – einen linearen Qualitätszuwachs längs des Korridors voraussetzen wollen. Die übrigen Integrale über die Variablen $y_2, \cdots, y_n$ ändern sich dagegen nicht. Ungestörte und gestörte Fortschrittsgeschwindigkeit unterscheiden sich daher am Ende der Rechnung um den gleichen Faktor wie die Integrale (41) und (42). Wir erhalten

$$(43) \quad \tilde{\varphi} = \frac{\frac{\sigma}{\sqrt{2}\,\sigma_R}}{\sqrt{1+\frac{\sigma^2}{2\sigma_R^2}}}\, \varphi .$$

Es wurde bereits festgestellt, daß bei der Bestimmung der Erfolgswahrscheinlichkeit die gleichen Rechenschritte durchlaufen werden wie bei der Bestimmung der Fortschrittsgeschwindigkeit. Die beiden Rechnungen unterscheiden sich nur darin, daß bei der Bestimmung der Erfolgswahrscheinlichkeit die Fortschrittsbewertung wegfällt. Das heißt aber, daß ungestörte und gestörte Erfolgswahrscheinlichkeit sich wiederum nur um den Faktor unterscheiden, um den die Integrale (41) und (42) differieren, wenn man $y_1 - y'_1 = 1$ setzt. In diesem Fall ist aber die Lösung beider Integrale gleich 1/2. Es gilt deshalb

$$(44) \quad \tilde{W}_e = W_e .$$

14.2 Das Kugelmodell

Bei diesem Modell ist die Qualitätsdichte kugelsymmetrisch im Parameterraum verteilt. Gleiche Qualität wird durch konzentrisch angeordnete Schalen von Hyperkugeln beschrieben. Die Qualität steigt mit abnehmendem Kugelradius monoton an und erreicht im Kugelzentrum den maximalen Wert (Bild 30).

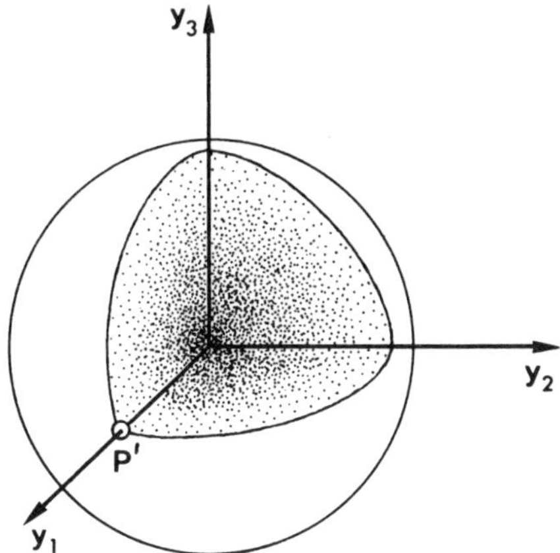

Bild 30. Qualitätsdichteverteilung beim Kugelmodell

Wir errichten ein dem Problem angepaßtes Koordinatensystem $y_1, y_2, \cdots, y_n$ mit dem Ursprung im Kugelzentrum. Es sei F(z) wieder eine monoton ansteigende Funktion. Die Qualitätsfunktion läßt sich dann mathematisch wie folgt darstellen:

$$Q(y_1, y_2, \cdots, y_n) = -F\left(\sqrt{y_1^2 + y_2^2 + \cdots + y_n^2}\right) \quad . \tag{45}$$

Es sei P' ein Mutationsausgangspunkt im Abstand r' vom Koordinatenursprung. Wir denken uns das Koordinatensystem so gedreht, daß P' auf der y_1-Achse liegt. Dann besitzt ein beliebiger Punkt im Abstand r vom Koordinatenursprung die Trefferwahrscheinlichkeitsdichte

(46) $$w_t(P' \to P) = \left(\frac{1}{\sqrt{2\pi}\,\sigma}\right)^n e^{-\frac{1}{2\sigma^2}\left[(y_1 - r')^2 + y_2^2 + \cdots + y_n^2\right]}$$

und die Übergangswahrscheinlichkeitsdichte

(47) $$\begin{aligned} w_ü(P' \to P) &= w_t(P' \to P) && \text{für} \quad r \leq r' , \\ w_ü(P' \to P) &= 0 && \text{für} \quad r > r' . \end{aligned}$$

Als Gewinn einer erfolgreichen Mutation werten wir im rotationssymmetrischen Fall die Radiendifferenz r' - r. Damit ergibt sich für die Fortschrittserwartung φ' an der Stelle P'

(48) $$\varphi' = \overbrace{\int_R \cdots \int}^{n} \left(r' - \sqrt{y_1^2 + \cdots + y_n^2}\right) w_ü(P' \to P)\, dy_1 \cdots dy_n ,$$

$$\varphi' = \left(\frac{1}{\sqrt{2\pi}\,\sigma}\right)^n \int_{y_1^2 + \cdots + y_n^2 \leq r'^2} \cdots \int \left(r' - \sqrt{y_1^2 + \cdots + y_n^2}\right) e^{-\frac{1}{2\sigma^2}\left[(y_1 - r')^2 + \cdots + y_n^2\right]} dy_1 \cdots dy_n .$$

Führen wir Kugelkoordinaten ein, so ergibt sich

(49) $$\varphi' = \left(\frac{1}{\sqrt{2\pi}\,\sigma}\right)^n e^{-\frac{r'^2}{2\sigma^2}} \frac{2\pi^{\frac{n-1}{2}}}{\Gamma\left(\frac{n-1}{2}\right)} \int_{r=0}^{r'} r^{n-1}(r' - r)\, e^{-\frac{r^2}{2\sigma^2}} \int_{\varphi=0}^{\pi} e^{-\frac{rr'}{\sigma^2}\cos\varphi} \sin^{n-2}\varphi \, d\varphi\, dr$$

Das zweite Integral rechts läßt sich durch die modifizierte *Bessel*funktion $I_p(z)$ darstellen. Es gilt (siehe [47], S. 376)

(50) $$\int_{\vartheta=0}^{\pi} e^{z\cos\vartheta} \sin^{2p}\vartheta \, d\vartheta = \frac{\sqrt{\pi}\,\Gamma\left(p + \frac{1}{2}\right)}{\left(\frac{z}{2}\right)^p} I_p(z) .$$

Ferner gebrauchen wir die Abkürzungen

(51) $u = r/r' \quad , \quad a = (r'/\sigma)^2 \quad , \quad \nu = \frac{n}{2} \quad .$

Mit (50) und (51) folgt dann aus (49)

(52) $$\varphi'/r' = a e^{-\frac{a}{2}} \int_{u=0}^{1} e^{-\frac{a}{2}u^2} u^{\nu} (1-u)\, I_{\nu-1}(au)\, du \, .$$

Wir erinnern uns, daß beim Korridormodell φ' über den Korridorquerschnitt gemittelt werden mußte, um die Fortschrittsgeschwindigkeit zu erhalten. Im kugelsymmetrischen Fall tritt an die Stelle des ebenen Korridorquerschnitts die Kugelschale mit dem Radius r'. Da sich φ' auf der Kugelschale aber nicht ändert, erübrigt sich eine Mittelung.

Das Kernproblem ist nun die Lösung des Integrals (52). Nachfolgend wird eine asymptotische Lösung für $n \gg 1$ und $\sigma \ll r'$ erarbeitet. Wir werden weiter unten sehen, weshalb dieser Fall besonders wichtig ist. Wir erweitern (52) wie folgt:

(53) $$\varphi'/r' = a e^{-\frac{a}{2}} \int_{u=0}^{1} e^{-\frac{a}{2}u^2} \left[u^{\nu} I_{\nu-1}(au) - u^{\nu+1} I_{\nu}(au) \right] du - a e^{-\frac{a}{2}} \int_{u=0}^{1} e^{-\frac{a}{2}u^2} u^{\nu+1} \left[I_{\nu-1}(au) - I_{\nu}(au) \right] du \, .$$

Durch partielle Integration findet man

(54) $$\int_{u=0}^{1} e^{-\frac{a}{2}u^2} u^{\nu} I_{\nu-1}(au)\, du = \frac{1}{a} e^{-\frac{a}{2}} \sum_{k=0}^{\infty} I_{\nu+k}(a) \, .$$

Wir setzen in das erste Integral die entsprechenden Summenausdrücke (54) ein und erhalten

(55) $$\varphi'/r' = e^{-a} I_{\nu}(a) - a e^{-\frac{a}{2}} \int_{u=0}^{1} e^{-\frac{a}{2}u^2} u^{\nu+1} \left[I_{\nu-1}(au) - I_{\nu}(au) \right] du \, .$$

Nun gilt (siehe [47], S. 483)

$$\int_{t=0}^{z} e^{t} t^{\nu-1} I_{\nu-1}(t)\,dt = \frac{e^{z} z^{\nu}}{2\nu-1}\left[I_{\nu-1}(z) - I_{\nu}(z)\right]$$

Daraus folgt durch partielle Integration

$$I_{\nu-1}(z) - I_{\nu}(z) = \frac{2\nu-1}{2z} I_{\nu-1}(z) - \underbrace{\frac{2\nu-1}{2e^{z}z^{\nu}} \int_{t=0}^{z} e^{t} t^{\nu-1}\left[I_{\nu-2}(t) - I_{\nu-1}(t)\right] dt}_{R} \;.$$

Um die Grenzen von R zu bestimmen, setzen wir einmal

$$I_{\nu-2}(t) := I_{\nu-1}(t)$$

und ein zweitesmal

$$I_{\nu-2}(t) := I_{\nu-3}(t) = \frac{2(\nu-2)}{t} I_{\nu-2}(t) + I_{\nu-1}(t) \;,$$

wobei der letzte Ausdruck aus der Rekursionsformel für die *Bessel*funktion folgt. Es ergibt sich damit die Eingrenzungsformel

$$I_{\nu-1}(z) - I_{\nu}(z) = \frac{\nu-1/2}{z} I_{\nu-1}(z) - \delta \frac{(\nu-1/2)(\nu-2)}{z^2} I_{\nu-2}(z) \;, \quad (0<\delta<1) \;.$$

Für $\nu \gg 1$ und $\nu/a \ll 1$ folgt aus der letzten Gleichung

(56) $$I_{\nu-1}(z) - I_{\nu}(z) \approx \frac{\nu}{z} I_{\nu-1}(z) \;.$$

Wir setzen (56) in das Integral der Gleichung (55) ein und finden unter Berücksichtigung von (54)

(57) $$\varphi'/r' = e^{-a} I_{\nu}(a) - \frac{\nu}{a} e^{-a} \sum_{k=0}^{\infty} I_{\nu+k}(a) \;.$$

118

Mit Hilfe des Integrals

$$\int_{t=0}^{a} e^{-t} I_\nu(t)\,dt = a e^{-a}\left[I_{\nu-1}(a) + I_\nu(a)\right] - 2\nu e^{-a} \sum_{k=0}^{\infty} I_{\nu+k}(a),$$

auf dessen Ableitung wir hier verzichten, wird der Summenausdruck in (57) eliminiert. Es ergibt sich unter Berücksichtigung von (56)

$$(58) \qquad \varphi'/r' = \frac{1}{2a}\int_{t=0}^{a} e^{-t} I_\nu(t)\,dt - e^{-a}\frac{\nu}{2a} I_{\nu-1}(a) .$$

Die *Debye*sche Reihe gibt eine asymptotische Darstellung der *Bessel*funktion (siehe [48], S. 148). Setzt man $s = \sqrt{a^2 + \nu^2}$, so gilt

$$(59) \qquad I_\nu(a) \approx \frac{1}{\sqrt{2\pi s}}\, e^{-s-\nu\,\mathrm{artgh}\frac{\nu}{s}} , \qquad (s \gg 1\ ,\ \nu^2 \ll s^3) .$$

Wir entwickeln (59) nach Potenzen von ν/a und finden

$$(60) \qquad I_\nu(a) \approx \frac{1}{\sqrt{2\pi a}}\, e^{a-\frac{\nu^2}{2a}} , \qquad (\nu/a \ll 1) .$$

Mit Hilfe der Näherung (60) läßt sich das Integral in (58) elementar lösen. Nun gilt (60) aber nur für $t \gg \nu$, während die Integration bei $t = 0$ beginnt. Es soll hier angenommen werden, daß der dadurch entstehende Fehler klein bleibt, zumal der Integrand mit kleiner werdendem t schnell gegen Null strebt. Wir erhalten dann für (58) die Lösung

$$(61) \qquad \varphi'/r' = \frac{1}{\sqrt{2\pi a}}\, e^{-\frac{\nu^2}{2a}} - \frac{\nu}{2a}\left[1 - \Phi\left(\frac{\nu}{\sqrt{2a}}\right)\right] - \frac{\nu}{2a}\frac{1}{\sqrt{2\pi a}}\, e^{-\frac{(\nu-1)^2}{2a}} ,$$

wobei das letzte Glied wegen $\nu/a \ll 1$ vernachlässigt werden darf. Wir gehen nun von den Abkürzungen (51) wieder ab und finden als Endergebnis

$$\varphi' = \frac{\sigma}{\sqrt{2\pi}} \left\{ e^{-\left(\frac{n\sigma}{\sqrt{8}\,r'}\right)^2} - \sqrt{\pi}\, \frac{n\sigma}{\sqrt{8}\,r'} \left[1 - \Phi\left(\frac{n\sigma}{\sqrt{8}\,r'}\right)\right]\right\}, \qquad (n \gg 1) \quad \left(\frac{n\sigma^2}{r'^2} \ll 1\right). \tag{62}$$

Als nächstes wollen wir die Erfolgswahrscheinlichkeit W_e' für den Punkt P′ im Abstand r′ vom Kugelzentrum berechnen. Dazu müssen wir – wie beim Korridormodell – in der Ausgangsgleichung für die Fortschrittsgeschwindigkeit lediglich die Fortschrittsbewertung weglassen. Das bedeutet, daß wir in der Gleichung (49) den Ausdruck $(r'-r)$ streichen müssen. Darauf folgen die gleichen Rechenschritte wie bei der Bestimmung von φ'. Das Endergebnis lautet:

$$W_e' = \frac{1}{2}\left[1 - \Phi\left(\frac{n\sigma}{\sqrt{8}\,r'}\right)\right], \qquad \left(n \gg 1\,,\ \frac{n\sigma^2}{r'^2} \ll 1\right). \tag{63}$$

Für das Korridormodell war es ferner möglich, Fortschrittsgeschwindigkeit und Erfolgswahrscheinlichkeit beim Vorhandensein eines Störrauschens zu berechnen. Das ist für das Kugelmodell bisher noch nicht gelungen.

15. Optimales Fortschreiten beim Korridor- und Kugelmodell

Es ist das Ziel dieses sowie des nächsten Kapitels, aus den theoretischen Ergebnissen für das Korridor- und Kugelmodell praktische Schlußfolgerungen zu ziehen. Der Übersichtlichkeit halber seien die abgeleiteten Formeln für die Fortschrittsgeschwindigkeit und Erfolgswahrscheinlichkeit hier nochmals zusammengestellt:

a) Korridormodell

$$\varphi = \frac{\sigma}{\sqrt{2\pi}}\left(1 - \frac{1}{\sqrt{2\pi}}\,\frac{\sigma}{b}\right)^{n-1}$$

$$(\sigma/b \ll 1)$$

$$W_e = \frac{1}{2}\left(1 - \frac{1}{\sqrt{2\pi}}\,\frac{\sigma}{b}\right)^{n-1},$$

b) Korridormodell mit Störrauschen

$$\tilde{\varphi} = \frac{\frac{\sigma}{\sqrt{2}\,\sigma_R}}{\sqrt{1+\frac{\sigma^2}{2\sigma_R^2}}}\;\frac{\sigma}{\sqrt{2\pi}}\left(1-\frac{1}{\sqrt{2\pi}}\frac{\sigma}{b}\right)^{n-1}$$

$$(\sigma/b \ll 1)$$

$$\tilde{W}_e = \frac{1}{2}\left(1-\frac{1}{\sqrt{2\pi}}\frac{\sigma}{b}\right)^{n-1},$$

c) Kugelmodell

$$\varphi' = \frac{\sigma}{\sqrt{2\pi}}\left\{e^{-\left(\frac{n\sigma}{\sqrt{8}\,r'}\right)^2} - \sqrt{\pi}\,\frac{n\sigma}{\sqrt{8}\,r'}\left[1-\Phi\left(\frac{n\sigma}{\sqrt{8}\,r'}\right)\right]\right\}$$

$$W_e' = \frac{1}{2}\left[1-\Phi\left(\frac{n\sigma}{\sqrt{8}\,r'}\right)\right] \qquad \left(n \gg 1\,,\ \frac{n\sigma^2}{r'^2} \ll 1\right).$$

Wir fragen jetzt nach derjenigen Streuung σ, bei der die Fortschrittsgeschwindigkeit zu einem Maximum wird. Durch Nullsetzen der ersten Ableitung ergibt sich:

Im Fall a)

$$\left(1-\frac{1}{\sqrt{2\pi}}\frac{\sigma}{b}\right) - (n-1)\frac{1}{\sqrt{2\pi}}\frac{\sigma}{b} = 0\,.$$

Daraus folgt unmittelbar

(64) $$\sigma_{opt} = b\,\frac{\sqrt{2\pi}}{n}\,.$$

Im Fall b)

$$\frac{n+1}{\sqrt{2\pi}}\left(\frac{\sigma}{b}\right)^3 - \left(\frac{\sigma}{b}\right)^2 + \frac{n+1}{\sqrt{2\pi}}\,\frac{2\sigma_R^2}{b^2}\,\frac{\sigma}{b} - 4\,\frac{\sigma_R^2}{b^2} = 0\,.$$

Daraus folgt unter der Voraussetzung $n \gg 1$ und $\sigma/b \ll 1$

(65) $$\sigma_{opt} = 2b\,\frac{\sqrt{2\pi}}{n}\,.$$

121

Im Fall c)

$$2\sqrt{\pi}\,\frac{n\sigma}{\sqrt{8}\,r'}\left[1-\Phi\left(\frac{n\sigma}{\sqrt{8}\,r'}\right)\right]-e^{-\left(\frac{n\sigma}{\sqrt{8}\,r'}\right)^2}=0\;.$$

Daraus folgt durch Iteration

$$(66)\qquad \sigma_{opt} = r'\,\frac{1{,}224}{n}\;.$$

Es fällt auf, daß die drei Formeln für σ_{opt} gleich aufgebaut sind. Für optimales Fortschreiten muß die Streuung σ stets proportional mit $1/n$ abnehmen. Da die wahre Größe eines Zufallsschrittes im Raum mit $\sqrt{n}\,\sigma$ ansteigt (σ bezieht sich auf nur eine Zufallskomponente), muß die Schrittweite mit steigender Zahl der Variablen proportional mit $1/\sqrt{n}$ abfallen. Bemerkenswert ist ferner, daß für das Korridormodell die Schrittweite bei Vorhandensein eines Störrauschens gerade verdoppelt werden muß.

Für die Praxis nützen die angegebenen Formeln für σ_{opt} jedoch wenig. Auch wenn man annimmt, daß sich die Qualitätsfunktion bereichsweise durch das Korridor- oder Kugelmodell approximieren läßt, bleibt b bzw. r' unbekannt. Wir setzen deshalb die Ausdrücke für σ_{opt} in die zugehörigen Formeln für die Erfolgswahrscheinlichkeit ein. Es ergibt sich:

für das Korridormodell

$$(67)\qquad W_{e\,opt} = \frac{1}{2e} \qquad (n \gg 1)\;,$$

für das Korridormodell mit Störrauschen

$$(68)\qquad \widetilde{W}_{e\,opt} = \frac{1}{2e^2} \qquad (n \gg 1)$$

und für das Kugelmodell

$$(69)\qquad W'_{e\,opt} = 0{,}270 \qquad (n \gg 1)\;.$$

122

Dabei ergeben sich die Formeln (67) und (68) mit Hilfe des Grenzüberganges $\lim_{n \to \infty} (1-1/n)^n = 1/e$ (e = Basis der natürlichen Logarithmen). Doch sind alle drei Formeln bereits für $n > 5$ brauchbar.

Mit der optimalen Erfolgswahrscheinlichkeit besitzen wir eine äußerst nützliche Regel, um die beste Schrittweite während eines Optimierungsvorganges einzustellen. Zunächst stellen wir fest, daß sich die Werte $W_{e\ opt}$ für das Korridormodell und das Kugelmodell nur wenig voneinander unterscheiden. Um mit maximaler Geschwindigkeit fortzuschreiten, müßte beim Korridormodell jede 5,4te Mutation und beim Kugelmodell jede 3,7te Mutation im Durchschnitt ein Erfolg sein. Wir wählen deshalb als Mittelwert für die beste Erfolgshäufigkeit den Wert 1/5. Ist also während der Optimierung $W_e < 1/5$, dann verkleinern wir die Schrittweite, ist dagegen $W_e > 1/5$, dann vergrößern wir die Schrittweite.

Der Wert $W_e \approx 1/5$ gilt jedoch nur, wenn keine Störungen die Qualität verfälschen. Das würde zutreffen, wenn man das Mutations-Selektions-Verfahren zur Lösung einer Optimierungsaufgabe auf einem Rechenautomaten anwendet. Bei der experimentellen Optimierung muß aber stets mit Störungen durch Meßfehler gerechnet werden. Für das Korridormodell gilt bei Vorhandensein eines Störrauschens $\tilde{W}_{e\,opt} = 1/14{,}8$. Es sei angenommen, daß beim Kugelmodell mit Störrauschen die optimale Erfolgswahrscheinlichkeit wieder etwas größer ist (man vergleiche den störungslosen Fall). Deshalb sollte für die experimentelle Optimierung ein Wert $\tilde{W}_{e\ opt} = 1/10$ angemessen sein.

16. Vergleich des Mutations-Selektions-Verfahrens mit der Gradientenstrategie

Für die Fortschrittsgeschwindigkeit der experimentellen Gradientenstrategie gilt die einfache Formel

(70) $\varphi_{grad} = \frac{s}{n+1}$.

123

Wir erinnern an den Algorithmus dieser Strategie (siehe Kapitel 8.1): Im n-dimensionalen Fall müssen n + 1 Qualitätsmessungen durchgeführt werden; eine am gegenwärtigen Aufenthaltspunkt und n weitere an den Endpunkten der Prüfschritte Δx_1, Δx_2, · · ·, Δx_n. Die Zahl der Versuche gehört aber nach der Definition der Fortschrittsgeschwindigkeit unter den Bruchstrich. Aus den gemessenen Qualitätsänderungen ΔQ_1, ΔQ_2, · · ·, ΔQ_n läßt sich dann die Richtung des steilsten Qualitätsanstieges berechnen. Der in dieser Richtung durchgeführte Arbeitsschritt der Länge s steht definitionsgemäß über dem Bruchstrich der Fortschrittsformel.

Der geschilderte Algorithmus arbeitet nur, wenn die Prüf- und Arbeitsschritte genügend klein gewählt werden, so daß sich die Qualitätsfunktion im Bereich der Schrittweiten durch eine nach dem linearen Glied abbrechende *Taylor*-Reihe approximieren läßt. Im Gegensatz dazu arbeitet das Mutations-Selektions-Verfahren erst dann optimal, wenn die Schrittweite über den linearen Funktionsbereich hinausragt. Das ist daran zu erkennen, daß für das Korridormodell sowie für das Kugelmodell die optimale Erfolgswahrscheinlichkeit $W_{e\ opt} < 0{,}5$ ist. Würden nämlich beim Evolutionsverfahren die Mutationsschritte nur in den Bereich linearen Funktionsverhaltens fallen, so wäre $W_e = 0{,}5$. Eine lineare Qualitätsfunktion teilt den Raum in zwei gleiche Hälften; in der einen Hälfte befinden sich alle Punkte mit einer Qualitätsverbesserung, in der anderen alle Punkte mit einer Qualitätsverschlechterung.

Obgleich wir also wissen, daß das Mutations-Selektions-Verfahren erst dann optimal arbeitet, wenn die Schritte über den linearen Funktionsbereich hinausragen, wollen wir zum Vergleich des Evolutionsverfahrens mit der Gradientenstrategie in beiden Fällen die gleiche Schrittweite benutzen. Wir ermitteln für die normalverteilten Zufallsschritte eine mittlere Schrittweite, indem wir von einem Punkt aus in Gedanken eine große Zahl von Zufallssprüngen durchführen, die zurückgelegten Wege aneinanderfügen und die Gesamtstrecke durch die Zahl der Versuche dividieren. Mathematisch ausgedrückt: Man multipliziere an jeder Stelle des Raumes die Trefferwahrscheinlichkeitsdichte mit der zugehörigen Schrittweite, integriere die Produkte über den gesamten Raum auf und dividiere das Ergebnis durch das über den gleichen Raum erstreckte Integral der Trefferwahrscheinlichkeitsdichte. Das letzte Integral ist aber definitionsgemäß gleich Eins. Somit ergibt sich

$$(71) \qquad s=\left(\frac{1}{\sqrt{2\pi}\,\sigma}\right)^n \overbrace{\int\cdots\int_R}^{n} \sqrt{z_1^2+z_2^2+\cdots+z_n^2}\; e^{-\frac{1}{2\sigma^2}(z_1^2+z_2^2+\cdots+z_n^2)}\, dz_1 dz_2 \cdots dz_n .$$

Nehmen wir wieder Kugelkoordinaten zu Hilfe, so erhalten wir

$$(72) \qquad s=\frac{2^{1-\frac{n}{2}}}{\sigma^n \Gamma(\frac{n}{2})} \int_{r=0}^{\infty} r^n\, e^{-\frac{1}{2\sigma^2}r^2}\, dr \; .$$

Das Integral läßt sich elementar lösen. Wir erhalten das Endergebnis

$$(73) \qquad s=\sigma\sqrt{2}\,\frac{\Gamma(\frac{n+1}{2})}{\Gamma(\frac{n}{2})} \; .$$

Für $n \gg 1$ ergibt sich unter Verwendung von (13)

$$(74) \qquad s=\sigma\sqrt{n} \; .$$

Die Fortschrittsgeschwindigkeit für eine linearisierte Qualitätsfunktion findet man, indem man beim Korridormodell $b \rightarrow \infty$ bzw. beim Kugelmodell $r' \rightarrow \infty$ gehen läßt. Es ergibt sich in beiden Fällen

$$(75) \qquad \varphi = \frac{\sigma}{\sqrt{2\pi}} \; .$$

Wir setzen (73) in (75) ein und erhalten

$$(76) \qquad \varphi = \frac{s}{2\sqrt{\pi}}\,\frac{\Gamma(\frac{n}{2})}{\Gamma(\frac{n+1}{2})} \; .$$

Das Bild 31 zeigt den Vergleich der Formel (70) mit der Formel (76). Ab $n > 3$ besitzt das Mutations-Selektions-Verfahren eine höhere Fort-

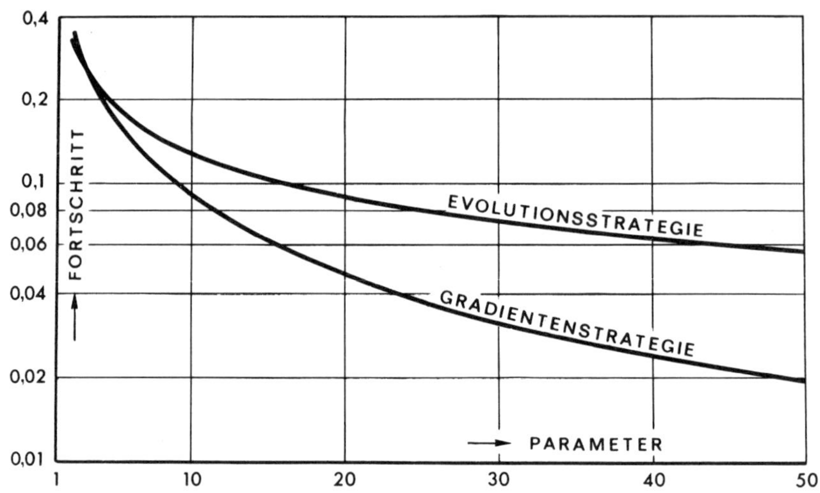

Bild 31. Fortschrittsgeschwindigkeit der Gradienten- und Evolutionsstrategie für eine lineare Qualitätsfunktion

schrittsgeschwindigkeit als die Gradientenstrategie. Die Überlegenheit des Evolutionsverfahrens gegenüber der Gradientenstrategie nimmt mit steigender Zahl n der Parameter zu.

Diese Tendenz wird deutlich, wenn wir für die Schrittweite statt (73) die Näherung (74) in die Gleichung (75) einsetzen. Es ergibt sich dann

$$(77) \qquad \varphi = \frac{1}{\sqrt{2\pi}} \frac{s}{\sqrt{n}} , \qquad (n \gg 1) .$$

Während die Fortschrittsgeschwindigkeit bei der Gradientenstrategie proportional mit 1/n abnimmt, verringert sie sich beim Mutations-Selektions-Verfahren nur proportional mit $1/\sqrt{n}$. Dieses Ergebnis erhält auch *L. A. Rastrigin* [49], der ein Zufallssuchverfahren mit konstanter Schrittweite untersucht.

Wir wollen aber festhalten, daß dieser Vergleich nur für eine lineare Qualitätsfunktion richtig ist. Für die Praxis ist dieser Fall jedoch uninteressant. Tatsächlich soll dieses Kapitel etwas anderes zeigen: Eine plan-

126

voll durchdachte Handlungsfolge, wie sie bei der Gradientenstrategie durchgeführt wird, muß nicht notwendigerweise effektiver sein als ein spontan ausgeführter Zufallsschritt. Man muß den Gesamtaufwand sehen. Bei der Gradientenstrategie müssen erst in Vorversuchen die Qualitätsanstiege in sämtlichen n Parameterrichtungen bestimmt werden. Hat man diese Informationen, dann erreicht man allerdings den größtmöglichen Gewinn, nämlich Fortschreiten in Richtung des steilsten Anstiegs. Bei der einfachen Evolutionsstrategie liegen die Verhältnisse gerade umgekehrt: Die Chance ist sehr gering, mit einem Zufallsschritt optimal voranzukommen, d. h. die Gradientenrichtung zu treffen. Der Fortschrittsgewinn eines Zufallsschrittes ist also im Mittel sehr klein (bei einem Mißerfolg sogar Null). Dieser kleine Gewinn wird aber dafür im Mittel bei **jedem zweiten** Schritt (linear) bzw. **jedem fünften** Schritt (optimal, nicht linear) erreicht.

Das Beispiel in diesem Kapitel zeigt also, daß mit zunehmender Parameterzahl die Hilfsoperationen einer determinierten Strategie zu einem größeren Fortschrittsverlust führen können als die unvermeidbaren Abweichungen der Schrittvektoren einer Zufallsstrategie von der optimalen Fortschrittsrichtung.

Schluß

17. Zusammenfassung

Einleitend wird die Hypothese aufgestellt, daß die biologische Evolution eine optimale Strategie zur Anpassung der Lebewesen an ihre Umwelt darstellt. Die Hypothese wird damit begründet, daß Organismen mit Vererbungsmechanismen, die zu einer schnellen stammesgeschichtlichen Umweltanpassung führen, gegenüber den sich langsam anpassenden Arten einen von Generation zu Generation zunehmenden Selektionsvorteil erlangen.

Es bietet sich deshalb an, die Prinzipien der biologischen Evolution auch zur Optimierung technischer Systeme heranzuziehen. Im Teil **A** der Arbeit werden Experimente beschrieben, die zeigen, daß sich bereits das einfache biologische Prinzip der Mutation und Selektion mit Erfolg zur Entwicklung strömungsgünstigster Körperformen sowie zur Optimierung eines Reglers anwenden läßt.

Um das biologische Evolutionsgeschehen genauer zu kopieren, wird im Teil **B** der Arbeit von einer Modellvorstellung Gebrauch gemacht, die gleichermaßen für die technische und biologische Entwicklung gilt: Die technische Entwicklung wird als eine Punktfolge gedeutet, die im Parameterraum zur Stelle maximaler Qualitätsdichte konvergiert; entsprechend wird die biologische Entwicklung als eine Punktfolge angesehen, die im sogenannten Nukleotidraum zur Stelle maximaler Tauglichkeitsdichte strebt. Damit ist es möglich, mathematische Suchschrittverfahren zur Approximation eines Optimums im Parameterraum mit den biologischen Verfahren des Neusetzens und Streichens von Genotypen im Nukleotidraum zu vergleichen. Durch diese Gegenüberstellung lassen sich die wirksamen Prinzipien der biologischen Evolution genau erkennen und in die mathematisch-technische Ebene übertragen. Es kann dann an einem Beispiel gezeigt werden, daß eine höhere Nachahmungsstufe der biologischen Evolution in der Tat schneller zur Lösung konvergiert als das einfache Mutations-Selektions-Verfahren.

Im Teil C der Arbeit wird das Konvergenzverhalten des einfachen Mutations-Selektions-Verfahrens theoretisch untersucht. Es kann ein notwendiges und ein hinreichendes Konvergenzkriterium für das Verfahren aufgestellt werden. Ferner werden für zwei spezielle Modelle von Qualitätsfunktionen (Korridormodell und Kugelmodell) Formeln für die Fortschrittsgeschwindigkeit und die Erfolgswahrscheinlichkeit des Mutations-Selektions-Verfahrens abgeleitet. Die optimale Fortschrittsgeschwindigkeit wird erreicht, wenn beim Korridormodell im Mittel jede 5,4te und beim Kugelmodell im Mittel jede 3,7te Mutation erfolgreich ist. Abschliessend wird gezeigt, daß für den Sonderfall einer linearen Qualitätsfunktion das Mutations-Selektions-Verfahren bei vielen Parametern um den Faktor $\sqrt{n/2\pi}$ (n=Zahl der Parameter) schneller konvergiert als eine experimentelle Gradientenstrategie.

18. Die lernende Population

Die Evolutionsstrategie könnte noch schneller konvergieren, wenn sich die Mutationsschrittweiten selbsttätig in einem Lernprozeß der lokalen Topologie des Qualitätsdichtefeldes anpassen würden, und zwar derart, daß maximale Fortschrittsgeschwindigkeit erreicht wird. Für schnelles Fortschreiten wäre es z. B. beim Korridormodell günstig, wenn der Mutationsmechanismus lernen würde, bevorzugt in Richtung der Korridorachse zu variieren. Ferner müßte für eine gleichförmige Zielannäherung beim Kugelmodell die Mutationsschrittweite mit kleiner werdendem Zielabstand abnehmen; denn nur so könnte das Optimum mit steigender Mutationszahl immer genauer approximiert werden.

Die Maximierung der örtlichen Fortschrittsgeschwindigkeit bildet ein zusätzliches Optimierungsproblem, das der Grundaufgabe der technischen Systemoptimierung überlagert ist. Es wäre denkbar, zur Maximierung der Fortschrittsgeschwindigkeit ebenfalls das Mutations-Selektions-Verfahren zu verwenden. Angenommen, zur Erzeugung der Parametervariationen Δx_1 bis Δx_n sind die Streuungen σ_1 bis σ_n als Anfangswerte vorgegeben. Wir messen die mit diesen Streuungswerten erreichte Fortschrittsgeschwindigkeit φ im Bereich R des Parameterraumes. Nunmehr ändern wir die Streuungen σ_1 bis σ_n um kleine Zufallsbeträge ab. Wir gehen zum Startpunkt der vorangegangenen Messung zurück und ermitteln erneut die Fortschrittsgeschwindigkeit φ^* im Raumbereich R. Die veränderten Streuungswerte werden beibehalten, wenn $\varphi^* \geqq \varphi$ ist; dagegen werden die ursprünglichen Werte weiterverwendet, wenn $\varphi^* < \varphi$ ist.

Sehr wahrscheinlich wird in der Natur die Fortschrittsgeschwindigkeit auf ähnliche Weise optimiert. Dabei durchläuft allerdings nicht ein Genotyp mit unterschiedlichem Mutationsverhalten zweimal ein und dieselbe Entwicklungsphase, sondern viele Genotypen einer Population durchqueren gleichzeitig ein bestimmtes Gebiet im Nukleotidraum. Wenn dann noch – wie die Beobachtung bestätigt [50] – die spontane Mutabilität eines Organismus unter genetischer Kontrolle steht, so werden diejenigen Genotypen mit der günstigsten Mutabilität im Nukleotidraum bald die Front der in Richtung ansteigender Tauglichkeitsdichte fortschreitenden Punktwolke einnehmen. Die langsamen Genotypen bleiben immer mehr zurück und sterben aus.

Das Bild 32 veranschaulicht nochmals, wie dieser Vorgang im Nukleotidraum „paläontologisch" abläuft: Die verschiedenen Genotypen einer Population werden durch Punkte symbolisiert. Der Pfeil kennzeichnet die Richtung zunehmender Tauglichkeitsdichte. Der zum schwarzen Punkt gehörige Genotyp möge die günstigste Mutabilität aufweisen (Zustand a). Günstigste Mutabilität heißt, daß er sich schneller höherentwickelt als die

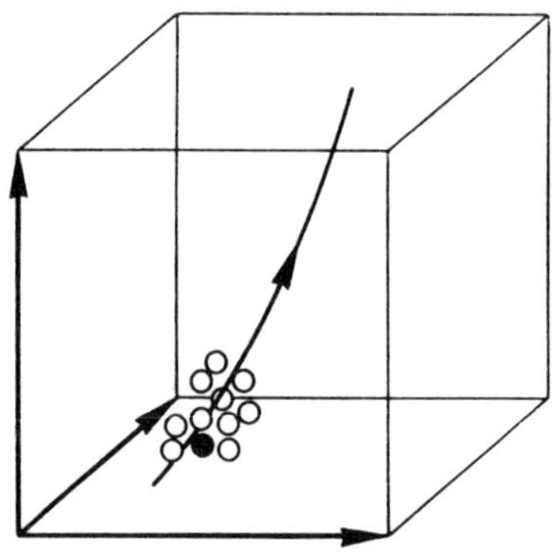

a Der schwarze Genotyp besitzt die günstigste Mutabilität und damit innerhalb der Gruppe die höchste Evolutionsgeschwindigkeit.

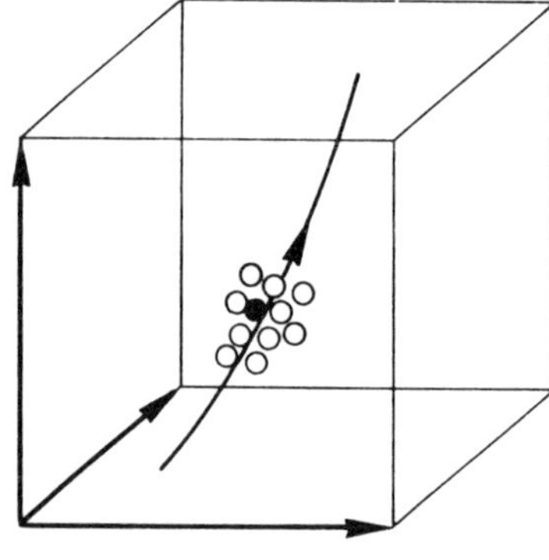

b Er rückt nach einigen Generationen in Richtung ansteigender Tauglichkeitsdichte zur Spitze der Gruppe vor.

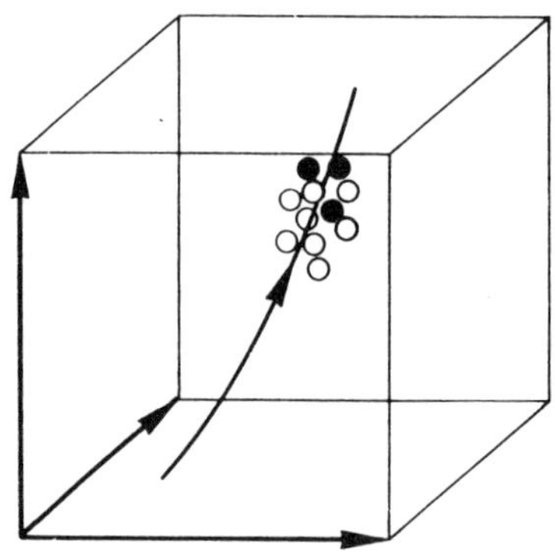

c Während die zurückbleibenden Genotypen aussterben, breitet er sich in der Gruppe aus.

Bild 32. Auslese der günstigsten Mutabilität in einer Population

134

anderen Genotypen (Zustand b). Schließlich wird sich der schnelle Genotyp, während er zur Spitze der Punktgruppe vorrückt, über die Population ausbreiten (Zustand c).

Lernverhalten läßt sich somit bei der Evolutionsstrategie wie folgt erreichen: Es wird das mehrgliedrige Evolutionsschema verwendet. Die Parameter für die einzelnen Objekteinstellungen sollen – wie wir es im Kapitel 9 kennengelernt haben – wieder auf einzelnen Karten notiert sein. Wir wollen die veränderlichen Größen am technischen Objekt als Objektparameter bezeichnen, und zwar im Unterschied zu den jetzt zusätzlich auf den Karten aufgeführten Strategieparametern. Die Strategieparameter sind Variable der Evolutionsstrategie: Mutationsstreuweiten, Rekombinationshäufigkeiten, Inversionshäufigkeiten und möglicherweise auch die maximale „Lebensdauer" einer Datenkarte.*)

Ein Arbeitszyklus beginnt mit einer zufälligen Abwandlung der Strategieparameter auf einer Datenkarte. Danach erst werden Mutationen der Objektparameter erzeugt sowie die im Kapitel 9 beschriebenen Rekombinations- und Inversionsoperationen mit den Parameterspalten auf einer Karte durchgeführt. Es folgen die Prozeduren: Realisierung des Objekts, Bewertung der Objektgüte und Aussortieren der Karte mit dem niedrigsten Qualitätswert.

Das Verfahren wurde auf einem Digitalrechner (PDP-10) numerisch durchgespielt. Als Testfunktionen dienten ein 10-dimensionales Kugelmodell und ein 10-dimensionales Korridormodell (b = 1). Für die Mutationsstreuweiten der 10 Objektparameter wurde geschrieben:

$$\sigma_1 = s \cdot s_1, \quad \sigma_2 = s \cdot s_2, \cdot \cdot \cdot, \sigma_{10} = s \cdot s_{10} .$$

Die 11 Strategieparameter (s, s_1 bis s_{10}) wurden mit den Wahrscheinlichkeiten w wie folgt abgeändert: Der gemeinsame Streuungsfaktor s wurde verdoppelt ($w=1/4$), nicht geändert ($w=1/2$) oder halbiert ($w=1/4$). Desgleichen wurden die einzelnen Streuungsfaktoren s_1 bis s_{10} mit dem

*) Die Untersuchung [51] deutet darauf hin, daß das Altern eines Organismus molekular-genetisch fixiert ist und somit als Evolutionsfaktor mit in Betracht kommt.

Faktor 1,2 multipliziert (w=1/4), nicht geändert (w=1/2) oder durch 1,2 dividiert (w=1/4). Die Ergebnisse der Untersuchung zeigt die Tabelle 6. Es gilt:

$$r = \sqrt{y_1^2 + y_2^2 + \cdots + y_{10}^2} \qquad \text{(Abstand vom Kugelzentrum),}$$
$$l = y_1 \qquad \text{(Weg längs der Korridorachse).}$$

Die lernende Population mit 11 Gliedern ergibt bei beiden Modellfunktionen eine erhebliche Konvergenzbeschleunigung.

Tabelle 6. Vergleich der Konvergenzgeschwindigkeiten

	KUGELMODELL Gl. (45)		KORRIDORMODELL Gl. (16)	
Mutationen	ohne Lernen	mit Lernen	ohne Lernen	mit Lernen
	r	r	l	l
0	$3{,}162 \cdot 10^{1}$	$3{,}162 \cdot 10^{1}$	0,000	0,000
5000	$1{,}257 \cdot 10^{0}$	$1{,}629 \cdot 10^{-1}$	$1{,}982 \cdot 10^{1}$	$1{,}072 \cdot 10^{4}$
10000	$1{,}100 \cdot 10^{0}$	$5{,}109 \cdot 10^{-3}$	$4{,}018 \cdot 10^{1}$	$3{,}465 \cdot 10^{6}$
15000	$9{,}154 \cdot 10^{-1}$	$3{,}349 \cdot 10^{-3}$	$6{,}391 \cdot 10^{1}$	$1{,}095 \cdot 10^{10}$
20000	$9{,}154 \cdot 10^{-1}$	$4{,}303 \cdot 10^{-5}$	$8{,}609 \cdot 10^{1}$	$9{,}342 \cdot 10^{12}$
25000	$9{,}154 \cdot 10^{-1}$	$3{,}648 \cdot 10^{-5}$	$1{,}046 \cdot 10^{2}$	$2{,}844 \cdot 10^{16}$
30000	$9{,}154 \cdot 10^{-1}$	$4{,}953 \cdot 10^{-6}$	$1{,}245 \cdot 10^{2}$	$9{,}629 \cdot 10^{18}$
35000	$8{,}715 \cdot 10^{-1}$	$4{,}361 \cdot 10^{-6}$	$1{,}436 \cdot 10^{2}$	$2{,}319 \cdot 10^{24}$
40000	$8{,}715 \cdot 10^{-1}$	$1{,}692 \cdot 10^{-6}$	$1{,}745 \cdot 10^{2}$	$5{,}061 \cdot 10^{28}$
45000	$8{,}715 \cdot 10^{-1}$	$1{,}370 \cdot 10^{-7}$	$2{,}021 \cdot 10^{2}$	$2{,}100 \cdot 10^{31}$
50000	$7{,}852 \cdot 10^{-1}$	$7{,}315 \cdot 10^{-8}$	$2{,}301 \cdot 10^{2}$	$6{,}072 \cdot 10^{34}$
	Anfangswerte: $y_1 = y_2 = \cdots = y_{10} = 10$; $s = s_1 = \cdots = s_{10} = 1$		Anfangswerte: $y_1 = y_2 = \cdots = y_{10} = 0$; $s = s_1 = \cdots = s_{10} = 1$	

Fassen wir die Vorteile einer sich höherentwickelnden Gruppe zusammen: Der Mimikry-Versuch (s. Kapitel 10) hat ergeben, daß bereits bei alleiniger Anwendung des Mutations-Selektions-Prinzips sich eine Gruppe schneller höherentwickelt als ein einzelnes Glied. Die Nachahmung der genetischen Rekombination innerhalb einer Population führte zu einer weiteren Beschleunigung der Entwicklung. Die anschließende Diskussion dieser Versuche (s. Kapitel 11) ergab: Um das System der biologischen Population wirklichkeitsgetreu nachzuahmen, müßte man an mehreren technischen Objekten simultan experimentieren. Ist nur ein Experimentierobjekt vorhanden, so geht der Gewinn durch die serielle Versuchstechnik wieder verloren.

Jetzt haben wir aber gesehen, daß die sich höherentwickelnde Gruppe eine weitere Eigenschaft besitzt, die möglicherweise die bedeutendste ist. Die Gruppe ist in der Lage, zu lernen. Zwar kann die 1/5-Erfolgsregel (s. Kapitel 15) in vielen Fällen – so z. B. beim Kugelmodell – genauso wirksam sein; die lernende Population leistet jedoch mehr. Sie kann die Gesamtschrittweite auch dann noch selbsttätig optimal einstellen, wenn die 1/5-Erfolgsregel versagt; und diese Regel kann versagen, wenn die Qualitätsfunktion Unstetigkeiten in der 1. Ableitung aufweist. Ferner vermag die lernende Population auch einzelne Schrittweiten problemgerecht einzustellen, wie z. B. beim Korridormodell (s. Tabelle 6). Schließlich könnte man daran denken, weitere Strategieparameter einzuführen, so z. B. Korrelationskoeffizienten. Die Weiterentwicklung der Evolutionsstrategie zu einem mehrgliedrigen Verfahren mit Lernverhalten wird deshalb gegenwärtig als wichtigste Aufgabe angesehen.

19. Das Evolutionsfenster

Wir wollen an dieser Stelle wieder zum biologischen Objekt zurückkehren. Es ist unumstritten, daß die Evolutionslehre heute zu den bestfundierten biologischen Theorien zählt. Wichtigster Beweis, daß eine Evolution stattgefunden hat, sind die teilweise lückenlos belegten Stammesreihen der Lebewesen. Durch Altersbestimmung fossiler Reste läßt sich heute ein genauer Zeitablauf der Evolution rekonstruieren. Der Zeitbedarf für einen bestimmten Fortschritt der Evolution – z. B. für die

Entstehung des Wirbeltierauges - ist also bekannt. Steht aber dieser Zeitbedarf auch mit einer mathematischen Berechnung im Einklang? Diese Frage stellt sich aus folgendem Grund: Das Leben auf der Erde entstand vor drei bis vier Milliarden Jahren. In dieser Zeitspanne mußte die Entwicklung von einer primitiven Urzelle bis zum Menschen vonstatten gehen. Angesichts der einzigartigen Komplexität höherentwickelten Lebens erscheinen drei bis vier Milliarden Jahre Evolutionszeit jedoch sehr kurz..

C. F. von Weizsäcker schreibt zu diesem Problem [52]: „Verschiedene Autoren haben versucht, die mögliche Dauer der Entstehung gewisser Arten oder Organe (z. B. des Wirbeltierauges) durch zufällige Mutationen und anschließende Selektion abzuschätzen. Gerade beim Versuch, die einzelnen notwendigen Schritte genau anzusetzen, kamen sie vielfach zu Zeitskalen, die die auf der Erde verfügbar gewesenen 5 Milliarden Jahre bei weitem überschreiten. Manche von ihnen haben daraus die Unmöglichkeit einer darwinistischen Erklärung der Evolution gefolgert." An anderer Stelle schreibt *von Weizsäcker:* „Ich habe darüber mit Biologen und auch mit Nichtbiologen (was nützlich ist, zum Beispiel mit guten Mathematikern) lange diskutiert und meine persönliche Konklusion ist: non liquet, ich weiß es nicht."

In diesem Zusammenhang drängt sich zum Abschluß dieser Untersuchung die Frage auf: Könnten vielleicht die theoretischen Ergebnisse im Teil C dieser Arbeit zur Lösung des Problems beitragen? Lassen sich die dort entwickelten Formeln verwenden, um die erreichbare Geschwindigkeit der biologischen Evolution zu berechnen?

Zunächst ist klar, daß die Evolutionsgeschwindigkeit maßgeblich von der Form der Tauglichkeitsfunktion im Nukleotidraum abhängt. Für eine exakte Rechnung müßte diese Tauglichkeitsfunktion in algebraischer Form vorliegen. Bisher wissen wir aber über die Tauglichkeitsfunktion eines Lebewesens nur das eine, nämlich daß sie - wie eine technische Qualitätsfunktion - geglättet ist (siehe Kapitel 7). Nun sind das Korridor- und das Kugelmodell Funktionen dieses Typs. Könnte man dann vielleicht diese Funktionen als erste Approximation für eine reale Tauglichkeitsfunktion heranziehen?

Wir wollen – als Arbeitshypothese – diese Frage mit ja beantworten. Die Berechnung der biologischen Evolutionsgeschwindigkeit gründet sich dann auf das Vorhandensein eines sogenannten „Evolutionsfensters". Im folgenden wird dargelegt, was es mit dieser Begriffs-Neuschöpfung auf sich hat:

Wir betrachten noch einmal die Formel (29) für die Fortschrittsgeschwindigkeit beim Korridormodell

$$\varphi = \frac{\sigma}{\sqrt{2\pi}} \left(1 - \frac{1}{\sqrt{2\pi}} \frac{\sigma}{b}\right)^{n-1}, \qquad (\sigma/b \ll 1) .$$

Für sehr große Werte von n (diese Bedingung ist in der Biologie erfüllt) läßt sich mit $\lim_{n\to\infty} (1-1/n)^n = 1/e$ die Formel für die Fortschrittsgeschwindigkeit wie folgt schreiben:

$$(78) \qquad \varphi = \frac{\sigma}{\sqrt{2\pi}}\, e^{-\frac{\sigma n}{\sqrt{2\pi}\, b}}, \qquad (\sigma/b \ll 1 , \quad n \gg 1) .$$

Der Grenzübergang ist erlaubt, wenn σ/b in der Größenordnung von $1/n$ bleibt. Diese Bedingung ist im interessierenden Bereich des Fortschrittsmaximums nach (64) gerade erfüllt.

Ein Blick zur Gleichung (62), der Fortschrittsformel für das Kugelmodell, zeigt, daß beide Formeln nun ähnliche Variable besitzen. Das kommt noch klarer zum Ausdruck, wenn wir Gleichung (78) mit n/b bzw. Gleichung (62) mit n/r' multiplizieren. Ersetzen wir zusätzlich die Streuung σ durch die anschaulichere Gesamtschrittweite $s = \sigma\sqrt{n}$, so ergibt sich:

für das Korridormodell

$$(79) \qquad \varphi^* = \frac{s^*}{\sqrt{2\pi}}\, e^{-\frac{s^*}{\sqrt{2\pi}}} \qquad \text{mit} \qquad \varphi^* = \frac{\varphi n}{b} , \quad s^* = \frac{s\sqrt{n}}{b}$$

und für das Kugelmodell

$$(80) \qquad \varphi^* = \frac{s^*}{\sqrt{2\pi}} \left\{ e^{-\left(\frac{s^*}{\sqrt{8}}\right)^2} - \sqrt{\pi}\, \frac{s^*}{\sqrt{8}} \left[1 - \Phi\left(\frac{s^*}{\sqrt{8}}\right) \right] \right\} \qquad \text{mit} \qquad \varphi^* = \frac{\varphi n}{r'} , \quad s^* = \frac{s\sqrt{n}}{r'} .$$

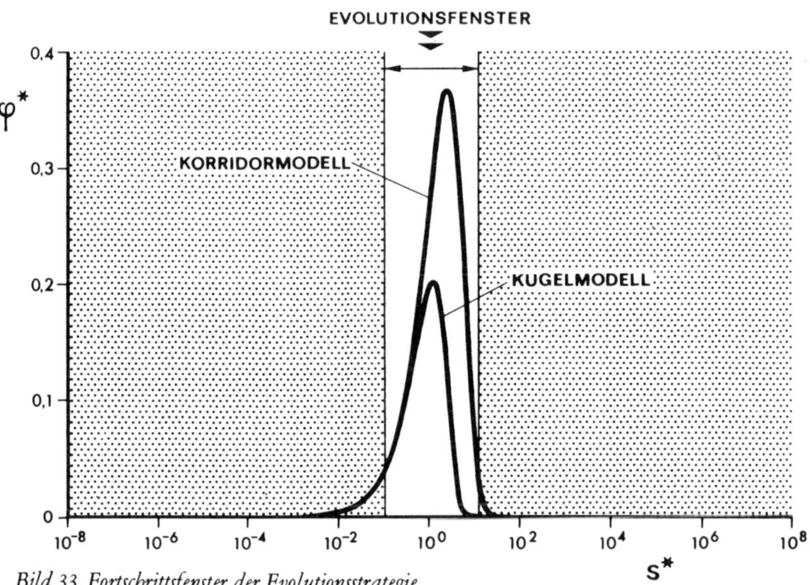

Bild 33. Fortschrittsfenster der Evolutionsstrategie

Diese „universellen Gesetze" sind im Bild 33 dargestellt. Für den universellen Schrittweitenparameter s* wird dabei eine logarithmische Skala benutzt. Das entspricht dem Variationsbereich dieses Parameters, der sich bei vielen Dimensionen ebenfalls über viele Zehnerpotenzen ändern kann.

Bemerkenswert an den Funktionsverläufen im Bild 33 sind die scharf ausgeprägten Maxima. Befindet man sich auf dem Gipfel einer Kurve, so wird bei einer Verkleinerung oder Vergrößerung der Schrittweite um den Faktor 10 der Fortschrittsbereich praktisch verlassen; die Fortschrittsgeschwindigkeit nähert sich beiderseits des Gipfels schnell dem Wert Null. Wir wollen das schmale Band der für die Evolution effektiven Schrittweiten als „Evolutionsfenster" bezeichnen. Diese Namensgebung erfolgt in Analogie zum sogenannten Fenster der Atmosphäre; so bezeichnet man in der Physik denjenigen Bereich im großen Spektrum elektromagnetischer Wellen, dessen Wellenlängen praktisch ungeschwächt die Atmosphäre durchdringen.

140

20. Evolutionsdauer und Entwicklungshöhe

Die Existenz des Evolutionsfensters eröffnet einen bisher noch nicht gekannten Weg, die notwendige Evolutionszeit zum Erreichen des jetzigen Entwicklungsstandes höherer Lebewesen mathematisch abzuschätzen. Der Grundgedanke dabei ist, daß eine Evolution nur stattfinden kann, wenn die Schrittweite s* innerhalb des Evolutionsfensters liegt. Im Kapitel 17 haben wir den Mechanismus kennengelernt, nach dem sich diese optimale Schrittweite im Wirkungsgefüge einer Population einstellt. Die Kenntnis von s* (wir legen den zum Maximum der Kurve gehörenden Wert zugrunde) bildet dann die Information, die sich zur Berechnung der Evolutionszeit verwerten läßt. Noch offen ist, welches der beiden Modelle wir für die Rechnung wählen sollen. Wir entscheiden uns für das Korridormodell, da das Kugelmodell mehr eine Tauglichkeitsfunktion in der Nähe eines Anpassungsoptimums nachbildet, wir jedoch nach einem geeigneten Modell für den gesamten Evolutionsprozeß suchen.

Für das Korridormodell finden wir die Lage des Fortschrittsmaximums durch Differentiation von (79) zu

(81) $$s^*_{opt} = \sqrt{2\pi} \quad \curvearrowright \quad s_{opt} = \frac{\sqrt{2\pi}\, b}{\sqrt{n}} \;.$$

Die zugehörige Fortschrittsgeschwindigkeit ergibt sich zu

(82) $$\varphi^*_{opt} = \frac{1}{e} \quad \curvearrowright \quad \varphi_{opt} = \frac{b}{e\, n} \;.$$

Wir lösen (81) nach der unbekannten Korridorbreite b auf und eliminieren auf diese Weise b in (82). Es ergibt sich

(83) $$\varphi_{opt} = \frac{s_{opt}}{e\sqrt{2\pi}\sqrt{n}} \;.$$

Jetzt ist laut Definition

$$\varphi = \frac{\text{zurückgelegter Weg im Korridor L}}{\text{Zahl der benötigten Mutationsschritte N}}$$

Wir fragen nach der Zahl Mutationsschritte (= Zahl der Phänotypen) und erhalten mit (83)

$$N = \frac{e\sqrt{2\pi}\sqrt{n}\,L}{s_{opt}} \quad . \tag{84}$$

Diese Formel erlaubt die Berechnung der Zahl der Mutationsschritte, die erforderlich ist, um in einem n-dimensionalen Evolutionskorridor die Strecke L zurückzulegen (Voraussetzung: optimale Mutationsschrittweite). Bisher kennen wir aber weder die Strecke L noch die Schrittweite s_{opt}. Beide Werte können wir uns beschaffen:

Die Mutationsschrittweite s_{opt} ergibt sich aus der in der Natur beobachteten Mutationsrate, die wir als optimal voraussetzen. Die Aminosäure-Sequenzanalyse von evolutionsgeschichtlich aufeinanderfolgenden Arten zeigt, daß bei höheren Lebewesen im Mittel pro Jahr 5 Nukleotidbasen abgeändert werden [53, 54, 55]. Was nachträglich registriert werden kann, sind selbstverständlich nur diejenigen Mutationen, die überlebt haben. Wenn wir die Gültigkeit des Korridormodells (ohne Störrauschen) voraussetzen, wissen wir, daß durchschnittlich nur jeder fünfte Mutationsschritt überlebt. Für ein zweigliedriges Wettkampfmodell müssen wir also eine Mutationsrate von 25 Nukleotidbasen pro Jahr ansetzen.

Aus der Mutationsrate pro Jahr ist nun die Mutationsschrittweite eines Individuums im Nukleotidraum zu bestimmen. Wir setzen als zeitliche Dauer einer Generation ein Jahr an (G=1 Jahr). Wir legen ferner die Metrik des Nukleotidraumes fest, indem die auf den Koordinatenachsen sich periodisch wiederholenden Nukleotidbasen-Markierungen die Abstände 1 voneinander erhalten. Es gibt drei mögliche Basensubstitutionen: zwei davon ergeben eine Schrittkomponente der Länge 1, die dritte liefert eine Schrittkomponente der Länge 2 (Minimalabstände genommen). Man erhält für die Gesamtschrittweite eines Individuums im Nukleotidraum

$$(85) \qquad s = \sqrt{\tfrac{25}{3}\left(1^2 + 1^2 + 2^2\right)} = \sqrt{50} \; .$$

Bevor wir jetzt darangehen, die seit Beginn der Evolution im Nukleotidraum zurückgelegte Strecke L abzuschätzen, müssen wir uns die Frage vorlegen, ob man das Modell des Nukleotidraumes überhaupt für so lange Evolutionszeiträume anwenden darf. Da sich mit der Höherentwicklung der Lebewesen die Zahl der Nukleotidbasen im DNS-Molekül laufend vergrößert, dehnt sich der Nukleotidraum ständig in neue Dimensionen aus. Die Theorie des Korridormodells setzt jedoch einen Variablenraum konstanter Dimensionen voraus. Nun können wir uns aber einen Nukleotidraum mit unveränderlicher Zahl von Dimensionen künstlich schaffen, indem wir virtuelle Nukleotidstellen - das sind Stellen, die in einem frühen Evolutionsstadium noch nicht besetzt sind - durch zufällige Basensequenzen ausfüllen. Das ist ein Modell, das die Wirklichkeit vielleicht gar nicht schlecht approximiert. Denn es ist nicht zu erwarten, daß die Evolution sehr verschieden abläuft, wenn im 1. Fall alle n Nukleotidbasen*) in zufälliger Reihenfolge bereits zu Beginn der Evolution eingeführt werden, oder wenn im 2. Fall die DNS-Kette in derselben Zufallsfolge allmählich mit n Nukleotidbasen aufgefüllt wird. Die für die vorliegende Rechnung zugrundegelegte Mutationsrate von 25 Nukleotidbasen pro Jahr ist so klein (gegenüber n), daß von den am Anfang vorgegebenen n Basen viele erst sehr spät mutieren und damit in die Evolution einbezogen werden.

Diese Überlegung zeigt, daß es ein durchaus plausibles Gedankenmodell ist, zu Beginn der Evolution eine zufällige Sequenz von bereits n Nukleotidbasen vorzugeben. Nachdem damit ein Anfangspunkt im Nukleotidraum festgelegt ist, müssen wir uns nun mit dem hypothetischen Endpunkt der Evolution befassen. Es scheint hier die Annahme

*) Zum Beispiel $n = 3 \cdot 10^9$ (ungefähre Zahl der Nukleotidbasen im haploiden Chromosomensatz des Menschen).

sinnvoll, daß der Endpunkt der Evolution mit dem zufälligen Anfangspunkt in keiner Beziehung steht. Das bedeutet: 25% der Nukleotidbasen stimmen nur noch mit den zufälligen Anfangswerten überein, der Rest ist abgeändert worden. Diese Basenänderungen werden im Nukleotidraum als Strecken abgebildet. Unter Beachtung der speziellen Metrik des Nukleotidraumes wird in den Achsenrichtungen n/4 mal die Strecke der Länge 0, n/2 mal die Strecke der Länge 1 und n/4 mal die Strecke der Länge 2 zurückgelegt. Daraus errechnet sich die Gesamtstrecke zu

$$(86) \qquad L = \sqrt{\frac{n}{4}\left(0^2 + 1^2 + 1^2 + 2^2\right)} = \sqrt{\frac{3}{2}n} \; .$$

Jetzt setzen wir (85) und (86) in (84) ein und erhalten mit $n = 3 \cdot 10^9$ Nukleotidbasen für die Evolutionszeit

$$(87) \qquad T = N \cdot G = \frac{3 \cdot 10^9 \sqrt{3/2}\; e \sqrt{2\pi}}{\sqrt{50}} \cdot 1 = 3{,}5 \cdot 10^9 \quad \text{Jahre}$$

Nach den Theorien der Astrophysik hat sich die Erde vor etwa 4,5 Milliarden Jahren gebildet. Fossile Funde sprechen dafür, daß primitive einzellige Organismen bereits vor 3,2 Milliarden Jahren auf der Erde existiert haben. Der berechnete Wert von 3,5 Milliarden Jahren ordnet sich also überraschend gut in diese Zeitskala ein. Doch sollte man dieser Tatsache keine zu hohe Bedeutung beimessen. Wichtig ist, daß die Größenordnung stimmt und sich nicht etwa 100 Milliarden Jahre ergeben. Denn mehr als eine Abschätzung kann diese Rechnung nicht sein. Dafür stellt der Ansatz (Korridormodell mit zweigliedriger Wettkampfsituation) eine zu starke Abstraktion dar. Gibt es doch in diesem Modell keine Mutationsmischung durch genetische Rekombination, keine Artaufspaltung durch Isolation, keine DNS-Vermehrung durch Genverdoppelung, keine genetische Drift usw. Verfolgt man aber das gerechnete mathematische Modell weiter, so sollte es früher oder später auch gelingen, die Fortschrittsgeschwindigkeit unter Berücksichtigung derartiger höherer Evolutionsfaktoren zu berechnen. Vielleicht ließe sich auch eine für Lebewesen besser zutreffende Tauglichkeitsfunktion im Aminosäuren-Raum*) definieren. Der Weg, um daraus wieder die Evolutionsdauer zu bestimmen, ist durch die obige Rechnung vorgezeichnet.

So können wir, am Ende dieser Untersuchung angelangt, das Kennengelernte auf die Kurzformel bringen: Die biologische Evolution läßt sich als Optimierungsstrategie verstehen und als solche mathematisch exakt formulieren. Diese Strategie stellt einerseits eine ausgezeichnete Methode dar, um technische Systeme zu optimieren. Diese Strategie ist - als mathematisches Formelsystem - andererseits auch als Ansatz geeignet, um evolutionsbiologische Fragestellungen, wie z. B. die Frage nach der Evolutionsdauer, quantitativ zu beantworten.

21. Nachtrag

Während der Drucklegung dieser Schrift wurde an verschiedenen Instituten der Technischen Universität Berlin die Evolutionsstrategie verwendet, um mit ihr in laufenden Forschungsvorhaben Optimierungsprobleme zu lösen. Hier handelt es sich um Anwendungen, die der Verfasser mit Freude verfolgt. Denn nach fast 9jähriger Entwicklungsarbeit an der Evolutionsstrategie ist die Tatsache, daß mit dieser Methode auch an anderer Stelle mit Erfolg experimentiert wird, schönster Lohn für die vorangegangenen Anstrengungen. Problemstellung, Lösungsweg und Ergebnis dieser drei neu durchgeführten Versuche sollen nachfolgend kurz beschrieben werden.

---

*) Der Aminosäuren-Raum stellt eine bessere Analogie zum technischen Parameterraum dar als der Nukleotidraum. Der Aminosäuren-Raum wird aufgebaut, indem man auf den Achsen eines vieldimensionalen Raumes in gleichbleibenden Abständen die 20 Aminosäuren aneinanderreiht, und zwar geordnet nach ihrer chemischen Ähnlichkeit und ihren Wortübergängen im genetischen Code.

Am Institut für Thermodynamik der TU Berlin ist eine studentische Arbeitsgruppe (Betreuer: *W. Körner*) an die Aufgabe herangegangen, mit Hilfe der Evolutionsstragie die optimale Form einer querangeströmten Kühlrippe zu finden [56]. Es läßt sich nämlich experimentell und rechnerisch zeigen, daß quer zur Strömungsrichtung angeordnete Rippen unter vergleichbaren Bedingungen höhere Wärmeübergangskoeffizienten aufweisen als längsangeströmte Rippen. Zwischen den Querrippen bilden sich Wirbel aus, die den Wärmeübergang begünstigen. Das läßt vermuten, daß - bei gleichbleibendem Strömungswiderstand - der Rippenwirkungsgrad noch gesteigert werden kann, wenn man anstelle der üblichen Rippenform eine gewölbte Rippe verwendet.

Das Bild 34a zeigt die für dieses Optimierungsexperiment verwendete Versuchsapparatur: In einem wasserdurchströmten rechteckigen Kanal befinden sich hintereinander drci Kühlrippen. Die mittlere Rippe wird mit konstanter Leistung elektrisch beheizt. Bei jedem Versuch wird die Zuflußgeschwindigkeit des Wassers so einreguliert, daß das Produkt aus Mengenstrom Q und Druckverlust Δp einen konstanten Wert annimmt. Dann ist die am Fuß der mittleren Rippe gemessene Temperatur ein Maß

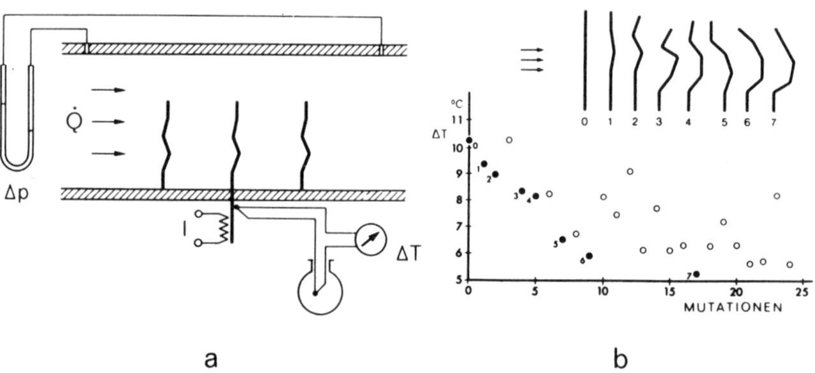

Bild 34. Evolutionsstrategische Optimierung querangeströmter Kühlrippen [56]
a) Schema der Versuchseinrichtung
b) Zeitlicher Ablauf des Optimierungsexperiments

146

für die Güte der Rippenform. Genauer gesagt: Je besser die Wärme an das vorbeiströmende Wasser übertragen wird, um so niedriger wird die Differenz zwischen der Temperatur am Rippenfuß und der Eintrittstemperatur des Wassers. Verschiedene Rippenformen wurden durch mehrmaliges Abwinkeln der Kühlfläche erzeugt. Winkel als Formparameter haben wir bereits bei der Widerstands-Gelenkplatte kennengelernt. Nur besitzt die Rippe keine gelenkigen Lager, sondern die Winkel φ_1 bis φ_5 werden durch Biegen des 1 mm starken Rippenblechs in einer Biegelehre erzeugt.

Das Bild 34b zeigt den zeitlichen Ablauf des Optimierungsexperiments. Aus der Anfangsform der ebenen Rippe entwickelt sich eine löffelähnliche Form. Sie besitzt - verglichen mit der ebenen Fläche - einen um 97% höheren Wärmeübergangskoeffizienten. Aus Zeitgründen mußte die Optimierung nach der 24. Mutation abgebrochen werden. Die Versuche sollen jedoch weitergeführt werden.

Am Institut für Chemieingenieurtechnik der TU Berlin wurde nach einem Vorschlag von *H. Brauer* die Evolutionsstrategie angewendet, um eine für den Stoffaustausch optimale Zweiphasendüse zu entwickeln [57]. Diese Düse bildet das Herzstück eines Gas-Flüssig-Reaktors. Das Bild 35a zeigt das Schema dieses Reaktors. Natronlauge (NaOH) tritt als flüssiger Reaktionspartner in eine Strahldüse ein. Durch Bohrungen im Bereich des engsten Düsenquerschnitts wird der gasförmige Reaktionspartner, ein Kohlendioxid-Luft-Gemisch, der Flüssigkeit beigemengt. Es läuft die chemische Reaktion

$$2\,NaOH + CO_2 \longrightarrow Na_2CO_3 + H_2O$$

ab. Die Reaktionsausbeute hängt von der Intensität und Gleichmäßigkeit der turbulenten Mischungsbewegung im Reaktionsraum ab. Sicher hat die Form der Düse einen Einfluß auf die turbulente Strömungsbewegung. So ist zu vermuten, daß geeignet geformte Kammern im divergenten Düsenteil die Durchmischung der beiden Phasen begünstigen.

Die Reaktionsausbeute einer Düsenform läßt sich wie folgt messen: Dem Flüssigkeitsstrom wird in gleichbleibenden Zeitintervallen eine Probe entnommen. Aus der Lösung wird das während der Reaktion gebildete Natriumcarbonat (Na_2CO_3) durch Zusetzen von Bariumchlorid ausgefällt und die Menge von Natriumhydroxid durch Neutralisation mit verdünnter Salzsäure bestimmt. Offensichtlich gilt: Je niedriger die NaOH-Konzentration ist, um so besser ist die chemische Reaktion und damit die Düsenform.

Die Düse setzt sich aus 10 Segmenten zusammen. Durch Auswechseln einzelner Segmente (es standen insgesamt 100 Stück zur Verfügung) läßt sich die Form der Düse verändern. Diese Art der Formvariabilität haben wir bereits bei dem Experiment mit der Zweiphasen-Überschalldüse kennengelernt. Das Bild 35b zeigt die Versuchsergebnisse. Ausgehend von zwei verschiedenen Anfangsformen A und B führt das Evolutions-Experiment über die dargestellten Zwischenformen zur selben Lösung. Beachtlich ist die Steigerung der Reaktionsausbeute. Nach einer Stunde beträgt der Stoffumsatz bei der konischen Düse 11,5%. Bei der gefundenen Optimaldüse erhöht sich dieser Umsatz auf 21%.

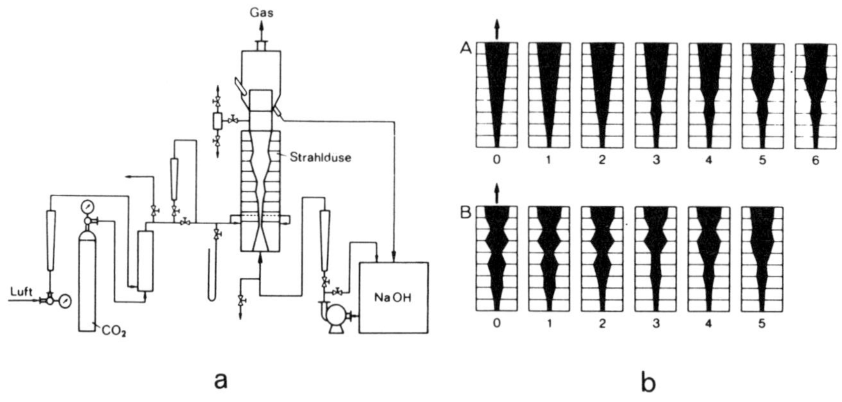

Bild 35. Evolutionsstrategische Optimierung eines Strahldüsenreaktors [57]
a) Schema der Versuchsanlage
b) Formentwicklung der Düse für 2 Experimente

Kennzeichnend für die vorangegangenen Optimierungsversuche ist, daß stets an einem materiellen Objekt experimentiert wurde. Doch läßt sich die Evolutionsstrategie genau so gut als Programm auf einem Elektronenrechner verwenden.

Ein Beispiel für die Anwendung eines evolutionsstrategischen Programms ist der Entwurf eines gewichtsminimalen Stabtragwerks. Diese Untersuchung wird von *A. Höfler, U. Leyßner* und *J. Wiedemann* am Institut für Luft- und Raumfahrttechnik der TU Berlin durchgeführt [58]. Das Bild 36a veranschaulicht die Aufgabenstellung: Es soll ein Stabwerk mit 6 Knotenpunkten konstruiert werden. Wo müssen diese 6 Knoten liegen, damit das Stabwerk minimales Gewicht aufweist? – Die Kräfte in den Stabverbindungslinien lassen sich durch Lösung des statischen Gleichungssystems auf einem Rechner schnell bestimmen. Der verwendete Werkstoff ergibt dann die Stabquerschnitte und damit das Gewicht der Konstruktion. Die Variablen des Stabwerks sind die (x, y)-Koordinaten der Knotenpunkte. Sie werden durch einen rechnerinternen Zufallsgenerator abgeändert. Das Bild 36b zeigt das Ergebnis einer solchen Stabwerk-Optimierung auf einem Rechner, einer CDC 6400. Das Stabwerk wird durch

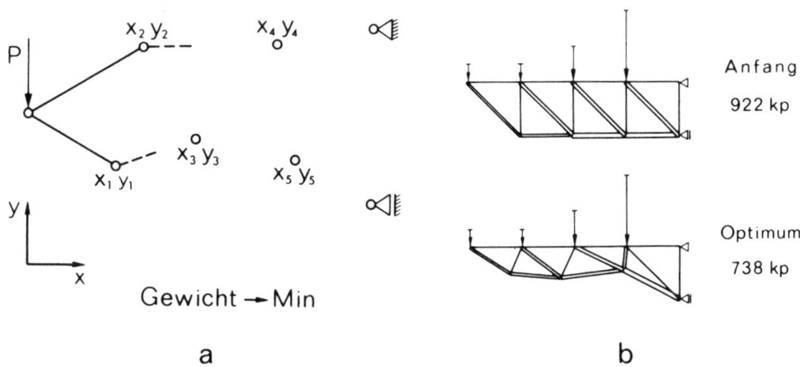

Bild 36. Evolutionsstrategische Optimierung eines Stabtragwerks [58]
a) Allgemeines Problem: Koordinaten der Knotenpunkte als Variable
b) Anfangsform und Optimalform des Stabwerks

4 Einzellasten beansprucht. Die gewählte Anfangskonstruktion besitzt ein Gewicht von 922 kp. Die Optimallösung, die sich nach 20 Sekunden Rechenzeit ergibt, wiegt nur noch 738 kp.

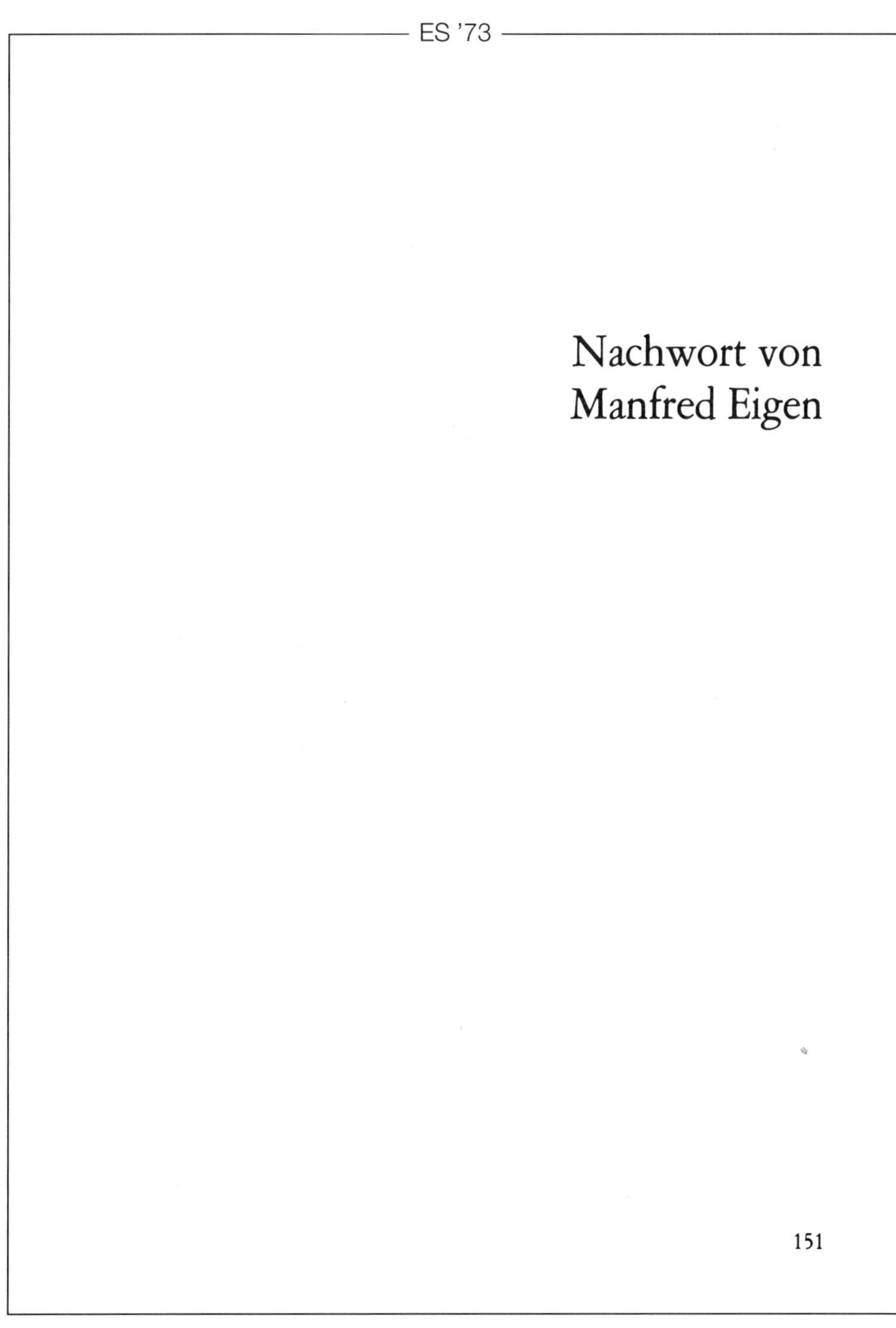
ES '73

Nachwort von Manfred Eigen

151

Der Titel des vorliegenden Buches „Evolutionsstrategie" mag dem unvoreingenommenen Leser zunächst als eine „contradictio in adjecto" erscheinen. ***Evolution*** ist ein Selbstorganisationsprozeß, eine aus sich selbst hervorgehende Entwicklung. Nach Darwin ist sie in der Natur durch das Überleben des am besten Angepaßten, durch das „survival of the fittest" gekennzeichnet. ***Strategie*** setzt dagegen Planung voraus, also gerade das, was Darwins Widersacher als Haupteinwand gegen seine Theorie ins Feld führten. Die Höherentwicklung, wie sie im Evolutionsprozeß in Erscheinung tritt, müßte nach Ihrer Ansicht unbedingt unter dem Diktat einer auf den Zweck ausgerichteten ***Planung*** stehen.

Die mathematische Durchdringung der Evolutionstheorie hat diese scheinbare Widersprüchlichkeit zerrinnen lassen. In dem Augenblick, da man erkannte, daß der natürlichen Selektion eine physikalisch begründbare Wertsteuerung zugrunde liegt, war es offenbar, daß es auch eine systeminhärente Strategie der Optimierung geben muß. Wir fragen uns heute sogar, ob eine solche durch systeminhärente Optimierungskriterien gesteuerte Selektion nicht das grundlegende Prinzip *jedes* adaptiven Lern- oder Denkprozesses ist.

Was liegt näher, als diese Vorstellungen auch zur Entwicklung neuer technischer Verfahren heranzuziehen? Ein Prinzip, das in der Natur schließlich den Menschen hervorgebracht hat, sollte aufgrund seiner unbegrenzten Fähigkeit zur Adaptation und Optimierung auch in der Technik jederbegrenzten Schöpfungs- oder Konstruktionsidee überlegen sein.

Natürlich bleibt noch manches der Natur abzuschauen. Umgekehrt wird sich unsere Einsicht in die natürlichen Vorgänge durch die Entwicklung ana-

153

loger technischer Verfahren sehr vertiefen lassen. Beide Aspekte kommen in der Monographie in eindrucksvollen Beispielen zum Ausdruck.

Zugegeben, zunächst ist es eine Idee, eine im Prinzip aus der Biologie bekannte, die hier vorgestellt wird. Doch wir lernen, welches Potential sich in ihr verbirgt. Sie wird unsere Maschinen „intelligent" machen. Sie wird auch neue Probleme aufwerfen, mit denen wir uns auseinandersetzen müssen: Wird der Mensch in einer unbegrenzten technischen Evolution das Steuer in der Hand behalten können? Oder wird er einmal zur mehr oder weniger bedeutungslosen Zelle eines gigantischen sich selbst fortpflanzenden und ständig optimierenden Automaten absinken?

Ich wünsche dem Buch weite Verbreitung. Es möge zu neuen Anregungen und nützlichen Anwendungen, aber auch zu einer geistigen Auseinandersetzung mit den angeschnittenen Problemen einer - sich selbst optimierenden - Automatisierung führen.

Göttingen, Juli 1973 **Manfred Eigen**

154

ES '73

Schrifttum

155

Einleitung

[1] *Hertel, H.:* Struktur – Form – Bewegung. Mainz: Krausskopf 1963.

[2] *Gérardin, L.:* Natur als Vorbild. München: Kindler 1968.

[3] *Beier, W., Glaß, K.:* Bionik – eine Wissenschaft der Zukunft. Leipzig: Urania-Verlag 1968.

[4] *Nachtigall, W.:* Biotechnik. Heidelberg: Quelle & Meyer 1971.

[5] *Heynert, H.:* Einführung in die allgemeine Bionik. Berlin: VEB Deutscher Verlag der Wissenschaften 1972.

Teil A:

[6] *Heberer, G.,* (Hrsg.): Die Evolution der Organismen. Stuttgart: 3. Aufl. Fischer 1967–1969.

[7] *Mayr, E.:* Artbegriff und Evolution. Hamburg: Parey 1967.

[8] *Savage, J. M.:* Evolution. München: Bayerischer Landwirtschaftsverlag 1968.

[9] *Stebbins, G. L.:* Evolutionsprozesse. Stuttgart: Fischer 1968.

[10] *Schwefel, H. P.:* Experimentelle Optimierung einer Zweiphasendüse. Bericht 35 des AEG-Forschungsinstituts Berlin zum Projekt MHD-Staustrahlrohr (1968).

[11] *Klockgether, J., Schwefel, H. P.:* Two-phase nozzle and hollow-core jet experiments. Proc. 11. Symp. on Eng. Aspects of MHD, Cal. Inst. Techn., 1970, 141–148.

[12] *Radebold, R.:* Analyse eines unmittelbaren Umwandlungsprozesses mit einem flüssigen Metall als Arbeitsmedium. Fortschr. Ber. VDI-Zeitschr. Reihe 6, Nr. 12 (1967).

[13] *Drenick, R. F.:* Die Optimierung linearer Regelsysteme. München: Oldenbourg 1967.

[14] *Schink, H.:* Projektierung von Regelanlagen. Düsseldorf: VDI-Verlag 1970.

[15] *Bienert, P.:* Aufbau einer Optimierungsautomatik für drei Parameter. Diplomarbeit, TU Berlin 1967.

[16] *Rechenberg, I.:* Vorschlag für einen automatischen Experimentator. Humanismus und Technik **16** (1972), 138-147.

Teil B:

[17] *Wieland, T., Pfleiderer, G.,* (Hrsg.): Molekularbiologie. Frankfurt a. M.: Umschau-Verlag 1969.

[18] *Watson, J. D.:* The Molecular Biology of the Gene. New York: Benjamin 1970.

[19] *Lewin. B. M.:* The Molecular Basis of Genc Expression. London: Wiley 1969.

[20] *Dénényi, T., Elödi, P., Keleti, G., Szabolsci, G.:* Strukturelle Grundlagen der biologischen Funktion der Proteine. Budapest: Akadémiai Kiadó 1969.

[21] *Karlson, P.:* Biochemie. Stuttgart: 7. Aufl. Thieme 1970.

[22] *Dickerson, R. E., Geis, I.:* Struktur und Funktion der Proteine. Weinheim/Bergstraße: Chemie 1971.

[23] *Ohno, S.:* Evolution by Gene Duplication. Berlin: Springer 1970.

[24] *Sneath, P. H. A.:* Relations between Chemical Structure and Biological Activity in Peptides. J. Theoret. Biol. 12 (1966), 157–195.

[25] *Epstein, C. J.:* Non-randomness of Amino-acid Changes in the Evolution of Homologous Proteins. Nature **215** (1967), 355–359.

[26] *Finkelstein, A. V., Ptitsyn, O. B.:* Statistical Analysis of the Correlation among Amino Acid Residues in Helical, ß-Structural and Non-regular Regions of Globular Proteins. J. Mol. Biol. **62** (1971), 613–624.

[27] *Woese, C. R.:* The Genetic Code. New York: Harper & Row 1967.

[28] *Crick, F. H. C.:* The Origon of the Genetic Code. J. Mol. Biol. **38** (1968), 367–379.

[29] *Jordan, P.:* Schöpfung und Geheimnis. Oldenburg: Stalling 1970.

[30] *Koestler, A.:* Das Gespenst in der Maschine. Wien: Molden 1968.

[31] *Eigen, M.:* Selforganization of Matter and the Evolution of Biological Macromolecules. Naturwissensch. **58** (1971), 465–523.

[32] *Wilde, D. J.:* Optimum Seeking Methods. Englewood Cliffs, N. J.: Prentice-Hall 1964.

[33] *Künzi, H. P., Tzschach, H. G., Zehnder, C. A.:* Numerische Methoden der mathematischen Optimierung. Stuttgart: Teubner 1967.

[34] *Wilde, D. J., Beightler, C. S.:* Foundations of Optimization. Englewood Cliffs, N. J.: Prentice-Hall 1967.

[35] *Abadie, J.,* (ed.): Integer and Nonlinear Programming. Amsterdam: North-Holland 1970.

[36] *Hoffmann, U., Hofmann, H.:* Einführung in die Optimierung. Weinheim/Bergstraße: Chemie 1971.

[37] *Fox, R. L.:* Optimization Methods for Engineering Design. Reading, Mass.: Addison-Wesley 1971.

[38] *Stahl, F. W.:* Mechanismen der Vererbung. Stuttgart: Fischer 1969.

[39] *Günther, E.:* Grundriß der Genetik. Stuttgart: 2. Aufl. Fischer 1971.

[40] *Swanson, C. P., Merz, T., Young, W. J.:* Zytogenetik. Stuttgart: Fischer 1970.

[41] *Bresch, C., Hausmann, R.:* Klassische und molekulare Genetik. Berlin: 2. erw. Aufl. Springer 1970.

[42] *Berger, E. R.:* Nachrichtentheorie und Codierung. In: Taschenbuch der Nachrichtenverarbeitung (Hrsg. *K. Steinbuch).* Berlin: Springer 1967.

[43] *Wickler, W.:* Mimikry. München: Kindler 1968.

[44] *Slotnick, D. L.:* The Fastest Computer. Sci. American 224 (1971), 76-88.

Teil C

[45] *Ostrowski, A.:* Vorlesungen über Differential- und Integralrechnung, Band I–III. Basel: 2. Aufl. Birkhäuser 1961–1967.

[46] *Fichtenholz, G. M.:* Differential- und Integralrechnung, Band I-III. Berlin: VEB Verl. d. Wiss. 1964.

[47] *Abramowitz, M., Stegun, I. A.:* Handbook of Mathematical Functions. New York: Dover 1964.

[48] *Jahnke, Emde, Lösch:* Tafeln höherer Funktionen. Stuttgart: Teubner 1966.

[49] *Rastrigin, L.A.:* The Convergence of Random Search Method in Extremal Control of Many-Parameter-System. Automation and Remote Control 24 (1963), 1337–1342.

Schluß

[50] *Müller, A. J.:* Mutationen als erbliche DNS-Veränderungen. In: Desoxyribonukleinsäure, Schlüssel des Lebens (Hrsg. *E. Geissler*). Berlin: Akademie-Verlag 1970.

[51] *Robinson, A. B., McKerrow, J. H., Cary, P.:* Controlled Deamidation of Peptides and Proteins: An Experimental Hazard and a Possible Biological Timer. Proc. Nat. Acad. Sci. USA 66 (1970), 753–757.

[52] *Weizsäcker, C. F. von:* Die Einheit der Natur. München: Carl Hanser 1971.

[53] *Kohne, D. E.:* Evolution of higher-organism DNA. Quart. Rev. Biophys. 3 (1970), 327–375.

[54] *Ohta, T., Kimura, M.:* Funktional Organization of Genetic Material as a Product of Molecular Evolution. Nature 233 (1971), 118–119.

[55] *Kimura, M., Otha, T.:* On the Rate of Molecular Evolution. J. Molec. Evolution 1 (1971), 1–17.

[56] *Körner, W., Gommert, L., Jurgasch, H., Kesou, A., Lallas, J., Niemeier, H.:* Optimierung der Geometrie quer angeströmter Rohrrippen hinsichtlich des Wärmeübergangs. Verfahrenstechnik 7 (1973), 109–113.

[57] *Mitra, A. K., Brauer, H.:* Optimisation of a two phase co-current flow nozzle for mass transfer. Verfahrenstechnik 7 (1973), 92–97.

[58] *Höfler, A., Leyßner, U., Wiedemann, J.:* Diskussionsbeitrag, vorgetragen auf dem Second Symposium on Structural Optimization der AGARD in Mailand am 3. 4. 1973.

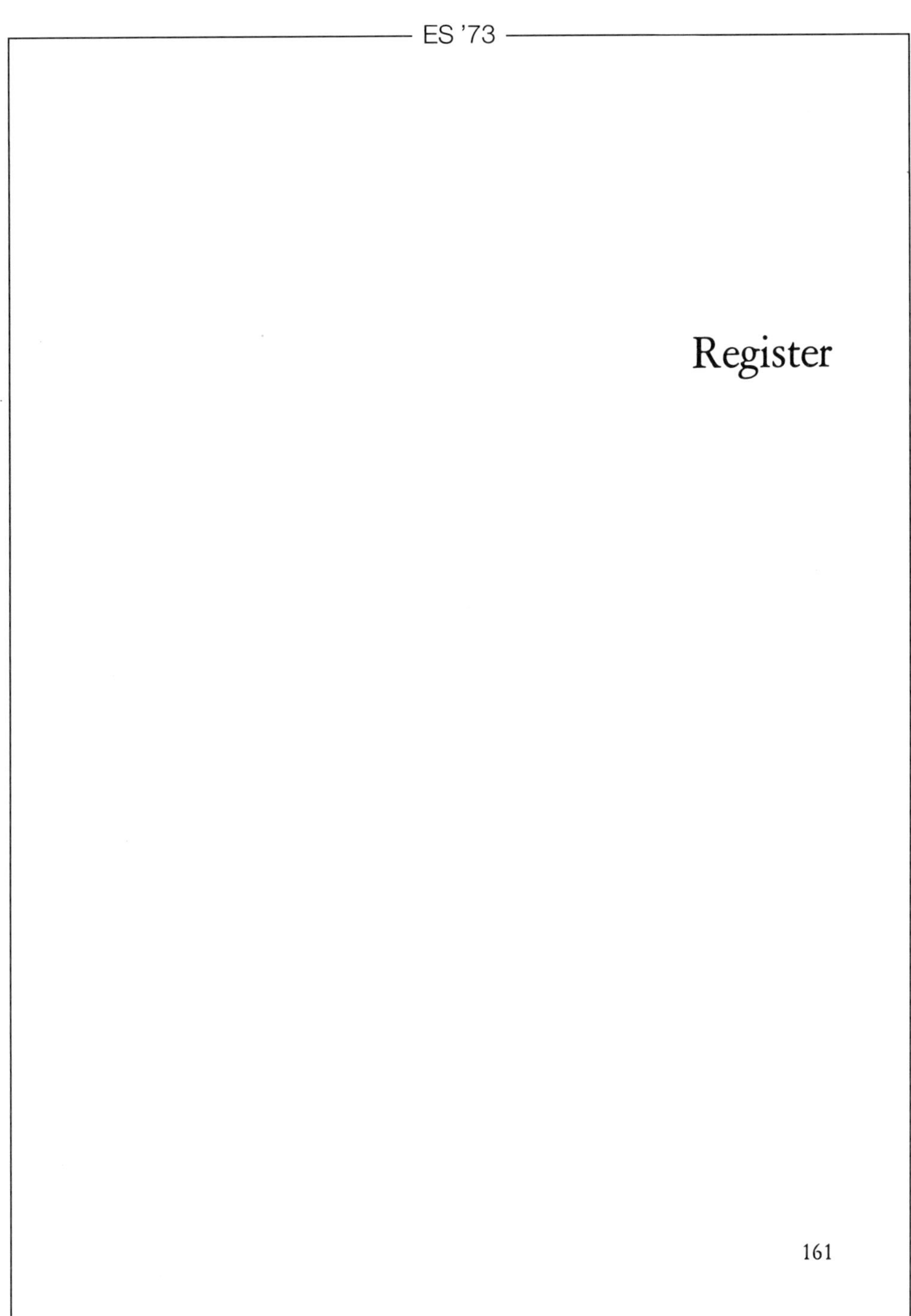
ES '73
Register
161

A

B

C

D

E

F

G

H

I

K

L

M

N

O

P

Q

R

S

T

U

V

W

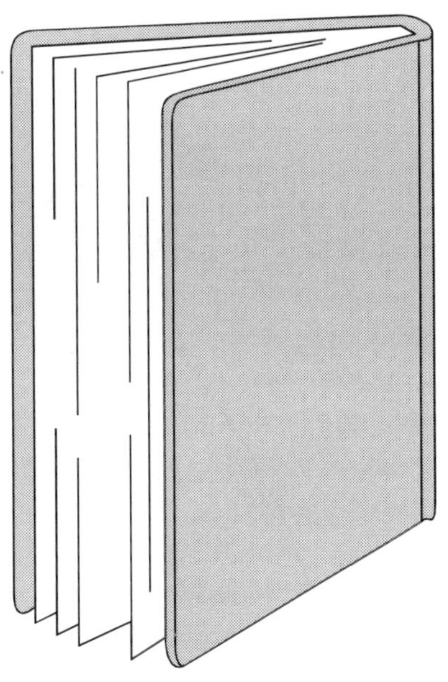

Optimum

19

Ausgewählte Literatur

ABBOTT EA (1982). Flächenland: Ein mehrdimensionaler Roman, verfaßt von einem alten Quadrat. Stuttgart: Klett-Cotta.

ABLAY P (1987). Optimieren mit Evolutionsstrategien. Spektrum der Wissenschaft (7); S 104-115.

ALVERS M (1992). Optimierung gravimetrischer Modelle mit der Evolutionsstrategie [Diplomarbeit]. FU Berlin, Institut für Geologie, Geophysik, Geoinformatik.

ANDERS U (1977). Lösung getriebesynthetischer Probleme mit der Evolutionsstrategie. Feinwerktechnik und Meßtechnik **85**; S 53-57.

BEASLEY D, BULL DR, MARTIN RR (1993). A sequential niche technique for multimodal function optimization. Evolutionary Computation **1** (2); S 101-125.

BEYER HG (1989). Ein Evolutionsverfahren zur mathematischen Modellierung stationärer Zustände in dynamischen Systemen [Dissertation]. Hochschule für Architektur und Bauwesen, Weimar.

BEYER HG (1993). Toward a theory of evolution strategies: Some asymptotical results from the $(1 +, \lambda)$-theory. Evolutionary Computation **1** (2); S 165-188.

BIENERT P (1994). Literatur zur Evolutionsstrategie. Bionik und Evolutionstechnik, Technische Universität Berlin.

Born J (1978). Evolutionsstrategien zur numerischen Lösung von Adaptationsaufgaben [Dissertation]. Humboldt-Universität Berlin.

BORN J, BELLMANN K (1980). Parameter optimization in simulation models by means of evolution strategies. In: SYDOW A, Hrsg. System analysis and simulation; Mathematische Forschung **5**. Berlin: Akademie-Verlag.

BORN J (1985). Adaptively controlled random search: A variance function approach. Syst Anal Model Simul **2** (2); S 109-120.

BRAND F (1994). Optimieren mit Evolutionsstrategien. Phys Bl **50** (4); S 344-347.

BREMERMANN HJ (1962). Optimization through evolution and recombination. In: YOVITS MC, JACOBI GT, GOLDSTINE GD, Hrsg. Selforganizing Systems. Washington: Spartan Books; S 93-106.

BRESCH, C (1977). Zwischenstufe Leben: Evolution ohne Ziel? München: Piper.

CONRAD M, EBELING W (1992). M.V. VOLKENSTEIN, evolutionary thinking and the structure of fitness landscapes. Biosystems **27**; 125-128.

DAVIS L, Hrsg (1991). Handbook of genetic algorithms. New York: Van Nostrand.

DAWKINS R (1987). Der blinde Uhrmacher: Ein neues Plädoyer für den Darwinismus. München: Kindler.

DEJONG KA (1988). Learning with genetic algorithms: An overview. Machine Learning **3**; S 121-138.

DEJONG KA (1992). Are genetic algorithms function optimizers? In: MÄNNER R, MANDERIK B, Hrsg. Parallel problem solving from nature. Amsterdam: North-Holland.

DUECK G, SCHEUER T, WALLMEIER HM (1993). Toleranzschwelle und Sintflut: Neue Ideen zur Optimierung. Spektrum der Wissenschaft (3); S 42-51.

EBELING W (1990). Applications of evolutionary strategies. Syst Anal Model Simul **7** (1); S 3-16.

EIGEN M, WINKLER-OSWATITSCH R (1975). Das Spiel: München: Piper.

EIGEN M (1987). Stufen zum Leben: Die frühe Evolution im Visier der Molekularbiologie. München: Piper.

FALKENHAUSEN KV (1980). Optimierung regionaler Entsorgungssysteme mit der Evolutionsstrategie. Proceedings in Operations Research **9**; S 46.

FRIED E (1983). Abstrakte Algebra: eine elementare Einführung. Frankfurt/Main: Thun.

FOGEL DB, FOGEL LJ, PORTO VW (1990). Evolving neural networks. Biological Cybernetics **63** (6); S 487-493.

FOGEL DB (1991). System identification through simulated evolution: A machine learning approch to modeling. Needham, MA: Ginn.

FOGEL LJ, OWENS AJ, WALSH MJ (1966). Artificial intelligence through simulated evolution. New York: Wiley.

GREFENSTETTE JJ (1987). Incorporating problem specific knowledge into Genetic Algorithm. In: DAVIS L, Hrsg. Genetic algorithms and simulated annealing. Los Altos, CA: Morgan Kaufmann.

GOLDBERG DE (1989). Genetic algorithms in search, optimization and machine learning. Reading: Addison-Wesley.

HERDY M (1991). Application of the evolution strategy to discrete optimization problems. In: SCHWEFEL HP, MÄNNER R, Hrsg. Parallel problem solving from nature; Lecture Notes in Computer Science (496). Berlin: Springer.

HERDY M (1992). Reproductive isolation as stategy parameter in hierarchically organized evolution strategies. In: MÄNNER R, MANDERICK B, Hrsg. Parallel problem solving from nature. Amsterdam: North-Holland; S 207-217.

HERDY M (1993). The number of offspring as strategy parameter in hierarchically organized evolution strategies. SIGBIO Newsletter **13** (2); S 2-7.

HERRMAN R (1983). Evolutionsstrategische Regressionsanalyse. Nobel Hefte **49**.

HOCK A, RINDERLE J (1980). Zur Anwendung der Evolutionsstrategie auf Schaltungen der Nachrichtentechnik. Frequenz **34** (7); S 208-214.

HOFFMEISTER F, BÄCK T (1991). Genetic algorithms and evolution strategies: Similarities and differences. In: SCHWEFEL HP, MÄNNER R, Hrsg. Parallel problem solving from nature;. Berlin: Springer.

HÖFLER A (1976). Formoptimierung von Leichtbaufachwerken durch Einsatz einer Evolutionsstrategie. TU Berlin; ILR-Bericht 17.

HOLLAND JH (1975). Adaptation in natural and artificial systems. Ann Arbor: University of Michigan Press.

HOLLAND JH (1992). Genetische Algorithmen. Spektrum der Wissenschaft (9); S 44-51.

IFRAH G (1989). Universalgeschichte der Zahlen. Frankfurt/Main: Campus.

KOST B (1993). Topology optimization of trusses by evolution techniques. Proceedings of the sixth SIAM conference on parallel processing of scientific computing. Norfolk Virginia; S 22-24.

KOZA JR (1992). Genetic programming: On the programming of computers by means of natural selection. Cambridge, MA: MIT-Press.

LICHTFUß HJ (1965). Evolution eines Rohrkrümmers [Diplomarbeit]. Hermann-Föttinger-Institut für Strömungstechnik. Technische Universität Berlin.

LOHMANN R (1992). Structure evolution in neural systems. In: SOUCEC, BRANCO and the IRIS Group, Hrsg. Dynamic, genetic and chaotic programming. New York: Wiley; S 395-411.

LOHMANN R (1992). Structure evolution and incomplete induction. In: MÄNNER R, MANDERICK B, Hrsg. Parallel problem solving from nature. Amsterdam: North-Holland.

MAYNARD SMITH J (1992) Evolutionsgenetik. Stuttgart: Thieme.

MICHALEWICZ Z (1993). A hierarchy of evolution programs: An experimental study. Evolutionary Computation **1** (1); S 51-76.

MICHALEWICZ Z (1992). Genetic algorithms + data structures = evolution programs. Berlin: Springer.

MÜHLENBEIN H, SCHOMISCH M, BORN J (1991). The parallel genetic algorithm as function optimizer. Parallel Computing **17**; S 619-632.

MÜHLENBEIN H, SCHLIERKAMP-VOOSEN D (1993). Predictive models for the breeder genetic algorithm. Evolutionary Computation **1**; S 25-50.

MÜLLER KD (1986). Optimieren mit der Evolutionsstrategie in der Industrie anhand von Beispielen [Dissertation]. Technische Universität Berlin.

MÜLLER RS (1964). Forschung Aerodynamik: Zickzack nach Darwin. Der Spiegel **18** (47); S 145-147

MUTH C (1982). Einführung in die Evolutionsstrategie. Regelungstechnik **30**; S 297-303.

OSTERMEIER A, GAWELCZYK A, HANSEN N (1994). A derandomized approach to selfadaption of evolution strategies. Evolutionary Computation (im Druck).

OWEN DB (1962). Handbook of statistical tables. London: Pergamon.

PAPAGEORGIOU M (1991). Optimierung: Statische, dynamische, stochastische Verfahren für die Anwendung. München: Oldenbourg.

PETERS TK, KORALEWSKI HE, ZERBST EW (1989). The evolution strategy: A search strategy used in individual optimization of electrical parameters for therapeutic carotid sinus nerve stimulation. IEEE Transactions on biomedical engineering **36** (7).

PESCHEL M, RIEDEL C (1976). Polyoptimierung: Eine Entscheidungshilfe für ingenieurtechnische Kompromißlösungen. Berlin: VEB Verlag Technik.

PINEBROOK WE (1982). Drag minimization on a body of revolution [Ph. D. Thesis]. University of Houston, Texas.

PINEBROOK WE, DALTON C (1983). Drag minimization on a body of revolution through evolution. Computer methods in applied mechanics and engineering. Elsevier Science Publishers (North-Holland); S 179-197.

PÖPLAU J (1981). Anwendung einer (μ/ρ, λ)-Evolutionsstrategie zur direkten Minimierung eines nichtlinearen Funktionals unter Verwendung von FE-Ansatzfunktionen am Beispiel des Brachystochronenproblems. Zeitschrift für angewandte Mathematik und Mechanik **61**; S T305-T307.

RADA R (1981). Evolution and gradualness. BioSystems **14**; S 211-218.

RECHENBERG I (1965). Cybernetic solution path of an experimental problem. Royal Aircraft Establishment, Library Translation 1122. Farnborough.

RECHENBERG I (1973). Bionik, Evolution und Optimierung. Naturwissenschaftliche Rundschau **26**; S 465-472.

RECHENBERG I (1978). Evolutionsstrategien. In: SCHNEIDER B, RANFT U, Hrsg. Simulationsmethoden in der Medizin und Biologie. Berlin: Springer.

RECHENBERG I (1980). Problemlösen mit Evolutionsstrategien. Proceedings in Operations Research **9**; S 499-502. Würzburg-Wien: Physica.

RECHENBERG I (1984). The evolution strategy: A mathematical model of Darwinian Evolution. In: FREHLAND E, Hrsg. Springer Series in Synergetics **22**. Berlin: Springer; S 122-132.

RECHENBERG I (1989). Artificial evolution and artificial intelligence. In FORSYTH R, Hrsg. Machine learning. London: Chapman ; S 83-103.

RECHENBERG I (1989). Evolution strategy – nature's way of optimization. In: BERGMANN HW, Hrsg. Optimization: Methods and applications, possibilities and limitations. DLR lecture notes in engineering **47**. Berlin: Springer; S 106-126.

RIEDEL HJ (1984). Einsatz rechnergestützter Optimierung mittels der Evolutionsstrategie zur Lösung galvanotechnischer Probleme [Dissertation]. Technische Universität Berlin.

RIOLO RL (1994) Mathematische Unterhaltungen: Wie funktioniert ein Genetischer Algorithmus. Spektrum der Wissenschaft (1); S 12-15.

RUPPERT M (1982). Reglersynthese mit Hilfe der mehrgliedrigen Evolutionsstrategie. Fortschrittsberichte VDI-Reihe 8. Düsseldorf: VDI-Verlag.

SCHEEL A (1985). Beitrag zur Theorie der Evolutionsstrategie [Dissertation]. Technische Universität Berlin.

SCHÖNEBURG E, HEINZMANN F, FEDDERSEN S (1994). Genetische Algorithmen und Evolutionsstrategien. Bonn: Addison-Wesley.

SCHWEFEL HP (1977). Numerische Optimierung von Computer-Modellen mittels der Evolutionsstrategie. Basel: Birkhäuser.

SCHWEFEL HP (1978). Optimierung von Simulationsmodellen mit der Evolutionsstrategie. In: SCHNEIDER B, RANFT U, Hrsg. Simulationsmethoden in der Medizin und Biologie. Berlin: Springer.

SCHWEFEL HP (1980). Ein Leistungsvergleich ableitungsfreier Methoden der nichtlinearen Parameteroptimierung. Proceedings in Operations Research **9**; S 503-504. Würzburg-Wien: Physica.

SCHWEFEL HP (1981). Numerical optimization of computer models. Chichester: Wiley.

SCHWEFEL HP (1984). Evolution strategies: A family of nonlinear optimization techniques based on imitating some principles of organic evolution. Annals of Operations Research **1**; S 65-167.

SCHWEFEL HP (1990). Some observation about evolutionary optimization algorithms. In: VOIGT HM, MÜHLENBEIN H, SCHWEFEL HP, Hrsg. Evolution and Optimization '89 – selected papers on evolution theory, combinatorial optimization an related topics. Berlin: Akademie-Verlag; S 57-60.

SIMON HA (1990). Die Wissenschaften vom Künstlichen. Berlin: Kammerer.

STUFF R (1980). Optimierungsverfahren Evolutionsstrategie zur Lösung der Forschungsaufgaben der DFVLR. DFVLR-AVA-Bericht IB 252-80 A 08. Göttingen.

THOMPSON, D'ARCY W (1973). Über Wachstum und Form. Basel: Birkhäuser.

VOGELSANG J (1992). Theoretische Betrachtungen zur Schrittweitensteuerung in Evolutionsstrategien. Bericht SYS – 4/92. Universität Dortmund, Fachbereich Informatik.

VOIGT HM, SANTIBAÑEZ-KOREF I, BORN J (1992). Hierarchically structured distributed genetic algorithms. In: MÄNNER R, MANDERICK B, Hrsg. Parallel problem solving from nature. Amsterdam: North-Holland.

VOIGT HM (1992). Fuzzy evolutionary algorithms. International Computer Science Institute; TR-92-038. Berkely, California.

WELLS D (1990). Das Lexikon der Zahlen. Logo 10135. Frankfurt/Main: Fischer.

WEILAND HH (1986). Optimierung von Saugkopfeinläufen zur Gewinnung von Lockermaterialien mit Hilfe der evolutionsstrategische Experimentiertechnik [Dissertation]. Technische Universität Berlin.

WIEDEMANN J (1974). Entwurfsstrategie für Leichtbaustabwerke. VDI-Berichte **219**; S 147-150.

WIEDEMANN J (1989). Leichtbau (Band 2: Konstruktion). Berlin: Springer.

ZIEGLER A, RUCKER W (1986). Optimierung der Strahlungscharakteristik linearer Antennengruppen mit Hilfe der Evolutionsstrategie. AEÜ **40** (1); S 15-18.

ZIELINSKI R (1965). On the Monte-Carlo evaluation of the extremal value of a function. Algorytmy **2**; S 7-13.

ZIELINSKI R, NEUMANN P (1983). Stochastische Verfahren zur Suche nach dem Minimum einer Funktion. Berlin: Akademie-Verlag.

20

Stichwortverzeichnis

Fette Seitenzahlen verweisen auf Bilder

A

B

F

G

H

I

K

L

M

N

O

P

Q

R

S

Z

Verlagsanzeigen

Werkstatt Bionik und Evolutionstechnik

Herausgegeben von INGO RECHENBERG

Ingo Rechenberg
Photobiologische Wasserstoffproduktion in der Sahara

Werkstatt Bionik und Evolutionstechnik 2. 1994. 157 S. mit 77 farb. Abb. Gebunden.

Alljährlich findet in den Dünen der Sahara ein nicht alltägliches Experiment statt. In einem Wüsten-Bioreaktor werden Bakterien und Algen kultiviert, um in einem Stoffwechselverbund nach dem Vorbild fädiger Blaualgen solaren Wasserstoff zu produzieren. Die Pilot-Experimente begleiten das Berliner Projekt »Artifizielle Bakterien-Algen-Symbiose« (siehe Band 3 der Reihe). Die Experimentier-Umgebung bringt es mit sich, daß Sand und Sonne, Nomaden und Gendarmen am Geschehen mitwirken. Wissenschaftliche Forschung wird unversehens zum Abenteuer.

Gerald Koch-Schwessinger
Wassersproduktion durch Purpurbakterien

Werkstatt Bionik und Evolutionstechnik 3. 1994. Ca. 380 S. Gebunden.

Wasserstofferzeugung von Purpurbakterien ist stammgebunden. Auf der weltweiten Suche nach produktiven Bakterien wird aus 455 Wasserproben der Stamm Meski (Südmarokko) isoliert. Die Purpurbakterie »Meski« wird evolutionsstrategisch weiterentwickelt, in Röhren- und Flachreaktoren kultiviert, im Tag-Nacht-Rhythmus bestrahlt, durch carotinoidähnliche Lichtfilter geschützt und wochenlang unvermehrt zur Wasserstoffproduktion gezwungen. Pilot-Experimente zeigen, wie künftig Purpurbakterien und Grünalgen in einer künstlichen Symbiose dauerhaft Wasser spalten können.

Weitere Bände in Vorbereitung:

Ingo Rechenberg
Vorlesungen zur Bionik I (Strukturbionik)

Werkstatt Bionik und Evolutionstechnik 4.

Ingo Rechenberg
Vorlesungen zur Bionik II (Informationsbionik)

Werktstatt Bionik und Evolutionstechnik 5.

Zum Naturbegriff der Gegenwart

Kongreßdokumentation zum Projekt »Natur im Kopf«

Stuttgart, 21.-26. Juni 1993. Herausgegeben von der Landeshauptstadt Stuttgart, Kulturamt. *2 Bände. - problemata 133 und 134. Zus. ca. 800 S. mit zahlreichen Abbildungen.*

INHALT*:* **Band I:** Vorwort. Redaktionelle Vorbemerkungen. **Was ist Natur? - Natur als Gegenstand der Naturwissenschaften:** *J. Wilke*: Einführung - *H. Haken:* Synergetik: Vom Zusammenwirken in der Natur - *I. Prigogine:* Laws of Nature - The Search for Certainty - *G. Roth:* Ist der Mensch in der Natur etwas Besonderes? Versuch einer Antwort aus der Sicht der Hirnforschung - *W. Sachs:* Der blaue Planet. Zur Zweideutigkeit einer modernen Ikone - *K. Knorr-Cetina:* Die Manufaktur der Natur oder: Die alterierten Naturen der Naturwissenschaft - *L. Schiebinger:* Gender in the Making of Modern Conceptions of Nature.

Was gibt Natur? - Natur als Rohstoff: *R. Kollek*: Einführung - *H. Böhme:* Transsubstantiation und Symbolisches Mahl. Die Mysterien des Essens und die Naturphilosophie - *E. Schramm:* Schritte auf dem Weg zu einer sozialen Ökologie der Elemente - *H.G. Mensching:* Natur als Ressource = Naturzerstörung? - *V. Shiva:* Concepts of nature and Ecological Reality: An Indian Perspective - *F. Akhter:* Politics of "Population" as a number and "Ecology" as the crisis of thc natural system - *Ch. Wichterich:* Einige Anmerkungen zur Debatte über Bevölkerungsentwicklung und Ressourcennutzung - *G. Heinsohn:* Umweltapokalyptiker und Ökokrieger: Die Zukunft des Völkermords - *G. Altner:* Perspektiven für eine ökologische Weltkultur im Widerspruch zwischen Anthropozentrik und Biozentrik - *H. Immler:* Vom Produzieren und Konsumieren der Natur.

Wofür steht Natur? - Natur als Landschaft und Garten: *J. Wilke*: Einführung - *J.D. Hunt:* The idea of the garden, and the three natures - *A. v. Buttlar:* Das »Nationale« als Thema der Gartenkunst des 18. und frühen 19. Jahrhunderts - *St. Bann:* The Circle in the Square: Land Art and the art of landscape today - *B. Wormbs:* Kritische Gänge durch Natur im öffentlichen Raum - *A.S. Schmid:* Natur aus dritter Hand. Der Aufbau von Landschaft in industriell überformten Regionen - *K. Humpert:* Das Phänomen der Stadt: »Natur und Stadt« - *L. Krier:* Charter of the European City

Band II. Inhaltsverzeichnis. **Wie zeigt sich Natur? - Natur als ästhetisches Ereignis**: *J. Wilke*: Einführung - *R. Groh* und *D. Groh:* Natur als Maßstab - eine Kopfgeburt - *G. Böhme:* ». . . wodurch die Natur in ihren schönen Formen figürlich zu uns spricht« - *F. Cramer:* Naturformen und Kopfgeburten. Zur Dynamik biologischer Strukturen - *H.-O. Peitgen:* Die Kunst, das Chaos, die Mathematik - *F. Schweitzer:* Natur zwischen Ästhetik und Selbstorganisationstheorie - *J. Hörisch:* Die Medien der Natur und die Natur der Medien.

Was erlaubt die Natur? - Natur als soziale und technische Konstruktion: *R. Kollek*: Einführung - *G. Bien:* Was heißt denn »widernatürlich«? Natur als soziale und moralische Norm - *E. List:* Naturverhältnisse - Geschlechtverhältnisse - *Th. Luckmann:* Natur - eine geschichtliche Gegebenheit? - *J. Schmidtke:* Möglichkeiten und Grenzen der Analyse und Veränderung des menschlichen Erbmaterials - *D. Nelkin:* Genetics in the media - *W. Wesiack:* Grenzen der naturwissenschaftlichen Medizin - *P. Maes:* Modeling Artificial Creatures - *J. Allen:* Biosphere 2's Role in Concepts for the Future - *J. Radkau:* Natur als Fata Morgana? Naturideale in der Technikgeschichte. *R. Haas:* Dokumentarischer Anhang.

frommann-holzboog